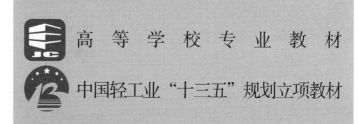

高等学校专业教材

中国轻工业"十三五"规划立项教材

功能食品实验教程

米生权 陈 文 主 编

U0219815

中国轻工业出版社

图书在版编目（CIP）数据

功能食品实验教程／米生权，陈文主编. — 北京 ：中国轻工业出版社，2023.7

高等学校专业教材

ISBN 978-7-5184-3357-5

Ⅰ.①功… Ⅱ.①米… ②陈… Ⅲ.①疗效食品—高等学校—教材 Ⅳ.①TS218

中国版本图书馆 CIP 数据核字（2020）第 266490 号

责任编辑：罗晓航

策划编辑：伊双双　罗晓航　　责任终审：白　洁　　封面设计：锋尚设计
版式设计：砚祥志远　　　　　责任校对：吴大朋　　责任监印：张　可

出版发行：中国轻工业出版社（北京东长安街6号，邮编：100740）

印　　刷：三河市万龙印装有限公司

经　　销：各地新华书店

版　　次：2023年7月第1版第1次印刷

开　　本：787×1092　1/16　印张：19.25

字　　数：450千字

书　　号：ISBN 978-7-5184-3357-5　定价：49.00元

邮购电话：010-65241695

发行电话：010-85119835　传真：85113293

网　　址：http://www.chlip.com.cn

Email：club@ chlip.com.cn

如发现图书残缺请与我社邮购联系调换

131060J1X101ZBW

本书编写人员

主　　编　米生权（北京联合大学）
　　　　　陈　文（北京联合大学）
参编人员（以姓氏笔画排序）
　　　　　刘　洋（北京联合大学）
　　　　　刘彦霞（北京联合大学）
　　　　　张　静（北京联合大学）
　　　　　赵江燕（北京联合大学）
　　　　　郭俊霞（北京联合大学）
　　　　　秦　菲（北京联合大学）

前言 | Preface

当今，人们对健康需求的逐渐增强推动了功能食品产业的发展。目前，众多营养、食品、医药等相关专业都开设了功能食品及相关课程。近年来，由于全球功能食品的研究深度和广度不断拓展，国内外功能食品产品创新、迭代速度越来越快，每年需要进行功效评价和安全性毒理学检测服务的功能食品需求量越来越多。世界各国对功能食品的管理政策与法规也在不断调整，特别是2015年《中华人民共和国食品安全法》中将保健食品归为特殊食品类管理并首次引入备案制后，国家食品药品监督管理总局于2016年出台了《保健食品注册与备案管理办法》，实行注册与备案双轨并存的保健食品管理办法。2022年，国家市场监督管理总局又发布了《关于发布〈允许保健食品声称的保健功能目录 非营养素补充剂（2022年版）〉及配套文件的公告（征求意见稿）》。

本教材作为《功能食品教程》（第二版）配套的实验教材，运用辩证唯物主义方法，结合功能食品评价和功效因子检测中的实际问题，力求全面系统地设置功能食品功能评价、安全性毒理学评价、功能因子检测、维生素与矿物质的检测等常规实验，在参考现行国家标准及功能评价调整方案的基础上，结合我们在实验教学过程中的实际需求，将理论教学与实践教学相融合，目的是使学生把所学的生理学、生物化学、营养学、食品分析、实验动物学等理论知识应用于功能食品的综合评价实践中；反之，又可以通过应用的需求来深入理论的探讨。

本教材共有六章。第一章介绍了与功能食品研发有关的动物实验基础知识及人类疾病动物模型及其制作方法，由米生权编写。第二章介绍了与功能食品功效评价有关的人体试食试验基本要求和试验方案，介绍了相关统计学方法，并简要介绍了人体试食试验的基本要求和结果判断方法，由米生权编写。第三章为功能食品功能评价实验，突出了七个常见功能评价实验的设计方案与检测方法，由陈文、郭俊霞、赵江燕、张静编写。第四章为安全性毒理学评价实验，涉及毒理学安全性评价体系、实验选择方案，部分实验以图文并茂的形式解析机制，明确安全性毒理学评价实验的时间节点，由米生权编写。第五章为营养素补充剂的检测，包括十七个实验，由秦菲和刘洋编写；第六章为功能食品中功效成分的检测，涵盖了七个功能因子，由陈文、秦菲和刘彦霞编写；第五、第六章的部分实验在国家标准的基础上增加了其他方法。

鉴于编者水平有限，在编写过程中难免有疏漏和错误，敬请广大同仁和读者批评指正。本教材受北京联合大学资助，在此一并感谢。

编者

2023年3月

| 目录 | Contents

第一章

与功能食品研发有关的动物实验

第一节 实验动物基础知识

实验动物科学是作为生命科学的研究基础，其作用越来越不可替代。一些新知识的获得、新技术的应用、发病机制的新认识及治疗方法的改进，都是借助于动物实验。尤其是在评价药物效果、药物毒性时，实验动物作为人类的替身，起到"人类疾病模型"和"活的精密仪器"的作用。近几年来，随着人民生活水平的提高，大健康产业蓬勃发展，居民对健康和生活质量的需求越来越高。功能食品的健康促进作用被广泛认可，受到越来越多的重视。动物实验也作为食品功能性评价、食品安全性毒理学评价的重要载体，备受功能食品研究领域的重视。

一、实验动物基础知识

（一）实验动物的定义

1. 实验动物（laboratory animals，LA）

实验动物指由人工培育、来源清楚、遗传背景明确、对其携带的微生物和寄生虫实行严格控制，用于科学研究、教学、生产、鉴定以及其他科学实验的动物。实验动物是一个特定的概念，包含了以下四个要点：

（1）实验动物必须是人工培养的动物　实验动物是在达到一定标准的环境中，根据科学研究的需要，按照特定的方式、方法经人工培育而成的动物。

（2）实验动物必须遗传背景明确或者来源清楚　实验动物要求有严格的遗传学控制，以适应不同的实验需要，最大限度地保证实验结果的准确性和可靠性。根据遗传特点的不同，实验动物主要分为近交系、封闭群、杂交群和突变系。

（3）实验动物必须要有严格的微生物学和寄生虫学控制　为确保相关人员和实验动物自身健康以及尽可能地排除微生物和寄生虫对动物实验的干扰，在实验动物繁育和使用过程中，必须对其携带的微生物和寄生虫进行控制。

（4）实验动物必须是用于科学研究、教学、生产、检定以及其他科学实验的动物。

2. 动物实验（animal experiment）

动物实验是指人为改变环境条件，观察并记录动物各种反应的变化，以揭示生命科学领域客观规律的行为。即在实验室内，为了获得有关生物学、医学或其他学科新的知识或解决具体问题而使用动物进行科学研究的行为。

（二）品种、品系的定义

1. 种（species）

种是生物学分类的最基本单位。在实验动物学中，种是指有繁殖后代能力的同一种类的动物。而有生殖隔离①的动物则是异种动物。

2. 品种（stock）

种以下还有进一步小的分类，如品种。品种一般指具有一些容易识别和人们所需要的性状，而且具有稳定的遗传特性的动物群体，如新西兰白兔和青紫蓝兔属于同种，但不是同一个品种。

3. 品系（strain）

在实验动物学中把基因高度纯合的动物称作品系动物。例如，C57BL/6 小鼠是近交系动物中的一个品系，属于低癌组、高补体活性的动物。

4. 杂交系（hybrid strain）

两个近交品系动物之间有计划交配，获得的第一代动物，被称为杂交系或杂交一代动物，简称 F_1 动物。

（三）品种、品系必须具备的条件

1. 相似的外貌特征

例如，小鼠 C57BL/6 品系的毛色是黑色的，KM 品种的毛色是白色的。当然，相似的外貌只是品系、品种应具备的条件之一。不同品系、品种的动物外貌也有相似的。例如，很多品系的小鼠毛色都是白色的，但在其他条件上是有区别的。

2. 独特的生物学特性

独特的生物学特性是一个品系、品种存在的基础。在长期的研究过程中，科学工作者在一些动物身上发现了所需要的不同于其他动物的生物学特性，进行定向选择，将这些特性保留下来，成为今天为数众多的品系、品种。目前，白化小鼠就多达几十种，但每个品系、品种的生物学特性都有或多或少的差别。

3. 稳定的遗传性能

作为一个品系，不仅要有相似的外貌特征、独特的生物学特性，更重要的是要有稳定的遗传性能，即在品系、品种自群繁殖时，能将其特性稳定地遗传给后代。

4. 具有共同遗传来源和一定的遗传结构

任何品系、品种都可以追溯到其共同的祖先，并由此分支选育而成，其遗传结构也应是独特的。

二、实验动物的遗传学控制分类

根据自然分类法，动物界中最常用的实验动物为哺乳动物，其中，又以啮齿类为多，例如大鼠、小鼠、地鼠等。按照遗传学控制原理分类，实验动物被分为四大类：

（1）近交系（inbred strain） 经过至少连续 20 代的全同胞兄妹交配或亲子交配培育而

---

① 生殖隔离：生殖隔离也称生殖屏障，是指使亲缘关系接近的类群之间在自然条件下不交配，或者即使能交配也不能产生后代或不能产生可育性后代的隔离机制。

成，品系内所有个体都可追溯到第 20 代或以后代数的一对共同祖先，近交系数①大于 99%。

（2）封闭群或远交群（closed colony or outbred stock） 以非近亲交配方式进行繁殖生产的一个实验动物种群，再不从其外部引入新个体的条件下，至少连续繁殖 4 代以上。

（3）杂交群（hybrids） 具有一定的杂交优势，生命力强，遗传背景清楚，有一定的遗传特性。来自两个近交系的杂交一代再现性也较好。缺点是其下一代即可能发生遗传学上的性状分离，故供应受到限制。

（4）突变系（mutant strain） 指在繁殖过程中某一基因突发变异的动物。可以通过突变基因的遗传而维持特定的性状。免疫缺陷动物如裸鼠可用于免疫调节的功能食品研究，还有突变型的肥胖症小鼠可用于研究减肥类功能食品和糖尿病患者专用功能食品。

三、实验动物的微生物控制分类

（一）实验动物的微生物学分类

根据实验动物微生物控制标准，可将实验动物分为四级：

（1）一级为普通动物（conventional animal，CV） 系指微生物不受特殊控制的一般动物。要求排除人兽共患病的病原体和极少数的实验动物烈性传染病的病原体。为防止传染病，在实验动物饲养和繁殖时，要采取一定的措施，应保证其用于测试的结果具有反应的再现性（即不同的操作人员，在不同的时间，用同一品系的动物按规定的实验规程所做的实验，都能获得几乎相同的结果）。一般情况下，普通动物只能用于教学实验和科研工作的预实验。

（2）二级为清洁动物（clean animal，CL 或 clean conventional animal，CCV） 要求排除人兽共患病及动物间主要传染病的病原体。它的原种群来源于 SPF 动物或无菌动物，可用于大多数科研实验，是目前主要要求的标准级别的实验动物。

（3）三级为无特定病原体动物（specific pathogen free animal，SPF） 满足二级要求之外，还要排除一些规定的病原体。其除菌与灭菌的方法，可使用高效空气过滤器除菌法、紫外线灭菌法、三甘醇蒸气喷雾法及氯化锂水溶液喷雾法。SPF 实验动物是国际公认的实验动物，适用于所有的科学实验，是国际标准级的实验动物，主要用于国际交流性质的重大课题。

（4）四级为无菌动物（germ free animal，GF）或悉生动物（gnotobiotic animal，GN） 无菌动物要求不带有任何用现有方法可检出的微生物或寄生虫。悉生动物要求在无菌动物体上植入一种或数种已知的微生物。它们属于非常规动物，仅用于特殊课题。

在病理学检查上，四类实验动物也有相应的不同病理检查标准。一级：外观健康，主要器官不应有病灶；二级：除一级指标外，显微镜检查无二级微生物病原的病变；三级：无特定病原体动物，无二、三级微生物病原的病变；四级：不含二、三级微生物病原的病变，脾、淋巴结是无菌动物组织学结构。对不同级别的实验动物在动物房设计和管理上则有不同的要求。目前，我国在实验动物级别要求上，对于大小鼠，已经取消了一级即普通级，最低级别为清洁级。

---

① 近交系数：形成合子的两个配子来自同一祖先的概率。

（二）不同级别实验动物的饲养环境

无菌动物、悉生动物以及无特定病原体动物都需要在无菌或尽可能无菌的环境里饲养，这种环境，目前国际上通用称为屏障环境，即用一道屏障把动物与周围污染的环境隔开，就如胎鼠在母鼠子宫内一样。这种环境从控制微生物的角度分为隔离系统、屏障系统、半屏障系统、层流架系统和开放系统五大类。

（1）隔离系统　是在带有操作手套的容器中饲养动物的系统，用于饲养无菌动物和悉生动物。内部保持按微生物要求的 100 级的洁净度，但其设置的房间及操作人员不必按无菌室考虑。对于人、物品的流动都有严格的控制。

（2）屏障系统　把洁净度为 10000~100000 级的无菌洁净室作为饲养室，主要用于无特定病原体动物即 SPF 级动物的长期饲养和繁殖。入室施行严格管理，如淋浴、换贴身衣服等。对于物品及污物的进出有不同通道及要求。

（3）半屏障系统　放宽对屏障系统中人及物出入房间时的管理，平面组成大致与屏障系统相同。

（4）层流架系统　笼具放在洁净的水平层流空气中。常用于小规模饲养，但在一般房间进行饲养、操作和处理时有被污染的危险性。可用于半屏障的补充。

（5）开放系统　是对人、物、空气等进出房间均不施行消除污染的系统，但通常也要进行某种程度的清洁管理。

四、实验动物在功能食品功效检验中的应用

在功能食品功效研究、安全性毒理学评价时，必须借助实验动物。因此，动物实验和实验动物都要求达到实验室操作规范（good laboratory practice，GLP）和标准操作程序（standard operating procedure，SOP）。这些规范和操作对实验动物和实验室条件、工作人员素质、技术水平和操作方法都要求标准化。所有功能食品评价相关的动物实验都必须按规范进行。这是动物实验和实验动物总的要求。

（一）选择实验动物的原则

1. 研究目的明确

首先必须明确自己的实验目的，是进行何种功能评价或者安全性毒理学评价，根据实验目的选用与评价功能相适应的实验动物。其次，需要了解待评价的对象是混合物还是纯品，是否溶于水，溶解度如何，了解这些意味着选择合适的给药途径。另外，需要根据实验目的确定实验动物数量以及饲养周期，是否有满足条件的实验动物相关设施，包括合格的饲养环境，最后，需要根据实验目的确定检测指标。

2. 选择与人体结构、机能、代谢及疾病特征相似的动物

利用实验动物某些与人类相近似的特性，通过动物实验对人类疾病的发生和发展规律进行推断和探索。例如，在结构与功能方面，哺乳动物之间存在许多相似点，从解剖学上看，除在体形的大小、比例方面存在差异外，身体各系统的构成基本相似，因此，它们在生命活动中的基本功能过程也是相似的。

3. 动物实验过程符合伦理要求与 3R 原则

知情同意权是人体试验受试者自主权的集中体现和主要内容，然而实验动物却不能拒

绝参与研究，这是人体试验和动物实验在伦理审查中的最根本区别，因此在动物实验伦理审查中，不可能采用签署知情同意书的形式，而是主要依靠研究者、审查者的专业知识和所参照的法律依据、惯例、规则等来判断研究是否有违伦理准则，审查的内容主要包括研究者资质、动物的选择、实验目的、方法和条件、动物的处死等方面。

一般而言，审查的首要内容是判断实验是否符合 3R 原则，3R 是指 Reduction（减少）、Replacement（替代）和 Refinement（优化）。"减少"是指减少试验用的动物和试验的次数。"替代"是指尽可能采用可以替代实验动物的替代物，如用细胞组织培养方法，或用物理、化学方法代替实验动物的使用。"优化"是指对待实验动物和动物实验工作应做到尽善尽美。审查该研究是否必须使用实验动物，审查其替代的可能性，如能否以非生命的方法替代动物实验、能否以进化上低等的动物替代高等动物进行实验，在确认不能替代时才审查动物来源、品种品系、等级、规格、性别、数量等是否已经为该研究的最佳选择。另外，需要审查的内容包括实验目的的正确性、实验设施的合法性、研究技术路线和方法的科学性、可靠性等，对实验细节的审查具体涉及动物的分组、日常饲养管理、动物实验处理、观察指标的选择、观察终点的确定等。确保该研究有明确的实验目的并且具有科学价值，研究中动物都能得到人道的对待和适宜的照料，在不与研究发生冲突的前提下保证动物的健康和福利。实验方案能否进一步优化、各项保障实验动物福利的措施能否落实到位是审查重点。如果实验结束后动物仍能存活，则还须审查安乐死的必要性和方法。

4. 饲养管理标准化

实验动物饲养环境质量直接影响实验结果的可靠性。如温度直接影响到某些化合物毒性大小，LD_{50} 在不同温度下检测，结果可相差几十倍。实验动物标准化，既是科研工作发展的需要，也是组织现代化繁殖生产的主要手段，是科学管理的组成部分。标准化的水平是反映一个国家生产技术和管理水平的重要尺度之一，也是生物科学现代化的一个重要标志。实验动物标准化水平，在一定程度上意味着科研实验结果可靠性的水平。人们往往把实验动物质量水平的高低，作为衡量科技水平的重要标志之一。

5. 选择易获得、经济、易饲养管理的动物

实验研究过程中往往受到实验室环境、经费、设施条件、研究方法等方面的限制，在选择实验动物时，既要注意选用与实验项目目的相符合的实验动物，又要注意在不影响实验质量的前提下，尽量选用易获得、经济、易饲养管理的实验动物来进行实验研究，以便减少困难，增加实验研究的可行性和易行性。

（二）实验动物选择的注意事项

1. 年龄、体重

不同品种和品系的实验动物其寿命各不同，有的以日、有的以月、有的以年计算。如果对狗和小鼠均观察一年，所反映的发育过程是不同的，即使同样是狗，不同的年龄阶段所得的实验数据也不尽相同。所以选用实验动物时，应注意到实验动物之间、实验动物与人之间的年龄对应，以便进行分析和比较。同一实验中，动物体重尽可能一致，若相差悬殊，则易增加动物反应的个体差异，影响实验结果的正确性。

2. 性别

性别不同对实验的敏感程度可不同。例如，大鼠皮下注射 0.2mL 的 30% 乙醇溶液，

雄性动物死亡84%，而雌性动物死亡30%。有时雌性动物的敏感性较雄性高，如用戊巴比妥钠麻醉大鼠，雌性动物的敏感性是雄性动物的2.5~3.8倍。又如雌雄小鼠对食盐急性毒性与慢性毒性的敏感性不一致，急性毒性雌鼠较雄鼠敏感，而慢性毒性雄鼠较雌鼠敏感。一般来说，如果实验对动物性别无特殊要求，则宜选用雌雄各半。

3. 生理状况

动物如果怀孕、哺乳等对实验结果影响很大，因此实验不宜采用处于特殊生理状态下的动物进行。如在实验过程中发现动物怀孕，则体重及某些生理生化指标均可受到严重影响，有时应将怀孕动物剔除。另外，动物换毛季节免疫功能低下，应注意对照的合理设置。

4. 健康状况

动物的健康状况对实验的结果正确与否有直接的影响。健康动物从外观看，体形丰满、发育正常、被毛浓密有光泽紧贴身体、眼睛明亮活泼、行动迅速、反应灵敏、食欲良好。微生物检测符合等级要求。

5. 微生物等级

不同微生物等级表示实验动物微生物控制的标准化条件。按微生物学控制分类，国外将实验动物分成四级，即普通动物、无特定病原体动物、悉生动物及无菌动物。根据我国实际情况，国家科委将实验动物分为普通动物、清洁动物、无特定病原体动物和无菌动物（包括悉生动物）四个级别。各级动物具有不同的特点，分别适用不同的研究目的。

6. 遗传背景

尽量选用遗传背景明确的品系动物，而不选用随意交配繁殖的杂种动物。采用遗传学控制方法培育出来的近交系动物、突变系动物、杂交系动物存在遗传均质性，反应一致性好，因而实验结果精确可靠，便于比较，广泛用于各科研领域。封闭群动物在遗传控制方面虽比未经封闭饲养的一般动物严格，具有群体的遗传特征，但是动物之间存在个体差异。因此，其反应的一致性不如近交系动物。一般而言，必须从专业实验动物销售公司购买合格的实验动物用于实验。

五、功能食品研究中常用的实验动物

（一）小鼠

学名：*Mus musculus*，在生物分类学上属脊椎动物门哺乳动物纲啮齿目鼠科小鼠属小家鼠种。小鼠来源于野生鼷鼠，从17世纪开始用于解剖学研究及动物实验，经长期人工饲养选择培育，已育成数千个品系，遍及世界各地，已成为生物医学研究中最广泛使用的实验动物，也是当今世界上研究最为详尽的哺乳类实验动物，是人类最先完成全基因组测序的动物。

1. 生活习性

小鼠性情温驯，易于捕捉，胆小怕惊，对外来刺激敏感，喜居光线暗淡的环境。习惯于昼伏夜动，其进食、交配、分娩多发生在夜间。一昼夜活动高峰有两次，一次在傍晚后1~2h内，另一次为黎明前。小鼠门齿生长较快，需常啃咬坚硬食物，有随时采食习惯。小鼠为群居动物，群养时雌雄要分开，雄鼠群体间好斗，群体处于优势者保留胡须，而处于劣势者则掉毛，胡须被拔光。小鼠对温湿很敏感，一般温度以18~22℃，相对湿度以

50%~60%最佳。

2. 解剖学特点

（1）外观 小鼠体形小，一般雄鼠大于雌鼠。嘴尖，头呈锥体形，嘴脸前部两侧有触须，耳耸立成半圆形。尾长约与体长大致相等，不同品系稍有差异。如最为常用的昆明种小鼠，90日龄的体长90~110mm，体重35~55g。近交系小鼠体形略小，如615小鼠体长85~94mm，体重24~35g。小鼠尾有平衡、散热、自卫等功能。被毛颜色有白色、野生色、黑色、肉桂色、褐色、白斑等。小鼠被毛滑紧贴体表，四肢匀称，眼睛亮而有神。小鼠无汗腺，尾上有四条明显的血管，主要通过尾巴散热。

（2）内脏器官 胸腔内有气管、肺、心脏和胸腺，腹腔内有肝脏、胆囊、胃、脾、肠、肾脏、膀胱等器官。小鼠为杂食动物，食管细长，约2cm，胃容量小1.0~1.5mL，功能较差，不耐饥饿，肠道较短，盲肠不发达。肠内能合成维生素C。有胆囊，胰腺呈弥散状分布在十二指肠、胃底及脾门处，色淡红，不规则，似脂肪组织。肝脏是腹腔内最大的脏器，由四叶组成，具有分泌胆汁、调节血糖、贮存肝糖原和血液、形成尿素、中和有毒物质等功能。

（3）淋巴系统 淋巴系统很发达，包括淋巴管、淋巴结、胸腺、脾脏、外周淋巴结以及肠道派伊尔淋巴集结①。脾脏可贮存血液并含有造血细胞，雄鼠脾脏明显大于雌鼠。外来刺激可使淋巴系统增生。

（4）生殖系统 雌鼠生殖系统包括卵巢、输卵管、子宫、阴道、阴蒂腺、乳腺等，子宫呈"Y"形，雄鼠生殖系统包括睾丸、附睾、精囊、副性腺、输精管和阴茎等。

3. 生理学特征

小鼠体形较小，新生仔鼠1.5g左右，45d体重达18g以上。健康小鼠寿命可达18~24个月，最长可达3年。小鼠体重的增长、寿命等与品系的来源、饲养营养水平、健康状况、环境条件等有密切关系。近交系小鼠与普通小鼠相比，一般生活能力弱，寿命较短。

小鼠成熟早，繁殖力强，新生仔鼠周身无毛，通体肉红，两眼不睁，两耳粘贴在皮肤上。一周开始爬行，12d睁眼。雌鼠35~50日龄性成熟，配种一般适宜在65~90日龄，妊娠期19~21d，每胎产仔8~12只。雄鼠在5周龄开始生成精子，60日龄体成熟。

4. 遗传学特性

小鼠共有20对染色体，已培育出许多近交系，小鼠是遗传学研究中最常用的哺乳类实验动物之一，也是目前遗传学背景知识研究最详尽的动物之一。

5. 小鼠的应用

在哺乳类实验动物中，小鼠被广泛应用于功能食品各项实验中。原因包括：①小鼠个体小，饲养管理方便，生产繁殖快，质量控制严格，价廉；②有大量的具有各种不同特点的近交品系、突变品系、封闭群及杂交一代动物，小鼠实验研究资料丰富、参考对比性强；③全世界科研工作者均用国际公认的品系和标准的条件进行实验，其实验结果的科学性、可靠性、再现性都高，自然会得到国际认可，这是最重要的一点。小鼠在功能食品研

---

① 派伊尔淋巴集结：派伊尔淋巴集结（Peyer patch），又称Peyer斑、派伊尔斑、PP结、肠道集合淋巴结等，是肠黏膜免疫系统的重要组成部分，是小肠黏膜内的一组淋巴滤泡。

究中主要被应用在以下方面：

（1）食品功能评价　如抗突变、抗肿瘤功能、增强免疫功能、抗衰老功能以及抗疲劳、减肥等都广泛使用。尤其是免疫缺损方面，小鼠的应用更为普遍。如 T 淋巴细胞缺乏的裸鼠、严重联合免疫缺损小鼠（SCID）、T 淋巴细胞和 B 淋巴细胞缺损小鼠、T 淋巴细胞和自然杀伤细胞（NK）缺损小鼠等。免疫缺陷小鼠已成为人和动物肿瘤或组织接种用动物，也是研究免疫功能食品的良好模型。

（2）食品安全性毒理学评价　在毒理学安全性评价中，一般不需要制造各种疾病模型，均是以正常大小鼠为实验对象进行实验。如急性毒性实验、哺乳动物红细胞微核实验、哺乳动物骨髓细胞染色体畸变实验、小鼠精原细胞或精母细胞染色体畸变实验、啮齿类动物显性致死实验、致畸实验、生殖毒性实验和生殖发育毒性实验等，一般都是用小鼠完成。

（二）大鼠

大鼠（rat），学名：*Rattus norvegicus*，属于哺乳纲啮齿目鼠科大鼠属，为野生褐家鼠的变种，起源于亚洲北部，于 17 世纪初期传到欧洲。18 世纪后期开始人工饲养，19 世纪，美国费城维斯塔尔（Wistar）研究所在开发大鼠作为实验动物方面做出了突出贡献，目前世界上使用的许多大鼠品系均起源于此。大鼠体形较小，遗传学较为一致，对实验条件反应较为近似，常被誉为精密的生物研究工具。

1. 生活习性

大鼠习于昼伏夜动，白天休息，傍晚和清晨比较活跃，采食、交配多在此时间进行。大鼠性格较温顺，行动迟缓，易于捉取。但当捕捉方法粗暴、缺乏维生素 A，或受到其他同类尖叫声的影响时，则难于捕捉，甚至会攻击人。尤其是处于怀孕和哺乳期的母鼠，由于上述原因，会咬饲养人员在喂饲时伸进鼠笼的手。大鼠门齿较长，终生不断生长，因此喜啃咬。所以饲喂的颗粒饲料有一定硬度要求，以符合其喜啃咬的习性。大鼠对外环境的适应性强，成年大鼠很少患病。大鼠对外界刺激反应敏感，在高分贝噪声刺激下，会发生母鼠吃仔现象。故饲养室内应尽量保持安静。

2. 解剖学特点

（1）外观　大鼠外观与小鼠相似，但体形较大。成年雄性大鼠身体前部比后部大，雌性大鼠身体相对瘦长，后部比前部大，头部尖小。大鼠尾部被覆短毛和环状角质鳞片。新生仔鼠体重为 5.5~10g，根据环境和营养状况不同，1.5~2 个月达到 180~220g，其体长不小于 18cm，可供实验使用，雄性大鼠最大体重 300~800g，雌性大鼠 250~400g。大鼠皮肤缺少汗腺，汗腺仅分布于爪垫上，主要通过尾巴散热。

（2）内脏器官　大鼠的胃属单室胃，分为前胃和后胃，前胃壁薄呈半透明状；后胃不透明，富含肌肉和胃腺，伸缩性强。肠分为小肠和大肠。小肠分为十二指肠、空肠和回肠。大肠包括盲肠、结肠和直肠，终止于肛门。大鼠肝分为 6 叶，即左叶、左副叶、右叶、右副叶、尾状叶及乳头叶，再生能力极强，被切除 60%~70% 后仍可再生。大鼠无胆囊，胆管直接开口于十二指肠乳头处。把胃与脾之间的薄膜除去，可见到在其下方有如树枝状的类似于脂肪的灰色组织，就是胰腺。胰腺呈长条片状，胰腺颜色较暗，质地较坚硬，分为左、右两叶，左叶在胃的后面与脾相连，右叶紧连十二指肠。大鼠有左肺和右肺，左肺单叶，右肺分为上叶、中叶、下叶和后叶4叶。大鼠有左、右肾，均呈蚕豆形，右肾比左肾高。心脏有4个腔，即左心房、左心室、右心房和右心室。

（3）生殖系统　雌鼠子宫为呈"Y"形的双子宫，雄鼠副性腺发达。

3. 生理学特征

健康大鼠寿命可达30~36个月，大鼠体重的增长、寿命等与品系的来源、饲养营养水平、健康状况、环境条件等有密切关系。近交系大鼠与普通大鼠相比，一般生活能力弱，寿命较短。

4. 繁殖特性

大鼠成熟快，繁殖力强，在6~8周龄时达到性成熟，约于3月龄时达到体成熟。雌性大鼠为全年多发情动物，其性周期4~5d，分为动情前期、动情期、动情后期和动情间期。大鼠妊娠期为19~23d，平均21d，每窝产仔6~12只；产后24h内出现一次发情；哺乳期为21~28d，一般情况下可在21d离乳，冬季气候寒冷，离乳时间宜定在25~28d。大鼠最适交配日龄为雌鼠80日龄，雄鼠90日龄。

5. 大鼠的应用

大鼠是医学上最常用的实验动物之一，其用量仅次于小鼠，大鼠体形比小鼠大，已育成近交系、突变系和封闭群。价格较廉，可以大量供应。在功能食品方面已用于以下研究。

（1）功能评价　功能评价方面，大鼠应用比小鼠更多，如降血脂、降血压类功能评价，大鼠的血压反应比家兔好，常用于进行降压功能因子的研究；也常用于研究、评价和确定最大作用量、功能因子排泄速率和蓄积倾向；慢性实验确定功能因子的吸收、分布、排泄、剂量反应和代谢以及服用后的临床和组织学检查。大鼠血压及血管阻力对功能因子反应敏感，常用大鼠肢体血管或离体心脏灌流方法，进行心血管药理学研究及筛选有关功能因子。另外，抗肿瘤、改善胃肠道消化功能、营养代谢方面的研究以及神经系统功能、延缓衰老都可使用大鼠作为实验动物模型。

（2）毒理学安全性评价　大鼠在功能食品毒理学安全性评价中，一般主要用于毒代动力学研究、短期喂养等。如28d经口毒性实验、90d经口毒性实验、致畸实验以及慢性毒性实验和致癌实验。

（三）大鼠小鼠常用生理、生化数据

在动物实验过程中，通常需要了解实验动物的基本生理、生化指标，大鼠、小鼠常用生理、生化指标见表1-1。在毒理学实验中，通常需要根据人体推荐量计算常用实验动物的给药剂量（表1-2~表1-4）。

表1-1　　　　　　　　　　　　大鼠、小鼠常用生理、生化指标

	指标	小鼠	大鼠	备注
生理指标	平均体重/g	18~49	201~300	—
	肝脏体重比/%	5.18	4.07	—
	脾脏体重比/%	0.38	0.43	—

续表

	指标	小鼠	大鼠	备注
生理指标	心率/（次/min）	300~650（470）	260~450（350）	括号中表示心率最小值的平均数
	正常血压（收缩压）/mmHg[①]	12.69~18.40（14.79）	10.93~15.99（13.07）	—
	正常血压（舒张压）/mmHg	8.93~11.99（10.80）	7.99~12.12（10.13）	—
	饲料量/[g/（只·d）]	2.8~7.0	9.3~18.7	50g 大鼠
	饮水量/[mL/（只·d）]	4~7	20~45	50g 大鼠
生化指标	血容量/（mL/kg）	70~80	50~65	—
	血糖/（mmol/L）	3.53~9.86（4.98）	2.80~7.56（4.20）	—
	胆固醇/（mmol/L）	0.68~2.13（1.66）	0.26~1.40（0.70）	—

表1-2 　　　　人和动物间按体表面积折算的等效剂量比率表

	小鼠 20g	大鼠 200g	豚鼠 400g	兔 1.5kg	猫 2kg	猴 4kg	犬 12kg	成人 70kg
小鼠 20g	1.0	7.0	12.25	27.8	29.7	64.1	124.2	387.9
大鼠 200g	0.14	1.0	1.74	3.9	4.2	9.2	17.8	56.0
豚鼠 400g	0.08	0.57	1.0	2.25	2.4	5.2	10.2	31.5
兔 1.5kg	0.04	0.25	0.44	1.0	1.08	2.4	4.5	14.2
猫 2kg	0.03	0.23	0.41	0.92	1.0	2.2	4.1	13.0
猴 4kg	0.016	0.11	0.19	0.42	0.45	1.0	1.9	6.1
犬 12kg	0.008	0.06	0.10	0.22	0.23	0.52	1.0	3.1
成人 70kg	0.0026	0.018	0.031	0.07	0.078	0.16	0.32	1.0

表1-3 　　　　体重-体表面积转换表

物种	体重/kg	体表面积/m²	转换系数/（kg/m²）
小鼠	0.02	0.0066	3
大鼠	0.15	0.025	6
猴	3	0.24	12.5
犬	8	0.4	20
人：儿童	20	0.8	25
成人	60	1.6	37.5

① 1mmHg≈0.13kPa。——编者注

表 1-4   推荐的受试物给药容量   单位:mL/kg

途径	灌胃（ig）		经皮（td）		静脉（iv）		腹腔（ip）		皮下（sc）		肌肉（im）		鼻（a）	
物种	常用	限量	常用	限量	常用	限量	常用	限量	常用	限量	常用	限量	常用	限量
小鼠	10	20~50	—	—	5	15~25	5~10	30~50	1~5	10~20	0.1	0.5~1	—	—
大鼠	10	20~50	2	6	1~5	10~20	5~10	10~20	1	10~20	0.1~1	1~10	0.1	0.2
兔	10	20~50	2	8	1~3	5~10	—	—	1~2.5	5~10	0.1~0.5	1	0.2	1
犬	10	10~20			1	5~10	3	5	1~2	1~2	0.1~0.2	1	0.2	2
猴	10	10			1	5~10	5	5	1~2	1~2	0.1~0.5	1	0.2	1

六、实验动物的管理与环境

来源清楚的种子动物、良好的环境控制、标准化的饲料和科学化的管理是培育出高品质、标准化实验动物以及获得准确实验研究结果的重要条件，因此，必须进行严格的科学化管理。本部分以功能食品评价中常用的实验动物（小鼠和大鼠）为例进行详细介绍。

（一）实验动物的环境控制

1. 实验动物环境的基本概念

实验动物环境可分为外环境和内环境。外环境是指实验动物设施或动物实验设施以外的周边环境，如气候或其他自然因素、邻近的民居或厂矿单位、交通和水电资源等。内环境是指实验动物设施或动物实验设施内部的环境。内环境又细分为大环境和小环境。前者是指实验动物的饲养间或实验间的整体环境状况，后者是指在动物笼具内，包围着每个动物个体的环境状况，如温度、湿度、气流速度、氨及其他气体的浓度、光照、噪声等。

实验动物环境条件对动物的健康和质量，以及对动物实验结果都有直接的影响，尤其是高等级的实验动物，环境条件要求严格。因而，对环境条件人工控制程度越高，并符合标准化的要求，动物实验结果就有更好的可靠性和再现性，也使同类型的实验数据具有可比较的意义。

2. 影响实验动物环境的因素及其控制

（1）气候因素 包括有温度、湿度、气流和风速等。在普通级动物的开放式环境中，主要是自然因素在起作用，仅可通过动物房舍的建筑坐向和结构、动物放置的位置和空间密度等方面来作有限的调控。在隔离系统或屏障、亚屏障系统中的动物，主要是通过各种设备，对上述的因素予以人工控制。在国家制定的实验动物标准中，对各质量等级动物的环境气候因素控制，都有明确的要求。

（2）理化因素 包括有光照、噪声、粉尘、有害气体、杀虫剂和消毒剂等。这些因素可影响动物各生理系统的功能及生殖机能，需要严格控制，并实施经常性的监测。

（3）生物因素 指实验动物饲育环境中，特别是动物个体周边的生物状况，包括有动物的社群状况、饲养密度、空气中微生物的状况等。例如，在实验动物中许多种类，都有能自然形成具有一定社会关系群体的特性。对动物进行小群组合时，就必须考虑到这些因素。

不同种之间或同种的个体之间，都应有间隔或适合的距离。对实验动物设施内空气中的微生物有明确的要求，动物等级越高要求越严格。国家标准规定，亚屏障系统设施内空气落下的菌数≤12.2 个/（Ⅲ·h），屏障系统≤2.45 个/（Ⅲ·h），隔离系统≤0.49 个/（Ⅲ·h）。

3. 实验动物的房舍设施

实验动物设施是实验动物和动物实验设施的总称，是为实现对动物所需的环境条件实行控制目标而专门设计和建造的。实验动物设施依其使用功能的不同，被划分出各个功能区域，各自有不同的要求。按照《实验动物　环境及设施（含第 1 号修改单)》（GB 14925—2010）规定，实验动物环境设施分为四等，控制程度从低到高，依次为开放系统、亚屏障系统、屏障系统和隔离系统。每一系统也均有各自独特的要求，这里不再赘述，可参考国家标准。

从实验鼠类的习性可知，大小鼠对环境适应性的自体调节能力和疾病抗御能力较其他实验动物差，因此，必须根据实际情况给予其一个清洁舒适的生活环境，不同等级的大小鼠应生活在相应的设施中。

4. 实验动物饲养的辅助设施和设备

这是指在动物房舍设施内用于动物饲养的器具和材料，主要包括笼具、笼架、饮水装置和垫料等，并还有层流架、隔离罩和运输笼等。这些器具和物品与动物直接接触，产生的影响最为直接。

（1）笼具和笼架　在笼外的环境符合质量控制标准的情况下，包围动物小环境的质量从很大程度上取决于笼具、笼架的情况。笼具要求能对动物提供足够的活动空间，通风和采光良好，坚固耐用，里面的动物不会逃逸，外面的动物不会闯进，操作方便，适合于消毒、清洗和储运。

现在我国普遍采用独立送风系统笼具（IVC），每一个鼠盒都有实时洁净新风，并可经受多种方法消毒灭菌。笼盒既要保证有活动的空间，又要阻止其啃咬磨牙咬破鼠盒逃逸，便于清洗消毒。饮水器可使用玻璃瓶、塑料瓶，瓶塞上装有金属或玻璃饮水管，容量一般为 250mL 或 500mL。

笼架是承托笼具的支架，使笼具的放置合理，有些还设有动物粪便自动冲洗和自动饮水器。要注意笼具和笼架的匹配，应方便移动和清洗消毒。

（2）动物饲养用的饮水设备　一般采用饮水瓶、饮水盆和自动饮水器。小动物应多使用不易破碎的饮水瓶。这些器具的制造材料要求耐高温高压和消毒药液的浸泡且无毒无害。

（3）运输笼和垫料　我国目前多采用在普通饲养盒外包无纺布的简易运输笼运输实验鼠。

垫料是小鼠生活环境中直接接触的铺垫物，起吸湿（尿）、保暖、做窝的作用。因此，垫料应有强吸湿性、无毒、无刺激气味、无粉尘、不可食，并使动物感到舒适。目前采用的动物垫料主要是木材加工厂的下脚料，如多种阔叶树木的刨花、锯末、碎木屑等，玉米轴或秸秆粉碎后也是很好的垫料，但切忌用针叶木（松、桧、杉）刨花做垫料，这类刨花能发出具有芳香味的挥发性物质，可对肝细胞产生损害，使药理和毒理方面的实验受到极大干扰。垫料必须经消毒灭菌处理，除去潜在的病原体和有害物质。每周两次更换垫料是很必要的，因为鼠盒的空间有限，鼠的排泄物中含有的氨气、硫化氢等刺激性气体，对饲养员和动物是不良刺激，极易引发呼吸道疾病；排泄物也是微生物繁殖的理想场所，如不及时更换，很容易造成动物污染。

（二）实验动物的日常管理

1. 小鼠的日常管理

（1）饲养环境　屏障环境饲养的小鼠经过人们无数代的定向选择，生活习性有了一定的改变，对环境的适应性差，不耐冷热，要求生活在清洁无尘、空气新鲜的环境下，每周应换窝 2 次。

小鼠喜阴暗、安静的环境，对环境温度、湿度很敏感，经不起温度的骤变和过高的温度。温度过高常影响种母鼠的受胎率和仔鼠生长发育。冬季室温过低，不仅会影响种鼠的生长繁殖情况，且易使种鼠发生多种疾病。小鼠临界温度为低温 10℃，高温 37℃。饲养环境控制应达到如下要求：温度在 16~26℃，相对湿度 40%~70%，一般小鼠饲养盒内温度比环境高 1~2℃，相对湿度高 5%~10%。噪声 85 分贝以下，氨浓度 20mg/L 以下．通风换气 8~12 次/h。

白化小鼠怕强光，在比较强烈的光照下，哺乳母鼠易发生神经紊乱，可能发生吃仔鼠的现象。若哺乳母鼠受到噪声的刺激，也会吃仔鼠。

（2）饲喂　小鼠胃容量小，随时采食，是多餐习性的动物。成年鼠采食量一般为 3~7g/d，幼鼠一般为 1~3g/d。若使用小鼠群养盒，每周应固定某两天添加饲料，其他时间可根据情况随时注意添加。灭菌饲料使用料铲给食，不能直接用手拿取。饲料应用料斗给食，落在地上的不能使用。饲料不宜给得过多，过多易受微生物污染，最好保证在 2 次给食之间不出现剩余饲料。

饲料在加工、运输、贮藏过程中，应严防污染、发霉、变质的情况出现，一般的饲料贮藏时间夏季不超过 15d，冬季不超过 30d。小鼠应饲喂全价营养颗粒饲料，饲料中应含一定比例的粗纤维，使成型饲料具一定的硬度，以便小鼠磨牙。同时应维持营养成分相对稳定，任何饲料配方或剂型的改变都要作为重大事件记入档案。

（3）饮水　小鼠饮用水为 pH 2.5~2.8 的酸化水，用饮水瓶给水，每周换水 2~3 次，成年鼠饮水量一般为 4~7mL/d，要保证供水的连续性，拧紧瓶塞，以防止瓶塞漏水。一般日常饲养应先加水瓶再加饲料，以便在添加饲料时检查有无水瓶漏水情况，完成当日工作离开饲养室前应再次检查水瓶和饲料。为避免微生物污染水瓶，水瓶灭菌后仅限一次性使用。严禁未经消毒的水瓶继续使用。

实验动物饮用水处理器应当定期清洗维护。定期对滤芯和管路进行清洗或更换。

2. 大鼠的日常饲养管理

（1）饲养环境　大鼠的饲养管理基本与小鼠相同，但要注意以下事项：①饲养环境中相对湿度不得低于40%，避免环尾病的发生。环尾病表现为尾巴出现圆形环状纹，初期呈现水肿、出血、皮肤坏死及脱皮。严重者尾根及尾巴成干性坏疽病变，留下永久性环形纹。②哺乳母鼠对噪声特别敏感，强烈噪声容易引起吃仔现象的发生。③由于大鼠体形较大，排泄物多，产生的有害气体也多。因此必须控制大鼠的饲养密度，确保室内通风良好，勤换垫料。④大鼠用的垫料除了要注意消毒外，还应注意控制它的物理性能，垫料携带的尘土容易引起异物性肺炎,软木刨花可引起幼龄大鼠发生肠堵塞。⑤大鼠体形较大,饲料和饮水的消耗量也大,要经常巡视观察,及时补充。⑥妊娠母鼠容易缺乏维生素 A,要定期予以补充。

(2)饲喂 大鼠随时采食,是多餐习性的动物。成年大鼠的胃容量为 4~7mL。50g 大鼠的食料量为 9.3~18.7g/d,注意事项与小鼠相同。

(3)饮水 大鼠饮用水为 pH 2.5~2.8 的酸化水,用饮水瓶给水,每周换水 2~3 次,成年鼠饮水量一般为 20~45mL/d,要保证供水的连续不断。

3. 观察和记录

实验鼠的饲养管理非常烦琐,要求饲养人员具有高度的责任心,随时检查动物状况,出现问题应立即纠正。为了使饲养工作有条不紊,必须将各项操作统筹安排,建立固定的操作程序,使饲养人员不会遗漏某项操作,同时也便于管理人员随时检查。

管理人员应观察大鼠的吃料饮水量、活动程度、双目是否有神、尾巴颜色等,记录饲养室温度、湿度、通风状况,记录大鼠生产笼号、胎次、出生仔数等。饲养人员必须及时记录以上信息,决不能后补记录。

外观判断鼠健康的标准:①食欲旺盛;②眼睛有神,反应敏捷;③体毛光滑,肌肉丰满,活动有力;④身无伤痕,尾不弯曲,天然孔腔无分泌物,无畸形;⑤粪便黑色呈麦粒状。

4. 清洁卫生和消毒

饲养员进入饲养室前必须更衣,用肥皂水洗手并用清水冲洗干净,戴上消毒过的口罩、帽子、手套和隔离衣后方可进入饲养室。坚持实行每月小消毒和每季度大消毒一次的制度,即每月用 1g/L 新洁尔灭喷雾空气消毒一次,室外用 30g/L 来苏尔消毒,每季度用过氧乙酸(2g/L)喷雾消毒鼠舍一次。笼具、食具至少每月彻底消毒一次,鼠舍内其他用具也应随用随消毒。可高压消毒或用 2g/L 过氧乙酸浸泡消毒。

每周应至少更换两次垫料。换垫料时应将饲养盒一起移去,在专门的房间倒垫料,以防止室内留有灰尘并发生污染。一级以上动物的垫料在使用前应经高压消毒灭菌。要保持饲养室内外整洁,门窗、墙壁、地面等无尘土。垫料、饲料经高压消毒后放到清洁准备间储存,但储存时间不应超过 15d。鼠盒、饮水瓶每月用 2g/L 过氧乙酸浸泡 3min 或进行高压灭菌。

5. 疾病预防

实验动物在实验前应健康无病,所以应对实验动物积极进行疾病预防工作,而实验动物一旦发病则失去了作为实验动物的意义。发现有疑似传染病的实验鼠应将整盒全部淘汰,然后检测是否确有疾病,再采取相应措施。为了保持动物的健康,必须建立封闭防疫制度以减少鼠群被感染的机会。即应注意以下几点:①新引进的动物必须在隔离室进行检疫,观察无病时才能与原鼠群一起饲养;②饲养人员出入饲养区必须遵守饲养管理守则,按不同的饲养区要求进行淋浴、更衣、洗手以及必要的局部消毒;③严禁非饲养人员进入饲养区;④严防野鼠、蟑螂等进入饲养区。

七、实验动物的基本操作

（一）动物的捉拿与固定

1. 小鼠的捉拿与固定

小鼠性情较温顺，一般不会咬人，比较容易抓取固定。通常用右手提起小鼠尾巴将其放在鼠笼盖或其他粗糙表面上，在小鼠向前挣扎爬行时，用左手拇指和食指捏住其双耳及颈部皮肤，将小鼠置于左手掌心、无名指和小指夹其背部皮肤和尾部，即可将小鼠完全固定，如图1-1所示。

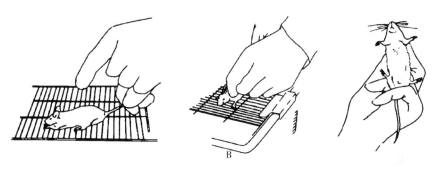

图1-1 小鼠的固定、提取

2. 大鼠的捉拿与固定

4~5周龄以下的大鼠，捉取和固定的方法与小鼠相同，要戴防护手套，周龄较大的大鼠牙齿尖锐，抓取时要小心，需抓住大鼠的尾根部，不能抓尾尖，也不能让大鼠悬在空中时间过长，否则易导致大鼠尾部皮肤脱落，也容易被大鼠咬伤。取出大鼠放在笼盖上，轻轻向后拉尾，在大鼠向前挣扎爬行时，用左手拇指和食指夹住大鼠的颈部，不要过紧，其余三指及掌心握住大鼠身体中段。将其拿起，翻转为仰卧位，右手拉住尾巴。如图1-2所示。

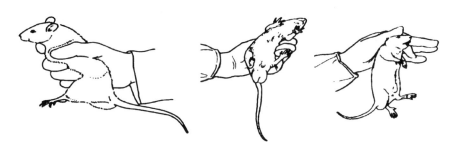

图1-2 大鼠的固定、提取

（二）动物的标记

对随机分组后的实验动物进行标记编号，是动物实验准备工作中相当重要的一项工作。标记编号方法应保证编号不对动物生理或实验反应产生影响，且号码清楚、易认、耐久和适用。目前标记编号方法主要有染色法、耳孔法、烙印法、挂牌法等标记编号方式。此外，还有针刺法、断趾编号法、剪尾编号法、被毛剪号法、笼子编号法等。其中最常用的是染色法，染色法适用于被毛白色的实验动物如大白鼠、小白鼠等，与其他方法相比，具有简便、安全、对实验动物影响小等优点。

染色法是用化学药品在实验动物身体明显的部位，如被毛、四肢等处进行涂染，以染色部位、颜色不同来标记区分实验动物的方法。

1. 常用染色剂

（1）3%～5%（质量分数）苦味酸酒精溶液　可染成黄色。

（2）0.5%（质量分数）中性红或品红溶液　可染成红色。

（3）2%（质量分数）硝酸银溶液　可染成咖啡色（涂染后在可见光下暴露10min）。

（4）煤焦油酒精溶液　可染成黑色。

2. 染色方法

（1）单色涂染法　单色涂染法是用单一颜色的染色剂涂染实验动物不同部位的方法。根据每单位笼内饲养的动物只数不同，选择不同的染色方式。常规的涂染顺序是从左到右、从上到下。左前肢为1号、左侧腹部2号、左后肢3号、头部4号、背部5号、尾根部6号、右前肢为7、右侧腹部8号、右后肢9号、不作染色标记为10号。此法简单、易认，在每组实验动物不超过10只的情况下适用。

（2）双色涂染法　双色涂染法是采用两种颜色同时进行染色标记的方法。例如，用苦味酸（黄色）染色标记作为个位数，用品红（红色）染色标记作为十位数。个位数的染色标记方法同单色涂染法；十位数的染色标记方法参照单色涂染法，即左前肢为10号、左侧腹部20号、左后肢30号、头部40号、背部50号、尾根部60号、右前肢70号、右侧腹部80号、右后肢90号、第100号不作染色标记。比如标记第12号实验动物，在其左前肢涂染品红（红色），在其左侧腹部涂上苦味酸（黄色）即可。双色涂染法可标记100位以内的号码。

（3）直接标号法　直接标号法是使用染色剂直接在实验动物被毛、肢体上编写号码的方法。实验动物太小或号码位数太多时，不宜采用此方法。

染色法虽然简单方便，不会给实验动物造成损伤和痛苦，但是长时间实验会使涂染剂自行褪色，或由于实验动物互相嬉闹、舔毛、摩擦、换毛、粪尿和饮水浸湿被毛等原因，易造成染色标记模糊不清，因此染色法对慢性实验不适用。如果所做慢性实验只能采用此种染色方法，则应注意要不断地补充和加深染色。

另外，常用染色剂的毒性对实验动物的影响也是需要注意的一个问题。

（三）动物的给药方式

1. 灌胃

专用灌胃针由注射器和喂管组成，喂管尖端焊有一金属小圆球，金属球中空，用途是防止喂管插入时造成损伤。金属球弯成20°角，以适应口腔与食道之间弯曲。如图1-3所示，将喂管插头紧紧连接在注射器的接口上，吸入定量的药液；左手捉住动物，右手拿起准备好的注射器。从嘴角将喂管针头尖端放进动物口咽部，顺

图1-3　鼠类灌胃

咽后壁轻轻往下推，喂管会顺着食管滑入动物的胃，插入深度约3cm。用中指与拇指捏住针筒，食指按着针杆的头慢慢往下压，即可将注射器中的药液灌入动物的胃中。在插入过程中如遇到阻力，或动物挣扎剧烈，则应将喂管取出再重新插入，因为这时灌胃管并没有插入胃中。若插入气管推药后，小鼠会很快死亡。

2. 腹腔注射

如图 1-4 所示，左手提起并固定小鼠，使鼠腹部朝上，鼠头略低于尾部，右手持注射器将针头在下腹部靠近腹白线的两侧进行穿刺，针头刺入皮肤后，应使注射针头与皮肤呈 45°角刺入腹肌，穿过腹肌进入腹膜腔，当针尖穿过腹肌进入腹膜腔后抵抗感消失。将针头固定，保持针尖不动，回抽针栓，如无回血、肠液和尿液后即可注射药液。注射量为 0.1~0.2mL/10g（bw）。

图 1-4　腹腔注射

3. 皮下注射

皮下注射给药是将药液推入皮下结缔组织，经毛细血管、淋巴管吸收进入血液循环的过程。小鼠皮下注射常选颈背或大腿内侧的皮肤。如图 1-5 所示，操作时，常规消毒注射部位皮肤，然后将皮肤提起，注射针头取一钝角角度刺入皮下，把针头轻轻向左右摆动，易摆动则表示已刺入皮下，再轻轻抽吸，如无回血，可缓慢地将药物注入皮下。拔针时左手拇、食指捏住进针部位片刻，以防止药物外漏。注射量为 0.1~0.3mL/10g（bw）。大鼠皮下注射注射部位可在颈部或后肢外侧皮下，操作时轻轻提起注射部位皮肤，将注射针头刺入皮下后推注药液。一次注射量不超过 1mL/100g（bw）。

4. 皮内注射给药

将药液注入皮肤的表皮和真皮之间，观察皮肤血管的通透性变化或皮内反应，接种、过敏实验等一般作皮内注射。先将注射部位的被毛剪掉或进行直接脱毛，局部常规消毒，左手拇指和食指按住皮肤使其绷紧，在两指之间，用结核菌素注射器连接 4~5 号针头进行穿刺，针头进入皮肤浅层，再向上挑起并稍刺入，将药液注入皮内。注射后皮肤出现一个白色小皮丘，而皮肤上的毛孔极为明显。注射量为 0.1mL/次。

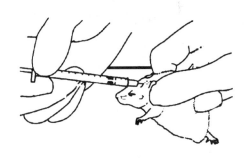

图 1-5　皮下注射

5. 肌肉注射给药

小鼠体积小，肌肉少，很少采用肌肉注射。当给小鼠注射不溶于水而混悬于油或其他溶剂中的药物时，采用肌肉注射。操作时一人固定小鼠，另一人用左手抓住小鼠的一条后肢，右手拿注射器。将注射器与半腱肌呈 90°角迅速插入 1/4，然后注入药液。用药量不超过 0.1mL/10g（bw）。

6. 尾静脉注射

如图 1-6 所示，将小鼠放固定器中从孔拉出尾巴，调整固定器至合适位置，使小鼠尾巴不能完全回收，用左手抓住小鼠尾巴中部。小鼠的尾部有 2 条动脉和 2 条静脉，一般选择分布在两侧的静脉血管作为注射血管。静脉血管容易固定，平均直径小于（0.6±0.5）mm，遇到热水、75%酒精或者远红外线的烘烤时，尾部静脉呈明显扩张状态，平均直径可达到（0.9±0.7）mm。注射前，可将鼠尾置于45～50℃温水中浸泡2min或用75%酒精棉球反复擦拭尾部，以达到消毒和使尾部血管扩张及软化表皮角质的目的。注射时，以左手拇指和食指捏住鼠尾两侧，使静脉更为充盈，用中指从下面托起尾巴，以无名指夹住尾巴的末梢，右手持 4 号针头注射器，使针头与静脉平行（小于30°角），从尾巴的下 1/4 处进针，开始注入药物时应缓慢，同时仔细观察，如果无阻力，无白色皮丘出现，说明注射器已刺入血管，可正式注入药物。有的实验需连日反复尾静脉注射给药，注射部位应尽可能从尾端开始，按次序向尾根部移动，并可更换血管位置注射给药。注射量为 0.05～0.1mL/10g（bw）。拔出针头后，用拇指按住注射部位轻压 1～2min，防止出血。

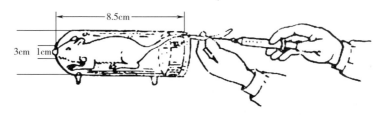

图 1-6　尾静脉注射

为提高尾静脉注射的成功率，注射时应注意：注射前使尾静脉尽量充血；用较细的针头注射；刺入后一定要使针头与血管走向平行；进入血管后要将针头与鼠尾一起固定好；初次注射部位尽量选在尾静脉后 1/3 处。

（四）动物的取血

采血方法的选择，决定于实验的目的所需的血量以及动物种类。凡用血量较少的检验，如红、白细胞计数、血红蛋白的测定、血液涂片以及酶活性微量分析法等，可刺破组织取毛细血管的血。当需血量较多时可行静脉采血。静脉采血时，若需反复多次，应从远离心脏端开始，以免发生栓塞进而影响整条静脉。例如，研究毒物对肺功能的影响、血液酸碱平衡、水盐代谢紊乱，需要比较动脉血氧分压、动脉血二氧化碳分压和血液 pH 以及 K^+、Na^+、Cl^-浓度，必须采取动脉血液。采血时要注意：①采血场应充足的光线；室温夏季最好保持在 25～28℃，冬季 15～20℃为宜；②采血用具及采用部位一般需要进行消毒；③采血用的注射器和试管必须保持清洁干燥；④若需抗凝全血，在注射器或试管内需预先加入抗凝剂。

1. 尾尖采血

左手拇指和食指从背部抓住小鼠颈部皮肤，将小鼠头朝下固定，当小鼠固定后，将其尾巴于50℃热水中浸泡数分钟，使尾部血管充盈。擦干尾部，再用剪刀或刀片剪去尾尖 1～2mm，用试管接流出的血液，同时自尾根部向尾尖按摩。取血后用棉球压迫止血并用

6%液体火棉胶涂在伤口处止血，每次采血量为 0.1mL。

2. 眼眶静脉丛采血

采血者的左手拇食两指从背部较紧地握住小鼠或大鼠的颈部，应防止动物窒息。当取血时，左手拇指及食指轻轻压迫动物的颈部两侧，使眶后静脉丛充血。右手持接 7 号针头的 1mL 注射器或长颈（3~4cm）硬质玻璃滴管（毛细管内径 0.5~1.0mm），使采血器与鼠皮肤表面成 45°的夹角，由眼内眦刺入，针头斜面先向眼球刺入，之后再转 180°使斜面对着眼眶后界。刺入深度：小鼠为 2~3mm，大鼠为 4~5mm。当感到有阻力时即停止推进，同时，将针退出 0.1~0.5mm，边退边抽。若穿刺适当，血液能自然流入毛细管中；当得到所需的血量后，即除去加于颈部的压力，同时，将采血器拔出，以防止术后穿刺孔出血。若技术熟练，可用本法短期内可重复采血。左右两眼轮换采用更好。体重 20~25g 的小鼠每次可采血 0.2~0.3mL；体重 200~300g 的大鼠每次可采血 0.5~1.0mL，可用于大多数血液生物指标的检测。

3. 面颊采血

采用 5.0mm 面颊采血针。左手抓鼠，固定在手中，使其充分暴露头部。取 75%酒精棉球擦拭小鼠面颊部。穿刺点的选择是操作的关键，应根据小鼠的面部解剖结构进行选择小鼠的下唇、眼、耳根下缘可组成一个近似等腰的三角形，在下唇与耳根下缘所组成的底边中心偏耳根的位置处，有大约 2mm² 的软组织，软组织深处是面颊静脉丛，它收集来自小鼠面部各静脉的血液，此处没有颅骨的保护，距离体表相对较浅，穿刺针易刺入。用食指轻触口与耳根下缘所组成三角形底边中心，当触及柔软处时，右手呈执笔样持采血针，找准穿刺点，迅速刺入，当感觉有明显突破感时，迅速拔出采血针，见暗红色血液从穿刺点处流出时，采血即可，整个采血过程简单易行，持续约 2min，可单人操作。采血结束后，可以用采血用的 1.5mL 微量离心管（EP 管）管口压迫穿刺点止血，也可用 75%酒精棉球压迫 5~10s 以止血。

面颊采血，不仅采血量与摘眼球采血相当，更具有再现性操作的优势。操作简单易行，易掌握；对小鼠的伤害亦最小；可在整个实验过程中反复多次采血，可以满足连续观测指标的需求；操作过程无需麻醉，减少了麻醉药物对血液指标的影响。

4. 摘眼球取血

左手抓住小鼠颈部皮肤，将其轻压在实验台上，取侧卧位，左手食指尽量将小鼠眼周皮肤往颈后压，使眼球突出。用眼科弯镊迅速夹去眼球，将鼠倒立，用器皿接住流出的血液。采血完毕立即用纱布压迫止血。小鼠每次采血量为 0.6~1.0mL。

5. 腹主动脉采血

先将动物麻醉，仰卧固定在手术架上，从腹正中线皮肤切开腹腔，使腹主动脉充分暴露。用注射器吸出血液，防止溶血。或用无齿镊子剥离结缔组织，夹住动脉近心端，用尖头手术剪刀，剪断动脉，使血液喷入盛器。

6. 心脏采血

小鼠仰卧位固定，剪去胸前区被毛，皮肤消毒后，用左手食指在左侧第 3~4 肋间触摸到心搏处，右手持带有 4~5 号针头的注射器，选择心脏搏动最强处进行穿刺，当针头刺中心脏时，血液会自动进入注射器。每次采血量为 0.5~0.6mL。鼠类的心脏较小，且心率较快，心脏采血比较困难，因此，很少使用此法。也可以在实验结束时，开胸一次性采血，先将动物作深麻醉，打开胸腔，暴露心脏，用针头刺入右心室，吸取血液。采血量小鼠为 0.5~0.6mL；大鼠为 0.8~1.2mL。

（五）动物的麻醉

在进行在体动物实验时，为了使动物更接近生理状态，宜选用清醒状态的动物，有的实验则必须使用清醒动物。但在进行手术时或实验时，为了消除疼痛或减少动物挣扎而影响实验结果，常人为地将动物麻醉后再进行实验。麻醉动物时，应根据不同的实验要求和不同的动物种属选择适当的麻醉药品。

1. 局部麻醉

浸润麻醉、阻滞麻醉和椎管麻醉常用 5~10g/L 普鲁卡因，表面麻醉宜选用 20g/L 丁卡因溶液。

2. 全身麻醉

（1）吸入麻醉 小鼠、大鼠常用乙醚吸入麻醉法。将浸过乙醚的脱脂棉铺在麻醉用的玻璃容器底部，将实验动物置于容器内，将容器加盖。乙醚具挥发性，经呼吸道进入肺泡后会对动物进行麻醉，吸入后 15~20min 开始发挥作用，适用于时间短的手术过程或实验。容器内放置乙醚棉球可追加麻醉时间。采用乙醚麻醉，麻醉的深度易于掌握，比较安全，麻醉后动物苏醒也快。但在麻醉初期，动物常出现强烈兴奋的现象，因此其对呼吸道有较强的刺激作用，可使黏液分泌增多从而堵塞呼吸道。对于经验不足的操作者，用乙醚麻醉动物时容易因麻醉过深而导致动物死亡。另外，乙醚易燃、易爆，故需要专人管理。使用时应避火、通风、注意安全。

（2）注射麻醉 适用于多种动物，注射方法不一。不同动物对注射麻醉药的反应不尽相同，故需根据实验的目的，针对不同的实验动物，选用合适的麻醉药种类和剂量。其中，巴比妥类对呼吸中枢有较强的抑制作用，麻醉过深时呼吸活动可完全停止，故应用时须防止出现给药过多过快的情况。巴比妥类药物对心血管系统也有复杂的影响，故巴比妥类药物不是研究心血管机能实验动物的理想麻醉药品。

3. 常用麻醉剂的用法及用量

常用麻醉剂的用法及用量见表 1-5。

表 1-5　　　　　　　　　常用麻醉剂的使用方法及用量

麻醉药物	动物	给药途径	溶液浓度/（g/L）	给药剂量/（mg/kg）	维持时间/h	备注
戊巴比妥钠	狗、猫、兔	iv、ip	30	30	3~5h	
		sc		50		
	豚鼠、大鼠、小鼠	ip	20	45		
硫喷妥钠	狗、猫、兔	iv	50	20~25	15~30min	呼吸抑制较严重，故 iv 必须缓慢
		ip		20~25	15~30min	
	大鼠	iv、ip	20	50~100	15~30min	

续表

麻醉药物	动物	给药途径	溶液浓度/(g/L)	给药剂量/(mg/kg)	维持时间/h	备注
乌拉坦	狗、猫、兔	iv	200	600~1000	2~4h	毒性小，较安全
		ip		1000~1500	2~4h	
	豚鼠、大鼠、小鼠	ip	100	1000~1500	2~4h	
	蛙	淋巴囊	100	2000	2~4h	
氯醛糖	狗、猫、兔	iv	20	80	5~6h	安全，肌肉松弛不完全，但价格贵，难溶
	豚鼠、大鼠、小鼠	iv、ip	20	80	5~6h	
氯醛糖+乌拉坦	狗、猫、兔	iv	10+（30~40）	氯醛糖（60）+乌拉坦（800）	5h	加热60~70℃溶解
	豚鼠	ip	10+50	氯醛糖（20）+乌拉坦（1000）	5h	

①戊巴比妥钠：作用时间为 1~2h，属中效巴比妥类药物，实验中最为常用。常配成 10~50g/L 的水溶液，经静脉或腹腔给药。当对象为豚鼠时，腹腔注射剂量为 40~50mg/kg，常用浓度为 20g/L，用药量为 2.0~2.5mg/kg。大、小鼠时用腹腔注射法，腹腔注射剂量为 45mg/kg，常用浓度为 20g/L，用药量为 2.3mg/kg。用戊巴比妥钠时，麻醉时间可达到 2~4h，中途如果加 1/5 量，可维持麻醉时间达 1h 以上。用于犬、猫、兔时，多采用静脉和腹腔注射的方法，静脉时剂量为 30mg/kg，常用浓度为 30g/L，用药量为 1.0mg/kg；腹腔时剂量为 40~50mg/kg，常用浓度为 30g/L，用药量为 1.4~1.7mg/kg。

②异戊巴比妥：适用于犬、猫、兔时，如果采用静脉注射时，剂量为 40~50mg/kg，常用浓度为 50g/L，用药量为 0.8~1.0mg/kg；如果用于腹腔和肌肉注射时，剂量为 80~100mg/kg，常用浓度为 100g/L，用药量为 0.8~1.0mg/kg。对于大鼠麻醉，采用直肠和腹腔法，剂量为 100mg/kg，常用浓度为 100g/L，用药量为 1.0mg/kg。

③硫喷妥钠：作用时间仅 15s 至 2min，属短效或超短效巴比妥类，适用于较短时程的实验。用于犬、猫、兔时采用静脉和腹腔方法，剂量为 25~50mg/kg，常用浓度为 20g/L，用药量为 1.3~2.5mg/kg。用于大鼠时，采用静脉和腹腔方法，剂量为 50~100/kg，常用浓度为 10g/L，用药量为 5.0~10.0/kg，麻醉时间可达 15~30min，效力强，宜慢注射。

④氯醛糖：溶解度较小，常配成 10g/L 水溶液。使用前需先在水浴锅中加热，使其溶解，但加热温度不宜过高，以免降低药效。按照 400mg/kg 计算，一般配置 40g/L 浓度的溶液，用药量为 0.2mL/20g（bw），此用法麻醉时间平均为 2h 以上，没有止痛效果，能导致持久的浅麻醉，对植物性神经中枢的机能无明显抑制作用，对痛觉的影响也极微，故特别适用于研究要求保留生理反射（如心血管反射）或研究神经系统反应的实验。如果要使用，建议和止痛剂一起使用，很多学术期刊拒绝接收用氯醛糖单独作为实验动物麻醉剂的

研究论文。本药的安全度大，与乙醚比较，巴比妥类、氯醛糖等非挥发性麻醉药的优点是：使用方法简便，一次给药（硫喷妥钠和环己烯巴比妥钠除外）可维持较长时间的麻醉状态，在手术和实验过程中不需要专人管理麻醉情况，麻醉过程比较平稳，动物无明显挣扎现象，但应用此类麻醉药品，动物苏醒过程较慢。

⑤乙酯（乌拉坦）：适用于豚鼠和大、小鼠时，多采用肌肉注射的方法，剂量为1350mg/kg，常用浓度为200g/L，用药量为7.0mg/kg。对鸟类应用时，采用肌肉注射，剂量为1250mg/kg，常用浓度为200g/L，用药量为6.3mg/kg。对蛙类应用时，采用皮下淋巴囊注射，剂量为2000mg/kg或400~600mg/只，常用浓度为200g/L，用药量为2~3mL/只。

（六）3R准则与实验动物的处死

"替代（replacement）、减少（reduction）、优化（refinement）"的3R准则是当今国际上开展动物实验普遍遵循的动物福利原则。"替代"原则指使用其他方法而不用动物进行科学研究，或使用低等动物如线虫、果蝇等材料替代以往使用神志清醒、活的脊椎动物进行实验；"减少"原则指减少动物用量获取同样多的实验数据或使用一定数量的动物获得更多实验数据的方法；"优化"原则指通过改进或完善实验程序，减轻或减少给动物造成与实验目的无关的疼痛和不安。目前，"优化"原则主要体现在应用仁慈终点并仁慈处死动物（即安乐死）方面。因此，国际上将仁慈终点及安乐死作为一种优化策略，用来减轻动物在实验期间遭受的疼痛和痛苦。

一些国际组织和欧美等发达国家对于动物福利发起较早，建立了完善的实验动物法律法规和成熟理论体系，也有相应的动物福利法和一些动物实验相关指南，条款详细，可操作性强。很多国外杂志在接受动物实验相关文章时，要求必须提供伦理学论证文件，否则不予接收。与此相比，我国在法规标准体系建立方面还处于起步阶段，同国外相关人道处死动物的法律法规相比，现阶段我国在实验动物安乐死的依据及方法相关内容的起草方面还处于起步阶段，仅有国家科学技术委员会《实验动物管理条例》和《实验动物质量管理办法》等。《实验动物管理条例》也明确要求动物实验中要设置仁慈终点，实验动物要实行安乐死，但是没有列出明确的、具有可操作性的方法。

因此，本部分依据被国际范围内广泛认可的《应用临床体征识别、评估安全性评价中动物实验仁慈终点的指南》，并结合保健食品的功能评价和安全性毒理学评价中涉及的动物实验，选取了符合仁慈终点和安乐死要求的实验动物处死方法进行介绍。《应用临床体征识别、评估安全性评价中动物实验仁慈终点的指南》是由世界经济合作与发展组织（Organization for Economic Co-operation and Development，OECD）于2000年发布的（以下简称《指南》）适用于所有毒理学动物实验中使用的哺乳动物。

《指南》提出：仁慈处死动物需要根据动物正在承受的疼痛和痛苦的程度来决定。观察者应熟悉动物正常和异常表现，要有能力来识别动物的毒性表现。对试验中的动物每天进行一次一般观察，至少一周一次进行详细检查，出现毒性表现后可增加观察次数。《指南》中对动物是否在承受疼痛和痛苦的观察指标及动物正在承受疼痛和痛苦的表现进行了详细说明。濒死和临近死亡的动物和正在遭受严重疼痛和痛苦的动物应进行安乐死。急性毒性试验中动物健康产生快速改变、重复染毒试验中动物毒性表现进行性加重时均应考虑是否对动物进行安乐死。

仁慈处死动物的方法即安乐死，是指处死动物时尽可能减少动物的疼痛和痛苦。《指南》主要介绍了物理学方法、注射法、吸入法、混合法等。物理学方法需要较高的技术熟练程度，鱼类和两栖类动物处死时一般选择物理方法，体重小于150g的啮齿类动物可采用颈椎脱臼法；犬、猫、猪、猴等大型动物处死时一般选择注射法；大鼠、小鼠和其他小型啮齿类动物也可以选择二氧化碳吸入法。

1. 颈椎脱臼法

本法最常用于小鼠。用拇指和食指压住小鼠头的后部，另一手捏住小鼠尾巴根部，用力向后上方牵拉，使之颈椎脱臼，延脑与脊髓离断而死亡。注意必须压住小鼠头后部，避免按压部位靠后，导致压住颈部皮肤。处死体重150g以下的大鼠也可用此法，但需较大力气。该方法一般在血液标本采集后进行。

2. 大量放血法

大鼠常采用腹腔注射麻醉药物后，充分暴露股动脉，切开股动脉放血使其大量失血而死。同时可以采集大量血液，用于血液指标的检测。因此，该方法一般在食品功能评价中较为常用。但是需要注意的是，由于注射了一定剂量的麻醉剂，事先必须明确，麻药是否对试验结果有影响。如果知道对其中的一些检测指标有较大影响时，建议采用二氧化碳（CO_2）处死法。

3. 高浓度二氧化碳

吸入 CO_2 可引起呼吸性酸中毒并通过降低细胞内 pH 产生可逆麻醉状态，可靠而迅速地导致意识丧失。操作过程不需要高度专业化的设备，对人员要求不高且安全危害小。其尸体残留物不会或很少对后续实验产生干扰和危害。然而，由于有研究显示大小鼠对 CO_2 气体表现出厌恶情绪，且高浓度的 CO_2 会导致疼痛和呼吸困难，在过去的几十年中，使用 CO_2 作为安乐死受到了严密的审查。但鉴于 CO_2 安乐死的高效性和安全性，目前国际上 CO_2 应用于安乐死的报道大量增加。在我国也有一些研究者开始选择使用 CO_2 处死大小鼠，但报道比例远远低于物理方法（颈椎脱臼法和断头法）。

操作时，有人先通过麻醉药实现动物的意识丧失，然后使用 CO_2 使其死亡。也有人使用替代性气体如异氟醚、氩气和氮气，并对安乐死进行人性化改进；可以使用30%~40%的 CO_2 浓度，CO_2 的流速根据处死装置的腔室大小等参数决定。使用该方法应注意选用合适的动物意识评判。评判标准能否真实客观地与动物的疼痛/痛苦相关联是评判安乐死方法选择的关键。但这作为一种安全有效、简便易行、成本低廉的安乐死方法，越来越受到研究人员的青睐。

4. 过量麻醉

如果已经采集完了相关标本，需要处死实验动物时，可以选取腹腔注射过量麻药将动物致死。但需注意麻醉剂存在无法大量使用，并具有较大副作用和安全隐患等问题。

第二节　与功能食品研究有关的人类疾病动物模型及其制作

一、动物模型的种类及特点

人类疾病的动物模型（animal model of human disease）是指各种医学科学研究中建立的具有人类疾病模拟表现的动物。动物疾病模型主要用于实验生理学、实验病理学和实验治疗学（包括新药筛选）研究。人类疾病的发展十分复杂，直接以人本身作为实验对象不仅在时间和空间上都存在局限性，而且许多实验在道义上和方法上也受到限制。而借助于动物模型的间接研究，可以有意识地改变那些在自然条件下不可能或不易排除的因素，以便更准确地观察模型的实验结果并与人类疾病进行比较研究，有助于更方便，更有效地认识人类疾病的发生发展规律，研究防治措施。在食品功能评价中，会经常模拟人体各种疾病状态，建立相应的动物模型，通过实验证明食品功效，且没有明显毒性的情况下才能用于人体。

（一）动物模型的种类

1. 自发性动物模型

自发性动物模型（naturally occuring or spontaneous animal models）是取自动物自然发生的疾病，或由于基因突变的异常表现通过定向培育而保留下来的疾病模型，如大鼠的结肠腺癌、肝细胞癌模型，家犬的基底细胞癌、间质细胞癌模型等十余种。突变系的遗传性疾病很多，可分为代谢性疾病、分子性疾病、特种蛋白合成异常性疾病等。这类疾病的发生在一定程度上减少了人为因素，更接近于人类疾病，因此，国际社会比较重视对自发性动物疾病模型的开发。

2. 诱发性动物模型

诱发性动物模型（experimental artificial or induced animal models）是通过物理、生物、化学等致病因素的作用，人为诱发出的具有类似人类疾病特征的动物模型。诱发性动物模型制作方法简便，实验条件容易被控制，再现性好，在短时间内可诱导出大量疾病模型，广泛用于药物筛选、毒理、传染病、肿瘤、病理机制的研究。但诱发性动物模型是通过人为限定方式而产生的，多数情况下与临床所见自然发生的疾病有一定差异，况且许多人类疾病还不能用人工诱发的方法诱导，因此，又有一定的局限性。

（二）动物模型的特点

（1）再现性好　可再现所要研究的人类疾病，动物疾病表现应与人类疾病相似。

（2）动物背景资料完整，生命周期满足实验需要。

（3）诱导率高。

（4）专一性好　即一种方法只能诱导出一种模型。应该指出，任何一种动物模型都不能全部诱导出人类疾病的所有表现，动物毕竟不是人体，模型实验只是一种间接性研究，只可能在一个局部或一个方面与人类疾病相似。所以，模型实验结论的正确性是相对的，最终还必须在人体上得到验证。诱导过程中一旦发现与人类疾病不同的现象，必须分析差异的性质和程度，找出异同点，以正确评估。

二、实验动物模型的设计原则及应用

（一）实验动物模型的设计原则

1. 相似性

在动物身上复制人类疾病模型，目的在于从中找出可以推广（外推）应用于患者的相关规律。外推法（extrapolation）要冒风险，因为动物与人毕竟不是一种生物。例如，在动物身上无效的药物不等于临床无效；反之亦然。因此，设计动物疾病模型的一个重要原则是所诱导的模型应尽可能近似于人类疾病的情况。

能够找到与人类疾病相同的动物自发性疾病当然最好。例如，日本人找到的大鼠原发性高血压模型就是研究人类原发性高血压的理想模型，老母猪自发性冠状动脉粥样硬化模型是研究人类冠心病的理想模型；自发性狗类风湿性关节炎与人类幼年型类风湿性关节炎发病十分相似，也是一种理想模型等。

与人类完全相同的动物自发性疾病模型毕竟不可多得，往往需要人工加以诱导。为了尽量做到与人类疾病相似，首先要注意对动物的选择。例如，小鸡最适宜做高脂血症的模型，因为它的血浆甘油三酯、胆固醇以及游离脂肪酸水平与人十分相似，低密度和极低密度脂蛋白的脂质构成也与人类相似。其次，为了尽可能使模型与人类相似，还要在实践中对方法不断进行改进。例如，结扎兔阑尾血管，虽然也能使阑尾坏死穿孔并导致腹膜炎，但这与人类急性梗阻性阑尾炎合并穿孔和腹膜炎不一样，如果给兔结扎阑尾基部而保留原来的血液供应，由此而引起的阑尾穿孔及腹膜炎就与人的情况相似，因而是一种比较理想的方法。

如果动物模型与临床情况不相似，在动物身上有效的治疗方案就不一定能用于临床，反之亦然。例如，动物内毒素性休克（endotoxin shock，单纯给动物静脉输入细菌及其毒素所致的休克）与临床感染性（脓毒性）休克（septic shock）就不完全一样，因此，对动物内毒素性休克有效的疗法长期以来不能被临床医生所采用。有人改向结扎胆囊动脉和胆管的动物胆囊中注入细菌，以复制人类感染性休克的模型，认为这样动物既有感染又有内毒素中毒，就与临床感染性休克相似了。

为了判定所复制的模型是否与人相似，需要进行一系列的检查。例如，有人检查了动脉压、心率、静脉压、呼吸频率、动脉血 pH、动脉氧分压和二氧化碳分压、静脉血乳酸盐浓度以及血容量等指标，发现一次定量放血法造成的休克模型与临床出血性休克十分相似，因此认为此法诱导的模型是一种较理想的出血性休克模型。同理，按中医理论用大黄喂小鼠使其出现类似人类的"脾虚证"，如果又按中医理论用"四君子汤"把它治好，那么就有理由把它看成人类"脾虚证"的动物模型。

2. 再现性

理想的动物模型应该是可重复的，甚至是可以标准化的。例如，用一次定量放血法可百分之百造成出血性休克，百分之百死亡，这就符合再现性和达到了标准化要求。又如，用狗做心肌梗死模型按照理论来说很合适，因为它的冠状动脉循环与人相似，而且在实验动物中它最适宜做暴露心脏的剖胸手术，但狗结扎冠状动脉的后果差异太大，不同狗同一动脉同一部位的结扎，其后果很不一致，无法预测，无法标准化。相反，大小白鼠、地鼠和豚鼠结扎冠脉的后果就比较稳定一致，可以预测，因而可以标准化。

为了增强动物模型诱导时的再现性，必须在动物品种、品系、年龄、性别、体重、健康情况、饲养管理；实验及环境条件、季节、昼夜节律、应激、室温、湿度、气压、消毒灭菌；实验方法步骤；药品生产厂家、批号、纯度规格、给药剂型、剂量、途径、方法；麻醉、镇静、镇痛等用药情况；仪器型号、灵敏度、精确度；实验者操作技术熟练程度等方面保持一致，因为一致性是再现性的可靠保证。

3. 可靠性

诱导的动物模型应该力求可靠地反映人类疾病，即可特异地、可靠地反映某种疾病或某种机能、代谢、结构变化，应具备该种疾病的主要症状和体征，经化验或 X 光照片、心电图、病理切片等证实。若易自发地出现某些相应病变的动物，就不应选用，易产生与复制疾病相混淆的疾病模型也不宜选用。例如，铅中毒可用大鼠做模型，但有缺点，因为大鼠本身容易患动物地方性肺炎及进行性肾病，后者容易与铅中毒所致的肾病相混淆，不易确定该肾病是铅中毒所致还是模型本身的疾病所致。用蒙古沙土鼠就比较容易确定，因为一般只有铅中毒才会使蒙古沙土鼠出现相应的肾病变。

4. 适用性和可控性

供医学实验研究用的动物模型，在复制时，应尽量考虑到其临床应用而且应便于控制相应疾病的发展，以利于研究的开展。如雌激素能终止大鼠和小鼠的早期妊娠，但不能终止人的妊娠。因此，选用雌激素诱导大鼠和小鼠终止早期妊娠的模型是不适用的，因为在用大鼠和小鼠筛选带有雌激素活性的药物时，人们常常会发现这些药物能终止妊娠，似乎可能是有效的避孕药，但对于人来说并不成功。所以，如果知道一个化合物具有雌激素活性，用这个化合物在大鼠或小鼠模型上观察终止妊娠的作用是没有意义的。又如选用大小鼠作实验性腹膜炎就不适合，因为它们对革兰阴性细菌具有较高的抵抗力，很不容易造成腹膜炎。有的动物对某致病因子特别敏感，极易引发死亡，也不适用。例如，向狗腹腔注射粪便滤液引起腹膜炎可导致狗很快死亡（80%会在 24h 内死亡），来不及做实验治疗观察，而且粪便剂量及细菌菌株不易控制，因此，不能准确重复实验结果。

5. 易行性和经济性

在复制动物模型时，所采用的方法应尽量做到容易执行且合乎经济原则。灵长类动物与人类最近似，复制的疾病模型相似性好，但稀少昂贵，即使猕猴也是不可多得的，更不用说猩猩、长臂猿了。幸好很多小动物如大小鼠、地鼠、豚鼠等也可以诱导出十分近似人类疾病的模型。这类动物模型容易作到遗传背景明确、体内微生物可被控制、效果显著且稳定，年龄、性别、体重等可被任意选择，而且价廉易得、便于饲养管理，因此，大小鼠模型应用非常广泛。除非不得已或一些特殊疾病（如痢疾、脊髓灰质炎等）研究需要外，尽量不用灵长类动物。除了在动物选择上要考虑易行性和经济性原则，而且在模型诱导的方法上、指标的观察上也都要注意这一原则。

（二）实验动物模型的应用意义

1. 可诱导

临床上一些疾病不常见，如放射病、毒气中毒、烈性传染病、外伤、肿瘤等。还有一些疾病，如遗传性、免疫性、代谢性和内分泌、血液等疾病，发生发展缓慢、潜伏期长、病程也长，可能几年或几十年，在人体上很难进行世代以上的连续观察。人们可有意选用动物种群中发病率高的动物，通过不同手段诱导出各种模型，在人为设计的实验条件下反复观察和研究，甚至可进行几十世代的观察。

2. 可按需要取样

动物模型作为人类疾病的"复制品"，可按研究者的需要随时采集各种样品或分批处死动物收集标本，以了解疾病的全过程。

3. 可比性

一般疾病多为零散发生的，在同一时期内，很难获得一定数量的定性材料，而模型动物不仅在群体数量上容易得到满足，而且可以在方法学上严格控制实验条件，在对饲养条件及遗传、微生物、营养等因素严格控制的情况下，通过物理、化学或生物因素的作用，限制实验的可变因子，并排除研究过程中其他因素的影响，取得条件一致的、数量较大的模型材料，从而提高实验结果的可比性和再现性，使所得到的成果更准确更深入。

4. 有助于全面认识疾病的本质

在临床上研究疾病的本质难免带有一定局限性。许多病原体除人以外也能引起多种动物的感染，其症状、体征表现可能不完全相同。但是通过对人畜共患病的比较，则可以充分认识同一病原体给不同机体带来的各种危害，使研究工作更能全面地揭示某种疾病的本质。

三、高血糖动物模型

高血糖是糖尿病的主要表现，是内分泌代谢性慢性疾病，其严重威胁着人类健康。目前该疾病已成为仅次于心脑血管病和癌症的世界性重大疾病。糖尿病主要分为 1 型和 2 型，其中 2 型糖尿病（type 2 diabetes mellitus，T2DM）占糖尿病总数的 90%～95%。T2DM 又称为非胰岛素依赖型糖尿病，不仅表现为高血糖，而且还与高血压、中心性肥胖、动脉粥样硬化和脂代谢异常等有关。

高血糖动物模型应用较多，建立方法也很多样化，除自发性 2 型糖尿病动物模型以外，还有化学诱导建立糖尿病动物模型、特殊膳食诱导的糖尿病模型、通过完全胰腺切除手术或者部分胰腺切除手术方法建立的糖尿病模型、基因敲除或转基因建立糖尿病动物模型，甚至有人用链脲佐菌素（STZ）诱导出 SD 大鼠 2 型糖尿病动物模型后，再给动物灌服中药呈现出气阴两虚的证候来建立中医证候糖尿病动物模型。不同的动物模型具有各自的优缺点，比如自发性高血糖动物模型，其疾病的发生、发展与人类疾病的发生、发展很相似。因此，在研究 2 型糖尿病的生理、病理及有关临床药物研发等方面有重要价值。但此类糖尿病动物来源相对困难，种类较少，价格昂贵，饲养、繁殖条件要求高而难以在科学研究中被广泛应用。

诱导性高血糖动物模型是被广泛采用的一种方式，具有耗时短、方法简便、易于掌握、再现性好的特点，并且短期内可诱导出大量模型。可以用链脲佐菌素（STZ）、四氧嘧啶（ALX）、烟酰胺等化学物质诱导，也可以用高能特殊膳食诱导建立高血糖动物模型。然而，不同化学物诱导出的高血糖模型表现不尽相同。下面为辅助降血糖功能评价实验中常用的几种建模方法。

（一）胰岛损伤高血糖模型

这一类模型造模成本相对较低，耗时短，操作方法也容易掌握。但此方法可直接对胰

岛 β 细胞造成损伤，导致胰岛素分泌不足，而不是造成了对胰岛素的敏感性降低的模型，且由于动物长期自发再生胰岛 β 细胞可导致模型不够稳定，不适于长期实验，所用化学试剂对主要脏器有一定的毒性。此外不同剂量的药物对 β 细胞的破坏程度不同。

1. 链脲佐菌素（STZ）诱导糖尿病模型

（1）原理　链脲佐菌素（STZ）是一种自然产生的抗生素，起源于土壤细菌链霉菌属不产色链霉菌。它是一种细胞毒性葡萄糖类似物，通过葡萄糖转运体（Glut2）被胰岛 β 细胞吸收。由于 Glut2 在 β 细胞中大量表达，因此，可选择性地损伤多种动物的胰岛细胞，造成胰岛素分泌低下，引起实验性糖尿病。但是 Glut2 也在肝脏、肾脏和小肠中表达。这意味着对实验动物 STZ 的应用将同时影响多个器官。在制作糖尿病模型时，尤其是在研究糖尿病并发症时，应予以重视。

（2）动物准备　尽量选用雄性动物，雌性动物体内含有的性激素会影响建模效率。有研究显示，雌性动物成模率差，而且可能会比雄性出现更高的死亡率，尤其是 1 型。推荐大鼠选 170~200g 体重，小鼠选 17~22g 体重，适应性喂养 1~2 周后空腹腹腔注射 STZ，成模率相对理想。

（3）试剂

①柠檬酸钠缓冲液的配制：称取柠檬酸（FW：210.14）2.1g 加入蒸馏水 100mL；称取柠檬酸钠（FW：294.10）2.94g 加入蒸馏水 100mL。将以上两种液体按 1∶1 混合，调节 pH 到 4.2~4.5。

②STZ 的配制：STZ 冻干粉应置于 -20℃ 保存，取出后应在室温干燥避光条件下放置 10min 左右，使其彻底解冻。根据动物数目和注射剂量准确称取一定 STZ。以柠檬酸钠缓冲液 10g/L 的浓度，将其完全溶解，并过滤除菌。

（4）模型建立方法　注射前，可测空腹血糖，将其做为基础值，也可设置对照组。按大鼠剂量为 65~70mg/kg（bw），经腹腔或尾静脉快速注射。所有动物注射应在 30min 内完毕。注射后，6~10h 必须给予 50g/L 葡萄糖水使其自然饮水。之后保证给予动物足够的水、食物，需每日换垫料，保持鼠笼干燥。给予基础饲料，2~3 周后模型可建立成功。

（5）模型评价　与对照组相比，模型组出现多饮、多食、多尿现象，体重下降；空腹血糖升高；血清胰岛素水平和胰岛素敏感性降低、糖耐量异常等现象。

一般而言：空腹血糖值为 10~25mmol/L 即为高血糖模型成功动物。

（6）注意事项

①STZ 不稳定，易失活，快速称取后剩余试剂仍要求干燥避光，推荐用干燥铝箔（或锡箔）纸包裹。

②注射大多要求快速注射，30min 内完成。

③STZ 造模后，明显血糖水平波动呈现 3 个时相，一时性高血糖（1~2h）、短暂低血糖（6~10h）、持续高血糖（>72h）。必须适当补给胰岛素和葡萄糖。

④为了使实验动物糖代谢功能状态尽量保持一致，也为了准确地按体重计算受试样品的用量，实验前动物应严格禁食（不禁水），实验前后禁食条件应一致，鼠类在禁食的同时应更换衬垫物。

⑤如用血清样品进行测定，应于取血后 30min 内分离血清，分离后血清的含糖量在 6h 内不变。用血清制备的无蛋白血滤液可保存 48h 以上。

2. 四氧嘧啶（ALX）诱导糖尿病模型

（1）原理 四氧嘧啶（ALX）是胰岛 β 细胞毒剂，可通过氧化—SH 基团产生超氧自由基，可选择性地破坏胰岛 β 细胞，使细胞内脱氧核糖核酸（DNA）受到损伤，同时激活多聚二磷酸腺苷（ADP）核糖体合成酶的活性，从而使辅酶 I 含量下降，两者共同作用可导致信使核糖核酸（mRNA）功能受损，选择性损伤胰岛 β 细胞，可导致胰岛素缺乏、高血糖，常用于 1 型糖尿病模型制备。

（2）动物准备 推荐大鼠选用 150~200g 体重，小鼠选用 17~22g 体重，适应性喂养 1~2 周后空腹注射 ALX，由于 ALX 不同性别的血糖受损峰值有一定差异，因此，一般采用单一性别动物。

（3）试剂 ALX 现用现配，称取一定量的 ALX，溶于生理盐水。配制的溶液要放在冰浴里。

（4）模型建立方法 根据需要取一定动物，禁食 3~5h，测空腹血糖，作为该批次动物基础血糖值。随后动物禁食 24h（自由饮水），注射 ALX（用前新鲜配制）造模。大鼠 40mg/kg（bw），尾静脉注射，给药速度宜快。相同剂量下，腹腔注射成功率较低，而皮下注射需要增加 4~5 倍量。如果造模动物为小鼠，则应在禁食 12h 后以 100mg/kg（bw）腹腔注射 ALX，再隔日按 100mg/kg（bw）注射 1 次。

造模后，立即给予 50g/L 葡萄糖水使其自然饮水，以普通饲料饲养。5~7d 后动物禁食 3~5h，测血糖，血糖值 10~25mmol/L 为高血糖模型成功动物。

（5）模型评价 与对照组相比模型组出现多饮、多食、多尿现象，体重下降；空腹血糖升高；血清胰岛素水平和胰岛素敏感性降低、糖耐量异常等。

一般而言：空腹血糖值 10~25mmol/L 即为高血糖模型成功动物。

（6）注意事项

①ALX 水溶液不稳定，pH 3.0 时室温稳定；pH 7.0 时很容易失活，因此要保存在 4℃以下，要放在冰浴里。

②大鼠、小鼠部分动物，大约 30d 可自发性缓解至正常。

③造模给药几小时内有低血糖反应，甚至死亡，可静脉注射葡萄糖急救。

④造模时 ALX 应新鲜配制，分组时各组动物的平均血糖值相差不宜大于 20mg/dL，血糖值升高不符合要求的动物应剔除。

⑤为了使实验动物糖代谢功能状态尽量保持一致，也为了准确地按体重计算受试样品的用量，实验前动物应严格禁食（不禁水），实验前后禁食条件应一致，鼠类在禁食的同时应更换衬垫物。

⑥如用血清样品进行测定，应于取血后 30min 内分离血清，分离后血清的含糖量在 6h 内不变。用血清制备的无蛋白血滤液可保存 48h 以上。

（二）四氧嘧啶（ALX）诱导胰岛素抵抗糖/脂代谢紊乱模型

1. 原理

高脂（高糖）饲料喂饲基础上，辅以小剂量 ALX，造成糖/脂代谢紊乱，胰岛素抵抗，可诱发实验性糖尿病。这一类模型高血糖同时，伴有血脂异常。造模前喂以高脂（高糖）饲料，可诱发出胰岛素抵抗，表现为 2 型糖尿病模型。因此，该方法用于 2 型糖尿病模型的制作。

2. 动物准备与饲料

尽量选用雄性动物，雌性动物雌激素含量高影响建模效果。有研究显示，雌性动物成模率差，而且可能会比雄性出现更高的死亡率。推荐大鼠体重选 170~200g，小鼠体重选 17~22g，适应性喂养 1~2 周后空腹腹腔注射 ALX。

高脂饲料：高脂（高糖）饲料一般由基础鼠饲料加蔗糖、炼猪油和蛋黄按质量比搭配制作高脂高糖饲料，其比例为猪油 18%、蔗糖 20%、蛋黄 3%、基础饲料 59%。

3. 试剂

ALX 的配置：现用现配，称取一定量的 ALX，溶于生理盐水。配制的溶液要放在冰浴里。

4. 模型建立方法

根据需要取一定动物，禁食 3~5h，测空腹血糖，必要时测糖耐量［灌胃 2.5g/kg（bw）葡萄糖后 0.5h、2h 血糖值］，作为该批次动物基础血糖值。高热能饲料，喂饲 3 周后。禁食 24h（不禁水），给予 ALX 103~105mg/kg（bw）腹腔注射，注射量 1mL/100g（bw）。注射后继续给予高热能饲料喂饲 3~5d。禁食 3~4h，检测空腹血糖、糖耐量、血清胰岛素及胆固醇、甘油三酯水平。血糖值 10~25mmol/L 为高血糖模型成功动物。

5. 模型评价

与对照组相比模型组出现多饮、多食、多尿现象，体重下降；空腹血糖升高；血清胰岛素水平和胰岛素敏感性降低、糖耐量异常等。

各组动物禁食 3~4h，测定空腹血糖即给葡萄糖前（0h）血糖值，或者经口给予葡萄糖 2.5g/kg（bw），测定给葡萄糖后各组 0.5、2h 的血糖值，若模型对照组 0.5h 血糖值≥10mmol/L，或模型对照组 0.5、2h 任一时间点血糖升高或血糖曲线下面积升高，与空白对照组比较，差异有显著性，判定模型糖代谢紊乱成立，同时观察脂代谢和胰岛素抵抗水平。

6. 注意事项

同"链脲佐菌素（STZ）诱导糖尿病模型"的注意事项。

四、高血脂动物模型

血脂是指血清中的胆固醇、甘油三酯和类脂等。影响人体健康的血脂主要是胆固醇和甘油三酯。胆固醇在人体内主要以游离胆固醇和胆固醇酯的形式存在；人体血脂状况可通过检测血液中的胆固醇、低密度脂蛋白胆固醇、极低密度脂蛋白胆固醇、高密度脂蛋白胆固醇和甘油三酯的水平来反映。相应的血脂异常可分为高胆固醇血症、高低密度脂蛋白胆固醇（LDL-C）血症、低高密度脂蛋白胆固醇（HDL-C）血症、高甘油三酯（TG）血症以及混合型高脂血症等类型。

高脂血症可分为原发性和继发性两类。原发性与先天性和遗传有关，是由于单基因缺陷或多基因缺陷，使参与脂蛋白转运和代谢的受体、酶或载脂蛋白异常所致，或由于环境

30

因素（饮食、营养、药物）和通过未知的机制而致。继发性多发生于代谢性紊乱疾病（糖尿病、高血压、黏液性水肿、甲状腺功能低下、肥胖、肝肾疾病、肾上腺皮质功能亢进），或与其他因素年龄、性别、季节、饮酒、吸烟、饮食、体力活动、精神紧张、情绪活动等有关。

在食品功能评价中，一般用原发性饮食因素导致肥胖症进而引起的高血脂模型。

（一）混合型高脂血症动物模型

1. 原理

用含有胆固醇、蔗糖、猪油、胆酸钠的饲料喂养动物可形成脂代谢紊乱动物模型，再给予动物受试样品，可检测受试样品对动物高脂血症的影响，并可判定受试样品对动物脂质的吸收、脂蛋白的形成、脂质的降解或排泄产生的影响。

2. 仪器与试剂

解剖器械、分光光度计、自动生化分析仪；胆固醇、胆酸钠、血清总胆固醇（TC）、甘油三酯（TG）、低密度脂蛋白胆固醇（LDL-C）、高密度脂蛋白胆固醇（HDL-C）测定试剂盒。

3. 动物准备与饲料

（1）实验动物选择　健康成年雄性大鼠，适应性喂养 5~7d，检疫结束体重（200±20）g，首选 SD 大鼠，每组 8~12 只。

（2）模型饲料　在维持饲料中添加 20.0%蔗糖、15.0%猪油、1.2%胆固醇、0.2%胆酸钠，适量的酪蛋白、磷酸氢钙、石粉等。除了粗脂肪外，模型饲料的水分、粗蛋白、粗脂肪、粗纤维、粗灰分、钙、磷、钙磷比均要达到维持饲料的国家标准。

4. 模型建立方法

大鼠喂饲维持饲料观察 5~7d。按体重随机分成 2 组，10 只大鼠给予维持饲料作为空白对照组，高脂血症模型组给予模型饲料。每周称量体重 1 次。模型组给予模型饲料 4~6 周后，空白对照组和模型对照组大鼠不禁食采血（眼内眦或尾部），采血后尽快分离血清，测定血清 TC、TG、LDL-C、HDL-C 水平。

5. 模型评价

模型对照组和空白对照组比较，血清 TG 升高，TC 或 LDL-C 升高，差异均有显著性，判定模型成立。

6. 注意事项

（1）在建立动物模型中，可因动物品系、饲养管理而影响模型的建立效果。

（2）保证维持饲料的各种营养成分，必要时需进行检测，除了粗脂肪外，模型饲料的水分、粗蛋白、粗脂肪、粗纤维、粗灰分、钙、磷、钙磷比均要达到维持饲料的国家标准。

（3）模型饲料喂养期间，模型组血中胆固醇水平比较稳定，甘油三酯水平会逐渐恢复正常水平，故模型饲料给予时间不能超过 8 周。

（二）高胆固醇血症动物模型

1. 原理

用含有胆固醇、猪油、胆酸钠的饲料喂养动物可形成高胆固醇脂代谢紊乱动物模型，再给予动物受试样品，可检测受试样品对高胆固醇脂血症的影响，并可判定受试样品对脂质的吸收、脂蛋白的形成、脂质的降解或排泄产生的影响。

2. 仪器与试剂

解剖器械、分光光度计、自动生化分析仪；胆固醇、胆酸钠、血清总胆固醇（TC）、甘油三酯（TG）、低密度脂蛋白胆固醇（LDL-C），高密度脂蛋白胆固醇（HDL-C）测定试剂盒。

3. 动物准备与饲料

（1）实验动物选择

①大鼠模型：健康成年雄性大鼠，适应期结束时，体重（200±20）g，首选 SD 大鼠，每组 8~12 只。

②金黄地鼠模型：健康成年雄性金黄地鼠，适应期结束时，体重（100±10）g，每组 8~12 只。

（2）模型饲料

①大鼠模型：在维持饲料中添加 1.2% 胆固醇、0.2% 胆酸钠、3%~5% 猪油，适量的酪蛋白、磷酸氢钙、石粉等。除了粗脂肪外，模型饲料的其他质量指标均要达到维持饲料的国家标准。

②金黄地鼠模型：在维持饲料中添加 0.2% 胆固醇，其余同大鼠模型。

4. 模型建立方法

喂饲维持饲料观察 5~7d。按体重随机分成 2 组，对照组动物给予维持饲料作为空白对照组，模型组给予模型饲料。每周称量体重 1 次，4~6 周后，空白对照组和模型组动物不禁食采血（眼内眦或尾部），采血后尽快分离血清，测定血清 TC、TG、LDL-C、HDL-C 水平。

5. 模型评价

模型组和对照组比较，血清总胆固醇或低密度脂蛋白胆固醇升高，差异均有显著性，可判定模型成立。凡模型组血清总胆固醇大于对照组 20% 则可认为模型建立成功。

6. 注意事项

（1）在建立动物模型中，会因动物品系、饲养管理而影响模型的建立效果。

（2）保证维持饲料的各种营养成分，必要时需进行检测。

五、高血压动物模型

高血压病是多种因素形成的疾病，与环境因素和遗传因素有关。研究高血压发病机制和防治的关键是复制理想的高血压动物模型。在降压类功能食品评价中均需要制备高血压实验动物模型。高血压实验动物模型制备方法较多，不同方法制备的模型发病机制不尽相同，有不同的优缺点，可以根据实验条件和实验需要选择。

（一）自发型高血压动物模型

自然培育状态下产生高血压的动物模型。如 Wistar 品系大鼠培育的自发型高血压大鼠（spontaneously hypertensive rat，SHR）模型最为常见。该品种是 Okamoto 等将血压为 145~175mmHg 的雄性 Wistar 大鼠与血压为 130~140mmHg 的同种雌鼠交配，其子代选择血压高者作为近亲交配，三代后，多数动物血压超过 180mmHg，他们称之为自发性高血压大鼠（SHR）。通过不断选种，到 1969 年获得了近交系 SHR，SHR 的后代 100%发生高血压。一般在出生后血压随年龄而逐渐升高，据第 30 代~第 32 代统计，生后第 10 周雄鼠血压平均为 (183.8±17.3)mmHg，雌鼠为 (177.8±14.3)mmHg，此后还会继续升高，常可超过 200mmHg。

血压升高机制：在高血压大鼠生长的早期，其血管阻力持续增加，血压升高，心肌肥大，机体的肾素-血管紧张素系统激活，这一过程持续到生存晚期，并发展为更严重的心肌肥大和充血性心功能衰退。随着高血压的持续发展，高血压大鼠出现了与人类高血压患者相似的并发症——脑和心肌损害，以及肾硬化。

优点：自发性高血压大鼠从许多方面讲，如发病机制、高血压心血管并发症、外周血管阻力变化、对盐的敏感性等都与人类高血压患者相似，是目前国际公认最接近于人类原发性高血压的动物模型。故其广泛应用于医学基础试验研究中，如 SHR 高血压形成的电生理研究，在肾素血管紧张素系统的研究，在内皮素方面的研究，在丝裂素活化蛋白激酶方面的研究，血管结构与功能方面的研究，都已取得了一定的进展；又如，在受体水平阻断肾素-血管紧张素醛固酮系统，来探讨高血压性心肌重塑的可能机制，也在用自发性高血压大鼠模型。另外，该模型特别适合用于人类高血压的研究及高血压药物筛选。

缺点：饲养条件高，价格较贵，遗传育种麻烦，需要一定时间，且易变种或断种，若大量使用尚存在一定困难。

（二）肾源性高血压动物模型

诱发型高血压动物模型是指模拟人类某些继发性高血压的发生和发展过程，运用多种诱导方式使实验动物产生高血压。这种动物模型对于研究终末器官的损伤具有极其重要的意义。其按制模方法的不同又分为不同类型：单肾单夹型肾血管性高血压大鼠模型、两肾一夹型肾血管性高血压大鼠模型、双肾双夹型肾血管性高血压大鼠模型。

1. 原理

Gold-blatt 高血压模型有双肾及单肾模型。双肾模型是指动物保留两侧肾脏，但使一肾或二肾动脉狭窄，所以又称为二肾一夹或双肾双夹型。单肾模型为切除一侧肾脏，狭窄保留肾的肾动脉，即一肾一夹型。这三种模型的动物都能发生长期稳定的高血压。血压升高主要是由于钠潴留和肾素血管紧张素系统激活以及交感神经活性增强所致。血压升高中肾素血管紧张素系统激活占主要地位，肾动脉狭窄可造成肾脏缺血，可导致肾脏内肾素的形成，进而增高血液中血管紧张素含量，使血压升高。在单肾模型中，应切除一侧肾脏。

2. 动物准备

选用体重 80~120g 的封闭群雄性 SD 大鼠，自由饮水，普通饲料喂养，适应性喂养 1~2 周。

3. 试剂

30g/L 戊巴比妥钠、生理盐水、青霉素 G、10g/L 氯化钠水溶液（大鼠饮用水）。

4. 模型建立方法（双肾双夹型肾血管性高血压大鼠模型）

选用体重 80~120g 的封闭群雄性 SD 大鼠，自由饮水，普通饲料喂养，适应性喂养 1~2 周，禁食 6~8h，30g/L 戊巴比妥钠 36~42mg/kg，腹腔注射，10~15min，待大鼠麻醉后，沿腹正中线纵向切口，依次切开皮肤、正中白色肌腱，用弯剪剪开腹膜，暴露肾脏，先做左侧，左肾动脉一般位于肾静脉的后上方，用湿润的无棉枝拨开紧贴的肾静脉，用无齿镊钝性分离动、静脉，右肾动脉平肾门、下腔静脉与肝肾韧带之间逐层向下分离，一般较左肾动脉易分离，用肾动脉夹钳夹肾动脉的起始部，需确认肾动脉置于银夹的环形结构，夹子能够沿动脉滑动，并确认双肾无明显的瘀血、坏死或苍白，腹膜和肌肉用线连续缝合，皮肤用间断缝合。

术后皮下注射 1 万~2 万单位青霉素 G。手术后加饮 10g/L 氯化钠溶液可加速高血压形成。每周测试血压，1 个月内高血压发生率可达 100%。

5. 模型评价

每周测试血压，1 个月内对照组和实验组血压差异有统计学意义。

6. 模型优缺点

该模型血压峰值高且稳定，随观察时间的延长，血压水平继续稳步升高，与人类高血压病的血压演变过程基本一致。而上述其他类型（单肾单夹型和双肾一夹型）大鼠血压峰值多在 180mmHg 左右，且随观察时间的延长，血压水平有所下降，甚至恢复到正常水平。双肾双夹肾血管性大鼠术后两周血压急骤上升，血压走势与雄性自发性高血压大鼠趋于一致，具备了自发性高血压大鼠血压长期稳定并随鼠龄增长而逐渐增加的特点。双肾双夹肾血管性高血压大鼠能产生与自发性高血压大鼠相似的血压峰值以及心脑血管并发症。如果在实验仅从高血压单一因素引起身体其他器官并发症考虑，双肾双夹肾血管性大鼠能弥补自发性高血压大鼠某些方面的不足，而且此类实验还有动物来源广泛、价格便宜、饲养容易、模型复制方法简单等优点。

7. 注意事项

（1）术后的出血和感染仍是手术最为常见的并发症。所用手术器械应高压灭菌，术中注意无菌操作，术后注意保暖。

（2）术后严格、细致的管理也是模型成功的重要方面。保证饲养环境符合相关标准，勤换垫料。

（3）血压测试应安静、保暖，严格按照大鼠血压检测仪操作。

六、肥胖动物模型

肥胖（obesity）是一种由多种因素引起的慢性代谢性疾病，以体内脂肪细胞的体积和细胞数增加导致体重的百分比异常增高并在身体某些局部过多沉积脂肪为特点。单纯性肥胖患者全身脂肪分布比较均匀，没有内分泌紊乱现象，也无代谢障碍性疾病，其家族往往有肥胖病史。

目前，全球范围内共有约 1.077 亿儿童和 6.037 亿成人为肥胖，肥胖总体患病率分别为 5.0% 和 12.0%。超重与肥胖的患病率在全球范围内持续增长。肥胖症是遗传因素与环境因素共同作用所导致的营养代谢障碍性疾病，是很多慢性疾病发生的高危因素。它可以诱发与心血管疾病相关的多种代谢功能异常，会增加糖尿病、高血压、心脑血管疾病及某些癌症的发病率和死亡率。控制体重、预防肥胖已成为重要的公共卫生问题。研究肥胖症及其与多种慢性疾病的关系，建立肥胖动物模型是重要的前提条件。肥胖研究最常用的实验动物是大鼠。

目前建立肥胖动物模型的方法较多，如自发性肥胖大鼠模型、高脂膳食诱发的肥胖大鼠模型、转基因动物模型、下丘脑损伤性肥胖动物模型、双侧卵巢切除肥胖雌鼠模型和大量维生素D致肥胖模型等，在功能食品评价中，高脂膳食诱发的肥胖啮齿类动物模型发病机制与人类营养性肥胖具有很好的可比性，最为常用，本方法主要介绍高脂膳食诱发的肥胖啮齿类动物模型的发病机制。

- 高脂膳食诱发的肥胖啮齿类动物模型

1. 原理

当能量摄入远远大于能量消耗时，会导致体内能量平衡失调，引起脂肪堆积，从而引发肥胖。依据这样的思路，研究人员设计了一系列的高能量、高脂肪配方的饲料，用此对动物进行喂养，从而观察动物表型指标和分子生物学指标的改变。利用营养性肥胖动物模型可评价具有减肥降脂作用的食品功能。

2. 仪器与试剂

实验动物的基本饲养条件、电子秤、苦味酸酒精饱和溶液等。

甘油三酯（TG）、低密度脂蛋白胆固醇（LDL-C）、高密度脂蛋白胆固醇（HDL-C）测定试剂盒。

3. 动物准备与饲料

（1）实验动物选择　健康成年雄性大鼠，首选SD大鼠，推荐大鼠体重为170~200g，适应1~2周，检疫期结束时，体重为（200±20）g，每组8~12只。饲养条件、饮用水、基础饲料应符合有关规定。实验动物按单笼分笼饲养，自由饮食、饮水。

（2）模型饲料

①基础饲料：符合国家规定。

②高脂饲料：普通饲料60%、猪油12%、蔗糖5%、乳粉5%、花生5%、鸡蛋10%、麻油1%、食盐2%。

4. 模型建立方法

对照组给予基础饲料，模型组给予高脂饲料。饲养条件、饮用水、实验动物按单笼分笼饲养，自由饮食、饮水。

每日称取饲料重量，记录摄食量、精神状态、活动、饮水量、尿量、大便及毛发光亮度有无异常；每周测一次体重，记录大鼠体质量增长曲线。每周测量大鼠鼻尖至肛门的距离（cm），即体长，使用普通软尺测量（最小分度值1mm），BMI（kg/m^2）=体质量/体长。饲养6~8周后，模型组与对照组相比体重差异显著。

5. 模型评价

高脂饲料喂养大鼠的体重超过普通饲料喂养大鼠体重的20%，即可认为其是营养性肥胖大鼠。必要时可计算Lee's指数、腹腔内脂肪重量及脂肪系数等。

6. 注意事项

（1）高脂饲料配制，由于高脂饲料脂肪含量较高，易受潮，易霉变，应注意保持饲料干燥，保质期不应超过一个月，必要时在4℃条件下冷藏保存。

（2）高脂饲料硬度不足，饲料容易破碎，浪费较多，记录摄食量时，应注意减去被浪费的饲料量。

（3）单笼饲养大鼠，容易出现暴躁现象，不易抓取固定，实验时应注意自我保护，避免被咬伤。

七、氧化损伤动物模型

机体在正常生理代谢过程中，会产生许多自由基，这些自由基通常不会导致组织细胞的损伤，机体依靠自身体内的抗氧化防御体系，主要包括抗氧化酶类［包括超氧化物歧化酶（SOD）、过氧化氢酶（CAT）、谷胱甘肽过氧化物酶（GSH-Px）、谷胱甘肽硫转酶（GST）等］以及非酶类的抗氧化剂（包括维生素 C、维生素 E、谷胱甘肽、褪黑素、α-硫辛酸、类胡萝卜素、微量元素铜、锌、硒等），可以保护机体组织和细胞，防止自由基的损伤。当动物机体细胞内产生的自由基水平高于细胞的抗氧化防御能力时，氧化还原状态失衡，过量的自由基存在于组织或细胞内，即诱发氧化应激，并导致氧化损伤。因此，氧化应激（oxidative stress）是机体应答内外环境的过程，是通过氧化还原反应对机体进行多层次应激性调节和信号转导，同时造成氧化损伤的重要生命过程。器官和组织对氧化应激的易感性依赖于它的抗氧化系统的状态和氧化剂与抗氧化之间的动态平衡。氧化应激可导致细胞膜磷脂过氧化、蛋白质过氧化（受体和酶）以及 DNA 的氧化损伤。脂质、蛋白质和 DNA 的氧化会对机体造成不同程度的危害，从而影响机体的生长、发育、衰老等过程。急性和慢性的应激反应都能通过产生自由基诱导胃肠道、免疫系统等多方面的氧化应激反应。

氧化应激动物模型的成功构建是系统研究氧化应激危害效应、机制及抗氧化的基础。迄今，有关氧化应激的报道主要集中在实验动物上且以疾病性的氧化应激模型为主，在畜禽氧化应激模型的研究上相对较少。在功能食品评价过程中，可以用老年模型或者 D-半乳糖氧化损伤模型、乙醇氧化损伤模型作为抗氧化功能评价实验动物模型。具体如下所述。

（一）D-半乳糖氧化损伤模型

1. 原理

D-半乳糖供给过量，会超常产生活性氧，打破了受控于遗传模式活性氧的产生与消除的平衡状态，会引起过氧化效应。

2. 仪器与试剂

（1）仪器　可见光分光光度计、酶标仪、微量加样器、恒温水浴锅、普通离心机、混旋器、具塞离心管、组织匀浆器。

（2）试剂　D-半乳糖（分析纯）、脂质氧化产物［丙二醛或血清8-表氢氧异前列腺素（8-isoprostane）］、蛋白质氧化产物（蛋白质羰基）、抗氧化酶（超氧化物歧化酶或谷胱甘肽过氧化物酶）、抗氧化物质（还原性谷胱甘肽）试剂盒。

3. 动物准备

选取健康成年小鼠，完成 1 周适应和检疫后，选体重在 25~30g 健康成年小鼠。

4. 模型建立方法

根据体重随机将小鼠分成对照组和模型组，除对照组外，其余动物用 D-半乳糖 150~200mg/kg（bw）腹腔注射造模，注射量为 0.1mL/10g，每日 1 次，连续造模 6~8 周，取血清和肝组织，测定血清 ALT 和肝脏匀浆 MDA 含量。

5. 模型评价

模型组与对照组血清 ALT 或血清（肝脏匀浆）MDA 含量差异显著，凡模型组 MDA 水平大于对照组 20%则可认为模型建立成功。

6. 注意事项

（1）D-半乳糖的注射量，有报道显示，40mg~120mg/kg（bw），连续注射 6 周就能成功，但是有很多研究并不可行，注射量应该在 150mg/kg（bw）以上。

（2）MDA 含量的检测，需要注意检测方法的标准化，并与本底值进行比较。

（3）通常采用血清 MDA 含量作为判断指标，必要时可以用肝脏 MDA 含量作为判断指标。

（二）乙醇急性肝脏氧化损伤模型

1. 原理

肝脏为乙醇主要的代谢场所，乙醇在肝细胞胞浆内转化为乙醛，然后乙醛在线粒体内转化为乙酸，在肝内产生的乙酸经血运出外周组织进行进一步代谢氧化成 CO_2、脂肪酸及水。乙醇被大量摄入后，在体内主要经细胞色素 P-450 单加氧酶系代谢，生成活性中产物乙醛和多种氧自由基（如·O_2^-，H_2O_2），乙醛可经肝脏 GSH 结合反应解毒（GST 为该反应的限速酶）。导致组织细胞发生过氧化效应及体内还原性谷胱甘肽的耗竭。而多种氧自由基能攻击细胞内各种分子，如产生脂质过氧化，导致细胞死亡。

2. 仪器与试剂

（1）仪器 可见光分光光度计、酶标仪、微量加样器、恒温水浴锅、普通离心机、混旋器、具塞离心管、组织匀浆器。

（2）试剂 乙醇（分析纯）、脂质氧化产物［丙二醛或血清 8-表氢氧异前列腺素（8-isoprostane）］、蛋白质氧化产物（蛋白质羰基）、抗氧化酶（超氧化物歧化酶或谷胱甘肽过氧化物酶）、抗氧化物质（还原性谷胱甘肽）试剂盒。

3. 准备

18~22g 成年小鼠，或者 150~200g 成年大鼠若干只，进行 1 周的适应和检疫期后，选取体重为 25~30g 的健康小鼠，或者体重在 180~220g 的健康大鼠。

4. 模型建立方法

根据体重将其随机分成对照组和模型组，除对照组，禁食 16h（过夜），然后给予 62.5%（体积分数）乙醇溶液，一次性灌胃，灌胃量 10mL/kg（bw）。6h 后取材（空白对照组不作处理，不禁食取材），测血清或肝组织脂质氧化产物含量、蛋白质羰基含量、还原性谷胱甘肽含量、抗氧化酶活力。

也可采用每天灌胃 56%（体积分数）乙醇溶液，7mL/kg（bw），每隔 12h 灌胃酒精 1 次，共灌胃 5 次，其余方法相同。

5. 模型评价

模型组与对照组血清或肝脏匀浆 MDA 含量水平差异显著，凡模型组 MDA 水平大于对照组 20%则可认为模型建立成功。

6. 注意事项

（1）采用单剂量 62.5%（体积分数）乙醇溶液 10mL/kg（bw）灌胃，折合为 5g/kg 乙醇的摄入量，更符合人类一次性大量饮酒所致肝损伤的特点。但一次大剂量灌胃乙醇会导致小鼠死亡率较高。多次低剂量灌胃可以降低死亡率。

（2）一次高剂量灌胃乙醇造模时，注意采血时间，灌胃后 6h 小鼠血清 ALT 水平于 6h 上升至最高，在 12h 时有所下降。

（3）通常采用血清 MDA 含量作为判断指标，必要时可以用肝脏 MDA 含量作为判断指标。

八、骨质疏松动物模型

WHO 定义，骨质疏松症（osteoporosis，OP）是一种常见的全身性骨代谢疾病，其特征是骨量低下并有骨组织微结构的损坏，可导致骨脆性增加和骨折发生率增高。随着世界人口老龄化的不断加剧，OP 的发病率在逐年增高，不仅严重影响着患者日常的生活状况，而且会给家庭和社会带来沉重的经济负担，因此，OP 的防治成为国内外学者广泛关注的热点问题。

由于 OP 发病机制较为复杂、药物作用机制与作用靶点不同，因此，抗骨质疏松症药物药效学研究过程中动物模型的选择有所不同。常见的骨质疏松动物模型制备方法有卵巢切除去势模型、药物去势模型、激素等药源性模型、废用性模型和营养性模型。本实验教程主要介绍卵巢切除去势模型和营养性骨质疏松模型。

（一）去卵巢骨质疏松模型

去势骨质疏松动物模型为抗骨质疏松药物研发过程中的常见动物模型，理想的去势骨质疏松动物模型具有以下特点：①模型稳定性高、成功率高、再现性好；②适用范围广，造模周期相对较短。

1. 原理

雌性大鼠经手术切除双侧卵巢后，体内雌激素水平骤然下降，使促黄体素和促卵泡素分泌量增加，从而影响骨代谢，使骨吸收远远高于骨形成，骨量丢失严重，从而导致了骨质疏松。该模型已成为国内外研究绝经后骨质疏松的"金标准"，也是美国食品与药物管理局（FDA）和世界卫生组织（WHO）推荐的研究绝经后骨质疏松的最佳模型。

2. 仪器与试剂

（1）仪器　手术器械、缝合针、纱布、棉球、医用缝合线、医用棉签、毛细管、载玻片、盖玻片、1mL 离心管、紫外灯、高压蒸汽灭菌锅、显微镜、超低温冰箱、离心机、电子分析天平、双能 X 线检测仪或者 CT、显微镜、手术器械等。

（2）试剂　戊巴比妥钠、青霉素、生理盐水、75%无水乙醇、瑞氏染色剂、生理盐水、碱性磷酸酶、酸性磷酸酶试剂盒。

3. 准备与饲料

3 月龄 SD 或者 Wistar 大鼠，适应检疫 1 周后，体重为 280~320g。

低钙饲料：基础饲料配方中，去掉碳酸钙的添加即可，钙含量应低于 0.1g/100g。

4. 模型建立方法

对手术器械、纱布、缝合线等高压蒸汽灭菌，手术过程中应保持无菌操作。术前禁食

12h，用10%水合氯醛（1mL/100g）腹腔注射使动物麻醉，取俯卧位，在肋弓下第三腰椎处，以背部后正中线剪开皮肤1~1.5cm，钝性分离皮下连接筋膜，在两侧距离脊柱约1cm处分别剪开平行于脊柱的长约1cm的创口，视野下可见白色脂肪，用玻璃分针挑出脂肪层可见脂肪包裹的卵巢，卵巢呈粉红色桑葚状，用组织钳夹住卵巢下输卵管，将输卵管连同脂肪一起用缝合线结扎，剪除卵巢，彻底止血，顺势将脂肪送回腹腔，同法去除另一侧卵巢。逐层缝合两侧创口，缝合皮肤，用碘酒再次消毒皮肤缝合口，从背部创口注入青霉素2万U/只，手术完成。连续注射3d。术后单笼饲养，手术组给予低钙饲料，自由摄食，注意观察手术恢复状况。每周监测体重，6~8周可建立骨质疏松模型。

假手术组以同样方法，在卵巢附近结扎同等大小脂肪团并剪掉。观察无出血后，即缝合肌肉并关腹。其余相同。

5. 模型评价

（1）骨密度测定　骨密度能够反映骨在长时间内的新陈代谢的情况，目前单光子法（SPA）、双光子法（DPA）、双能X线吸收法（DEXA）和定量CT法（QCT）等是常用的检测骨密度方法。其中，DEXA测定已成为目前公认的诊断OP的金标准。DEXA能测定骨密度和股矿物盐含量，可用来检测OP动物的骨健康情况。其优点在于：①测量时间短；②精密度高；③对操作者安全。在确定骨质疏松症过程中，WHO所有的研究及资料均以DEXA为基础，因此，DEXA有可能是更精确的评价方式。

QCT骨密度测量仪技术是一种三维结构测量工具，能精确有效地测量患者三维骨密度、椎体骨松质和骨密质骨矿物质含量。QCT具有能够观察骨折、骨微细结构变化和测量真正体积骨密度等优点。此外，关于脊柱骨折，定量CT不仅能提供更好的预测结果，同时也可避免由于退行性疾病或主动脉钙化引起的影响。

但是以上都需要特殊仪器进行测定的，价格昂贵。

判断标准：手术组骨密度低于假手术组，差异有统计学意义。凡手术组骨密度低于假手术组平均值的20%认为模型成功。

（2）骨计量学观察　骨计量学是骨组织形态计量学的简称，主要研究对象是二维骨组织切片显微图像，以生理学和骨组织学为依据，通过分析并处理显微图像，获得骨组织结构的计量参数。该方法的优势在于：①利用其较高的分辨率，是唯一一种能够观察骨细胞的方法；②骨形成参数和免疫荧光标记法能科学有效地反映骨计量学方面的数据变化。

判断标准：手术组成骨面积低于假手术组，差异有统计学意义。凡手术组成骨面积低于假手术组平均值的20%认为模型成功。

（3）生物化学指标　生化指标能够反映骨短期时间内的新陈代谢情况。收集的常见标本来源于血液、尿液和骨组织等，可测定血液、尿液中钙和磷含量。通过检测骨形成标志物（如碱性磷酸酶、骨碱性磷酸酶和骨钙素等）和骨吸收标志物（如抗酒石酸酸性磷酸酶、尿钙/肌酐比值、尿脱氧吡啶啉等），也可反映骨代谢状态。

生化指标的优点在于：①不需要处死模型动物，直接通过液相色谱法、放射免疫检定法、荧光免疫分析和酶联免疫吸附实验等多种方法在血清、血浆或者尿液中就可以检测到标志物，保证实验具有充足的样本数目；②在不同阶段或者不同处理条件下都可以观察动物模型的骨代谢变化，因此，实验具有明显的可持续性。

判断标准：手术组破骨细胞生物标志物水平高于假手术组，差异有统计学意义。凡手术组血清破骨细胞生物标志物水平高于假手术组平均值的 20% 认为模型成功。

6. 注意事项

（1）手术时，卵巢切除要彻底，以免切除不完全，造成体内雌激素水平并不能大幅度降低的情况，造成模型不成功。手术切口缝合应仔细，避免开线。

（2）手术后要注意保暖，并及时检查伤口情况，及时更换垫料，保持鼠盒内干燥清洁。

（3）各种评价指标选择一种即可，如果条件允许，最好能选用 DEXA 或者 QCT，使结果可靠，操作便捷。

（4）如果条件不允许，可以改用动情周期监测来判断，这也是一种比较好的替代方法。

（二）营养性骨质疏松模型

1. 原理

营养性骨质疏松模型的制备主要通过控制饮食中的钙、蛋白质等来复制动物模型。在低钙状态时给予大鼠高蛋白饲料，会出现高蛋白饲料组与普通饲料对照组动物的生长情况相接近的现象，因此，可通过给予高蛋白饲料建立营养性骨质疏松模型。该模型有以下优点：①有助于研究因膳食紊乱导致骨质疏松的发病机制；②有助于骨质疏松药物的筛选。另外，该模型为人们研究通过改善饮食预防骨质疏松提供了重要的参考价值。

2. 仪器与试剂

（1）仪器　手术器械、缝合针、纱布、棉球、医用缝合线、医用棉签、毛细管、载玻片、盖玻片、1mL 离心管、紫外灯、高压蒸汽灭菌锅、显微镜、超低温冰箱、离心机、电子分析天平、双能 X 线检测仪或者 CT、显微镜、马弗炉、原子吸收分光光度计、手术器械等。

（2）试剂　戊巴比妥钠、青霉素、生理盐水、75% 无水乙醇、瑞氏染色剂、生理盐水、碱性磷酸酶、酸性磷酸酶试剂盒。其他试剂见饲料配方。

3. 准备与饲料

3 周龄 Wistar 大鼠，适应检疫 1 周后，体重为 180~200g。

低钙饲料：饲料配方参照 AOAC 方法，采用高蛋白低钙饲料，蛋白质含量为 27.0%，钙含量为 0.025%（表 1-6~表 1-8）。

表 1-6　　　　　　　　表 1-6　低钙饲料配方

成　分	添加量/（g/kg）	成　分	添加量/（g/kg）
玉米淀粉	529.5	混合矿物盐（AIN-93G-MX）	35.0
蛋清蛋白	200.0	混合维生素（AIN-93G-VX）	10.0
蔗糖	100.0	L-胱氨酸	3.0
玉米油（无添加剂）	70.0	氯化胆碱	2.5
纤维素	50.0		

表 1-7   低钙饲料 AIN-93G 混合矿物盐配方

矿物质	添加量（mix）	矿物质	添加量（mix）
磷酸二氢钾（KH_2PO_4）	196.00g	碳酸锰（$MnCO_3$）	0.63g
柠檬酸钾（$K_3C_6H_5O_7 \cdot 3H_2O$）	70.78g	碳酸铜（$CuCO_3$）	0.30g
氯化钠（NaCl）	74.00g	硫酸铬钾［$KCr(SO_4)_2 \cdot 12H_2O$］	0.275g
硫酸钾（K_2SO_4）	46.60g	硼酸［H_3BO_3，含硼（B）≥17.5%］	81.50mg
氧化镁（MgO）	24.00g	氟化钠［NaF，含氟（F）≥45.24%］	63.50mg
柠檬酸铁（$FeC_6H_5O_7$）	6.06g	碳酸镍［$NiCO_3$，含镍（Ni）≥45%］	31.80mg
碳酸锌（$ZnCO_3$）	1.65g	氯化锂［LiCl，含锂（Li）≥16.38%］	17.40mg
硅酸钠（$Na_2O_3Si \cdot 9H_2O$）	1.45g	无水硒酸钠［$SeNa_2O_3$，含硒（Se）≥41.79%］	10.25mg

注：mix 表示混合物。

表 1-8   低钙饲料 AIN-93G 混合维生素配方

维生素	添加量/（g/kg mix）	维生素	添加量/（g/kg mix）
烟酸	3.000	维生素 B_{12} ［溶于 0.1%（体积分数）甘露醇］	2.500
泛酸钠	1.600		
维生素 B_6	0.700	维生素 E（500IU/g）	15.000
维生素 B_1	0.600	维生素 A（500000IU/g）	0.800
维生素 B_2	0.600	维生素 D_3（400000IU/g）	0.250
叶酸	0.200	维生素 K_1	0.075
生物素	0.020	蔗糖粉	974.655

注：mix 表示混合物。

4. 模型建立方法

动物饲养 20 周，记录其体重变化情况，实验结束后计算饲料效价。大鼠进行全身骨密度测定，血清生化指标、股骨骨密度、长度、骨钙含量的测定。胫骨及第三腰椎的病理学检查。

结果：对照组和低钙饲料组动物的各项检测结果均有显著性差异，符合骨质疏松的表现。

5. 模型评价

同"去卵巢骨质疏松模型"的模型评价。

九、睡眠动物模型

睡眠障碍是当今世界一个应该得到重视和解决的公共卫生现状。目前，有睡眠障碍的人约占全球人口 27%。睡眠不足会大大增加患代谢综合征、心血管疾病以及代谢异常等疾病的风险，也有人认为，睡眠障碍本身就是一种原发性疾病。睡眠障碍研究是非常常用的基础实验研究，建立恰当的睡眠剥夺模型则是决定实验是否成功的前提。因为生物的睡眠结构存在差异，大脑体积与睡眠周期中各阶段的时长成正相关，所以各种实验动物的睡眠时相及睡眠周期均与人类有差异，不能完全模拟临床失眠症状。

睡眠研究需要使用各种实验动物，动物的选择对于研究睡眠有非常重要的意义。当前用于睡眠研究的动物种类较多，啮齿类动物因成本低廉，制作模型方便，容易获得，睡眠结构与人类相似，应用最为广泛，多用于神经生物学、神经内分泌及药理学与睡眠的研究。随着分子生物学、分子遗传学等学科的发展，睡眠研究也不断地向这些领域扩展和深入。目前已将果蝇和斑马鱼用于遗传学中睡眠的研究。而猫以其较长睡眠持续周期，在神经递质的定量研究中占有明显的优势，是研究神经内分泌与睡眠关系的一个重要的动物。猴与人类的亲缘关系最近，其睡眠类似于人的睡眠结构，这使其在睡眠的研究中占有重要的地位，被广泛用于神经生物学、行为药理学等与睡眠关系的研究领域中。

在对促进睡眠的功能食品评价中，常使用啮齿类动物建立睡眠剥夺模型，建立模型的方法较多，有水平台环境剥夺法、化学试剂刺激法、轻柔刺激剥夺法和应激刺激睡眠剥夺法。化学试剂刺激法是通过向大鼠体内注射特定化学试剂，使其体内发生相应变化，达到剥夺睡眠的目的。该类方法通常具有特定的实验目的，实验的前提是所使用的化学试剂不会影响实验结果。轻柔刺激剥夺法广泛应用于动物的短时睡眠剥夺实验中，此方法可结合睡眠监测系统进行快速眼动（rapid eyes movement，REM）睡眠的剥夺。该类模型适用于睡眠剥夺时间较短的实验。应激刺激睡眠剥夺法大多是通过外界刺激，使实验动物产生畏惧、焦虑、愤怒等负面情绪，从而达到剥夺睡眠的目的。临床上相当一部分失眠症状都源自不同方面的应激反应。从这一角度建立的应激刺激睡眠剥夺模型，主要有电刺激模型、慢性束缚应激模型、慢性情绪应激模型及冲突性心理应激模型四类。水平台环境睡眠剥夺模型主要用于研究 REM 睡眠被剥夺后，实验动物的机体状况及变化，因此在促进睡眠的保健食品功能评价中使用最为广泛。本节主要介绍啮齿类动物水平台环境睡眠剥夺模型的建立方法。

- 啮齿类动物睡眠剥夺模型

1. 原理

大鼠（或小鼠）进入 REM 睡眠时，全身肌紧张性下降，其面部接触水面则会突然惊醒，从而达到选择性剥夺实验动物 REM 睡眠的目的。水平台环境剥夺法是完全睡眠剥夺（total sleep deprivation，TSD）和选择性睡眠剥夺（selective sleep deprivation，SSD）的常用方法。

2. 仪器与试剂

睡眠剥夺箱：其中大鼠平台直径多选用 6.5cm，小鼠多选用 2.4cm、直径 10cm 的平台可用于大鼠 REM 睡眠的选择性剥夺，直径 6~7cm 的可用于最大程度的 REM 睡眠剥夺；或者睡眠剥夺仪（水平转盘睡眠剥夺法、旋转圆筒睡眠剥夺法）等。

3. 动物准备

Wistar 大鼠或 SD 大鼠若干只，推荐体重（200±20）g，完成 1 周的适应和检疫，开始实验。随机分为对照组和模型组。实验期间自由饮食、饮水。

4. 模型建立方法

实验前1周,每天将两组大鼠分别放在睡眠剥夺箱中适应1h,每天换水并打扫实验箱。

睡眠剥夺箱(90cm×70cm×50cm)内有12个平台,每个小平台高8.0cm,直径6.3cm,平台之间间隔15cm,平台周边注满水,水面高于平台面约1.0cm,水温保持在22~24℃。把大鼠放入睡眠剥夺箱内进行REM睡眠剥夺,实验持续4~7d。由于水面高于小平台,大鼠进入REM睡眠时,全身肌肉张力降低,会不自主地节律性低头,一旦口鼻触水,会立即惊醒,甚至会因落入水中惊醒,从而使大鼠始终不能进入REM睡眠。实验期间,大鼠可以在平台上自由饮食饮水,水温与环境温度保持一致,每天换水并打扫实验箱。

对照组大鼠则放入环境对照箱,环境对照箱与睡眠剥夺箱相似,小平台换成铁丝网,在网下注满水。水面距网面约1cm,大鼠在网上可以自行饮食饮水,可自由活动,其他条件均与睡眠剥夺组相同。对照组的动物能够进入REM睡眠,但同样存在水对其的应激作用。每天更换睡眠剥夺箱中的水。

5. 模型评价

一般而言,在进入睡眠剥夺平台4~7d即可复制实验动物想睡但环境限制不能入睡、极度疲乏的状态。但临床中的失眠患者会同时伴有不易入睡、醒后不易再入睡的症状,因此,这一模型并不能应用于所有有关临床睡眠的研究,不能以睡眠总时间的减少作为造模成功唯一标准。睡眠剥夺动物模型的标准化很难统一。除了睡眠总时间长短以外,睡眠各时相的发生次数、每次睡眠的维持时间、实验动物的心率、血压、呼吸频率、体温、摄食量等指标,在建立睡眠剥夺动物模型时都应被关注,实验动物的失眠情况在这些指标的变化上不能得到统一的标准。有条件的实验室也可以采用脑电大数据分析作为睡眠模型评价指标。

6. 注意事项

(1)目前,常采用改良多平台剥夺方法,在选择性剥夺REM睡眠的同时,可减少单只大鼠与群体隔离所带来的影响,有效降低大鼠的应激性和群体不稳定性。

(2)大鼠天生的畏水性本身就是造成实验动物睡眠剥夺的应激因素之一,对照组在水面上放置铁丝网,可使大鼠不存在落入水中的危险,可以较好地去除水对大鼠的应激影响。

十、营养性贫血动物模型

当机体对铁的需求与供给失衡时,可导致体内贮存铁耗尽,进而使红细胞内铁元素出现缺乏,从而引起机体血红蛋白合成障碍,最终引起缺铁性贫血(IDA)。IDA是最常见的贫血,表现为缺铁原发病表现、贫血表现以及组织缺铁表现。其发病率在发展中国家、经济不发达地区及婴幼儿群体、育龄妇女群体中明显增高。铁缺乏症主要由于需铁量增加而铁摄入量不足,铁吸收障碍,铁丢失过多等造成的。

获得缺铁性贫血动物模型的方法有单纯缺铁饮食、单纯放血、缺铁饮食辅助定期少量放血等。单纯缺铁饮食的方法建成模型所用时间较长,可能会影响实验进度;单纯放血虽然时间较快,但饮食中铁含量会影响模型的建立;而以缺铁饮食辅助定期少量放血进行研究时,研究者对模型中大鼠的一般形态、各项指标及有关微量元素与正常大鼠进行了比较，此种缺铁性贫血模型的建立方法比其他几种方法方便、快捷、准确。

● 缺铁饮食辅助定期少量放血模型

1. 原理

用低铁饲料饲喂动物可形成实验性缺铁性贫血模型，再给予受试样品，观察其对血液细胞学、血液生化学等指标的影响，可判定该受试样品对改善动物缺铁性贫血的作用。

2. 仪器与试剂

（1）仪器　毛细管、载玻片、盖玻片、1mL离心管、紫外灯、高压蒸汽灭菌锅、显微镜、离心机、电子分析天平、分光光度计等。

（2）试剂　所用试剂应为分析纯，具体见饲料配方中涉及的所有试剂。动物饮用水应为去离子水或双蒸水，采用不锈钢笼具，所用器皿应用100g/L硝酸溶液处理。实验过程中严防外来铁的污染及彼此交叉污染。

3. 动物准备与饲料

健康初断乳大鼠，单一性别，每组大鼠8~12只。

低铁饲料：低铁饲料含铁量最好控制在9mg/kg以下（表1-9~表1-11）。

表1-9　　　　　　　　　　　　　　低铁饲料配方

成分	添加量/（g/kg）	成分	添加量/（g/kg）
玉米淀粉	529.5	混合矿物盐（AIN-93G-MX）	35.0
蛋清蛋白*	200.0	混合维生素（AIN-93G-VX）	10.0
蔗糖	100.0	L-胱氨酸	3.0
玉米油（无添加剂）	70.0	氯化胆碱	2.5
纤维素	50.0		

注：* 亦可使用EDTA处理的酪蛋白。

表1-10　　　　　　　　　　低铁饲料AIN-93G混合矿物盐配方

矿物质	添加量（mix）	矿物质	添加量（mix）
碳酸钙（$CaCO_3$）	357.00g/kg	碳酸锰（$MnCO_3$）	0.63g/kg
磷酸二氢钾（KH_2PO_4）	196.00g/kg	碳酸铜（$CuCO_3$）	0.30g/kg
柠檬酸钾（$C_6H_5K_3O_7 \cdot 3H_2O$）	70.78g/kg	硫酸铬钾［$KCr(SO_4)_2 \cdot 12H_2O$］	0.275g/kg
氯化钠（NaCl）	74.00g/kg	硼酸［H_3BO_3，含硼（B）≥17.5%］	81.50mg/kg
硫酸钾（K_2SO_4）	46.60g/kg	氟化钠［NaF，含氟（F）≥45.24%］	63.50mg/kg
氧化镁（MgO）	24.00g/kg	碳酸镍［$NiCO_3$，含镍（Ni）≥45%］	31.80mg/kg
碳酸锌（$ZnCO_3$）	1.65g/kg	氯化锂［LiCl，含锂（Li）≥16.38%］	17.40mg/kg
硅酸钠（$Na_2O_3Si \cdot 9H_2O$）	1.45g/kg	无水硒酸钠［$SeNa_2O_3$，含硒（Se）≥41.79%］	10.25mg/kg

注：mix表示混合物。

表 1-11　　　　　　　　　　　低铁饲料 AIN-93G 混合维生素配方

维生素	添加量/（g/kg mix）	维生素	添加量/（g/kg mix）
烟酸	3.000	维生素 B_{12} ［溶于 0.1%（体积分数）甘露醇］	2.500
泛酸钠	1.600	维生素 E（500IU/g）	15.000
维生素 B_6	0.700	维生素 A（500000IU/g）	0.800
维生素 B_1	0.600	维生素 D_3（400000IU/g）	0.250
维生素 B_2	0.600	维生素 K_1	0.075
叶酸	0.200	蔗糖粉	974.655
生物素	0.020		

注：mix 表示混合物。

4. 模型建立方法

选用健康断乳大鼠在实验环境下适应 3~5d 后，模型组饲予低铁饲料及去离子水（或双蒸水），采用不锈钢笼及食罐，同时，采用剪尾取血法放血，5d 一次，每次 0.3~0.5mL。实验过程中避免铁污染。自第 3 周开始每周选取部分大鼠采尾血测血红蛋白（Hb），如多数动物 Hb 低于 100g/L 时，测定全部大鼠的体重及 Hb。正常对照组给予普通饲料，自由饮水。

5. 模型评价

检测大鼠体重、血红蛋白、红细胞压积/红细胞内游离原卟啉，一般 3~4 周后体重、血红蛋白、红细胞压积/红细胞内游离原卟啉含量等指标，低铁饲料组低于正常饲料组，差异有统计学意义，即可认为模型建立成功。一般而言，缺铁饲料组起初先出现皮肤苍白，皮毛粗糙、稀疏，生长减慢等现象。随着实验时间的延长，上述症状更加明显，伴有食欲下降，身体消瘦，毛色失去光泽，出现板块脱落等现象。

（1）Hb≤100g/L。

（2）血象　红细胞体积较正常红细胞偏小，大小不一，中心淡染区扩大，平均红细胞体积（MCV）减小，红细胞平均血红蛋白浓度（MCHC）降低。

（3）血清铁（SI）降低，常小于 10μmol/L，血清总铁结合力（TIBC）增高，常大于 60μmol/L。可根据这些指标判断动物模型是否建立成功。

6. 注意事项

（1）模型关键是低铁饲料的铁含量，尽可能低，最好控制在 9mg/kg 以下。

（2）笼具要用不锈钢，最好用环氧树脂做涂层，避免老鼠啃咬笼具增加铁剂摄入，老鼠喝水水瓶嘴，用玻璃管。

（3）血红蛋白检测试剂不要放在聚乙烯瓶内，以免因氰离子与其反应而使试剂作用降低。

（4）仪器使用前，应以 WHO 规定的氰化高铁血红蛋白参考液校正，然后使用。

十一、便秘动物模型

便秘是指排便困难或费力，排便不畅，排便次数减少，粪便干结、量少等，是临床最常见、也是非常复杂的消化道症状,它既是一种病,也是其他疾病所伴有的常见并发症。随着经济社会的发展,人们的饮食结构和生活习惯发生了很大变化,这促使便秘的发病率异常升高,尤以小儿便秘、老年便秘在人群中多见。建立科学的便秘动物模型,有助于阐明便秘的病理生理机制和治疗靶点,有助于研究有效的治疗药物和方法。目前的便秘动物模型与人类便秘的发生原因、病理过程和临床体征仍然存在较大差异,局限性也显而易见。应根据实验需要选择合适的动物模型,以便更科学合理地开展润肠通便药效学实验和相关研究。非药物造模法主要有限水限食法、低纤维饮食法及冰水灌胃法。本节以低纤维饮食辅助限水模型为例,介绍便秘动物模型建立方法。

● 低纤维饮食辅助限水模型

1. 原理

慢传输型便秘患者由于肠道动力减弱,导致粪便在肠道中滞留的时间延长,粪便中的水分被结肠过度重吸收而变得异常干结。因此,限制大/小鼠的饮水使肠道对粪便水分的重吸收增强可导致其产生便秘。

2. 仪器与试剂

(1) 仪器 手术器械、棉球、紫外灯、高压蒸汽灭菌锅、显微镜、超低温冰箱、离心机、电子分析天平。

(2) 试剂 试剂均为分析纯。

3. 动物准备与饲料

常用的大鼠品系可选用 SD 或者 Wistar,4~8 周龄,适应检疫观察一周后体重为 180~220g 的雄鼠。小鼠品系有 ICR、C57BL/6,4~8 周龄的雄鼠,适应检疫观察一周后体重 25~30g。

低纤维饲料:41.5% 的玉米淀粉、24.5% 的牛乳酪蛋白、10.0% 蔗糖、10.0% 糊精、7.0% 的矿物质、6.0% 的玉米油、1.0% 维生素。

4. 模型建立方法

连续 5d 测每只大鼠的日饮水量及大便量,取大鼠正常每日饮水量平均数。模型组于第 1 天、第 2 天分别给前 5d 平均水量的 1/6,第 3~6 天给 1/3,取整数值。给水时间为上午 8:00 和晚上 10:00。给予低纤维饲料,连续饲喂 4~5 周。正常对照组,自由饮水,给予正常饲料。

每周测一次肠道传输功能。测定时单笼饲养。

5. 模型评价

采用活性炭灌胃法测定首粒黑便排出时间,大鼠禁食 24h,经口灌入 100g/L 活性炭悬液 2mL,从活性炭灌胃完毕开始计时,记录从灌胃到首粒黑便排出的时间。

模型大鼠出现粪便干燥如豌豆样圆珠状便秘表现,模型组的粪便质量、粪便含水量相对于正常饮食组显著降低,首粒黑便排出时间明显延长,差异显著,即可认为模型建立成功。

6. 注意事项

(1) 测定肠道传输功能时,大小鼠需单笼饲养,测定前禁食 24h,灌胃后立即开始计时,每隔 2h 记录一次粪便数量。注意记录首粒黑便排出时间。

(2) 测定饮水量时,避免饮水瓶没有盖紧发生漏水情况而造成计量出现偏差。

十二、化学性肝损伤动物模型

肝脏疾病是临床常见的，严重危害人类健康的疾病之一。对各种肝脏疾病治疗药物的筛选与发病机制的探究，很大程度上要依赖于实验动物模型的建立和应用。建立较完善的肝损伤动物模型，对肝脏疾病的研究有着重要的现实意义。化学性肝损伤动物模型是通过化学性肝毒物质，如四氯化碳（CCl_4）、D-氨基半乳糖（D-GalN）、硫代乙酰胺（TAA）等致肝损伤。很多药物也可以引起肝损伤，如对乙酰氨基酚、氯丙嗪、异烟肼、四环素等，也可以此制作肝损伤模型。另外，刀豆蛋白A（ConA）、卡介苗加脂多糖（BCG + LPS）也可以引起免疫性肝损伤。

酒精性肝病（alcoholic liver disease，ALD）是由饮酒引起的肝损伤，是世界范围内慢性肝病的一种主要原因，其最初表现为酒精性脂肪肝。在严重的情况下，可发展为酒精性肝炎、肝纤维化和肝硬化，甚至发展为肝癌。一些较轻的ALD在戒酒后可以逆转，而一些严重的ALD，如肝硬化，是致命而且不可逆转的。几乎所有的重度饮酒者都会出现脂肪肝，但是只有20%~40%会发展为严重的ALD，与疾病进展相关的主要发病机制尚不清楚。肝脏毒性，氧化应激和炎症等肝损伤可由酒精及其代谢产物引起。在功能食品评价中，常见的是针对酒精性肝损伤开发的功能食品，酒精所造成的肝损伤可分为急性和慢性肝损伤。

本部分介绍由美国国立卫生院酒精滥用与酒精中毒研究所肝病研究室建立的慢性加急性酒精性肝损伤模型的建立方法，用含酒精的Lieber-DeCarli饮食喂养小鼠10d，然后用单剂酒精灌胃［5g/kg（bw）］1次，会导致血清谷丙转氨酶（ALT）和谷草转氨酶（AST）明显升高，灌胃后9h C57BL/6小鼠的ALT和AST达到峰值，远远高于单独慢性酒精喂养的小鼠。这种模型模仿了慢性肝损伤急性发作的患者，通过协同作用导致小鼠的脂肪变性、肝损伤和炎症。此外，这种慢性酒精喂养加急性酒精灌胃的模型能够复制酒精性肝炎患者中经常慢性饮酒伴随过度饮酒者的饮酒行为和慢性肝损伤急性发作的情况。

- 慢性酒精喂养加急性酒精灌胃肝损伤模型

1. 原理

长期、大量摄入酒精后，对肝组织的损害不仅表现在乙醇（又称酒精）本身具有的毒性作用，更表现在毒性更为强烈的代谢物乙醛的毒性作用。乙醛可通过多种途径作用于肝组织。其中，乙醛与抗氧化剂（如半胱氨酸、谷胱甘肽和维生素E）结合，可以降低体内抗氧化剂水平，导致抗氧化能力降低和肝损伤增加，这被认为是主要原因。另外，乙醇通过氧化应激可引起线粒体呼吸链产生大量活性氧自由基（ROS），从而引起线粒体结构和功能障碍导致的肝脏损伤，还可以引起肝脏脂肪代谢障碍和炎性反应。

2. 仪器与试剂

（1）仪器　手术器械、棉球、紫外灯、高压蒸汽灭菌锅、显微镜、超低温冰箱、离心机、电子分析天平。

（2）试剂　试剂均为分析纯。ALT和AST检测试剂盒，

3. 动物准备

采用C57BL/6小鼠，一般应用8~10周龄体重超过20g的雄性小鼠或10~12周龄体重

超过 19g 的雌性小鼠制作模型。

应用 Lieber-DeCarli 的对照饮食和酒精饮食。

4. 模型建立方法

对照饮食：称量 225g 干燥混合对照饮食，加入 860mL 水中充分混匀，制备成 1L 对照液体饮食，于冰箱中保存且在 3d 内用完。除液体饮食外不予其他食物和水。

酒精饮食：称量 133g 干燥酒精饮食和 20.3g 麦芽糖糊精，加入 910mL 的水中充分混匀制备成 1L 酒精饮食。可于冰箱中保存且在 3d 内用完，在喂养前加入 52.6mL 95% 的酒精，制备成酒精饮食。除液体饮食外，不给予其他食物和水。

连续饲喂 10d，在第 11d，给予 5g/kg（bw）酒精灌胃，将 6.6mL 95% 酒精和 13.4mL 水混合制备 31.5%（体积分数）酒精溶液。必须在灌胃前配制以防止酒精挥发导致浓度变化。灌胃后将鼠笼置于循环水温 38℃ 的加热垫上，以防体温过低。

5. 模型评价

血液检查和肝脏组织学检查，与对照组相比，模型组 ALT 和 AST 升高，与对照组相比有差异显著。肝脏组织病理学检查，模型组肝细胞脂肪变性和气球样变、中性粒细胞浸润和 Mallory 小体。

6. 注意事项

（1）灌胃使用的含水溶液量不能超过 2mL/100g（bw），灌胃酒精溶液浓度不能超过 31.5%（体积分数）。每只小鼠使用 31.5% 酒精溶液灌胃体积（μL）= 小鼠体重（g）×20。

（2）灌胃后的小鼠可能会有一些醉酒表现，如数分钟内步态蹒跚和共济失调，随后出现镇静并失去意识的情况。小鼠通常在下午早些时间恢复意识，部分行为恢复正常，部分行为仍行动缓慢。

（3）未加酒精的饮食可于冰箱中保存且在 3d 内用完，在喂养前加入酒精的饮食，当天用完。

🌐 **课程思政点**

　　每年的 4 月 24 日——"世界实验动物日"，已经成为受联合国认可的、国际性的纪念日，在世界各地都有动物保护者为这一天以及前后的一周举行各种活动，呼吁人类减少和停止不必须的动物实验。国内许多大学及科研院所、企业等动物实验单位也陆续开始设立纪念实验动物的纪念碑和举行纪念活动，并成立了实验动物伦理委员会，以此来倡导大家尊重科学，敬畏生命，善待实验动物。

 思考题

1. 什么是 3R 准则？3R 准则与现代生物医学相关动物实验的关系。

2. SPF 级与清洁级大小鼠有什么区别？二者在应用上有什么异同点？

3. 链脲佐菌素（STZ）和四氧嘧啶（ALX）诱导的高血糖动物模型机制有什么不同？

扫一扫
思考题答案

二者在保健食品血糖调节功能评价上有什么相同点和异同点？评价结果是否可以相互替代？

4. 高胆固醇血症动物模型和混合型高血脂模型在饲料配比上有什么差异？模型评价中又有什么异同？

5. 肾源性高血压和自发性高血压在形成机制上有什么不同？这两种高血压模型在应用上有什么差异？

6. 在营养性肥胖大鼠模型评价中，体重是非常重要的指标，还可以计算 Lee's 指数、有条件的可以测定身体脂肪含量，这些评价指标各有什么优缺点？

7. 酒精急性肝脏氧化损伤模型和 D-半乳糖的氧化损伤模型形成机制有什么不同？两者应用有何差异？

8. 去势大鼠骨质疏松模型和营养性骨质疏松模型的形成原理不同，根据骨质疏松形成机制的异同，比较两种建模方法的应用有何不同？

9. 睡眠剥夺模型建模过程中，能否在同一个小平台上放置多只动物？为什么？

10. 为什么缺铁性贫血动物模型实验中，需要注意观察实验动物能接触到铁制品的所有环节，避免使用如笼具、饮水嘴等大鼠可能接触到的铁制品？如果饮水嘴为铁制品，没有更换成玻璃制品，将会对模型的建立有何影响？

11. 人类便秘形成原因是否与饮水量少，膳食纤维摄入过低有关？便秘动物模型建立方法能否完全等同人类便秘？

12. 慢性酒精喂养加急性酒精灌胃的模型能够复制酒精性肝炎患者中经常慢性饮酒伴随过度饮酒者的饮酒行为和慢加急性肝损伤，与氧化性肝损伤中酒精急性损伤模型相比，在评价指标上有何异同？

参考文献

[1] Ki SH, Park O, Zheng M, et al. Interleukin-22 treatment ameliorates alcoholic liver injury in a murine model of chronic – binge ethanol feeding: Role of signal transducer and activator of transcription 3 [J]. Hepatology, 2010, 52 (4): 1291-1300.

[2] Omi N, Ezawa I. Animal models for bone and joint disease. Low calcium diet-induced rat model of osteoporosis [J]. Clin Calcium, 2011, 21 (2): 173-180.

[3] Pires GN, Bezerra AG, Tufik S, et al. Effects of experimental sleep deprivation on anxiety-like behavior in animal research: Systematic review and meta – analysis [J]. Neurosci Biobehav Rev, 2016 (68): 575-589.

[4] S Pandit, T K Biswas, P K Debnath, et al. Chemical and pharmacological evaluation of different ayurvedic preparations of iron [J]. Journal of Ethnopharmacology, 1999, 65 (2): 149-156.

[5] Villafuerte G, Miguel-Puga A, Rodríguez EM, et al. Sleep deprivation and oxidative stress in animal models: A systematic review [J]. Oxid Med Cell Longev, 2015; 2015: 234952.

[6] 陈恩玉, 宋婧. 四氧嘧啶诱导大鼠糖尿病模型的建立 [J]. 糖尿病新世界, 2018, 21 (18): 18-20.

[7] 储兰兰, 许猛, 王妍, 等. 小鼠急性酒精性肝损伤模型氧化损伤指标的动态监测 [J]. 现代预防医学, 2017, 44 (14): 2605-2608, 2622.

［8］崔雅忠，杨丹，张倩，等. STZ 诱导的 2 型与 1 型糖尿病大鼠模型的对比研究［J］. 医学研究杂志，2018，47（5）：36-38.

［9］高斌，常彬霞，徐明江. 慢性酒精喂养加急性酒精灌胃的酒精性肝病小鼠模型（NIAAA 模型或 Gao-Binge 模型）［J］. 传染病信息，2013，26（5）：307-311.

［10］高婷，刘健，樊小农，等. 自发性高血压大鼠模型的应用概况［J］. 实验动物科学，2013，30（6）：57-60.

［11］顾坚忠. 高血脂模型大鼠雌雄间血液生化指标的比较［C］. 中国实验动物学会，2008.

［12］何嘉玲，王天奇，张长勇，等. 大、小鼠 CO_2 安乐死方法研究［J］. 实验动物科学，2019，36（5）：85-88.

［13］何胜，陆晓峰，李文文，等. 糖尿病模型建立的方法比较［J］. 现代中西医结合杂志，2012，21（15）：1617-1618，1621.

［14］呼延武，马雅静，周祖钊，等. 雌性大鼠缺铁性贫血模型的建立及相关指标观察研究［J］. 中国妇幼保健，2015，30（1）：128-130.

［15］胡慧明，朱彦陈，朱巧巧，等. 实验性高脂血症动物模型比较分析［J］. 中国中药杂志，2016，41（20）：3709-3714.

［16］黄国辉，冯建芳，石召锋，等. 肾血管性高血压大鼠模型复制方法［J］. 河南科技大学学报：医学版，2011，29（4）：247-249.

［17］李林鹏，孙浚雯，曹永兵，等. 金黄地鼠和大鼠高血脂模型的应用研究［J］. 药学实践杂志，2007（6）：369-371.

［18］李文立，杨杏芬，谭剑斌，等. D-半乳糖过氧化肝损伤动物模型的改进［J］. 毒理学杂志，2006（1）：26-28.

［19］李钊至，吕敏，梁魏，等. 糖尿病大鼠模型的建立及评价［J］. 基层医学论坛，2017，21（1）：4-5.

［20］刘井如，季宇彬，陈明苍. 便秘动物模型的研究进展［J］. 中国实验方剂学杂志，2012，18（22）：353-356.

［21］刘庆春，刘眴烨，杜金赞，等. 短期内建立营养性肥胖动物模型的实验研究［J］. 武警医学，2004（5）：371-372.

［22］刘兴，王文革. 慢传输型便秘动物模型研究进展［J］. 中国中西医结合消化杂志，2013，21（10）：548-551.

［23］刘秀红，龚书明，陈景元，等. 低铁饲料的配制与缺铁性贫血动物模型的建立［J］. 解放军预防医学杂志，1995（3）：198-200.

［24］乔伟伟，许兰文. 营养性骨质疏松动物模型的实验研究［J］. 营养学报，1999（2）：124-125.

［25］秦川，谭毅. 医学实验动物学［M］. 2 版. 北京：人民卫生出版社，2015.

［26］史光华，李麟辉，吕龙宝，等. 实验动物仁慈终点及安乐死的法规现状与思考［J］. 实验动物科学，2019，36（2）：72-75.

［27］孙志，张中成，刘志诚. 营养性肥胖动物模型的实验研究［J］. 中国药理学通报，2002（4）：466-467.

［28］台雪姣，郭兴荣，罗超，等. 小鼠颌下采血法改良［J］. 四川动物，2017，36（2）：211-214.

［29］魏华英，马刚，张莉，等. 雌性 SD 大鼠缺铁性贫血模型的建立［J］. 四川动物，2007（1）：190-191.

［30］吴迪，范明松，李志雄，等. 小檗碱诱导大鼠便秘模型的初步研究［J］. 中国医药导报，2011，8（36）：62-63.

［31］谢建超，吴国泰，牛亭惠，等. 便秘动物模型的复制概况及评价［J］. 实验动物科学，2016，33

（5）：64-67，70.

[32] 许烈强．虎杖苷对 D-半乳糖和酒精致肝损伤的保护作用及机制研究［D］．广州：广东中医药大学，2017.

[33] 严家荣．两种高脂血症大鼠模型的比较［C］．中国药理学会，2012.

[34] 杨小慢，陆德琴，李贤玉．双肾双夹大鼠肾血管性高血压模型的制作［J］．心脑血管病防治，2009，9（5）：341-343.

[35] 张春丽，李忠海，周颖，等．构建骨质疏松动物模型建模方法的改进及评价［J］．中国组织工程研究，2016，20（5）：754-759.

[36] 张晓双，孙建宁，白黎明．酸枣仁汤对睡眠剥夺大鼠学习记忆的影响及机制研究［J］．中药药理与临床，2014，30（4）：8-11.

[37] 赵静波，王泰龄，张晶，等．大鼠急性酒精性肝损伤模型分析［J］．中日友好医院学报，1996（1）：17-20.

[38] 郑倩，徐华．便秘动物模型的研究进展［J］．临床消化病杂志，2012，24（3）：189-191.

[39] 中华人民共和国国家质量监督检验检疫总局，中国国家标准化管理委员会．GB/T 27416—2014 实验动物机构 质量和能力的通用要求［S］．北京：中国标准出版社，2014.

[40] 周琼．小鼠急性肝损伤模型的建立及 GSTA1 分析［D］．哈尔滨：东北农业大学，2012.

[41] 朱金羽，向星炜，张景昊，等．不同剂量四氧嘧啶（Alloxan）对制备糖尿病小鼠模型的影响因素分析［J］．吉林医学，2019，40（3）：447-449.

[42] 朱蕾，张茹，李廷利．刺五加对睡眠剥夺大鼠学习记忆及海马单胺类神经递质的影响［J］．中国实验方剂学杂志，2012，18（4）：219-223.

与功能食品功效评价有关的人体试食试验及相关统计学方法

2022 年，国家市场监督管理总局发布了《关于发布〈允许保健食品声称的保健功能目录 非营养素补充剂（2022 年版）〉及配套文件的公告（征求意见稿）》，其中的《允许保健食品声称的保健功能目录 非营养素补充剂（2022 年版）》《保健食品功能检验与评价方法（2022 年版）》涉及 24 个功能项目，有 13 个项目既要做动物实验也要做人体试食试验，4 个项目只需做人体试食试验而不需做动物实验，7 个项目只需做动物实验（表 2-1）。

表 2-1　　　　　　　　　　　　　保健食品功能评价项目一览表

序号	项目	需动物实验	需人体试食试验
1	有助于增强免疫力功能	√	○
2	有助于抗氧化功能	√	√
3	辅助改善记忆功能	√	√
4	缓解视觉疲劳功能	○	√
5	清咽润喉功能	√	√
6	有助于改善睡眠功能	√	○
7	缓解体力疲劳功能	√	○
8	耐缺氧功能	√	○
9	有助于控制体内脂肪功能	√	√
10	有助于改善骨密度功能	√	○
11	改善缺铁性贫血功能	√	√
12	有助于改善痤疮功能	○	√
13	有助于改善黄褐斑功能	○	√
14	有助于改善皮肤水分状况功能	○	√
15	有助于调节肠道菌群功能	√	√
16	有助于消化功能	√	√
17	有助于润肠通便功能	√	√

续表

序号	项目	需动物实验	需人体试食试验
18	辅助保护胃黏膜功能	√	√
19	有助于维持血脂（胆固醇/甘油三酯）健康水平功能	√	√
20	有助于维持血糖健康水平功能	√	√
21	有助于维持血压健康水平功能	√	√
22	对化学性肝损伤有辅助保护功能	√	○
23	对电离辐射危害有辅助保护功能	√	○
24	有助于排铅功能	√	√

第一节　人体试食试验的一般要求

一、对受试样品

（1）受试样品必须符合试验程序对受试样品的要求，并就其来源、组成、加工工艺和卫生条件等提供详细说明。

（2）提供与试食试验同批次受试样品的卫生学检测报告，其检测结果应符合有关卫生标准的要求。

（3）受试样品经过动物实验证实，确定其具有需验证的某种特定的保健功能。对照物品可以用安慰剂，也可以用具有验证保健功能作用的阳性物。

（4）原则上，人体试食试验应在动物功能学实验有效的前提下进行。

（5）人体试食试验受试样品必须经过动物毒理学安全性评价，并确认为安全的食品。

二、试验前的准备

（1）拟定计划方案及进度，组织有关专家进行论证，并经本单位伦理委员会批准。

（2）根据试食试验设计要求，受试样品的性质、期限等，选择一定数量的受试者。试食试验报告中试食组和对照组有效例数不少于50人，且试验的脱离率一般不得超过20%。

（3）开始试用前要根据受试样品性质，估计试用后可能产生的反应，并提出相应的处理措施。

三、对受试者的要求

（1）选择受试者必须严格遵照自愿的原则，根据所需要判定功能的要求进行选择。

（2）确定受试对象后要进行谈话，使受试者充分了解试食试验的目的、内容、安排及有关事项，解答受试者提出的与试验有关的问题，消除可能产生的疑虑。

（3）受试者必须有可靠的病史，以排除可能干扰试验目的的各种因素。

（4）受试者应填写参加试验的知情同意书，并接受知情同意书上确定的陈述"我已获得有关试食试验食物的功能及安全性等有关资料，并了解了试验目的、要求和安排，自愿参加试验，遵守试验的要求和纪律，积极主动配合，如实反映试验过程中的反应，逐日记录活动和生理的重要事件，接受规定的检查。"志愿受试者和主要研究者在知情同意书上签字。志愿者填写知情同意书后应经试食试验负责单位批准。

（5）试食期限原则上不得少于30d（特殊情况除外），必要时可以适当延长。

四、对试验实施者的要求

（1）以人道主义态度对待志愿受试者，以保障受试者的健康为前提。

（2）进行人体试食试验的单位应是具有相关资质的保健食品功能学检验机构/医院。

（3）与负责人取得密切联系，指导受试者的日常活动，监督检查受试者遵守试验有关规定。

（4）在受试者身上采集各种生物样品，应详细记录采集样品的种类、数量、次数、采集方法和采集日期。

（5）负责人体试食试验的主要研究者应具有副高级及以上职称。

五、观察指标的确定

根据受试样品的性质和作用确定观察的指标，一般应包括以下几方面内容。

（1）在被确定为受试者之前，应进行系统的常规体检，进行心电图、胸透和腹部 B 超检查。试验结束后，根据情况决定是否重复做心电图、胸透和腹部 B 超检查。

（2）在受试期间应取得下列资料：

①主观感觉（体力和精神的）。

②进食情况。

③生理指标（血压、心率等）、症状和体征。

④常规的血液学（血红蛋白、红细胞和白细胞计数，必要时做白细胞分类）、生化指标（转氨酶、血清蛋白质、清蛋白/球蛋白比值、尿素、肌酐、血脂、血糖等）。

⑤功效性指标：即与保健作用有关的指标，如抗氧化功能、减肥功能等方面的指标。

第二节　人体试食试验项目、试验主要事项及结果判定的审评

一、有助于维持血脂健康水平功能

1. 试验项目

根据受试样品的作用机制，分成三种情况：

（1）有助于维持血脂健康水平功能　同时维持血清总胆固醇和血清甘油三酯健康水平。

（2）有助于维持血清胆固醇健康水平功能　单纯维持血清胆固醇健康水平。

（3）有助于维持血清甘油三酯健康水平功能　单纯维持血清甘油三酯健康水平。

2. 受试者纳入与排除标准

（1）受试者纳入标准

①在正常饮食情况下，检测禁食 12~14h 后的血脂水平，半年内至少有两次血脂检测

结果，血清总胆固醇在 5.18~6.21mmol/L，并且血清甘油三酯在 1.70~2.25mmol/L，可作为有助于维持血脂健康水平功能试验备选对象；血清甘油三酯在 1.70~2.25mmol/L，并且血清总胆固醇≤6.21mmol/L，可作为有助于维持血清甘油三酯健康水平功能试验备选对象；血清总胆固醇在 5.18~6.21mmol/L，并且血清甘油三酯≤2.25mmol/L，可作为有助于维持血胆固醇健康水平功能试验备选对象。在参考动物实验结果基础上，选择相应指标者为受试对象。

②获得知情同意书，自愿参加试验者。

（2）受试者排除标准

①年龄在 18 岁以下或 65 岁以上者。

②妊娠或哺乳期妇女，对受试样品过敏者。

③合并心、肝、肾和造血系统等严重疾病、精神病患者。

④近两周曾服用降脂药物等功能有关的物品，影响到对结果的判断者。

⑤高脂血症患者。

⑥未按规定食用受试样品者，或资料不全影响功效或安全性判断者。

3. 试验设计与分组要求

根据受试样品的具体推荐量和使用方法进行。采用组间对照设计。根据随机盲法的要求进行分组。按血脂水平随机分为试食组和对照组。尽可能考虑影响结果的主要因素如年龄、性别、饮食等，进行均衡性检验，以保证组间可比性。每组不少于 50 例。试食组服用受试样品，对照组可服用安慰剂或采用空白对照。试验周期 45d，不超过 6 个月。

4. 观察指标

（1）安全性指标 精神、睡眠、饮食、大小便、血压等一般状况；血、尿、便常规检查；肝、肾功能检查；胸透、心电图、腹部 B 超检查（仅在开始前检查一次）。

（2）功效性指标 血清总胆固醇（TC）水平及降低百分率、甘油三酯（TG）水平及降低百分率、高密度脂蛋白胆固醇（HDL-C）水平及上升幅度、低密度脂蛋白胆固醇（LDL-C）水平。

（3）功效判定标准

有效：TC 降低 >10% 或降至正常（<5.18mmol/L）；TG 降低 >15% 或降至正常（<1.70mmol/L）；HDL-C 上升 >0.104mmol/L。

血脂总有效：TC、TG、HDL-C 三项指标均达到有效标准者。

无效：未达到有效标准者。

观察 TC 有效率、TG 有效率、高 HDL-C 有效率及血脂总有效率。

5. 数据处理和结果判定

凡自身对照资料可以采用配对 t 检验，两组均数比较采用成组 t 检验，后者需进行方差齐性检验，对非正态分布或方差不齐的数据进行适当的变量转换，待满足正态方差齐性后，用转换的数据进行 t 检验；若转换数据仍不能满足正态方差齐性要求，改用 t' 检验或秩和检验；方差齐但变异系数太大（如 $CV>50\%$）的资料应用秩和检验。有效率及总有效率采用 χ^2 检验进行检验。四格表总例数 <40，或总例数 ≥40 但出现理论数 ≤1 时，应改用确切概率法。

（1）有助于维持血脂健康水平功能结果判定　试食组自身比较及试食组与对照组组间比较，受试者血清总胆固醇、甘油三酯、低密度脂蛋白胆固醇降低，差异均有显著性；同时，血清高密度脂蛋白胆固醇不显著低于对照组，试食组血脂总有效率显著高于对照组，可判定该受试样品有助于维持血脂健康水平功能人体试食试验结果为阳性。

（2）有助于维持血清胆固醇健康水平功能结果判定　试食组自身比较及试食组与对照组组间比较，受试者血清总胆固醇、低密度脂蛋白胆固醇降低，差异均有显著性；同时，血清甘油三酯不显著高于对照组，血清高密度脂蛋白胆固醇不显著低于对照组，试食组血清总胆固醇有效率显著高于对照组，可判定该受试样品有助于维持血胆固醇健康水平功能人体试食试验结果为阳性。

（3）有助于维持血甘油三酯健康水平功能结果判定　试食组自身比较及试食组与对照组组间比较，受试者血清甘油三酯降低，差异有显著性；同时，血清总胆固醇和低密度脂蛋白胆固醇不显著高于对照组，血清高密度脂蛋白胆固醇不显著低于对照组，试食组血清甘油三酯有效率显著高于对照组，可判定该受试样品有助于维持血甘油三酯健康水平功能人体试食试验结果为阳性。

二、有助于维持血糖健康水平功能

1. 试验项目

（1）空腹血糖。

（2）餐后 2h 血糖。

（3）糖化血红蛋白（HbAlc）或糖化血清蛋白。

（4）总胆固醇。

（5）甘油三酯。

2. 受试者纳入与排除标准

（1）受试者纳入标准　选择空腹血糖 5.6~7mmol/L（100~126mg/dL）或餐后 2h 血糖 7.8~11.1mmol/L（140~200mg/dL）的糖调节受损（IGR）人群。

（2）受试者排除标准

①糖尿病患者。

②18 岁以下或 65 岁以上，妊娠或哺乳妇女，对受试样品过敏者。

③有心、肝、肾等主要脏器并发症，或合并其他严重疾病，精神病患者，服用糖皮质激素或其他影响血糖药物者。

④不能配合饮食控制而影响观察结果者。

⑤近 3 个月内有糖尿病酮症、中毒及感染者。

⑥短期内服用与受试功能有关的物品，影响判断者。

⑦凡不符合纳入标准，未按要求服用受试样品者，或资料不全影响观察结果者。

3. 试验设计与分组要求

采用组间对照设计。根据随机盲法的要求进行分组。按受试者的糖化血红蛋白或糖化血清蛋白及血糖水平随机分为试食组和对照组。受试样品定型包装，标明服用量和服用方法；安慰剂在剂型、口感、外观和包装上与受试样品保持一致。试验前对每一位受试者按性别、年龄、不同劳动强度、理想体重，参照原来的生活习惯规定相应的饮食，试食期间坚持饮食控制。尽可能考虑影响结果的主要因素进行均衡性检验，以保证组间的可比性。每组受试者不少于50例。受试样品给予时间2个月，必要时可延长至4个月。

4. 观察指标

（1）安全性指标　精神、睡眠、饮食、大小便、血压等；血、尿、便常规检查；肝肾功能检查；胸透、心电图、腹部B超检查（仅试验前检查一次）。

（2）功效性指标

症状观察：详细询问病史，了解患者饮食情况、用药情况、活动量，观察口渴多饮、多食易饥、倦怠乏力、多尿等主要症状。按症状轻重积分（表2-2），于试食前后统计积分值，并就其主要症状改善情况（改善1分为有效），观察临床症状改善率。

表2-2　　　　　　　　　　　　　临床症状积分表

症状	无症状（积0分）	轻症（积1分）	中症（积2分）	重症（积3分）
口渴多饮	无	有口渴感，饮水量<1L/d	口渴感明显，饮水量1~2L/d	口渴显著，饮水量>2L/d
多食易饥	无	餐前有轻度饥饿感	餐前有明显饥饿感	昼夜均有饥饿感
多尿	尿量<1.8L/d	尿量1.8~2.5L/d	尿量2.5~3L/d	尿量>3L/d
倦怠乏力	无	精神不振，不耐劳力	精神疲乏，可坚持轻体力劳动	精神极度疲乏，勉强坚持日常活动

空腹血糖：观察试食前后空腹血糖值、空腹血糖下降的百分率、空腹血糖有效率。

餐后2h血糖：试食前后食用100g精粉馒头后2h血糖值、餐后2h血糖下降的百分率、餐后2h血糖有效率。

糖化血红蛋白或糖化血清蛋白：观察试食前后糖化血红蛋白或糖化血清蛋白变化。

血脂：观察试食前后血清总胆固醇、血清甘油三酯水平。

5. 结果判定

（1）空腹血糖结果判定

①试验前后自身比较，空腹血糖下降差异有显著性，且试验后平均血糖恢复正常或下降≥10%。

②试验后试食组空腹血糖下降或空腹血糖下降幅度高于对照组，差异有显著性。

③试验后试食组空腹血糖下降有效率高于对照组，差异有显著性。

满足上述3个条件，可判定该受试样品空腹血糖指标结果为阳性。

（2）餐后2h血糖结果判定

①试验前后自身比较，餐后2h血糖下降差异有显著性，且试验后平均血糖恢复正常或下降幅度≥10%。

②试验后试食组餐后2h血糖下降或餐后2h血糖下降幅度高于对照组，差异有显著性。

③试验后试食组餐后 2h 血糖下降有效率高于对照组，差异有显著性。

满足上述 3 个条件，可判定该受试样品餐后 2h 血糖指标结果为阳性。

（3）糖化血红蛋白（或糖化血清蛋白）

①试验前后自身比较，糖化血红蛋白（或糖化血清蛋白）下降差异有显著性。

②试验后试食组糖化血红蛋白（或糖化血清蛋白）下降或糖化血红蛋白（或糖化血清蛋白）下降幅度高于对照组，差异有显著性。

满足上述 2 个条件，可判定该受试样品糖化血红蛋白（或糖化血清蛋白）指标结果为阳性。

（4）血清胆固醇

①试验前后自身比较，血清胆固醇下降差异有显著性。

②试验后试食组血清胆固醇下降与对照组比较，差异有显著性。

满足上述 2 个条件，可判定该受试样品血清胆固醇指标结果为阳性。

（5）血清甘油三酯

①试验前后自身比较，血清甘油三酯下降差异有显著性。

②试验后试食组血清甘油三酯下降与对照组比较，差异有显著性。

满足上述 2 个条件，可判定该受试样品血清甘油三酯指标结果为阳性。

空腹血糖、餐后 2h 血糖、糖化血红蛋白（或糖化血清蛋白）、血脂（血清胆固醇、血清甘油三酯）四项指标均无明显升高，且空腹血糖、餐后 2h 血糖两项指标中一项指标阳性，对机体健康无不利影响，可判定该受试样品具有有助于维持血糖健康水平的作用。

三、有助于抗氧化功能

1. 试验项目

（1）脂质氧化产物　丙二醛或血清 8-表氢氧-异前列腺素（8-isoprostane）。

（2）超氧化物歧化酶。

（3）谷胱甘肽过氧化物酶。

2. 受试者纳入与排除标准

（1）受试者纳入标准　16~65 岁，身体健康状况良好，无明显心、肝、肾、血液病，无长期服药史，志愿受试、保证配合的人群。

（2）排除受试者标准

①妊娠或哺乳妇女，对受试样品过敏者。

②合并有心、肝、肾和造血系统等严重疾病患者。

③短期内服用与受试功能有关的物品，影响结果判断者。

④不符合纳入标准，未按规定食用样品者；无法判定功效或资料不全，影响功效或安全性判断者。

3. 试验设计与分组要求

对受试者按丙二醛（MDA）、超氧化物歧化酶（SOD）、谷胱甘肽过氧化物酶（GSH-Px）水平随机分试食组和对照组。采用自身和组间对照设计。尽可能考虑影响因素均衡性，并进行均衡性检验，以保证组间的可比性。试验组按推荐服用方法、服用量每日服用受试样品，对照组可服用安慰剂或采用阴性对照。受试样品给予时间为 3 个月，必要时可延长至 6 个月，每组受试者不少于 50 例。试验期间两组原生活、饮食不变。

4. 观察指标

各项指标在试验开始及结束时各检测 1 次。

（1）安全性指标　精神、睡眠、饮食、大小便、血压等一般状况；血、尿、便常规检查；肝、肾功能检查；胸透、心电图、腹部 B 超检查。

（2）功效性指标　观察试验前后 MDA 的变化及其下降百分率；观察试验前后，SOD、GSH-Px 的变化及其上升百分率。

5. 结果判定

各功效观察指标试验前后自身比较和试食后组间比较均有统计学意义，方可判定该指标阳性。MDA、SOD、GSH-Px 三项试验中，任意两项试验结果阳性，可判定该受试样品具有抗氧化功能作用。

四、辅助改善记忆功能

1. 试验项目

（1）指向记忆。

（2）联想学习。

（3）图像自由回忆。

（4）无意义图形再认。

（5）人像特点联系回忆。

（6）记忆商。

2. 受试者纳入与排除标准

保障受试者健康为前提，主试人员必须经过专门培训，取得结业证书后才能做该项实验。选择受试者应符合以下原则：

①从比较集中、各方面影响因素大致相同的群体中挑选，如学校、部队等群体。

②文化程度基本一致。

③属同一年龄组，如不在同一年龄组，则应对量表分进行校正。

④未接受过同类测试。

⑤排除短期内服用与受试功能有关的物品，影响对结果的判断。

3. 试验设计与分组要求

试验应遵循对照、双盲、随机的基本原则。同一受试者前后两次测试由同一主试者进行。先听觉测验，后视觉测验。按服受试样品前第一次测试记忆商随机分为试食组和对照组。尽可能考虑影响因素一致，进行均衡性检验，以保证组间可比性。每组受试者不少于50 例。

4. 观察指标

（1）安全性指标　精神、睡眠、饮食、大小便、心率等（儿童只要求进行心肺听诊，肝脾触诊）；血、尿常规检查；肝、肾功能检查（儿童受试者不测定此项）；胸透、心电图、腹部 B 超检查（成人受试者测定此项，仅试验前检查一次）。

（2）功效性指标　使用临床记忆量表、指向记忆量表分、联想学习量表分、图像自由回忆量表分、无意义图形再认量表分、人像特点联系回忆量表分、记忆商。

5. 结果判定

在试前两组记忆商均衡的前提下，试食后试食组的记忆商高于对照组，且差异有显著性，同时试食组试验后的记忆商高于其试食前的记忆商，且差异有显著性，可以判定该受试样品具有辅助改善记忆的作用。

五、缓解视觉疲劳功能

1. 试验项目

（1）眼部症状及眼底检查。

（2）明视持久度。

（3）远视力。

2. 受试者纳入与排除标准

（1）受试者纳入标准　18~65 岁成人；长期用眼，视力易疲劳者。

（2）受试者排除标准

①患有角膜、晶体、玻璃体、眼底病变等内外眼疾患者。

②妊娠或哺乳期妇女，对受试样品过敏者。

③患有感染性、外伤性眼部疾病者，进行眼部手术不足 3 个月者。

④患有心血管、脑血管、肝、肾、造血系统等疾病者。

⑤短期内服用与受试功能有关的物品，影响结果判断者。

⑥长期服用有关治疗视力的药物、保健品，或使用其他治疗方法未能终止者。

⑦不符合纳入标准，未按规定服用受试物者，或资料不全等影响功效或安全性判断者。

3. 试验设计与分组要求

采用自身和组间两种对照设计。根据随机、双盲的要求进行分组，分组时根据症状及视力检查情况随机分为试食组和对照组。同时应考虑年龄、性别等因素，使两组具有可比性。受试物的剂量及使用方法参照受试物的具体推荐量和使用方法，对照组服用安慰剂，试食试验结束时每组受试者人数不少于 50 例。受试样品给予时间为连续 30d，必要时可延长至 60d。

4. 观察指标

（1）安全性指标　血、尿常规、体格检查；肝、肾功能检查（儿童不测此项）；胸透、心电图、腹部 B 超检查（于试验前一次，儿童不测此项）。

（2）功效性指标　于试验开始及结束时检查。

①问卷调查：症状询问、用眼情况。

②眼科检查：眼底检查、视力检查（如近视、远视、散光等）、明视持久度。

5. 结果判定

（1）功效判定标准

①症状改善：眼酸痛、眼胀、畏光、视物模糊、眼干涩、异物感、流泪、全身不适 8

种症状中有 3 种得到改善，且其他症状无恶化即判定为症状改善。

②有效：症状改善且明视持久度前后相差大于等于 10%，并经统计比较差异有显著性。

③无效：未达到有效标准。

④参考指标：视力改善率。以试食后较试食前提高两行为改善，视力改善率为参考指标。

（2）结果判定

①试食试验后，试食组自身比较及试验组与对照组组间比较，症状有效率且症状总积分差异有显著性（$p<0.05$）。

②试食试验后，试食组自身比较或试食组与对照组组间比较，明视持久度差异有显著性（$p<0.05$），且平均明视持久度提高大于或等于 10%。具备以上两条且视力改善率不明显降低，可判定该受试样品具有缓解视觉疲劳的作用。

六、有助于排铅功能

1. 试验项目

（1）血铅。

（2）尿铅。

（3）尿钙。

（4）尿锌。

2. 受试者纳入与排除标准

（1）受试者纳入标准

①有密切铅接触史。

②血铅含量较高的自愿受试者。血铅 $200 \sim 400 g/L$（$1 \sim 2 mol/L$），或尿铅 $70 \sim 120 g/L$（$0.34 \sim 0.58 mol/L$）者。

（2）受试者排除标准

①血铅或尿铅过高，有明显铅中毒症状者。

②患有心血管、肝、肾和造血系统等全身性疾病者。

③妊娠和哺乳期妇女。

④试验期间服用与受试功能有关的物品，影响结果判定者。

⑤试食期间中途停食或中途加服其他药物，无法判断功效或资料不全者。

3. 试验设计与分组要求

采用自身和组间两种对照设计。按血铅、尿铅水平对受试者随机分试食组和对照组，在分组时尽可能考虑影响因素一致性，进行均衡性检验，以保证组间的可比性。每组受试者有效例数不少于 50 例。试食组按推荐服用方法和服用量每日服用受试样品，对照组服用等量安慰剂。试验组和对照组使用随机、盲法设定。受试样品给予时间为 30d，必要时延长至 45d。试验期间受试者不改变生活、工作环境，不改变原来生活、饮食习惯。

4. 观察指标

（1）安全性指标　精神、睡眠、饮食、大小便、血压等一般情况；血、尿、便常规检查；肝、肾功能检查（儿童不测定此项）；胸透、心电图、腹部 B 超检查（试验前检查一次，儿童不测定此项）；尿锌、尿钙测定（测定时间、次数和方法同尿铅，总尿钙、总尿锌为试验开始后三次尿钙或尿锌测定值之和）。

（2）功效性指标

临床症状观察：准确记录试食前后的主观症状，如头晕、失眠、四肢无力等。

血铅、尿铅含量测定：采集试食前、试食后血液，试食前及试食后第 10 天、第 20 天和结束时的 24h 尿液样本，测血铅、尿铅。总尿铅为三次尿铅测定值之和。

5. 结果判定

试食试验后，试食组与对照组间比较，至少两个观察时点尿铅排出量增加显著高于试验前，或总尿铅排出量明显增加，且对总尿钙、总尿锌的排出无明显影响。或总尿钙、总尿锌排出增加的幅度小于总尿铅排出增加的幅度，可判定该受试样品具有促进排铅的作用。

七、清咽润喉功能

1. 试验项目

（1）咽部症状。

（2）体征。

2. 受试者纳入与排除标准

（1）受试者纳入标准

①体征：慢性咽炎人群，主要症状有咽痛、咽痒、咽干、干咳、异物感、多言加重等。

②咽部症状：咽部黏膜水肿、黏膜充血、咽后壁淋巴滤泡增生、分泌物附着。

以上两条至少一项检查所见的自愿者，即可纳入观察。

（2）受试者排除标准

①慢性咽炎急性发作期或急性咽炎、声带结节、感冒或吸烟因素所致者。

②鼻、咽、喉、食管、颈部结核或转移性肺癌病变所致者。

③18 岁以下或 65 岁以上者，妊娠及哺乳期妇女，对受试样品过敏者。

④合并有心、肝、肾、脑血管及造血系统、支气管和肺等严重疾病及精神病患者，以及有睡眠疾病的患者。

⑤短期内服用与受试功能有关的物品，影响结果判定者。

⑥试食期间不能坚持服用受试样品或中途加服其他药物，无法判断功效或资料不全者。

3. 试验设计与分组要求

采用自身和组间两种对照设计。按咽部症状、体征随机分为试食组和对照组。分组时尽可能考虑影响因素一致性，进行均衡性检验，以保证组间的可比性。每组受试者不少于50 例。试食组按推荐服用方法和服用量每日服用受试样品，对照组可服用安慰剂或采用空白对照，也可使用具有清咽润喉的功能食品作为对照。受试样品给予时间为 15~30d。试验期间受试者不改变生活、工作环境，不改变原来生活、饮食习惯。

4. 观察指标

各项指标于试验开始及结束时各测一次，并检查咽部、询问病史，记录变化情况。

（1）安全性指标　精神、睡眠、饮食、大小便、心率等；血、尿常规检查；肝、肾功能检查；胸透、心电图、腹部 B 超检查（试验前检查一次）。

（2）功效性指标

症状观察：详细询问病史。主要咽部症状：咽痛、咽痒、干咳、异物感、多言加重等。按症状轻重计算积分（1 度—1 分；2 度—2 分；3 度—3 分），统计积分变化，症状改善率。

体征观察：咽部检查，咽部黏膜充血、黏膜水肿、咽后壁淋巴滤泡增生、分泌物附着等体征。按检查结果轻、中、重分为Ⅰ、Ⅱ、Ⅲ级，分别记录试食前后体征变化，计算体征积分和改善率。

5. 结果判定

受试者症状减轻 1 度，咽部体征检查减轻Ⅰ级，可判断为有效。受试者症状、体征均无明显改变，可判断为无效。

试食后，试食组自身比较及试食组与对照组组间比较：咽部临床症状、体征积分明显降低，且症状、体征改善率较对照组有明显增加，差异有显著性，可判定为该受试样品具有清咽润喉的作用。

八、有助于维持血压健康水平功能

1. 试验项目

（1）临床症状与体征。

（2）血压。

（3）心率。

2. 受试者纳入与排除标准

该试验应在临床治疗的基础上进行，不得停止临床治疗。

（1）受试者纳入标准　血压处于正常范围的偏高区间（正常高值血压），收缩压 120~139mmHg 和/或舒张压 80~89mmHg 者，满足两者任何一项即可纳入。

（2）排除受试者标准

①18 岁以下或 65 岁以上者，高血压症患者，妊娠或哺乳妇女，对受试样品过敏者。

②合并肝肾和造血系统等严重全身性疾病患者。

③短期内服与受试功能有关物品，影响结果判定者。

④未按规定服用受试样品，无法判断功效者；或因资料不全等影响功效判断者。

3. 试验设计与分组要求

采用组间对照设计。按受试者血压水平随机分为试食组和对照组。尽可能考虑影响因素一致性，进行均衡性检验，以保证组间的可比性。每组受试者不少于 50 例。试食组按推荐服用方法、服用量服用受试样品，对照组可服用安慰剂或采用空白对照。受试样给予时间为 30d，必要可延长至 45d。

4. 观察指标

各项指标于试验开始及结束时各测一次，其中血压每周测量一次。

（1）安全性指标 精神、睡眠、饮食、大小便、心率等；血、尿常规检查；肝、肾功能检查；胸透、心电图、腹部 B 超检查（试验前检查一次）。

（2）功效性指标

一般情况：详细询问病史，了解受试者饮食情况、活动量。

观察主要症状：头痛、眩晕、心悸、耳鸣、失眠、烦躁、腰膝酸软等。

血压、心率测量：每周定时定人测量血压、心率一次，测量前受试者休息 15~20min。

5. 结果判定

（1）功效判定

①有效：达到以下任何一项者。舒张压下降≥10mmHg 或降至正常（<80mmHg）；收缩压下降≥20mmHg 或降至正常（<120mmHg）。

②无效：未达到以上标准者。

按症状轻重（重症 3 分，中症 2 分，轻症 1 分）统计试食前后积分值和计算改善率（症状改善 1 分及 1 分以上为有效）。

（2）结果判定 试食前后试食组自身比较，舒张压或收缩压测定值明显下降，差异有显著性（$p<0.05$），且舒张压下降≥10mmHg 或降至正常，又或收缩压下降≥20mmHg 或降至正常，试食后试食组与对照组组间比较，舒张压或收缩压测定值或其下降百分率差异有显著性（$p<0.05$），可判定该受试样具有有助于维持血压健康水平的作用。

九、有助于控制体内脂肪功能

1. 试验项目

（1）体重。

（2）腰围、臀围。

（3）体内脂肪含量。

2. 受试者纳入与排除标准

试验前对受试样品做违禁药品检测，引起腹泻或抑制食欲的受试样品不能作为减肥功能食品。

（1）受试者纳入标准

①对象为单纯性肥胖人群。

②成人体重指数（BMI）≥30，或总脂肪百分率达到男>25%，女>30%的自愿受试者。

（2）受试者排除标准

①合并心、肝、肾和造血系统等严重疾病患者，精神病患者。

②短期内服与受试功能有关的物品，会影响结果判断者。

③未按规定食用受试样品，无法判断功效者；或因资料不全影响功效或安全性判断者。

3. 试验设计与分组要求

不替代主食的减肥功能试验：自身对照和组间对照。按受试者体重、体脂重量随机分为试食组和对照组。尽可能考虑影响因素一致性，进行均衡性检验，以保证组间的可比性。每组受试者不少于 50 例。

替代主食的减肥功能试验：只设单一试食组。有效例数不少于 50 例，采用自身对照，不另设对照组。

不替代主食的有助于控制体内脂肪受试样品：试食组按推荐服用方法、服用量服用受试样品，对照组可服用安慰剂或采用空白对照。按盲法进行试食试验。受试样品给予时间至少 60d。

替代主食的有助于控制体内脂肪受试样品：建议取代 1~2 餐主食/d，并能保证消费者同时摄取充足的营养素，应鼓励增加果蔬摄入量。受试者按推荐方法和推荐剂量服用受试样品，受试样品给予时间至少 35d。

4. 观察指标

（1）安全性指标　一般状况包括精神、睡眠、饮食、大小便、血压等；血、尿、便常规检查；肝肾功能检查（儿童不测此项）；胸透、心电图、腹部 B 超检查（仅限试验前检查一次，儿童不测此项）；血尿酸、尿酮体；运动耐力测试（功效自行车试验）；厌食、腹泻等。

（2）膳食因素及运动情况观察　不替代主食受试样品需对受试者试验开始前、结束前 3d 采取询问法膳食调查，排除饮食因素影响，要求尽可能与日常饮食相一致；对试验期间受试者运动状况进行询问观察，要求与日常运动情况一样。替代主食的有助于控制体内脂肪试验，除开展不替代主食的设计指标外，还应设立身体活动、情绪、工作能力等测量表格，排除服用受试样品后无相应的负面影响产生。结合替代主食的受试样品配方，对每日膳食进行营养学评估。

（3）功效性指标　体重、身高、腰围（脐围）、臀围，并计算体质指数（BMI）、标准体重、超重度。

①体内脂肪含量的测定：体内脂肪总量和脂肪占体重百分率，用水下称重法或电阻抗法。

②皮下脂肪厚度的测定：采用 B 超测定法或皮卡钳法。4 个测定位点：

A 点——右三角肌下缘臂外侧正中点；

B 点——右肩胛下角；

C 点——右脐旁 3cm；

D 点——右额前上棘。

5. 结果判定

（1）替代主食的有助于控制体内脂肪受试样品　试食组试验前后自身比较，其体内脂肪重量减少，皮下脂肪 4 个点中至少有 2 个点减少，腰围与臀围之一减少，且差异有显著性（$p<0.05$），能量和营养学评价无异常，运动耐力不下降，且对机体健康无不良影响，并排除运动对有助于控制体内脂肪作用的影响，可判定该受试样品具有有助于控制体内脂肪的作用。

（2）不替代主食的有助于控制体内脂肪受试样品　试食组自身比较及试食后试食组与对照组比较，其体内脂肪重量减少，皮下脂肪 4 个点中至少有 2 个点减少，腰围与臀围之一减少，且差异有显著性（$p<0.05$），运动耐力不下降，对机体健康无不良影响，并排除膳食及运动对有助于控制体内脂肪作用的影响，可判定该受试样品具有有助于控制体内脂肪的作用。

十、改善缺铁性贫血功能

1. 试验项目

（1）血红蛋白。

（2）血清铁蛋白。

（3）红细胞内游离原卟啉/血清运铁蛋白饱和度。

2. 受试者纳入与排除标准

（1）受试者纳入指标　受试者为小细胞低色素贫血，且有明确的缺铁原因和临床表现的成人和儿童。

成人纳入标准：男性，Hb 80~130g/L；女性，Hb 80~120g/L。

儿童纳入标准：≤6岁儿童，Hb 70~110g/L；7~18岁青少年，Hb 80~120g/L。

（2）受试者排除标准：

①严重贫血患者。

②过敏体质或对受试样品过敏者。

③合并有心、肝、肾、脑血管及造血系统等严重疾病及精神病患者。

④短期内服用与受试功能有关的物品，影响结果判定者。

⑤试食期间不能坚持服用者，或资料不全影响功效或安全性判断者。

3. 试验设计与分组要求

采用自身和组间两种对照设计。按受试者的血红蛋白水平随机分为试食组和对照组。尽可能考虑影响因素一致性，进行均衡性检验，以保证组间的可比性。每组受试者不少于50例。试食组按推荐服用方法、服用量服用受试样品，对照组可服用安慰剂或采用空白对照，也可服用具有同样作用的阳性物。试样品给予时间为30d，必要时可延长至120d。试验期间不改变原来的饮食习惯，正常饮食。

4. 观察指标

（1）安全性指标　精神、睡眠、饮食、大小便、血压等一般情况；血、尿、便常规检查；肝肾功能检查（儿童不测此项）；腹部B超、胸透、心电图检查（在试验前检查一次，儿童不测此项）。

（2）膳食调查　于开始前、结束前进行三天的询问法膳食调查，观察饮食因素对试验结果影响。

（3）症状观察　食欲不振、乏力、烦躁、眼花、精神不集中、心慌、气短等。

（4）功效性指标

儿童观察指标：血红蛋白、红细胞内游离原卟啉。

成人观察指标：血红蛋白、血清铁蛋白、红细胞内游离原卟啉/血清运铁蛋白饱和度。

5. 结果判定

（1）改善儿童营养性贫血　试验前后自身比较和试验后组间比较，血红蛋白、红细胞内游离原卟啉二项指标差异有显著性（$p<0.05$）；同时，试食组自身前后比较，血红蛋白平均升高幅度≥10g/L，可判定该受度样品具有改善缺铁性贫血的作用。

（2）改善成人营养性贫血　试食前后自身比较和试验后组间比较：血红蛋白指标差异有显著性（$p<0.05$）；同时，试食组自身前后比较，血红蛋白平均上升幅度≥10g/L，血清铁蛋白、红细胞内游离原卟啉/血清运铁蛋白饱和度二项指标中一项指标阳性，可判定该受试样品具有改善缺铁性贫血的作用。

十一、有助于调节肠道菌群功能

1. 试验项目

（1）双歧杆菌。

（2）乳杆菌。

（3）肠球菌。

（4）肠杆菌。

（5）拟杆菌。

（6）产气荚膜梭菌。

2. 受试者纳入与排除标准

（1）受试者纳入标准

①一个月内未患过胃肠疾病者。

②一个月内未服用过抗生素者。

（2）受试者排除标准

①年龄在 65 岁以上者，妊娠或哺乳期妇女，过敏体质及对受试样品过敏者。

②合并有心、肝、肾、脑血管及造血系统等严重疾病及精神病患者。

③短期内服用与受试功能有关的物品，影响结果判定者。

④试食期间停服受试样品或中途加服其他药物，无法判断功效或资料不全者。

3. 试验设计与分组要求

采用自身和组间两种对照设计。按受试者的菌群状况随机分为试食组和对照组。尽可能考虑影响因素一致性，以保证组间的可比性。每组受试者不少于 50 例。受试样品给予时间为 14d，必要时可延长至 30d。在给受试样品之前，无菌采取受试者粪便 1g，10 倍系列稀释，选择合适的稀释度分别接种在各培养基上。培养后，以菌落形态、革兰染色镜检、生化反应等鉴定计数菌落，计算出每克湿便中的菌数，取对数后进行统计处理。最后一次给予受试样品之后 24h，再次检测，方法同上。

4. 观察指标

（1）安全性指标　精神、睡眠、饮食、大小便、血压等一般情况；血、尿、便常规检查；肝、肾功能检查（开始前检查一次）胸透、心电图、腹部 B 超检查（开始前检查一次）。

（2）功效性指标　双歧杆菌、乳杆菌、肠球菌、肠杆菌、拟杆菌、产气荚膜梭菌。

5. 结果判定

符合以下任一项，且试验组试食前后自身比较及试食后试食组与对照组比较，差异均有显著性（$p<0.05$），可以判定该受试样品具有调节肠道菌群功能的作用。

（1）粪便中双歧杆菌和/或乳杆菌明显增加，产气荚膜梭菌减少或不增加，肠杆菌、肠球菌、拟杆菌无明显变化。

（2）粪便中双歧杆菌和/或乳杆菌明显增加，产气荚膜梭菌减少或不增加，肠杆菌和/或肠球菌、拟杆菌明显增加，但增加的幅度低于双歧杆/乳杆菌增加的幅度。

第三节　与功能食品研究有关的数据统计

功能食品的功能评价和毒理学安全性评价试验，涉及动物实验和人体试食试验。人体试食试验的设计原则和要求在人体试食试验章节有详细说明。因此，本部分主要就动物实验的设计原则和常用统计方法进行介绍。

在功能食品的功能评价中，主要是通过多种实验动物模型进行功效评价。实验动物模型设计原则也是生物医学科研专业设计中常要考虑的问题。设计时要注意一些要素，遵循一些原则。

一、实验设计要素与原则

在功能食品的功能评价和安全性评价中，首先应该深入了解受试物的基本信息，包括受试物的成分、基本性状，液体还是固体，是否可溶，能溶解于水相还是溶于有机相。如果不溶，是否可以制备成悬浊液，可能的给药途径以及推荐量等基本信息。在充分了解这些基本信息的基础上，明确试验目的，是功效评价还是安全性毒理学评价，是需要进行动物试验还是人体试食试验。在此基础上制定完善的统计研究设计方案。一般而言，完善的设计方案一般满足6个条件：①必须在人力、物力和时间上满足设计要求；②实验设计的"三要素"和"四原则"均符合专业和统计学要求；③重要的实验因素和观测指标没有遗漏，并做了合理安排；④重要的非实验因素（包括可能产生的各种偏性）都得到了很有效的预防和控制；⑤研究过程中可能出现的各种情况都已被考虑在内，并有相应的对策和严格的质量控制；⑥对操作方法、实验数据的收集、整理、分析等均有一套规范的规定和正确的操作方法。其中，准确把握统计研究设计的"三要素和四原则"，无疑是其设计方案科学严谨的象征。

1. 实验设计的"三要素"

要素一：受试对象的种类问题。这里面包含以下几种情形：①功能食品的功能评价和毒理学安全性评价常用大小鼠作为受试对象；②功能食品的功能评价，人体试食一般用人作为受试对象。在不同的功能评价试验中，对受试对象组和对照组的选择都有严格的规定。

要素二：实验因素。实验研究的目的不同，对实验的要求也不同。若在整个实验过程中影响观察结果的因素很多，就必须结合专业知识，对众多的因素做全面分析，必要时做一些预实验。区分哪些是重要的实验因素，哪些是重要的质量因素，以便选用合适的实验设计方法妥善安排这些因素。水平选取得过于密集，实验次数就会增多，许多相邻的水平对结果的影响十分接近，这不仅不利于研究目的的实现，而且还会浪费人力、物力和时间；反之，该因素的不同水平对结果的影响规律不能真实地被反映出来，易得出错误的结论。在缺乏经验的前提下，应进行必要的预实验或借助他人的经验，选取较为合适的若干个水平。所谓质量因素，即因素水平的取值是定性的，如药物的种类、处理方法的种类等。应结合实际情况和具体条件，选取质量因素的水平，千万不能不顾客观条件而盲目选取。

要素三：实验效应。实验效应是反映实验因素作用强弱的标志，它必须通过具体的指标来体现。要结合专业知识，尽可能多地选用客观性强的指标，在仪器和试剂允许的条件下，应尽可能多选用特异性强、灵敏度高的客观指标。对一些半客观（如读取病理切片或片上所获得的结果）或主观指标（如给某些定性实验结果人为打分或赋值），一定要事先规定读取数值的严格标准，必要时还应进行统一的技术培训。

2. 实验设计的四原则

对于医药科研工作者来说，统计研究设计，特别是实验设计，好比是建造高楼大厦的"地基"，它是科学性与严谨性的"见证"，是医学科研工作的"灵魂"。一般来说，在医药科研的全过程中（包括实验研究、资料表达与分析、撰写论文和申报成果），若不用或误用统计学（包括统计研究设计），不仅浪费人力、物力、时间，而且其结论很难令人信服，有时甚至得出的结论是完全错误的。在功能食品的功能评价和毒理学安全性评价中，不应忽视统计研究设计和统计学的正确运用。

原则一：随机原则。在实验动物或者受试人群的分组上，可以运用"随机数字表"或"随机排列表"，或者"计算机产生伪随机数"实现随机化。实验过程中也需要注意随机化的原则，避免人为误差。

原则二：对照原则。空白（阴性）对照组的设立：此种对照一般用于动物实验中，在临床上只适用于慢性病的对比研究，而且必须慎用；在人体试食试验中，空白对照设置必须经过伦理学评估。标准（阳性）对照组的设立：为了比较受试物的功能或者毒性，往往以当前社会上被公认的、疗效比较好且比较稳定的同类药物作为标准（阳性）对照。实验对照组的设立：当某些处理本身夹杂着重要的非处理因素时，还需设立仅含该非处理因素的实验组为实验对照组；历史或中外对照组的设立：这种对照形式应慎用，其对比的结果仅供参考，不能作为推理的依据；在一个实验中，不是所有的对照都要有，但多种对照形式同时并存，应根据实验具体情况合理设置对照。

原则三：重复原则。所谓重复原则，就是在相同实验条件下必须做多次独立重复实验。

原则四：均衡原则。一个实验设计方案的均衡性好坏，关系到实验研究的成败。应充分发挥具有各种知识结构和背景的人的作用，群策群力，方可有效地提高实验设计方案的均衡性。

二、统计分析中的基本概念

统计学的任务就是为了认识世界、发现事物存在的规律和预测未来。这三个任务贯穿了我们使用统计学知识的始终。在功能食品功能评价和毒理学安全性评价中，就是根据实验目的，按照合理的实验设计完成相关数据收集的，并应用统计学知识，找到受试物对受试对象生理生化指标可能的影响规律，应用专业知识作出合理解释，对受试物的生理功能或者毒性做出评价，并对人类的使用提出可能的建议。下面介绍一些统计分析中常用的基本概念。

1. 总体（population）

所研究的全部个体（数据）的集合，其中的每一个元素称为个体。分为有限总体和无限总体。有限总体的范围能够明确确定，且元素的数目是有限的；无限总体所包括的元素是无限的，不可数的。

2. 样本（sample）

从总体中抽取的一部分元素的集合，构成样本元素的数目被称为样本容量。

3. 参数（parameter）

描述总体特征的概括性数字度量，是研究者想要了解的总体的某种特征值，所关注的参数主要有总体均值（μ）、标准差（δ）、总体比例（ρ）等，总体参数通常用希腊字母表示。

4、统计量（statistic）

用来描述样本特征的概括性数字度量，它是根据样本数据计算出来的一些量，是样本的函数。所关注的样本统计量有样本均值（$\bar{x}$）、样本标准差（s）、样本比例（p）等，样本统计量通常用小写英文字母表示。

在实际处理数据时，要把数据按不同属性分成不同的类别，统计学上把反映这类属性的指标称为变量，变量的类型不同，其分布的规律可能不同，对它们作统计处理的方法也可能不同。所以，对处理的数据按变量分清它们的类型是很重要的。

5. 计量资料（measurement data）

计量资料是指对观察单位的具体指标通过定量测定所得的数值，如身高、体重、血压、脉搏等是经测量取得的数值。这类数据一般都有度量衡单位。计量资料属于连续性资料，数据分布特征可以通过集中趋势（涉及量：均数、几何均数、中位数）、离散程度（涉及量：极差、百分位数和四分位数间距、方差、标准差、变异系数）、分布形状（正态分布、偏态分布）进行描述。计量资料的统计推断包括参数估计和假设检验。

6. 计数资料（count data）

计数资料是指先将观察单位按其性质或类别分组，然后清点各组观察单位个数所得的资料，其特点是：对每组观察单位只研究其数量的多少，而不具体考虑某指标的质量特征，属非连续性资料。根据类别数的不同，计数资料可分为二分类资料和无序多分类资料。计数资料属于离散型随机变量，其描述方式需要采用绝对值和相对数进行。绝对数是各分类结果的合计频数，反映总量和规模，如患者人数、发病人数和死亡人数等。绝对数通常不能相互比较，如不同地区的人口数不等时，不能比较两地的发病人数，而应比较两地的发病率。相对数是两个有联系的指标之比，是分类变量常用的统计描述指标，常用两个分类的绝对数之比表示相对数大小，如率、构成比、比等。其假设检验方法，应根据设计方法、变量的类别数、样本量和分析目的等因素来选择。

不同资料的描述和表达方式有一定区别，表2-3列出了不同资料类型的表示指标。

表 2-3 不同资料类型的描述方法及指标

常用的分布		特征和适用条件	描述指标	举例
正态分布		以算术均数左右对称分布，算数均数＝中位数＝众数	算数均数、方差、标准差、标准误	身高、体重，成年男子红细胞数
偏态分布	正偏态	集中位置在均数偏小的位置，均数>中位数>众数	中位数	儿童为主的传染病年龄分布
	负偏态	集中位置在均数偏大的位置，均数<中位数<众数		慢性病的年龄分布
二项分布		1. 事件只有两种对立结果，例如合格不合格。 2. 已知合格率为 π，那么不合格率就为 1−π，π 为大量观察中得到的比较稳定的数值。 3. 每个观察单位的结果相互独立，每个观察单位的结果不会影响到其他	当样本量 n 较小，例如≤50，特别是发生率 p 接近 0 或 1 时，分布呈现偏态，应该采用查表法计算置信区间，采用直接计算概率比较率之间的差别。当 $n×p$ 与 $n×(1-p)$ 大于 5 时，分布成正态。采用 U 检验方法比较率的差别。	猪仔的性别分布
Poisson 分布		单位容积（或面积、时间）内某事情的发生数，用于分母很大的罕见事件发生率分布。当均数≥20 时，Poisson 分布接近正态分布	均值，方差	1mL 水的微生物数；放射源每分钟发射的量子数
卡方分布		如果 Z 服从标准正态分布，那么 Z^2 服从自由度为 1 的分布，其概率密度在（0，+∞）区间上表现为 L 形	研究资料的构成比之间的差异性构成比	两种治疗高血压的方法比较
其他分布：指数分布、几何分布等		分布间可以相互转化，例如指数分布和几何分布可以通过 log 变形成正态分布		抗体滴度成倍比关系，呈成几何分布，log 变形后可呈正态分布

使用什么样的分布与统计数据有关、与实验设计有关

三、数据处理的步骤

统计分析的过程就是收集数据、整理数据、分析数据和解释数据。

1. 数据收集

无论是动物实验还是人体试食试验，收集数据要注意数据的准确性和完整性，避免

信息缺失。数据收集有很多方式，应该在设计阶段就要规划出来，并仔细斟酌。尤其是人体试食试验，例如，以降压功能评价人体试食数据收集为例。我们需要考虑到所有与血压有关的因素和所有可能干扰血压的因素，同时，如果在数据收集中发现有任何疑问，还要能联系到被调查者。收集数据的方面较广泛，包括：①患者基本信息：年龄、性别、身高、体重、体形等；②患者家族信息：是否有家族遗传史；③患者生活习惯信息：是否抽烟、喝酒、日常工作压力、睡眠状况及这些习惯是否改变等；④疾病信息：什么类型高血压、日常血压是多少、什么时候血压最高、近期是否有服用其他的药物等；⑤其他的信息。如果是通过问卷调查的方式，还要注意，应该用简单易懂的语言进行描述，问卷尽量采用选择题的方式，以免给调查对象造成误解。数据收集通常有如下的几种方法。

（1）询问调查（访问调查、邮寄调查、电话调查、座谈会、个人访谈等）。

（2）观察实验（观察、实验）。

（3）文献调查等。

2. 数据整理

收集到数据后，要对数据进行整理，整理的目的是及时发现信息缺失、核对信息是否真实、是否需要进行修正。

数据缺失：收集完数据后，需要核对设计阶段确定的信息是否收集完整了，如果存在有缺失值，该缺失值是否会影响到整个分析过程，如果已影响，是否能重新调查。如果不能重新调查，该数据可能要被剔除或者仅部分采用。

核对信息是否真实：有时候可能是记录者笔误，或者对于询问调查，可能被调查者提供了错误信息。一般在人体试食试验中，需要在设计阶段就考虑到质控。通常，我们在实验设计阶段，故意设计一些相关的问题去验证被调查者是否提供了错误信息。例如，我们设计两个问题：A：是否有家族高血压遗传史；B：父母或其他直系亲属是否有高血压。当两个问题放到同一问卷中，进行数据修正，对于错误信息，我们可以进行修正，如果无法修正，该数据可能按照数据缺失进行处理。

3. 数据分析

数据整理完成后，对数据进行分析。描述研究对象的总体特征并阐明事物的内在关系。分析数据的目的是计算有关指标，反应数据的总体特征，阐明事物的内在关系。数据分析包括以下两个方面：

（1）统计描述　就是用最直观的方式将数据的特征呈现出来，可以采用统计表、统计图等描述数据的趋势。把具体指标通过适当的集中趋势和离散趋势指标进行描述，如均值、标准差、比值比或者率比等指标，都是统计学描述的概念。可以以适当的统计图或者统计表的形式进行表达。其中，统计图可以更直观的统计描述。统计图包括直方图、饼图、散点图、箱式图等。统计图的选择也是有讲究的，应该选择最能呈现你想表达的内容的那张图。例如，有5组大鼠体重数据，需要表达这5组数据的差异程度，可以采用直方图；如果你想表达膳食中各个营养成分的比例，则用饼图最直观；如果想表达数据的变化趋势或相关性，用散点图最好。

（2）统计推断　在适当的统计描述基础上，计算出统计量，以样本统计量信息推断总体参数。在进行总体推断时，需要选择适当的统计方法。一般而言，设计阶段就已经决定了方法选择，推断结论决不能说"大概"怎么样，而是能精确地表示出结论的可靠程度或是错误的程度，所以结论都会有相伴概率。可以说，概率对任何统计推断所得的结论是必不可少的一个环节，它扮演的角色对统计结论来说是至关重要的。最好能给出点值估计和区间估计，通常给予95%的置信区间表示。

4. 解释数据

在完成比较其大小和置信区间的状态，发现规律，仔细分析后再去采用统计推断工具进行分析。用适当的专业知识进行结果解释和分析。在解释结果时应该慎重，避免出现错误的结论。其中特别要注意的内容在于以下几方面。

（1）样本的代表性　样本是否能代表总体，如果代表不了，总体推断就会错误。这个就要求样本本身具有随机性和独立性。

（2）仔细分析个体间差异的来源，除了研究因素会带来个体差异外，是否还有其他因素。

（3）推断的结果要有理论基础，如不能推断出新生儿的身高与年龄成负相关，如果有这个结论，可能是某些因素没有控制好。

四、常用的统计检验方法

常用的统计方法较多，但是在功能食品功效评价和安全性评价中，尤其是动物实验结果的数据分析中，使用的方法非常有限，常用的不外乎以下几种，如表2-4所示。

表2-4　　　　　　　　　　　　　统计学常用的方法

研究目的	统计学方法	应用条件		举例
描述总体特征	参数估计，95%置信区间	对总体进行抽样，采用样本统计量推断总体特征		A产品不合格率为10%，其95%的可信区间（6%，15%）
参数检验	u 检验	比较样本和总体间差别		A地高血压发生率与全国总发病率之间进行比较
	t 检验			
	方差分析	通过两样品间比较，反映两总体间的差别		A组大鼠体重和B组大鼠体重的比较
		单因素方差分析	单因素多水平	降脂功能评价中，比较对照组和高中低三个剂量组血脂
		多元方差分析	多因变量	高血压连续7d用药，比较7d内试食组和正常对照组每天收缩压、舒张压的是否差别
		多元析因方差分析	多因素、多因变量。同时可研究多因素之间的交互作用	—

续表

研究目的	统计学方法	应用条件		举例
非参数检验	秩和检验	对于总体分布未知的数据或者没有边界的数据		例如，两组生存日期的比较，其中一组有指标（90 日以上）
	卡方检验	独立样本频率分布的卡方检验	采用 $2 \times C$ 表，或者 $R \times C$ 表。当 $n \geq 40$ 时，如果有某个格子出现 $1 \leq T < 5$，一般需用校正公式	两种疗法缓解率
		比较配对样本频数分布的卡方检验	McNemer 检验。将两变量不一致的总例数（$b+c$）视为固定值，在此条件下进行推断。无需考虑两变量一致的总例数 a 和 d 的大小	两种培养基白喉杆菌生长情况
		四格表的确切概率法	两个样本频率进行比较，若有理论数小于 1 或 $n < 40$ 或检验后所得概率 P 接近检验水准，需用四格表的确切概率（exact probability）法直接计算概率以作判断	—
		拟合优度检验	根据样本的频率分布检验其总体分布是否等于某给定的理论分布	—
相关和回归	中心极限定理	一元回归	单因变量，多自变量	计量资料或者计数资料	例如，身高体重之间的相关
				等级资料	Spearman 回归
		多元回归	单因变量，多自变量	逐步回归	逐一将自变量代入方程，比较得到"最优"变量组
				主成分分析	采用降维方式 例如测量儿童智力水平，采用三个指标：算术、积木和填图结果统计后发现积木能力在算术能力和填图能力上已经得到了体现。正常测试时候，我们可以规定只采用算术
				因子分析	分析各自变量对因变量的权重，与主成分分析有些类似
				Logistic 回归	因变量是二分类变量，如发病或不发病
				Poisson 回归	因变量服从 Poisson 回归

在方法选择上，一般采用以下思路，如图 2-1 所示。

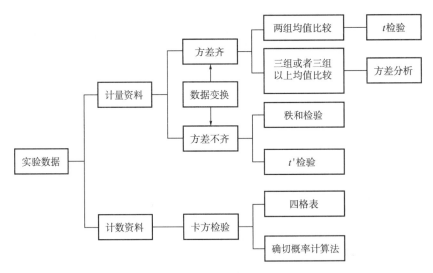

图 2-1　统计学方法选择路径

五、应注意本实验室的历史对照

正如统计学的比较一样，本实验室的历史性参考范围是可用于评价阴性对照组与处理组之间表观差别的工具。从事安全性评价毒理学研究的实验室应建立本实验室的历史对照值范围。虽然来自文献及其他实验室的对照动物的资料可能有帮助，但不能代替本实验室的历史对照资料。历史的对照资料反映了正常的生物学变异情况。同时，进行的阴性对照组是为了提供整个对照群体的正常谱。本实验室的历史对照资料可以用来区分处理组与阴性对照组的差别，是由于偶然性或由于处理的相关效应，如果处理组和阴性对照组都在历史对照值的范围内，则此差别是处理效应的可能性很小。用对照组值与本实验室的历史对照（即本实验室最近的 10~12 次实验研究的阴性对照组的值，取最大值和最小值形成范围）的最小值和最大值进行比较，可以很好地识别异常的阴性对照，更好地发现低发生率的异常，更好地发现高发生率的异常。

多种原因，对于毒理学中的实验动物来说，通常一些正常参考值的参考意义不大。主要原因在于以下几方面。

（1）安全性评价毒理学实验是进行群体诊断而不是个体诊断。毒理学实验是比较处理组动物与阴性对照组动物，判断在处理组动物群体是否出现有害作用，并不判断每个处理组动物是否出现有害作用，此与临床医学不同，临床医学必须对每个患者做出诊断。毒理学实验研究是群体诊断，临床医学实践是个体诊断。统计学可以证明，群体诊断要比个体诊断敏感得多。

（2）安全性评价毒理学试验所用实验动物都是在一定的人为控制的条件下生存的，即使都执行同一个标准，各个实验动物和饲料供应商之间也存在一定的差异，各实验室的饲养管理更存在一定的差异，因为各种标准只是最低要求。难以对实验动物建立统一的正常参考值。

（3）各实验室在检验方法学和实验条件上都有差别。临床医学中，已规定了正常参考值，各医院在实践中都以本医院检验科参考值范围作为诊断依据。同样，安全性评价毒理学实验室也应建立本实验室的历史对照值。

评价毒理学结果的结构性方法如图2-2所示。

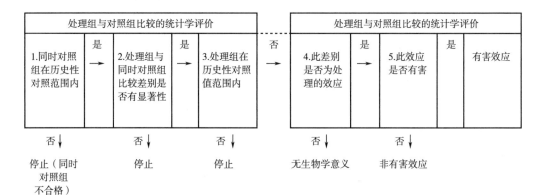

图2-2 评价毒理学结果的结构性方法

🌐 **课程思政点**

人体试食试验是功能食品功效评价中常用的一种方法，但是在人体试食试验之前，必须确保受试样品符合一般卫生学要求，原则上是在动物实验有效且无有害作用下进行。试验方案必须遵循四大道德原则——正当目的原则、知情同意原则、维护受试者利益原则和科学性原则。试验前，试验方案需要经过伦理学认证，实施者应具有相关资质。

思考题

扫一扫
思考题答案

1. 在做人体试食试验之初，都有明确的人群纳入标准和排除标准，为什么？

2. 在做减少体内脂肪功能的人体试食评价试验前，必须对受试样品做违禁药品检测。这些违禁药品包括哪一些？请列举，并说明这些违禁药品的减肥机制。

3. 请解释名词：样本、总体、算数平均数、标准差、标准误、中位数、众数、方差、正态分布、卡方分布、二项分布、统计推断、参数估计。

4. 统计分析的过程包括哪几部分？在功能食品评价中，如何从专业角度合理地解释数据？

参考文献

［1］国家市场监督管理总局. 保健食品功能检验与评价方法（2022 年版）［Z］. 2022.

［2］国家市场监督管理总局. 关于发布《允许保健食品声称的保健功能目录　非营养素补充剂（2022 年版）》及配套文件的公告（征求意见稿）［Z］. 2022.

［3］孙振球，徐勇勇. 医学统计学［M］. 4 版. 北京：人民卫生出版社，2014.

［4］周宗灿. 毒理学教程［M］. 3 版. 北京：北京大学医学出版社，2006.

第三章

功能食品的保健功效评价实验

实验一 有助于维持血脂健康水平功能评价实验

🔬 实验设计

本实验选用健康成年的雄性大鼠，用含有胆固醇、蔗糖、猪油、胆酸钠的高脂饲料喂养动物建立脂代谢紊乱动物模型，给予模型动物受试样品 30~45d 后，检测受试样品对动物血清总胆固醇（TC）、甘油三酯（TG）、低密度脂蛋白胆固醇（LDL-C）、高密度脂蛋白胆固醇（HDL-C）水平的影响，以判断受试样品是否具有有助于维持血脂健康水平功能。

实验中还可以检测肝脏 TC 与 TG、胆固醇合成限速酶 HMGCoA 和胆固醇转化限速酶 CYP7A1 的表达、粪便胆汁酸的量、脂肪分解相关酶——激素敏感性脂肪酶 HSL 和脂肪组织甘油三酯脂肪酶 ATGL、脂肪合成相关酶——脂肪酸合成酶 FAS 和乙酰辅酶 A 羧化酶 ACC 等指标进行基础研究。

1. 实验动物

本实验选用健康成年雄性 SD 大鼠（200±20）g，10 只/组。

2. 分组与饲养

建立混合型高脂血症模型或高胆固醇血症模型（参见第一章第二节中"四、高血脂动物模型"），在实验环境下喂饲大鼠基础饲料，观察 5~7d 后，按体重随机分成 2 组，10 只大鼠给予基础饲料作为空白对照组，40 只给予高脂饲料作为模型对照组。

模型对照组给予高脂饲料 1~2 周后，空白对照组和模型对照组大鼠不禁食采血（眼内眦或尾部），分离血清，测定血清 TG、TC、LDL-C、HDL-C 水平。根据 TC 水平将模型对照组随机分成 4 组（模型对照组和 3 个剂量受试样品组），分组后空白对照组和其他各组比较 TG、TC、LDL-C、HDL-C 差异均无显著性。分组后，自由饮水摄食，定期称量体重。

空白对照组：基础饲料，每日灌胃溶解受试样品的溶剂；

模型对照组：高脂饲料，每日灌胃溶解受试样品的溶剂；

各受试样品组：高脂饲料，每日灌胃不同剂量的受试样品。

当实验结束时（给予动物受试样品 30~45d 后），不禁食采血，麻醉、解剖大鼠，检测血清 TG、TC、LDL-C、HDL-C 水平。

内容一　血清 TG 的测定

一、实验原理

本实验以磷酸甘油氧化酶法测定血清中 TG 的含量。

甘油三酯经脂蛋白脂肪酶（lipoprotein lipase，LPL）水解产生甘油和游离脂肪酸。甘油在甘油激酶（glycerokinase，GK）的作用下生成磷酸甘油。磷酸甘油经磷酸甘油氧化酶（glycerol-3-phosphate oxidase，GPO）作用生成磷酸二羟丙酮和过氧化氢。过氧化氢在过氧化物酶（peroxidase，POD）的催化下使酚和 4-氨基安替吡啉反应生成红色的亚胺醌。其颜色的深浅与样品中甘油三酯的含量成正比。分别测定标准管和样本管的吸光度，计算样品中甘油三酯含量。主要反应过程为：

$$甘油三酯 \xrightarrow{\text{LPL}} 甘油 + 脂肪酸$$

$$甘油 + ATP \xrightarrow{\text{GK}} 3\text{-}磷酸甘油 + ADP$$

$$3\text{-}磷酸甘油 + H_2O + O_2 \xrightarrow{\text{GPO}} 磷酸二羟丙酮 + H_2O_2$$

$$H_2O_2 + 酚 + 4\text{-}氨基安替吡啉 \xrightarrow{\text{POD}} 红色的亚胺醌 + H_2O$$

二、仪器与试剂

1. 仪器

恒温水浴锅、紫外/可见分光光度计。

2. 试剂

采用试剂盒测定，以某公司的甘油三酯试剂盒为例，其中包括以下三方面。

（1）缓冲液　以 0.1mol/L Tris 缓冲液溶解的 2,4-二氯苯酚溶液，终浓度 2mmol/L。

（2）酶剂（冻干粉）　其中包含脂酶（≥3000U/L）、甘油激酶（≥200U/L）、甘油磷酸氧化酶（≥2500U/L）、过氧化物酶（≥300U/L）、腺苷三磷酸二钠（0.5mmol/L）、4-氨基安替吡啉（0.75mmol/L）。

（3）甘油三酯标准液　甘油三酯浓度 200mg/dL（2.26mmol/L）。

三、实验方法

（1）以缓冲液将酶剂全部溶解，配制成工作液，稳定 10min 后使用。

（2）按表 3-1 操作：

表 3-1　　　　　　　　　　　　　血清 TG 的测定　　　　　　　　　　　　单位：mL

加入物	空白管	标准管	样本管
标准液	—	0.01	—
血清	—	—	0.01
工作液	1.0	1.0	1.0

各管混合均匀后于 37℃保温 5min，1cm 光径比色杯，空白管调零，505nm 下测定各管吸光度。

四、结果计算

按照式（3-1）计算样品中甘油三酯含量：

$$甘油三酯含量 = \frac{A_{样品}}{A_{标准}} \times 标准溶液浓度 \qquad (3-1)$$

内容二　血清 TC 的测定

一、实验原理

本实验以酶法测定血清 TC 含量。

以胆固醇酯酶（cholesterol esterase，CE）水解胆固醇酯产生游离脂肪酸和胆固醇。生成的胆固醇再经胆固醇氧化酶（cholesterol oxidase，CO）氧化生成胆烷-4-烯-3-酮和过氧化氢。过氧化氢在过氧化物酶（peroxidase，POD）的催化下使酚和 4-氨基安替吡啉反应生成红色的亚胺醌。其颜色的深浅与胆固醇的含量成正比。分别测定标准管和样本管的吸光度，计算样品中胆固醇含量。主要反应过程如下：

$$胆固醇酯 + H_2O \xrightarrow{CE} 胆固醇 + 脂肪酸$$

$$胆固醇 + O_2 \xrightarrow{CO} 胆烷-4-烯-3-酮 + H_2O_2$$

$$H_2O_2 + 酚 + 4-氨基安替吡啉 \xrightarrow{POD} 红色的亚胺醌 + H_2O$$

二、仪器与试剂

1. 仪器

恒温水浴锅、紫外/可见分光光度计。

2. 试剂

采用试剂盒测定，以某公司的总胆固醇试剂盒为例，其中包括以下三方面。

（1）缓冲液　以磷酸盐缓冲液溶解的苯酚溶液，10mmol/L，pH 7.5±0.2。

（2）酶剂（冻干粉）　含胆固醇酯酶（>100U/L）、胆固醇氧化酶（>80U/L）、过氧化物酶（>625U/L）、4-氨基安替吡啉（1.8mmol/L）。

（3）胆固醇标准液　胆固醇浓度 200mg/dL（5.17mmol/L）。

三、实验方法

（1）以缓冲液将酶剂全部溶解，配制成工作液，稳定 10min 后使用。

（2）按表 3-2 操作：

表 3-2　　　　　　　　　　　　　血清 TC 的测定　　　　　　　　　　　单位：mL

加入物	空白管	标准管	样本管
标准液	—	0.02	—
血清	—	—	0.02
工作液	2.0	2.0	2.0

各管混合均匀后于37℃保温20min，1cm光径比色杯，空白管调零，505nm下测定各管吸光度。

四、结果计算

按照式（3-2）计算样品中胆固醇含量：

$$胆固醇含量 = \frac{A_{样品}}{A_{标准}} \times 标准溶液浓度 \tag{3-2}$$

内容三　血清 HDL-C 的测定

一、实验原理

在血清样品中加入适量的磷钨酸钠-镁溶液作为沉淀剂，使 VLDL、LDL 沉淀，离心后上清液中含 HDL，以酶法测定上清液中的胆固醇含量（测定原理见血清 TC 测定），即为血清样品中高密度脂蛋白胆固醇含量。

二、仪器与试剂

1. 仪器

恒温水浴锅、低速离心机、紫外/可见分光光度计。

2. 试剂

采用试剂盒测定，以某公司的 HDL-C 试剂盒为例，其中包括以下几点。

（1）试剂Ⅰ　其中包含胆固醇酯酶（≥400U/L）、胆固醇氧化酶（≥500U/L）、过氧化物酶（≥200U/L）、4-氨基安替吡啉（1.0mmol/L）。

（2）试剂Ⅱ　以 0.1mol/L 磷酸盐缓冲液溶解的 3,5-二氯-2-羟基苯磺酸溶液，终浓度 4mmol/L。

（3）试剂Ⅲ　其中包含 4.4g/L 的磷钨酸，11.0g/L 氯化镁。

（4）胆固醇标准液　胆固醇浓度 50mg/dL（1.29mmol/L）。

三、实验步骤

（1）取血清样品与试剂Ⅲ按 1∶1（体积比）混合，充分混合均匀后室温（低于30℃）下放置 15min。以 3000r/min 离心 10min，取上清液备用。

（2）以试剂Ⅱ将试剂Ⅰ全部溶解，配制成工作液，稳定 10min 后使用。

（3）按表 3-3 操作：

表 3-3　　　　　　　　　　　　血清 HDL-C 的测定　　　　　　　　　　单位：mL

加入物/mL	空白管	标准管	样本管
标准液	—	0.01	—
上清液	—	—	0.01
工作液	1.0	1.0	1.0

各管混合均匀后于37℃保温 5min，1cm 光径比色杯，空白管调零，505nm 下测定各管

吸光度。

四、结果计算

按照式（3-3）计算样品胆固醇含量：

$$HDL-C 含量 = \frac{A_{样品}}{A_{标准}} \times 2 \times 标准溶液浓度 \qquad (3-3)$$

式中，2 为血清稀释倍数，即取血清样品与试剂Ⅲ按 1∶1（体积比）混合。

五、注意事项

（1）尽量避免血样溶血。

（2）如果血样血脂较高，离心后血清会略有混浊，可以 10000r/min 继续离心 15min。

（3）血清加入沉淀剂后，要在 4h 内完成实验测定。

内容四　血清 LDL-C 的测定

以聚乙烯硫酸盐（PVS）作为沉淀剂，沉淀血清样品中的 LDL 后，测定上清液的胆固醇水平。血清 LDC-C＝TC-上清液胆固醇。方法参考"内容三　血清 HDL-C 的测定"。

結果评价

（1）模型评价　模型对照组和空白对照组比较，血清 TG 升高，血清 TC 或 LDL-C 升高，差异均有显著性，判定模型成立。

（2）有助于维持胆固醇健康水平功能评价　与模型对照组比较，任一剂量组血清 TC 或 LDL-C 降低，差异有显著性，并且各剂量组血清 HDL-C 不显著低于模型对照组，血清 TG 不显著高于模型对照组，可判定该受试样品有助于维持胆固醇健康水平功能动物实验结果呈阳性。

（3）有助于维持甘油三酯健康水平功能评价　与模型对照组比较，任一剂量组血清 TG 降低，差异均有显著性，同时各剂量组血清 TC 或 LDL-C 不显著高于模型对照组，血清 HDL-C 不显著低于模型对照组，可判定该受试样品有助于维持甘油三酯健康水平功能动物实验结果呈阳性。

（4）综合评价　与模型对照组比较，任一剂量组血清 TC 或 LDL-C 降低，且任一剂量组血清 TG 降低，差异均有显著性，同时，各剂量组血清 HDL-C 不显著低于模型对照组，可判定该受试样品有助于维持血脂健康水平功能动物实验结果呈阳性。

实验二　有助于维持血糖健康水平功能评价实验

实验设计

本实验选用健康成年的小鼠或大鼠，建立胰岛损伤高血糖模型或胰岛素抵抗糖/脂代谢紊乱模型。给予模型动物受试样品 30~45d 后，检测受试样品对动物空腹血糖值、糖耐量实验的影响进行辅助降血糖功效评价。

实验中还可检测血清胰岛素、胰岛素抵抗指数、糖化血红蛋白水平、葡萄糖激酶、葡萄糖转运体蛋白 2（GLUT-2）表达等指标进行基础研究。

1. 实验动物

选用小鼠（26±2）g 或大鼠（180±20）g，单一性别，大鼠每组 8~12 只，小鼠每组 10~15 只。

2. 分组与饲养

（1）选用胰岛损伤高血糖模型（参见第一章第二节中"三、高血糖动物模型"），按体重和禁食 3~5h 的血糖水平分组，分为 1 个模型对照组和 3 个剂量受试样品组（组间差不大于 1.1mmol/L）。另设 1 个空白对照组、1 个空白+高剂量受试样品组。分组后，自由饮水摄食，定期称量各组大鼠的体重，实验结束时（给予动物受试样品 30~45d 后），采血，测空腹血糖值、糖耐量等指标。

空白对照组：基础饲料，每日灌胃溶解受试样品的溶剂；

空白+高剂量受试样品组：基础饲料，每日灌胃高剂量受试样品；

模型对照组：基础饲料，每日灌胃溶解受试样品的溶剂；

模型+各剂量受试样品组：基础饲料，每日灌胃不同剂量的受试样品。

（2）选用胰岛素抵抗糖/脂代谢紊乱模型动物（参见第一章第二节中"三、高血糖动物模型"），按体重和禁食 3~5h 的血糖水平分组，分为 1 个模型对照组和 3 个剂量受试样品组。另设 1 个空白对照组、1 个空白+高剂量受试样品组。分组后，自由饮水摄食，定期称量各组大鼠的体重，当实验结束时（给予动物受试样品 30~45d 后），采血，测空腹血糖值、糖耐量、血清 TC 和 TG、胰岛素抵抗指数等指标。

空白对照组：基础饲料，每日灌胃溶解受试样品的溶剂；

空白+高剂量受试样品组：基础饲料，每日灌胃高剂量受试样品；

模型对照组：高热能饲料，每日灌胃溶解受试样品的溶剂；

模型+各剂量受试样品组：高热能饲料，每日灌胃不同剂量的受试样品。

内容一 空腹血糖的测定

一、实验原理

各组实验动物禁食 3~5h 后，以氧化酶法测定血清中葡萄糖含量。葡萄糖氧化酶（glucose oxidase，GOD）是一种需氧脱氢酶，可催化葡萄糖生成葡萄糖酸和过氧化氢。过氧化氢在过氧化物酶（peroxidase，POD）作用下，使酚和 4-氨基安替吡啉反应生成红色的亚胺醌。其颜色的深浅与样品中葡萄糖的含量成正比。分别测定标准管和样本管的吸光度，计算样品中葡萄糖含量。主要反应过程如下：

$$\text{D-葡萄糖} + O_2 + H_2O \xrightarrow{\text{GOD}} \text{D-葡萄糖酸} + H_2O_2$$

$$H_2O_2 + \text{酚} + \text{4-氨基安替吡啉} \xrightarrow{\text{POD}} \text{红色的亚胺醌} + H_2O$$

二、仪器与试剂

1. 仪器

恒温水浴锅、紫外/可见分光光度计。

2. 试剂

采用试剂盒测定，以某公司的试剂盒为例，其中包括以下几种。

（1）酶试剂　含葡萄糖氧化酶（≥10500U/L）、过氧化物酶（≥8000U/L）、4-氨基安替吡啉（0.1g/L）。

（2）酚试剂　苯酚溶液，0.5g/L。

（3）葡萄糖标准液　葡萄糖浓度100mg/dL（5.55mmol/L）。

三、实验方法

（1）各组实验动物禁食3~5h后，采血，分离血清。

（2）测定血清样本血糖含量，按表3-4操作：

表3-4　　　　　　　　　　　　　　血糖的测定　　　　　　　　　　　　单位：mL

加入物	空白管	标准管	样本管
标准液	—	0.02	—
样品	—	—	0.02
酶试剂	1.5	1.5	1.5
酚试剂	1.5	1.5	1.5

各管混合均匀后于37℃保温15min，1cm光径比色杯，空白管调零，505nm下测定各管吸光度。

四、结果计算

按照式（3-4）计算血糖含量：

$$血糖含量 = \frac{A_{样品}}{A_{标准}} \times 标准液浓度 \qquad (3-4)$$

五、注意事项

（1）避免使用溶血样本，以防止红细胞内6-磷酸-葡萄糖进入血清，干扰测定。

（2）采血后30min内分离血清，因为全血中糖酵解过程会以每小时7%的速度持续产生6-磷酸-葡萄糖。

内容二　糖耐量的测定

一、实验原理

正常机体中，当一次性口服或静脉注射大剂量葡萄糖时，血糖水平有所升高，不会出现糖尿，且可于2h内恢复到正常血糖水平，即耐糖现象。若由于神经或内分泌功能紊乱引起糖代谢失常，大剂量给予葡萄糖后，血糖水平会急剧升高，且持久不能恢复到正常水平，同时出现糖尿，即糖耐量降低。

本实验即给予空腹实验动物大剂量葡萄糖后，测定 2h 内不同时间点的血糖值，计算各时间点血糖曲线下面积。血糖测定原理同空腹血糖测定。

二、仪器与试剂

同本实验"内容一　空腹血糖的测定"。

三、实验方法

高血糖模型动物禁食 3~5h，剂量组给予不同浓度受试样品，模型对照组给予同体积溶剂，空白对照组不做处理，15~20min 后经口给予葡萄糖 2.5g/kg（bw）。测定给葡萄糖后 0h、0.5h、2h 的血糖值。血糖含量测定同空腹血糖测定。

四、结果计算

1. 血糖含量计算

同本实验"内容一　空腹血糖的测定"。

2. 血糖曲线下面积、血糖下降率计算

血糖曲线下面积计算方法如式（3-5）所示。

$$血糖曲线下面积 = \frac{1}{2} \times (0h\,血糖 + 0.5h\,血糖) \times 0.5 + \frac{1}{2} \times (2h\,血糖 + 0.5h\,血糖) \times 1.5$$

$$(3-5)$$

血糖下降率计算方法如式（3-6）所示。

$$血糖下降率(\%) = \frac{(实验前血糖 - 实验后血糖)}{实验前血糖} \times 100\%$$
$$(3-6)$$

结果评价

（1）空腹血糖结果评价

①空白+高剂量受试样品组与空白对照组比较无统计学意义，判定受试样品对正常动物血糖无影响。

②模型成立的前提下，模型+各剂量受试样品组与模型对照组比较，空腹血糖下降或血糖下降百分率升高有统计学意义，即可判定该受试样品空腹血糖指标结果呈阳性。

（2）糖耐量结果评价　模型成立的前提下，受试样品剂量组与模型对照组比较，在给葡萄糖后 0.5、2h 任一时间点血糖下降（或血糖下降百分率升高）有统计学意义，或 0、0.5、2h 血糖曲线下面积降低有统计学意义，判定该受试样品糖耐量指标结果呈阳性。

（3）血脂结果评价　当选用"胰岛素抵抗糖/脂代谢紊乱模型"开展实验时，可增加血脂检测指标。在模型成立的前提下，受试样品剂量组与模型对照组比较，血清 TC 或 TG 下降有统计学意义，可判定该受试样品有助于维持血脂健康水平功能指标呈阳性。

（4）综合评价

①当空腹血糖和糖耐量二项指标中一项指标呈阳性，且对正常动物空腹血糖无影响，

即可判定该受试样品有助于维持血糖健康水平功能动物实验结果呈阳性。

②当空腹血糖和糖耐量二项指标中一项指标呈阳性，且血脂（TC、TG）无明显升高，对正常动物空腹血糖无影响，即可判定该受试样品有助于维持血糖健康水平功能动物实验结果呈阳性。

实验三　有助于控制体内脂肪功能评价实验

实验设计

本实验选用健康成年的大鼠，用高热能饲料喂养动物建立肥胖模型或预肥胖模型，给予模型动物受试样品 30~45d 后，检测受试样品对动物体重、体重增量、体内脂肪含量的影响进行有助于控制体内脂肪功效评价。

实验中还可检测血清 TG、TC、HDL-C、LDL-C、血清瘦素、脂蛋白脂肪酶等指标进行基础研究。

1. 实验动物

选用雄性 Wistar 或 SD 大鼠（180±20）g，每组 8~12 只。

2. 分组与饲养

建立膳食诱导的肥胖模型（参见第一章第二节中"六、肥胖动物模型"），在实验环境下喂饲大鼠基础饲料，观察 5~7d 后，按体重随机分成 2 组，10 只大鼠给予基础饲料作为空白对照组，60 只给予高热能料作为模型对照组。

模型对照组给予高热能饲料 2 周后，60 只大鼠按体重增重排序，淘汰体重增重较低的 1/3 肥胖抵抗大鼠。将筛选出的 40 只肥胖敏感大鼠按体重随机分成 4 组，分别为模型对照组和三个剂量受试样品组。各组自由饮水摄食，定期记录摄食量、称量体重。

空白对照组：基础饲料，每日灌胃溶解受试样品的溶剂；

模型对照组：高热能饲料，每日灌胃溶解受试样品的溶剂；

各受试样品组：高热能饲料，每日灌胃不同剂量的受试样品。

当实验结束时（给予动物受试样品 6~10 周），1% 戊巴比妥钠［0.5mL/100g（bw）］麻醉，解剖取肾周围脂肪、睾丸周围脂肪，并称重，计算脂体比。

内容一　体重与摄食量

每周称重 1~2 次。

每周记录给食量、撒食量、剩余食量，计算出摄食量及摄入总热量。

内容二　体内脂肪的测定

一、实验原理

减肥重在减除体内脂肪重量，这里的脂肪主要指内脏周围白色脂肪。体内脂肪检测实验中，通常选取睾丸周围脂肪垫和肾周围脂肪垫代表内脏脂肪。

二、实验方法

实验结束时，麻醉大鼠，打开腹腔，在脊柱两侧腹腔背侧找到左右两侧肾脏，剥离肾脏及其周围所有脂肪，然后再将肾脏及非脂肪组织剔除；打开盆腔，将两侧睾丸提至盆腔内，游离睾丸及其周围脂肪，然后将睾丸及其他非脂肪组织剔除。脂肪称重并计算脂肪指数。

三、结果计算

脂体比计算如式（3-7）所示。

$$脂体比 = [(肾周脂肪 + 睾周脂肪)／体重] \times 100\% \qquad (3-7)$$

结果评价

当受试样品组的体重或体重增量低于模型对照组，体内脂肪重量或脂体比低于模型对照组，差异显著，且摄食量不显著低于模型对照组，可判定该受试样品有助于控制体内脂肪功能动物实验结果呈阳性。

实验四　缓解体力疲劳功能评价实验

实验设计

本实验选用健康成年的小鼠为实验对象，给予动物受试样品 30~45d 后，检测受试样品对小鼠耐力、血尿素、血乳酸、肝/肌糖原水平的影响进行缓解体力功效评价。

实验中还可检测脂肪分解相关酶如激素敏感性脂肪酶（HSL）和脂肪组织甘油三酯脂肪酶（ATGL）等指标进行基础研究。

1. 实验动物

选用成年雄性 IC 小鼠（18~22g），每组 10~15 只。

2. 分组与饲养

按体重随机分组，分为 1 个空白对照组和 3 个剂量受试样品组。分组后，定期称量体重，各组自由饮水摄食。实验结束时（给予动物受试样品 30~45d），末次给予受试样品 30min 后，进行小鼠负重游泳实验，或检测血尿素、血乳酸，或麻醉、解剖小鼠，取肝脏检测肝糖原水平。

空白对照组：基础饲料，每日灌胃溶解受试样品的溶剂；

各受试样品组：基础饲料，每日灌胃不同剂量的受试样品。

内容一　运动耐力的测定

一、实验原理

运动耐力的提高是抗疲劳能力加强最直接的表现，游泳时间的长短可以反映动物运动疲劳的程度。一般采用小鼠游泳力竭实验，为了缩短实验时间，可使小鼠负重游泳。

二、仪器与材料

1. 仪器

游泳箱（大小约 50cm×50cm×40cm）、电子天平、计时器。

2. 材料

保险丝，动脉夹。

三、实验方法

（1）动物负重　各受试样品组末次给予不同剂量受试样品 30min 后，称量并记录小鼠体重。按照每只小鼠体重的 5%，将适量保险铅丝缠于动脉夹上（即铅丝和动脉夹总重为小鼠体重的 5%）。将动脉夹夹在小鼠尾根部位。

（2）负重游泳　向游泳箱中注水，控制水深不低于 30cm，水温（25±1.0）℃。将负重好的小鼠小心投入游泳箱中，记录小鼠自游泳开始至死亡的时间，作为小鼠游泳时间。

四、结果计算

将小鼠游泳时间统一折算为秒，进行统计学比较。

五、注意事项

（1）每一游泳箱一次放入的小鼠不宜太多，否则互相挤靠，影响实验结果。

（2）水温对小鼠的游泳时间有明显的影响，因此要求各组水温控制一致，每一批小鼠下水之前都应测量水温，水温以 25℃ 为宜。

（3）铅丝缠绕松紧应适宜。

（4）观察者应在整个实验过程中使每只小鼠四肢保持运动。如果小鼠漂浮在水面四肢不动，可用木棒在其附近搅动。

内容二　血清尿素氮的测定——邻苯二甲醛（OPA）法（试剂盒）

一、实验原理

酸性环境下，血清样本中尿素在催化剂 4-氨基安替吡啉的存在下，与邻苯二甲醛反应，生成黄色物质。该黄色物质在钒酸根作用下转变成蓝色化合物，其颜色深浅与样品中尿素氮含量成正比。测定吸光度，与同样处理的尿素标准管比较，计算得到尿素的含量。

二、仪器与试剂

1. 仪器

游泳箱（大小约 50cm×50cm×40cm）、恒温水浴锅、紫外/可见分光光度计。

2. 试剂

（1）基质液　其中包含大于 1g/L 的邻苯二甲醛，大于 50g/L 的磷酸。

（2）显色液　含 0.3g/mL 的 4-氨基安替吡啉，10mg/mL 偏钒酸铵。

（3）尿素标准液　尿素浓度 20mg/dL（7.14mmol/L）。

三、实验方法

（1）样本制备　采血、制备血清。

（2）实验测定按表 3-5 操作：

表 3-5　　　　　　　　　　　　血清尿素氮的测定　　　　　　　　　单位：mL

加入物	空白管	标准管	样本管
基质液	1.0	1.0	1.0
蒸馏水	0.01	—	—
血清	—	—	0.01
标准液	—	0.01	—
显色液	0.1	0.1	0.1

充分混匀，25℃下反应 15min。1cm 光径比色杯，空白管调零，578nm 或 590nm 下测定各管吸光度。

四、结果计算

按照式（3-8）计算样品中尿素含量

$$尿素含量(mg/dL) = \frac{A_{样品}}{A_{标准}} \times 标准液浓度 \tag{3-8}$$

内容三　血乳酸的测定——乳酸盐测定仪测定方法

一、实验原理

乳酸仪检测探头上装有一片三层的膜，其中间层为固定的乳酸盐氧化酶。表面被膜覆盖的探头位于充满缓冲液的样品室内，当样品被注入样品室后，部分底物会渗进膜中；当它们接触到固定酶（乳酸盐氧化酶）时迅速被氧化，产生 H_2O_2。H_2O_2 继而在铂阳极上被氧化产生电子。当 H_2O_2 生成率和离开固定膜层的速率达到稳定时便可得到一个动态平衡状态，可用稳态响应表示。电子流与稳态 H_2O_2 浓度成线性比例，因此与乳酸盐浓度成正比。

二、仪器与试剂

1. 仪器

游泳箱（大小约 50cm×50cm×40cm）、涡旋振荡器、乳酸仪。

2. 试剂

破膜液、磷酸盐缓冲液、氯化钠。

三、实验方法

（1）实验准备　实验前于 0.5mL 尖底离心管中加入 40μL 破膜液，备用。

（2）高血乳酸模型的制作及各时间点血样采集　各受试样品组末次给予不同剂量受试样品 30min 后采血 20μL。随后在温度为 30℃ 的水中不负重游泳 10min 后，立刻采血 20μL。休息 20min 后再各采血 20μL。采血后立即置于准备好的破膜液中，震荡。

（3）用乳酸盐测定仪测定。

四、结果计算

1. 血乳酸含量，如式（3-9）所示。

$$血乳酸含量（mmol/L）= 仪器读出值 \times 3 \tag{3-9}$$

式中　3——血液稀释倍数，即 20μL 全血溶于 40μL 破膜液。

2. 血乳酸曲线下面积

公式一：如式（3-10）所示。

$$血乳酸曲线下面积 = \frac{1}{2} \times（游泳前血乳酸值 + 游泳后 0min 血乳酸值）\times 10 +$$

$$\frac{1}{2} \times（游泳后 0min 血乳酸值 + 游泳后休息 20min 血乳酸值）\times 20 \tag{3-10}$$

公式二：如式（3-11）所示。

$$血乳酸曲线下面积 = 5 \times（游泳前血乳酸值 + 3 \times 游泳后 0min 血乳酸值 +$$

$$2 \times 游泳后休息 20min 血乳酸值）\tag{3-11}$$

内容四　肝糖原的测定

一、实验原理

在浓硫酸作用下，单糖脱水生成糠醛衍生物，后者可与蒽酮反应生成蓝绿色化合物，于 620nm 处有最大吸收。测定其吸光度，并与葡萄糖标准溶液相比较后折算得出糖原的含量。

二、仪器与试剂

1. 仪器

紫外/可见分光光度计、低速离心机、电子天平、匀浆器、振荡器、恒温水浴。

2. 试剂

（1）生理盐水　0.9g 氯化钠溶于 100mL 蒸馏水中。

（2）95%乙醇　95mL 无水乙醇，加入 5mL 蒸馏水，混合均匀。

（3）50g/L 三氯乙酸（TCA）　三氯乙酸 25.0g，溶于 500mL 蒸馏水中，混合均匀。

（4）72%（体积分数）H_2SO_4 配制　280mL 蒸馏水中加入浓硫酸 720mL。

（5）蒽酮试剂　72%（体积分数）H_2SO_4 温度降至 80~90℃ 时加入 500mg 蒽酮，10g 硫脲，轻轻摇动烧杯混匀。冷却后存放于冰箱中，可保存两周。

（6）葡萄糖标准溶液（100mg/dL）　葡萄糖（含 1 个结晶水）0.11g，溶于 50mL 蒸馏水中，以水定容 100mL。

三、实验方法

（1）肝糖原样本的制备　各受试样品组末次给予不同剂量受试样品 30min 后处死小鼠，取肝脏经生理盐水漂洗后用滤纸吸干。精确称取肝脏 0.1g，置于匀浆管中。加入 8mL

TCA，每管匀浆 1min。将匀浆液倒入离心管，以 3000r/min 离心 15min。

取 1mL 上清液置于 10mL 具塞离心管中，每管加入 95% 乙醇 4mL，充分混匀至两种液体间不留有界面。用干净塞子塞上，室温下竖立放置过夜。次日沉淀完全后，将试管于 3000r/min 离心 15min。小心倒掉上清液并使试管倒立放置 10min，控干残留的 95% 乙醇。

加入 2mL 蒸馏水溶解糖原。加水时注意将管壁的糖原冲下，充分混匀至糖原全部溶解，待测。

（2）按表 3-6 操作：

表 3-6　　　　　　　　　　　　　　　肝糖原的测定　　　　　　　　　　　　　　单位：mL

加入物	空白管	标准管	样本管
蒸馏水	2.0	1.5	—
葡萄糖标准	—	0.5	—
样本	—	—	2.0
蒽酮试剂	10.0	10.0	10.0

各管加入蒽酮试剂后，立刻以自来水冷却。恢复至自来水温度后，沸水浴（水浴高度略高于试管中液面）15min，然后移到冷水浴，冷却到室温。620nm 波长下，用空白管调零，测定吸光度。

四、结果计算

按照式（3-12）计算肝糖原含量：

$$肝糖原含量(mg/100g 肝脏) = \frac{A_{样品}}{A_{标准}} \times 0.5 \times \frac{提取液体积}{肝组织克数} \times 100 \times 0.9 \tag{3-12}$$

式中　0.5——0.5mL 葡萄糖标准液中的葡萄糖含量；

　　　0.9——将葡萄糖换算成糖原的系数；

　　　提取液体积为 8mL；

　　　肝组织克数为 0.1g。

结果评价

（1）小鼠负重游泳实验结果评价　若受试样品组游泳时间明显长于正常对照组，差异显著，即可判定该实验结果呈阳性。

（2）血尿素结果评价　若受试样品组血清尿素低于对照组，差异显著，即可判定该实验结果呈阳性。

（3）肝糖原结果评价　若受试样品组肝糖原含量明显高于对照组，差异显著，可判定该实验结果呈阳性。

（4）血乳酸结果评价　以三个时间点血乳酸曲线下面积为判定标准。任一受试样品组的面积小于正常对照组，差异显著，可判定该实验结果呈阳性。

（5）综合评价　当负重游泳实验结果呈阳性，血乳酸、血清尿素、肝糖原三项生化指标中任二项指标呈阳性，可判定该受试样品具有缓解体力疲劳功效。

实验五　有助于增强免疫力功能评价实验

✿ 实验设计

本实验选用健康成年的小鼠建立免疫低下模型，或选用 10 月龄以上的老龄小鼠，给予模型小鼠受试样品 30~45d 后，检测受试样品对小鼠碳廓清实验、巨噬细胞吞噬鸡红细胞实验、迟发型过敏反应实验、脾淋巴细胞转化实验、溶血空斑实验、血清溶血素等的影响进行功效评价。

实验中还可测定干扰素（IFN-α、IFN-β、IFN-γ）、促炎细胞因子（白细胞介素-2、白细胞介素-6、肿瘤坏死因子-α）等指标进行基础研究。

1. 实验动物

选用 BALB/C 或 C57BL/6J 小鼠（18~22g），单一性别，每组 10~15 只。

2. 分组与饲养

（1）选用老龄 BALB/C 或 C57BL/6J 小鼠，在实验环境下喂饲基础饲料，观察 5~7d 后，按体重随机分成 4 组，分别为空白对照组和三个剂量受试样品组。分组后，定期称量体重，各组自由饮水摄食。

空白对照组：基础饲料，每日灌胃溶解受试样品的溶剂；

各受试样品组：基础饲料，每日灌胃不同剂量的受试样品。

实验结束时（给予动物受试样品 30~45d），进行碳廓清实验、巨噬细胞吞噬鸡红细胞实验、脾淋巴细胞转化实验、迟发型过敏反应实验、抗体生成细胞检测、血清溶血素检测、NK 细胞活性检测等相关实验。

（2）选用成年 BALB/C 或 C57BL/6J 小鼠，用环磷酰胺制备免疫低下模型。在实验环境下喂饲基础饲料，观察 5~7d 后，按体重随机分成 5 组，分别为空白对照组、模型对照组和三个剂量受试样品组。分组后，定期称量体重，各组自由饮水摄食。

空白对照组：基础饲料，每日灌胃溶解受试样品的溶剂；

模型对照组：基础饲料，每日灌胃溶解受试样品的溶剂；

各受试样品组：基础饲料，每日灌胃不同剂量的受试样品。

实验结束（给予动物受试样品 30~45d）的前一天，模型对照组和三个剂量受试样品组的小鼠：①一次性腹腔注射环磷酰胺 40mg/kg，第 2 天进行各项指标测定（以抗体生成细胞实验和血清溶血素实验代表的体液免疫功能低于对照组为建模成功）；②一次性腹腔注射环磷酰胺 100mg/kg，第 2 天进行各项指标测定（以迟发性变态反应实验和巨噬细胞吞噬鸡红细胞实验为代表的细胞免疫功能低于对照组为建模成功）。

（3）选用成年 BALB/C 或 C57BL/6J 小鼠，采用辐照制备免疫低下模型。在实验环境下喂饲基础饲料，观察 5~7d 后，按体重随机分成 5 组，分别为空白对照组、模型对照组和三个剂量受试样品组。分组后，定期称量体重，各组自由饮水摄食。

空白对照组：基础饲料，每日灌胃溶解受试样品的溶剂；

模型对照组：基础饲料，每日灌胃溶解受试样品的溶剂；

各受试样品组：基础饲料，每日灌胃不同剂量的受试样品。

实验结束（给予动物受试样品 30~45d）的前 3d，模型对照组和三个剂量受试样品组的小鼠进行一次性全身辐照（剂量为 3Gy），3d 后进行各项指标测定，以体液免疫功能、细胞免疫功能和巨噬细胞功能低于对照组为建模成功。

内容一　单核-吞噬细胞功能检测——小鼠碳廓清实验

一、实验原理

血液中的单核-吞噬细胞系统具有对进入体内的异物吞噬清除的功能。当碳颗粒以注射的方式进入血液后即迅速被肝、脾等器官中的巨噬细胞吞噬而使其在血浆中的浓度降低，可通过吞噬率来反映单核-巨噬细胞系统的功能。在一定范围内，碳颗粒的清除速率与其剂量呈指函数关系，即吞噬速度与血碳浓度成正比，而与已吞噬的碳粒量成反比。

二、仪器与试剂

1. 仪器

分光光度计、计时器、移液器。

2. 试剂

（1）印度墨汁　将印度墨汁原液用生理盐水稀释 3~4 倍用于实验。

（2）1g/L Na_2CO_3　取 0.1g Na_2CO_3，加蒸馏水至 100mL。

三、实验方法

（1）称量　小鼠体重，计算墨汁注射量，0.1mL/10g（bw）。

（2）注射墨汁　从小鼠尾静脉注入印度墨汁，待墨汁注入，立即计时。

（3）采血　注入墨汁后 2min 和 10min，分别从内眦静脉丛取血 20μL，立即加至 2mL Na_2CO_3 溶液中。

（4）测定　分光光度计在 600nm 波长处测吸光度（A），以 Na_2CO_3 溶液作空白对照。

（5）将小鼠处死，取肝脏和脾脏，用滤纸吸干脏器表面血污，称重。

四、结果计算

一般以校正的吞噬指数 α 表示小鼠碳廓清能力。α 反映了单位重量肝脾组织的吞噬活性，公式如式（3-13）、式（3-14）所示。

$$\alpha = \frac{体重}{肝重 + 脾重} \times \sqrt[3]{K} \qquad (3-13)$$

$$K = \frac{\lg A_1 - \lg A_2}{t_2 - t_1} \qquad (3-14)$$

式中　A_1——2min 的吸光度；

　　　A_2——10min 的吸光度；

　　　$t_1 = 2$，$t_2 = 10$。

五、注意事项

（1）静脉注入碳粒的量、取血时间、取血量一定要准确。

（2）墨汁放置中，碳粒可沉于瓶底，临用前应摇匀。

（3）使用新的墨汁时，应在实验前摸索一个最适墨汁注入量，即正常小鼠在 20～30min 内不易廓清，而激活的小鼠可明显廓清。

内容二　单核-吞噬细胞功能检测——小鼠腹腔巨噬细胞吞噬鸡红细胞实验

一、实验原理

将巨噬细胞和鸡红细胞温育后染色，在油镜下计算吞噬鸡红细胞的巨噬细胞的百分比，并观察细胞内鸡红细胞的形态。据此判断巨噬细胞的吞噬功能和消化功能。

二、仪器与试剂

显微镜；鸡红细胞、丙酮、甲醇、生理盐水、Giemsa 染液。

三、实验方法

（1）鸡红细胞悬液制备　取鸡血置于有玻璃珠的锥形瓶中，顺着一个方向充分摇动，以脱纤维。用生理盐水洗涤 2～3 次，2000r/min 离心 10min，弃上清，用生理盐水配成 20%（体积分数）的鸡红细胞悬液。

（2）吞噬功能测定

①小鼠腹腔注射 20% 鸡红细胞悬液 1mL/只。

②30min 后颈椎脱臼处死动物，将其仰位固定于鼠板上，正中剪开腹壁皮肤，经腹腔注入生理盐水 2mL，转动鼠板 1min。

③吸取腹腔洗液 1mL，平均分滴于 2 张载玻片上，放入垫有湿纱布的搪瓷盒内，移至 37℃ 培养箱温育 30min。

④孵毕，于生理盐水中漂洗，以除去未贴片细胞，晾干。以 1∶1 丙酮甲醇溶液固定，4%（体积分数）Giemsa-磷酸缓冲液染色 3min，再用蒸馏水漂洗晾干。

⑤显微镜油镜下观察巨噬细胞 100 个。镜下巨噬细胞和鸡红细胞形态同滴片法。根据观察和计数结果计算吞噬率和吞噬指数。

四、结果计算

油镜下观察计数吞噬了红细胞的巨噬细胞和巨噬细胞总数，每张片子计数 100 个细胞，计算吞噬百分率和吞噬指数。以吞噬百分率或吞噬指数表示小鼠巨噬细胞的吞噬能力。

$$吞噬百分率(\%) = \frac{吞噬鸡红细胞的巨噬细胞数}{计数的巨噬细胞} \times 100\% \qquad (3-15)$$

$$吞噬指数 = \frac{巨噬细胞中所吞噬的红细胞总数}{巨噬细胞总数} \qquad (3-16)$$

内容三　细胞免疫功能检测——脾淋巴细胞转化实验（MTT 比色法）

一、实验原理

T 细胞在体外受到特异性抗原或非特异性有丝分裂原刺激后，可出现代谢旺盛、蛋白质和核酸合成增加、细胞体积增大并能进行分裂的淋巴母细胞，此称为淋巴细胞转化。

脾细胞主要包括 T 淋巴细胞和 B 淋巴细胞，其中 T 淋巴细胞受到刀豆蛋白 A（ConA）刺激后发生母细胞转化。T 细胞增殖程度可通过 MTT（一种黄颜色的噻唑盐）比色法进行定量。

MTT 比色法是一种检测细胞存活率和增殖率的方法。活细胞线粒体中的琥珀酸脱氢酶使 MTT 还原为难溶的蓝紫色结晶，酸性异丙醇或二甲亚砜（DMSO）可将其溶解，颜色深浅与酶活力成正比，所以测定 570nm 波长的吸光度（A）可以反映琥珀酸脱氢酶活力高低，间接反映活细胞数量的多少。

二、仪器与试剂

1. 仪器和耗材

手术器械、二氧化碳培养箱、酶标仪、分光光度计、超净工作台、200 目筛网、24 孔培养板，96 孔培养板（平底）等。

2. 试剂

RPMI1640 细胞培养液、小牛血清、2-巯基乙醇（2-ME）、青霉素、链霉素、刀豆蛋白 A（ConA）、盐酸、异丙醇或 DMSO、MTT、Hank's 液、PBS 缓冲液（pH 7.2~7.4）。

（1）RPMI1640 培养液　完全溶解 RPM1640 并过滤除菌，用前加入 10% 小牛血清、1% 谷氨酰胺（200mmol/L）、青霉素（100U/mL）、链霉素（100mg/L），用无菌的 1mol/L 的 HCl 或 1mol/L 的 NaOH 调 pH 至 7.0~7.2，即完全培养液。

（2）ConA 液　用双蒸水配制成 100mg/L 的溶液，过滤除菌。最好现用现配，或者分装后 -20℃ 保存，解冻后一次全部用完，避免反复冻融。

（3）无菌 Hank's 液　用前以 35g/L 的无菌 $NaHCO_3$ 调 pH 7.2~7.4。

（4）MTT 液　将 5mg MTT 溶于 1mL pH 7.2 的 PBS 中，现配现用。

（5）酸性异丙醇溶液　96mL 异丙醇中加入 4mL 1mol/L 的 HCl，临用前配制。

三、实验方法

（1）脾细胞悬液制备

①小鼠颈椎脱白处死，无菌取出脾脏，置于盛有适量无菌 Hank's 液的平皿中。

②用镊子轻轻梳刮将脾磨碎，制成单个细胞悬液，经 200 目筛网过滤。或者将脾脏放置于 200 目筛网上用注射器针芯轻轻研压而获得单个细胞悬液。

③细胞悬液稀释于 Hank's 液中，1000r/min 离心 10min，重复洗涤 2 次。

④最后将离心沉淀的细胞重悬于 1mL RPMI1640 完全培养液中，用台盼蓝染色计数活细胞数（应在 95% 以上），调整细胞浓度为 $3×10^6$ 个/mL。

（2）淋巴细胞增殖反应

①将细胞悬液接种于 24 孔培养板中，每孔 1mL。

②加 ConA 液 75μL/孔（相当于 7.5μg/mL），并设空白对照（不加 ConA），置 5%（体积分数）CO_2，37℃孵箱中培养 72h。

③培养结束前 4h，弃去培养液，加入不含小牛血清的 RPMI1640 培养液，同时加入 MTT（5mg/mL）50μL/孔，继续培养 4h。

④培养结束后，轻轻吸去孔内培养液，每孔加入 1mL 酸性异丙醇，吹打混匀，使紫色结晶完全溶解。

⑤分装到 96 孔培养板中，每个孔分装 3 孔作为平行样，用酶联免疫检测仪，以 570nm 波长测定吸光度。也可将溶解液直接移入 2mL 比色杯中，分光光度计上在波长 570nm 测定吸光度。以无细胞空白孔调零。

四、结果计算

用加 ConA 孔的 A 值减去不加 ConA 孔的 A 值代表淋巴细胞的增殖能力。

五、注意事项

（1）本实验中 ConA 的浓度很重要，浓度过高会产生抑制作用，不同批号的 ConA 在实验前要预试，以找到最佳刺激分裂浓度。

（2）MTT 有致癌性，用时戴手套。配好的 MTT 需要无菌。

（3）MTT 实验吸光度最后要在 0~0.7（阴性组在 0.8~1.2，样品组在 0~0.7）。

（4）加酸性异丙醇之前要尽量去掉培养液。

内容四 细胞免疫功能检测——迟发型过敏反应（足跖增厚法）

一、实验原理

用绵羊红细胞（SRBC）注入小鼠腹腔，SRBC 可刺激 T 淋巴细胞增殖成致敏淋巴细胞。4d 后，当再以 SRBC 攻击时（足趾注射 SRBC），即可见攻击部位出现迟发型过敏反应。注射 SRBC 24h 后与注射前的足趾厚度的差值反映了迟发型过敏反应的强弱。

二、仪器与试剂

游标卡尺（精密度 0.02mm）、SRBC、微量注射器（50μL）。

三、实验方法

（1）致敏 小鼠用 2%（体积分数）SRBC 腹腔或静脉免疫，每只鼠注射 0.2mL（约 $1×10^8$ 个 SRBC）。

（2）迟发型过敏的产生与测定 免疫后 4d，测量左后足跖部厚度，然后在测量部位皮下注射 20%（体积分数）SRBC，每只鼠 20μL（约 $1×10^8$ 个 SRBC），注射后于 24h 测量左后足跖部厚度，同一部位测量三次，取平均值。

四、结果计算

以攻击前后足跖厚度的差值来表示迟发型过敏反应值。

五、注意事项

（1）测量足跖厚度时，最好由专人来进行测量。卡尺紧贴足跖部，但不要加压，否则会影响测量结果。

（2）攻击时所用的 SRBC 要新鲜（保存期不超过 1 周）。

内容五　体液免疫功能检测——抗体生成细胞检测（溶血空斑实验）

一、实验原理

将经 SRBC 免疫过的小鼠脾脏制成细胞悬液，与一定量的 SRBC 结合，在 37℃ 条件下，免疫活性淋巴细胞释放出溶血素（抗体），在补体的参与下，分泌抗体的脾细胞周围的 SRBC 溶解，从而在每一个抗体形成细胞周围形成肉眼可见的溶血空斑。空斑数表示抗体生成细胞数。

二、仪器与试剂

1. 仪器

二氧化碳培养箱、恒温水浴、离心机、手术器械、玻片架、200 目筛网、SRBC、补体（豚鼠血清）、Hank's 液、RPMI1640 培养液、SA 缓冲液、琼脂糖。

2. 试剂

（1）琼脂糖　表层琼脂 7g/L，底层琼脂 14g/L，用 Hank's 液配制。

（2）补体　新鲜豚鼠血清 5 只以上混合（用前经 SRBC 吸收），用 SA 缓冲液 1∶8 稀释备用。

（3）5×SA 缓冲液　巴比妥酸 0.23g、六水合氯化镁 0.05g、氯化钙 0.0755g、氯化钠 4.19g、碳酸氢钠 0.126g、巴比妥钠 0.15g，以 80mL 蒸馏水加热溶解，冷却后定容至 100mL，4℃ 保存备用。使用时用蒸馏水稀释。

三、实验方法

（1）SRBC　绵羊颈静脉取血，将羊血放入有玻璃珠的灭菌锥形瓶中，朝一个方向摇动，以脱纤维，放入 4℃ 冰箱保存备用，可保存 2 周。

（2）制备补体　采集豚鼠血，分离出血清（至少 5 只豚鼠的混合血清），将 1mL 压积 SRBC 加入到 5mL 豚鼠血清中，4℃ 冰箱放置 30min，经常振荡，离心取上清，分装，−70℃ 保存。用时以 SA 缓冲液按 1∶（8~15）稀释。

（3）免疫动物　每只小鼠经腹腔或静脉注射 SRBC $5×10^7~2×10^8$ 个。也可将压积 SRBC 用生理盐水配成 2%（体积分数）的细胞悬液，每只鼠腹腔注射 0.2mL。

（4）脾细胞悬液制备　将 SRBC 免疫 4~5d 后的小鼠颈椎脱臼处死，取出脾脏，放在盛有 Hank's 液的小平皿内，轻轻撕碎脾脏，制成细胞悬液，经 200 目筛网过滤或用 4 层纱布将脾磨碎，1000/min 离心 10min；用 Hank's 液洗 2 遍；最后将细胞重悬于 5mL RPMI1640 培养液或者 Hank's 液中，计数细胞，并将细胞浓度调整为 $5×10^6$ 个/mL。

（5）空斑的测定

①用 Hank's 液溶解制备 7g/L 琼脂糖和 14g/L 琼脂，加热融化，45℃ 水浴保温。

②倾注底层琼脂：将 14g/L 琼脂凝胶加热融化后，刷在玻片上，晾干。

③顶层琼脂的制备：将 7g/L 的琼脂融化后，分装每管 0.5mL，再加入 50μL 10%（体积分数）SRBC（用 SA 缓冲液配制）和 20μL 脾细胞悬液（$5×10^6$个/mL），迅速混匀，倾注于已处理的玻片上，使之均匀铺平凝固后，倒置放于玻片槽内，37℃温育 1~1.5h。

④用 SA 缓冲液稀释的补体（1:8）加入玻片架凹槽内，使其均匀浸润玻片表面，继续温育 1~1.5h 后，可计数溶血空斑数。

四、结果计算

观察时，将玻片对着光亮处，用肉眼或放大镜观察每个溶血空斑的溶血状况，记录整个玻片中的空斑数，结果用空斑数/10^6脾细胞或空斑数/全脾细胞表示。

五、注意事项

（1）要求 SRBC 应新鲜，洗涤不超过 3 次，每次 2000r/min 离心 5min，细胞变形或脆性增大者均不使用。

（2）免疫所用 SRBC 的数量　尾静脉注射以 $2.0×10^4$个/0.2mL 为宜。腹腔注射为$4.0×10^8$个/mL，用量小，如低于 $1.0×10^7$个/mL 注射 0.5mL，空斑形成极少；用量过大，超过 $2.5×10^9$个/mL，多不能形成空斑。

（3）免疫的时间　无论是经尾静脉还是腹腔免疫，均以免疫后第 4 天取脾为宜，过早或过晚空斑形成都极少。

（4）脾细胞的活力　为了保证脾细胞的活力，制备脾细胞过程中所用 PBS（或 Hank's 液），最好临用时方从 4℃冰箱中取出，或整个操作过程应在冰浴中进行。

（5）处理玻片的要求　底层要平，上层要把握好温度。

（6）补体的活力　补体活力的大小，对溶血空斑的形成影响大。如出现抗体或补体的活力低下，将不能形成空斑。故补体要新鲜，并宜将 5 只以上豚鼠血清混合。实验中加入 Ca^{2+}、Mg^{2+} 是为了活化补体。

（7）空斑计数　要求判读准确，避免辨认造成的误差。遇可疑空斑时，应镜检，对肉眼结果进行核对。

内容六　体液免疫功能检测——半数溶血值（HC_{50}）测定

一、实验原理

在含溶血素的血清中加入 SRBC，使二者结合形成抗原抗体复合物，再加入补体，则补体可在抗体的激发下溶解与溶血素结合的 SRBC，即溶血，释出血红蛋白。血红蛋白的含量反映出小鼠血清中溶血素的含量。

二、仪器与试剂

1. 仪器

分光光度计、离心机、恒温水浴、SRBC、补体（豚鼠血清）、SA 缓冲液。

2. 试剂

（1）都氏试剂　碳酸氢钠 1.0g、高铁氰化钾 0.2g、氰化钾 0.05g，加蒸馏水至 1000mL。

（2）5×SA 缓冲液　同"内容五　体液免疫功能检测——抗体生成细胞检测（溶血空斑实验）"。

三、实验方法

（1）SRBC：同本实验"内容五　体液免疫功能检测——抗体生成细胞检测（溶血空斑实验）"。

（2）制备补体：同本实验"内容五　体液免疫功能检测——抗体生成细胞检测（溶血空斑实验）"。用时以 SA 缓冲液按 1∶8 稀释。

（3）免疫动物及血清分离　取羊血，用生理盐水洗涤 3 次，每次离心（2000r/min）10min。将压积 SRBC 用生理盐水配成 2%（体积分数）的细胞悬液，每只小鼠腹腔注射 0.2mL 进行免疫。4~5d 后，小鼠眼内眦静脉丛取血于离心管内，放置约 1h，使血清充分析出，2000r/min 离心 10min，收集血清。

（4）溶血反应　取血清用 SA 缓冲液稀释（一般为 200~500 倍）。将稀释后的血清 1mL 置试管内，依次加入 10%（体积分数）SRBC 0.5mL，补体 1mL（用 SA 缓冲液按 1∶8 稀释）。另设不加血清的对照管（以 SA 缓冲液代替）。置 37℃ 恒温水浴中保温 15~30min 后，冰浴终止反应。2000r/min 离心 10min。样品管取上清液 1mL，加都氏试剂 3mL；半数溶血管取 10%（体积分数）SRBC 0.25mL 加都氏试剂至 4mL，充分混匀，放置 10min 后，于 540nm 处以对照管作空白，分别测定各管吸光度。

四、结果计算

溶血素的量以半数溶血值（HC_{50}）表示，按式（3-17）计算：

$$样品\ HC_{50} = \frac{A_{样品}}{A_{SRBC半数溶血}} \times 稀释倍数 \tag{3-17}$$

内容七　NK 细胞活性检测——乳酸脱氢酶（LDH）测定法

一、实验原理

活细胞的胞浆内含有 LDH。正常情况下，LDH 不能透过细胞膜，当细胞受到 NK 细胞的杀伤后细胞膜通透性增加，LDH 释放到细胞外。LDH 可使乳酸锂脱氢，进而使烟酰胺腺嘌呤核苷酸（NAD）还原成烟酰胺腺嘌呤二核苷酸磷酸（NADH），后者再经递氢体吩嗪二甲酯硫酸盐（PMS）还原碘硝基氯化四氮唑（INT），INT 接受 H^+ 被还原成紫红色甲瓒类化合物，可于 490nm 比色定量。

二、仪器与试剂

1. 仪器

酶标仪。

2. 试剂

YAC-1 细胞、Hank's 液（pH 7.2~7.4）、RPMI1640 完全培养液、乳酸锂或乳酸钠、硝基氯化四氮唑（INT）、吩嗪二甲酯硫酸盐（PMS）、NAD、0.2mol/L 的 Tris-HCl 缓冲液（pH 8.2）、1%（体积分数）NP40 或 2.5%（体积分数）Triton。

LDH 基质液的配制：将乳酸锂 5×10^{-2} mol/L、硝基氯化四氮唑（INT）6.6×10^{-4} mol/L、吩嗪二甲酯硫酸盐（PMS）2.8×10^{-4} mol/L、氧化型辅酶 I（NAD）1.3×10^{-3} mol/L 溶于 0.2mol/L 的 Tris-HCl 缓冲液中（pH 8.2）。

三、实验方法

（1）靶细胞的传代（YAC-1 细胞）　实验前 24h 将靶细胞进行传代培养。应用前以 Hank's 液洗 3 次，用 RPMI1640 完全培养液调整细胞浓度为 4×10^{5} 个/mL。

（2）脾细胞悬液的制备（效应细胞）

①无菌取脾，置于盛有适量无菌 Hank's 液的小平皿中，用镊子轻轻将脾磨碎，制成单细胞悬液。

②经 200 目筛网过滤，或用 4 层纱布将脾磨碎，或用 Hank's 液洗 2 次，1000r/min 离心 10min，弃上清。

③细胞沉淀加入 0.5mL 灭菌水 20s 或加入红细胞裂解液，再加入 Hank's 液，1000r/min 离心 10min，用 1mL 含 10%（体积分数）小牛血清的 RPMI1640 完全培养液重悬。

④用 1%（体积分数）冰醋酸稀释后计数（活细胞数应在 95% 以上），用台盼蓝染色计数活细胞数（应在 95% 以上），最后用 RPMI1640 完全培养液调整细胞浓度为 2×10^{7} 个/mL。

（3）NK 细胞活性检测

①取靶细胞和效应细胞各 100μL（效靶比 50∶1），加入 U 型 96 孔培养板中；靶细胞自然释放孔加靶细胞和培养液各 100μL，靶细胞最大释放孔加靶细胞和 1%（体积分数）NP40 或 2.5%（体积分数）Triton 各 100μL；上述各项均设三个平行孔，于 37℃、5%（体积分数）CO_2 培养箱中培养 4h。

②将 96 孔培养板以 1500r/min 离心 5min，每孔吸取上清 100μL 置平底 96 孔培养板中，同时加入 LDH 基质液 100μL，反应 3min，每孔加入 1mol/L 的 HCl 30μL，于 490nm 处测定吸光度（A）。

四、结果计算

按式（3-18）计算 NK 细胞活性

$$\text{NK 细胞活性}(\%) = \frac{A_{\text{反应孔}} - A_{\text{自然释放孔}}}{A_{\text{最大释放孔}} - A_{\text{自然释放孔}}} \times 100\% \tag{3-18}$$

五、注意事项

（1）靶细胞和效应细胞必须新鲜，细胞存活率应大于 95%。

（2）比色时环境温度应保持恒定。

（3）LDH 基质液应临用前配制。

（4）在一定范围内，NK 细胞活性与效靶比值成正比。一般效靶比值不应超过 100。

结果评价

（1）单核-巨噬细胞吞噬结果评价　碳廓清实验、腹腔巨噬细胞吞噬鸡红细胞实验结果均为阳性，或任一个实验的两个剂量组结果呈阳性，可判定单核-巨噬细胞功能结果呈阳性。

（2）细胞免疫结果评价　脾淋巴细胞转化实验、迟发型过敏反应实验结果均为阳性，或任一个实验的两个剂量组结果呈阳性，可判定细胞免疫功能测定结果呈阳性。

（3）体液免疫结果评价　抗体生成细胞检测实验、血清溶血素检测实验结果均为阳性，或任一个实验的两个剂量组结果呈阳性，可判定体液免疫功能测定结果呈阳性。

（4）NK 细胞活性结果评价　NK 细胞活性测定实验的一个以上剂量组结果呈阳性，可判定 NK 细胞活性结果呈阳性。

（5）综合评价　在细胞免疫功能、体液免疫功能、单核-巨噬细胞功能、NK 细胞活性四个方面任两个方面结果呈阳性，可判定该受试样品具有有助于增强免疫力功能。

实验六　有助于抗氧化功能评价实验

实验设计

本实验选用老龄大鼠或老龄小鼠，也可用成年小鼠建立氧化损伤模型。给予模型动物受试样品 30~45d 后，检测受试样品对动物脂质氧化产物、蛋白质氧化产物、抗氧化酶、抗氧化物质的影响进行抗氧化功效评价，还可检测组织中活性氧（ROS）水平。

1. 实验动物

10 月龄以上老龄 Wistar 或 SD 大鼠，单一性别，每组 8~12 只；或 8 月龄以上的 IC 小鼠，单一性别，每组 10~15 只；或用成年健康小鼠建立氧化损伤模型。

2. 分组与饲养

（1）选用 10 月龄以上的老龄大鼠，在实验环境下喂饲基础饲料，观察 5~7d 后，按体重随机分成 4 组，空白对照组和三个剂量受试样品组。分组后，各组每日摄食基础饲料，自由饮水摄食，定期称量体重。实验结束时（给予动物受试样品 30~45d），麻醉、解剖大鼠，检测血清或组织的脂质氧化产物丙二醛和 8-表氢氧异前列腺素的含量、蛋白质氧化产物蛋白质羰基的含量、抗氧化酶 SOD 和 GSH-Px 活性，抗氧化物质 GSH 的含量等指标。

空白对照组：每日灌胃溶解受试样品的溶剂；

各受试样品组：每日灌胃不同剂量的受试样品。

（2）选用成年健康 IC 小鼠，建立 D-半乳糖氧化损伤模型（参见第一章第二节中"七、氧化损伤动物模型"），在实验环境下喂饲基础饲料，观察 5~7d 后，按体重随机分成 5 组，分别为空白对照组、模型对照组和三个剂量受试样品组。各组每日摄食基础饲料，自由饮水摄食，定期称量体重。

空白对照组：每日灌胃溶解受试样品的溶剂；

模型对照组：每日腹腔注射 D-半乳糖，每日灌胃溶解受试样品的溶剂；

各受试样品组：每日腹腔注射 D-半乳糖，每日灌胃不同剂量的受试样品。

实验结束时（给予动物受试样品 30~45d），麻醉、解剖小鼠，检测脂质氧化产物丙二醛和 8-表氢氧异前列腺素的含量、蛋白质氧化产物蛋白质羰基的含量、抗氧化酶 SOD 和 GSH-Px 活性、抗氧化物质 GSH 的含量等指标。

（3）选用成年健康小鼠或大鼠，建立乙醇氧化损伤模型（参见第一章第二节中"七、氧化损伤动物模型"），在实验环境下喂饲基础饲料，观察 5~7d 后，按体重随机分成 5 组，分别为空白对照组、模型对照组和三个剂量受试样品组。各组每日摄食基础饲料，自由饮水摄食，定期称量体重。

空白对照组：每日灌胃溶解受试样品的溶剂；

模型对照组：每日灌胃溶解受试样品的溶剂；

各受试样品组：每日灌胃不同剂量的受试样品。

实验结束时（给予动物受试样品 30~45d），末次灌胃受试样品后，模型组对照组和 3 个剂量组禁食 16h（过夜），然后 1 次性灌胃给予 50%乙醇 12mL/kg（bw），6h 后处死动物，解剖（空白对照组不作处理，不禁食），检测脂质氧化产物丙二醛和 8-表氢氧异前列腺素的含量、蛋白质氧化产物蛋白质羰基的含量、抗氧化酶 SOD 和 GSH-Px 活性、抗氧化物质 GSH 的含量等指标。

内容一　丙二醛的测定

一、实验原理

丙二醛（malondialdehyde，MDA）是细胞膜脂质过氧化的终产物之一，测其含量可间接估计脂质过氧化的程度。1 个 MDA 分子与 2 个硫代巴比妥酸（TBA）分子在酸性条件下共热，形成粉红色复合物。该物质在波长 532nm 有极大吸收峰。可用分光光度法检测，从而间接确定样本中 MDA 含量。

二、仪器与试剂

1. 仪器

可见光分光光度计、酶标仪、微量加样器、恒温水浴锅、普通离心机、混旋器、具塞离心管。

2. 试剂

（1）1mmol/L 四乙氧基丙烷（贮备液，4℃保存 3 个月），临用前用水稀释成 40nmol/mL。

（2）0.2mol/L 乙酸钠溶液　称取无水乙酸钠 8.2g，以双蒸水定容至 500mL。

（3）0.2mol/L 乙酸溶液　吸取冰醋酸 5.7mL，以双蒸水定容至 1000mL。

（4）0.2mol/L 乙酸盐缓冲液（pH 3.5）　取 0.2mol/L 乙酸溶液 185mL，0.2mol/L 乙酸钠溶液 15mL，混匀。

（5）81g/L 十二烷基硫酸钠（SDS）　称取 8.1g SDS，加 100mL 双蒸水。

（6）8g/L 硫代巴比妥酸溶液　称取硫代巴比妥酸 0.8g，加 100mL 双蒸水。

（7）0.2mol/L 磷酸氢二钠溶液　称取 $Na_2HPO_4 \cdot 12H_2O$ 35.814g，以双蒸水溶解定容至 500mL。

（8）0.2mol/L 磷酸二氢钾溶液　称取 KH_2PO_4 13.609g,，以双蒸水稀释定容至 500mL。

（9）0.2mol/L 磷酸缓冲液　取 0.2mol/L 磷酸氢二钠溶液 192mL，0.2mol/L 磷酸二氢钾溶液 48mL，混匀。

三、实验方法

（1）样本制备

①2%（体积分数）溶血样品：取未凝集全血 20μL 加入 0.98mL 蒸馏水，混合均匀，备用。

②血清样品：取血 0.5~1mL 室温静置 10min，3000r/min 离心 10min，取上清液待测。

③100g/L 组织匀浆样品：取 1g 所需脏器，生理盐水冲洗、拭干、剪碎，置匀浆器中，加入 0.2mol/L 磷酸盐缓冲液 10mL，匀浆至无组织块。3000r/min 离心 10min，取上清液待测。

（2）测定　按表 3-7 操作：

表 3-7　　　　　　　　　　　　　　MDA 的测定　　　　　　　　　　单位：mL

加入物	空白管	标准管	样品管
蒸馏水 *	0.8/0.8/0.8	0.6/0.7/0.7	0.6/0.7/0.7
2%（体积分数）溶血样品/或血清样品/或 100g/L 组织匀浆样品 *	0/0/0	0/0/0	0.2/0.1/0.1
四乙氧基丙烷标准溶液 *	0/0/0	0.2/0.1/0.1	0/0/0
81g/L SDS	0.2	0.2	0.2
0.2mol/L 乙酸盐缓冲液	1.5	1.5	1.5
8g/L 硫代巴比妥酸溶液	1.5	1.5	1.5

注：* 标记的三种试剂，2%（体积分数）溶血样品按照"/---/"最左侧体积加样；血清样品按照"/---/"中间内容加样；100g/L 组织匀浆样品按照"/---/"最右侧体积加样。其他操作不变。

混匀，避光沸水浴 60min，自来水冷却，532nm 比色。

四、结果计算

按照式（3-19）~式（3-21）计算不同样品中 MDA 含量：

$$\text{MDA 含量(nmol/mL 血清)} = \frac{A_{样品} - A_{空白}}{A_{标准} - A_{空白}} \times 标准应用液浓度 \qquad (3-19)$$

$$\text{MDA 含量(nmol/mL 2\% 溶血液)} = \frac{A_{样品} - A_{空白}}{A_{标准} - A_{空白}} \times 标准应用液浓度 \qquad (3-20)$$

$$\text{MDA 含量(nmol/mg 组织)} = \frac{A_{样品} - A_{空白}}{A_{标准} - A_{空白}} \times 标准应用液浓度 \times \frac{1}{0.1 \times 1000} \qquad (3-21)$$

式中　0.1——100g/L 组织匀浆样品制备中取样比例；

1/1000——g 与 mg 的单位转换。

内容二　8-表氢氧-异前列腺素的测定

一、实验原理

8-表氢氧-异前列腺素（8-isoprostane），一个小分子脂类物质（前列腺素 F2a 的异构体），是自由基催化不饱和脂肪酸脂质过氧化（非酶促反应）后的终末产物。它是体内脂质氧化应激反应稳定且具有特异性的标志物，其含量能间接反应机体内自由基导致的组织细胞脂质过氧化程度。

二、仪器与试剂

1. 仪器

酶标仪、生化培养箱、微量振荡器、微量加样器、洗板机。

2. 试剂

8-Isoprostane KIA Kit（酶联免疫试剂盒）：8-isoprostane EIA 抗体血清、8-isoprostane AChE 示踪物、8-isoprostane EIA 标准品、EIA 缓冲液、洗涤缓冲液、吐温-20、鼠抗-兔 IgG 抗体、EIA 示踪染色剂、EIA 抗体血清染色剂、Ellman's 试剂。

三、实验方法

（1）样本制备　小鼠眼内眦静脉丛取血，3000r/min 离心 10min。取上清液，用 EIA 缓冲液稀释 15 倍备用。

（2）测定　按试剂盒说明操作，如表 3-8 所示。

表 3-8　　　　　　　　　　8-表氢氧-异前列腺素的测定　　　　　　　　　单位：μL

步骤	试剂	空白	TA	NSB	B_0	标准/样品
加试剂	EIA 缓冲液	—	—	100	50	—
	标准/样品	—	—	—	—	50
	AChE 示踪物	—	—	50	50	50
	抗体血清	—	—	—	50	50
培养	用封板膜盖好酶标板，并在 4℃ 避光条件下培养 18h					
清洗	清洗所有反应孔 5 次					
加试剂	AChE 示踪物	—	5	—	—	—
	Ellman's	200	200	200	200	200
培养	用封板膜盖好酶标板，并在常温避光条件下培养 45~90min					
读数	在波长 412nm 处测量各孔吸光度（B_0 在 0.3~1.0 A.U 范围）					

注：标准孔浓度分别为 500、200、80、32、12.8、5.1、2.0、0.8pg/mL。

四、结果计算

计算公式如式（3-22）所示。

$$B/B_0(\%) = \frac{A_{标准或样品孔} - A_{NSB孔}}{A_{B_0孔} - A_{NSB孔}} \times 100\% \tag{3-22}$$

以标准物的浓度的对数（log）为横坐标，B/B_0 为纵坐标绘制标准曲线，亦可将数据转换成 logit（B/B_0）或 $\ln[B/B_0/(1-B/B_0)]$ 作为纵坐标绘制标准曲线，计算回归方程。将样品的 $B/B_0\%$ 值，代入方程式，计算出样品的浓度，再乘以稀释倍数，即为样品中的 8-表氢氧-异前列腺素浓度。

内容三　蛋白质羰基含量的测定

一、实验原理

H_2O_2 或 $\cdot O_2^-$ 自由基对蛋白质氨基酸侧链的氧化可导致羰基产物的积累。羟自由基也可直接作用于肽链，使肽链断裂，引起蛋白质一级结构的破坏，在断裂处产生羰基。羰基化蛋白极易相互交联、聚集为大分子从而降低或失去原有蛋白质的功能。蛋白质羰基含量可直接反映蛋白质损伤的程度。蛋白质羰基形成是多种氨基酸在蛋白质的氧化修饰过程中的早期标志，随年龄的增长而增加。

被氧化后的蛋白质羰基含量增多，羰基可与2,4-二硝基苯肼反应生成2,4-二硝基苯腙，2,4-二硝基苯腙为红棕色的沉淀，用盐酸胍溶解后，在370 nm 下有最大吸收，从而定量蛋白质的羰基含量。

二、仪器与试剂

1. 仪器

紫外分光光度计、酶标仪、微量加样器、生化培养箱、恒温水浴锅、低温高速离心机、混旋器、2mL 离心管。

2. 试剂

（1）10mmol/L HEPES 缓冲液（pH 7.4）　2.38g N-2-羟乙基哌嗪-2′-乙磺酸（HEPES）溶入1000mL 双蒸馏水，用 1mol/L NaOH 调 pH 至 7.4，4℃保存。

（2）100g/L 硫酸链霉素　1g 硫酸链霉素，溶入 10mL 双蒸馏水，4℃避光保存。

（3）2mol/L HCl　量取 83mL 分析纯盐酸，以蒸馏水稀释定容至 1L。

（4）10mmol/L 2,4-二硝基苯肼（DNPH）　99mg 2,4-二硝基苯肼用 50mL 2mol/L HCl 溶解，4℃避光保存。

（5）200g/L 三氯乙酸（TCA）　称取 200g TCA，以蒸馏水溶解定容至 1L。

（6）6mol/L 盐酸胍　称取 574g 盐酸胍，以蒸馏水溶解定容至 1L。

（7）无水乙醇乙酸乙酯混合应用液　将无水乙醇和乙酸乙酯按照体积比 1∶1 配制成混合溶液，现用现配。

三、实验方法

（1）样本制备

①血清样本：取血 0.5～1mL 室温静置 10min，3000r/min 离心 10min，取上清液待测。

②组织样本：取 0.1g 组织，在冰的生理盐水中漂洗，以去掉表面的血迹。加入 0.9mL

冰的 10mmol/L HEPES 缓冲液（pH 7.4），制成 100g/L 的匀浆。将匀浆液以 3000r/min 的转速，离心 10min，保留上清。取 100g/L 的硫酸链霉素溶液 50μL，加入上清液 450μL（1∶9，体积比），室温放置 10min 后，以 11000r/min 离心 10min，取上清液待测。

（2）测定　按照表 3-9 内容进行实验测定。

表 3-9　　　　　　　　　　　　　　　蛋白质羰基的测定

试剂	测定管	对照管
血清/组织匀浆上清液	0.1mL	0.1mL
10mmol/L 2,4-二硝基苯肼	0.4mL	—
2mol/L HCl	—	0.4mL
涡旋混匀 1min，37℃准确避光反应 30min		
200g/L 三氯乙酸	0.5mL	0.5mL
涡旋混匀 1min，以 4℃下，以 12000r/min 离心 10min，弃上清，留沉淀		
无水乙醇乙酸乙酯混合应用液	1.0mL	1.0mL
涡旋混匀 1min，4℃，12000r/min 离心 10min，弃上清，留沉淀 无水乙醇乙酸乙酯清洗同上操作重复 3 次。沉淀留用		
6mol/L 盐酸胍	1.25mL	1.25mL
混匀后，37℃准确水浴 15min		

涡旋混匀，将全部沉淀溶解，以 12000r/min 离心 15min，取上清液在 370nm 处比色，6mol/L 盐酸胍试剂调零，测定吸光度。

注：如用试剂盒，可按试剂盒的操作要求进行。

四、结果计算

计算公式，如式（3-23）所示。

$$\frac{蛋白质羰基含量}{(nmol/mg\ 蛋白质)} = \frac{A_{测定管} - A_{对照管}}{22 \times 比色光径(cm) \times 样本蛋白质浓度(mg/L)} \times 125 \times 10^5 \quad (3-23)$$

五、注意事项

（1）硫酸链霉素　在匀浆上清液中加入硫酸链霉素溶液的作用是沉淀核酸。核酸中的一些碱基如鸟嘌呤、胞嘧啶、尿嘧啶和胸腺嘧啶等也含有羰基，如不去除核酸，这些碱基就会与 DNPH 结合，并反应生成有色物质，这些物质会增加最后溶液的吸光度，使结果偏大。

（2）DNPH　DNPH 不溶于水，溶于稀酸和稀碱，因此，用 2mol/L HCl 溶解 DNPH。设对照管是为了避免 HCl 与反应液中一些物质反应生成对比色有影响的物质。

（3）反应体系应避光　当蛋白质溶液中加入 DNPH 进行反应时，反应体系需置于黑暗中，因为 DNPH 不稳定，见光会分解。如果反应体系遇到光，DNPH 分解，体系中会有剩余的没有变成蛋白质腙衍生物，对反应比色有影响。

（4）去除未与蛋白质结合的 DNPH　由于 DNPH 在370nm 左右有强吸收，因此用乙醇乙酸乙酯混合应用液反复洗涤沉淀，去掉未与蛋白质结合的 DNPH，否则会增加吸光度。

内容四　超氧化物歧化酶（SOD）的测定

一、实验原理

通过黄嘌呤和黄嘌呤氧化酶反应体系产生超氧阴离子自由基（$\cdot O_2^-$），后者氧化羟胺最终生成亚硝酸盐。亚硝酸盐在对氨基苯磺酸及甲萘胺作用下生成紫红色物质。当被测样本中含有 SOD 时，SOD 消除 $\cdot O_2^-$ 后形成的亚硝酸盐减少，表现为紫红色颜色消褪，消褪的程度与 SOD 活性成正比。该紫红色物质在530nm 处有最大吸收，以分光光度法进行测定。

二、仪器与试剂

1. 仪器

恒温水浴锅、低速离心机、紫外/可见分光光度计。

2. 试剂

（1）1/15mol/L pH 7.8 磷酸盐缓冲液（PBS）　取 1/15mol/L 磷酸氢二钠溶液 900mL，1/15mol/L 磷酸二氢钾溶液 100mL，混合均匀即可。

（2）10mmol/L 盐酸羟胺溶液　称取盐酸羟胺 6.95mg，加 PBS 至 10mL。

（3）0.1mol/L NaOH 溶液　称取 0.4g NaOH，以双蒸水定容至 100mL。

（4）7.5mmol/L 黄嘌呤溶液　称取黄嘌呤 11.41mg，加 0.1mol/L NaOH 2.5mL 溶解，加 PBS 至 10mL。

（5）0.2mg/mL 黄嘌呤氧化酶　取 10mg/mL 黄嘌呤氧化酶标准品 0.2mL 加冰冷 PBS 9.8mL 至 10mL。

（6）1g/L 甲萘胺　称取 0.2g α-甲萘胺溶于 40mL 沸蒸馏水，冷却至室温。加入 50mL 冰醋酸，再加 110mL 凉蒸馏水至 200mL。

（7）3.3g/L 对氨基苯磺酸　取 0.66g 对氨基苯磺酸溶于 150mL 温蒸馏水，加 50mL 冰醋酸至 200mL。

三、实验方法

（1）样本制备

①血清样品：同"内容三　蛋白质羰基含量的测定"。

②红细胞抽提液制备：10μL 全血加入到 0.5mL 生理盐水中。2000r/min 离心 3min，弃去上清液。向沉淀中加入预冷的双蒸水 0.2mL 混匀，加入 95%乙醇 0.1mL，振荡 30s，加入三氯甲烷 0.1mL，置快速混合器抽提 1min。4000r/min 离心 3min，分层。上层为 SOD 抽提液，中层为血红蛋白沉淀物，下层为三氯甲烷。吸取上层抽提液，记录体积后，备用。取一部分抽提液，测定血红蛋白含量。

③10g/L 组织匀浆的制备：剪取一定量的所需脏器，生理盐水冲洗、拭干、称重、剪

碎，至玻璃匀浆器中加入预冷的生理盐水匀浆，制成 10g/L 组织匀浆。3000r/min 离心 10min，取上清液待测。另取部分上清液，测定其中蛋白质含量。

（2）测定 按表 3-10 操作。

表 3-10 SOD 的测定 单位：mL

加入物	测定管	对照管
PBS	1.0	1.0
样品	*	—
10mmol/L 盐酸羟胺	0.1	0.1
7.5mmol/L 黄嘌呤	0.2	0.2
0.2mg/mL 黄嘌呤氧化酶	0.2	0.2
双蒸水	0.49	0.49
混匀，37℃恒温水浴 30min		
3.3g/L 对氨基苯磺酸	2.0	2.0
1g/L 甲萘胺	2.0	2.0

注：* 表示样品：血清样品 20~30μL；红细胞抽提液 10μL；10g/L 组织匀浆液 10~40μL。

混匀，静置 15min，1cm 光径比色杯，蒸馏水调零，530nm 测定吸光度。

四、结果计算

按照式（3-24）~式（3-27）计算各不同样品中 SOD 活力：

公式一：

$$SOD\ 百分抑制率 = \frac{A_{对照管} - A_{测定管}}{A_{对照管}} \times 100\% \tag{3-24}$$

公式二（不同样本）：

$$SOD\ 活力（U/mL\ 血清）= \frac{SOD\ 百分抑制率}{50\%} \times \frac{反应液总量（6mL）}{取样量} \tag{3-25}$$

式中 1U——每毫升反应液中 SOD 抑制率达到 50% 时所对应的 SOD 量为一个 SOD 活力单位。

$$SOD\ 活力（U/mg\ 蛋白质）= \frac{SOD\ 百分抑制率}{50\%} \times \frac{反应液总量（6mL）}{取样量} \div 组织中蛋白质含量（mg/mL）$$
$$\tag{3-26}$$

式中 1U——每毫克组织蛋白在 1mL 反应液中 SOD 抑制率达到 50% 时所对应的 SOD 量为一个 SOD 活力单位。

$$SOD\ 活力（U/g\ 血红蛋白）= \frac{SOD\ 百分抑制率}{50\%} \times \frac{反应液总量（6mL）}{\dfrac{测定用抽提液量}{抽提液总量}} \times \frac{1mL}{采血量} \div 血红蛋白含量（gHb/mL）$$
$$\tag{3-27}$$

式中 1U——全血中每克血红蛋白在 1mL 反应液中 SOD 抑制率达到 50% 时所对应的 SOD 量为一个 SOD 活力单位。

内容五　谷胱甘肽过氧化物酶（GSH-Px）的测定

一、实验原理

GSH-Px 是一种含硒酶，对防止体内自由基引起膜脂质过氧化极其重要，其活力以催化谷胱甘肽（GSH）氧化的反应速度，及单位时间内 GSH 减少的量来表示。

在 GSH-Px 催化下，GSH 和 5，5′-二硫对硝基苯甲酸（DTNB）反应生成黄色的 5-硫代 2-硝基苯甲酸阴离子，于 423nm 波长有最大吸收峰，测定该离子浓度，即可计算出 GSH 减少的量，由于 GSH 能进行非酶反应氧化，故计算酶活力时，须扣除非酶反应所引起的 GSH 减少。

二、仪器与试剂

1. 仪器

恒温水浴锅、低速离心机、低温高速离心机、紫外/可见分光光度计。

2. 试剂

（1）叠氮钠磷酸缓冲液（pH 7.0）　称取 NaN_3 16.25mg，EDTA-Na_2 7.44mg，Na_2HPO_4 1.732g，NaH_2PO_4 1.076g，加蒸馏水至近 100mL。以少量 HCl、NaOH 调 pH 7.0，4℃保存。

（2）1mmol/L 谷胱甘肽（还原型 GSH）溶液　称取 GSH 30.7mg 加叠氮钠磷酸缓冲液至 100mL，临用前配制，冷冻保存 1~2d。

（3）1.25~1.5mmol/LH_2O_2 溶液　取 30%（体积分数）H_2O_2 0.15~0.17mL，用双蒸水稀释至 100mL，作为储备液，4℃避光保存。临用前将储备液用双蒸水稀释 10 倍使用。

（4）偏磷酸沉淀液　称取 16.7g HPO_3，加蒸馏水至 1000mL。待 HPO_3 全部溶解后，加入 EDTA 0.5g，NaCl 280g。全部溶解后，普通滤纸过滤，室温保存。

（5）0.32mol/L Na_2HPO_4溶液　称取 Na_2HPO_4 22.7g 加蒸馏水至 500mL，室温保存。

（6）DTNB 显色液　称取 DTNB 40mg，柠檬酸三钠 1g，加蒸馏水至 100mL，4℃避光保存 1 个月。

（7）0.2mol/L 磷酸缓冲液　取 0.2mol/L 磷酸氢二钠溶液 192mL，0.2mol/L 磷酸二氢钾溶液 48mL，混合均匀即可。

三、实验方法

（1）样本制备

①溶血液：取全血 10μL 加入到 1mL 双蒸水中，充分振摇，使之全部溶血，待测。4h 内测定酶活力。稀释比例为 1∶100。

②50g/L 组织匀浆液：取一定量所需脏器，放入预冷的生理盐水中洗去浮血，剔除脂肪及结缔组织，滤纸吸干后，在冰浴上剪成碎块，称取适量组织至匀浆器，加入预冷的 0.2mol/L 磷酸缓冲液，匀浆（操作在冰浴中进行）。匀浆液 4℃下 12500×g 离心 10min，当天测定上清液的酶活力。另取部分上清液，测定其中蛋白质含量。

（2）测定　按表 3-11 操作。

表 3-11　　　　　　　　　　　　　GSH-Px 的测定　　　　　　　　　　　　　单位：mL

加入物	样品管	非酶管	空白管
1mmol/L GSH	0.4	0.4	—
样品＊＊	0.4	—	—
双蒸水＊	—	0.4	—
37℃ 水浴预热 5min			
H₂O₂（37℃ 预热）	0.2	0.2	
37℃ 水浴准确反应 3min（严格控制时间）			
偏磷酸沉淀液	4	4	—
3000r/min 离心 10min			
离心上清液	2	2	—
双蒸水	—	—	0.4
偏磷酸沉淀液	—	—	1.6
0.32mol/L Na₂HPO₄ 溶液	2.5	2.5	2.5
DTNB 显色液	0.5	0.5	0.5

注：＊：样品为组织上清液时，非酶管改为加热使酶失活的组织上清液。

　　＊＊：溶血液——取样 0.1~0.4mL；5% 组织匀浆液——1：20 稀释后，取样 0.4mL。

显色 1min 后，1cm 光径比色杯，423nm 测定吸光度，5min 内读数准确。

（3）GSH 标准曲线绘制　准确量取 1.0mmol/L GSH 溶液 0、0.2、0.4、0.6、0.8、1.0mL，分别置于 10mL 容量瓶，各加入偏磷酸沉淀剂 8mL，双蒸水稀释至 10mL 刻度，即浓度为 0、20、40、60、80、100μmol/L 的 GSH 标准液。

取上述不同浓度标准液各 2mL，加入 0.32mol/L Na₂HPO₄ 2.5mL，加入 DTNB 显色液 0.5mL。1cm 比色杯，5min 内 423nm 测吸光度，双蒸水调零。

以 GSH 含量（μmol/L）为横坐标，A_{423nm} 值为纵坐标，绘制标准曲线，计算曲线斜率。

四、结果计算

1. 全血 GSH-Px 活力计算

$$GSH - Px \ 活力(U/mL \ 全血) = \frac{\log[A_{非酶管} - A_{空白管}] - \log[A_{样品管} - A_{空白管}]}{3min \times 0.004mL} \quad (3-28)$$

式中　1U——每 1mL 全血，每分钟，扣除非酶反应的 log［GSH］降低后，使 log［GSH］降低 1 为一个酶活力单位。

2. 组织 GSH-Px 活力计算

$$组织 GSH - Px \ 比活力(U/mg \ 蛋白质) = \frac{(A_{非酶管} - A_{样品管}) \times K \times 5}{3min \times 样品蛋白质毫克数} \quad (3-29)$$

式中　K——标准曲线斜率；

1U——每毫克蛋白质，每分钟，扣除非酶反应，使 GSH 浓度降低 $1\mu mol/L$ 为一个酶活力单位。

内容六 还原型 GSH 的测定

一、实验原理

GSH 是谷氨酸、甘氨酸和半胱氨酸组成的一种三肽，可清除 $\cdot O_2^-$、H_2O_2、LOOH，是组织中主要的非蛋白质的巯基化合物，为 GSH-Px 和 GST 两种酶类的底物，为这两种酶分解氢过氧化物所必需。GSH 能稳定含巯基的酶，防止血红蛋白及其他辅助因子受氧化损伤，缺乏或耗竭 GSH 会促使许多化学物质或环境因素产生中毒作用，GSH 量的多少是衡量机体抗氧化能力大小的重要因素。

在 GSH-Px 催化下 GSH 和 5,5′-二硫对硝基甲酸（DTNB）反应可生成黄色的 5-硫代2-硝基甲酸阴离子，于 420nm 波长有最吸收峰，测定该离子浓度，即可计算 GSH 的含量。

二、仪器与试剂

1. 仪器

可见光分光光度计、低温高速离心机、匀浆器、恒温水浴锅、微量加样器。

2. 试剂

（1）叠氮钠磷酸缓冲液（pH7.0） 同"内容五 谷胱甘肽过氧化物酶（GSH-Px）的测定"。

（2）40g/L 磺基水杨酸溶液 称取 4g 黄基水杨酸，加入 96mL 蒸馏水溶解备用。

（3）0.1mol/L PBS 溶液（pH=8.0） 称取 Na_2HPO_4 13.452g，KH_2PO_4 0.722g，加蒸馏水至 1000mL。

（4）0.04g/L DTNB 溶液 称取 DTNB 40mg 溶于 1000mL 的 0.1mol/L PBS 溶液（pH=8.0）中。

（5）标准溶液 称取还原型 GSH 15.4mg，加叠氮钠缓冲液至 50mL，终浓度为1mmol/L，临用前配制。

三、实验方法

（1）样本制备

①溶血液上清液：取 0.1mL 抗凝全血加双蒸水 0.9mL（1∶9 溶血液），充分混匀，直至透亮为止。取溶血液 0.5mL 加 40g/L 磺基水杨酸 0.5mL 混匀，室温下 3500r/min 离心10min，取上清液备用。

②血清上清液：取 0.1mL 血清加 40g/L 磺基水杨酸 0.1mL 混匀，室温下 3500r/min 离心 10min，取上清液备用。

③组织上清液：取组织 0.5g 加生理盐水 4.5mL 充分研磨成细浆（100g/L 匀浆），混匀后取浆液 0.5mL 加 40g/L 磺基水杨酸 0.5mL 混匀，室温下 3500r/min 离心 10min，取上清液备用。

（2）测定

①溶血液或组织样品测定按表 3-12 操作。

表 3-12　　　　　　　全血或组织样本中还原型 GSH 的测定　　　　　　单位：mL

加入物	测定管	空白管
上清液	0.5	—
40g/L 磺基水杨酸	—	0.5
DTNB	4.5	4.5

混匀，室温放置 10min 后，420nm 处测定吸光度。

②血清样品测定按表 3-13 操作。

表 3-13　　　　　　　　　血清还原型 GSH 的测定　　　　　　　　单位：mL

加入物	测定管	空白管
上清液	0.1	—
40g/L 磺基水杨酸	—	0.1
DTNB	0.9	0.9

混匀，室温放置 10min 后，420nm 处测定吸光度。

注：该指标检测，需新鲜样品取材后当天完成。用双缩脲法测定血清（或溶血液）、组织匀浆蛋白质含量。如用试剂盒，可按试剂盒的操作要求进行。

（3）GSH 标准曲线绘制　按照表 3-14 操作，以浓度为横坐标，吸光度为纵坐标，做标准曲线。

表 3-14　　　　　　　　　GSH 标准曲线的制备

加入物	试管编号						
	1	2	3	4	5	6	7
1mmol/L GSH/mL	0	0.01	0.02	0.05	0.10	0.15	0.20
生理盐水/mL	0.50	0.49	0.48	0.45	0.40	0.35	0.30
DTNB/mL	4.50	4.50	4.50	4.50	4.50	4.50	4.50
GSH 量/(μmol/L)	0	20	40	100	200	300	400

混匀，室温放置 10min 后，420nm 处测定吸光度。

四、结果计算

样品 GSH 含量(μmol/L 全血) = 对应曲线浓度值(μmol/L) × 溶血液稀释倍数 × 上清液稀释倍数

= 对应曲线浓度值(μmol/L) × 10 × 2　　　　　　　　　(3-30)

样品 GSH 含量(μmol/L 血清) = 对应曲线浓度值(μmol/L) × 上清液稀释倍数

= 对应曲线浓度值(μmol/L) × 2　　　　　　　　　(3-31)

样品 GSH 含量(μmol/g 组织) = 对应曲线浓度值(μmol/L) × 上清液稀释倍数 ÷ 上清液组织含量

= 对应曲线浓度值(μmol/L) × 2 ÷ 100(g 组织 /L)　　　(3-32)

样品 GSH 含量(μmol/g 蛋白质) = 对应曲线浓度值(μmol/L) × 上清液稀释倍数 ÷ 上清液蛋白质含量

= 对应曲线浓度值(μmol/L) × 2 ÷ 匀浆(g 蛋白质/L)   (3-33)

内容七　总蛋白质的测定——双缩脲法

一、实验原理

将尿素加热至 180℃时，两分子尿素缩合释放出一分子氨，生成一个双缩脲分子，该分子可以在碱性条件下与铜离子（Cu^{2+}）结合形成复杂的紫红色络合物，即双缩脲反应。蛋白质或多肽分子中由于含有与双缩脲分子相似的肽键，因此也具有双缩脲反应，生成的铜双缩脲复合物的颜色与蛋白质的含量成正比，可于 540nm 下比色定量。

二、仪器与试剂

1. 仪器

恒温水浴、分光光度计。

2. 试剂

（1）浓氨水。

（2）0.05mol/L 氢氧化钠溶液　称取 0.2g 氢氧化钠，以蒸馏水溶解定容至 100mL，混合均匀后使用。

（3）饱和氢氧化钠溶液　称取 4g 氢氧化钠，以蒸馏水溶解定容至 100mL，放置至室温后使用。

（4）双缩脲试剂　称取 0.175g 硫酸铜（$CuSO_4 \cdot 5H_2O$）置于 100mL 容量瓶，加入约 15mL 蒸馏水溶解，再加入 30mL 浓氨水，30mL 冰冷的蒸馏水和 20mL 饱和氢氧化钠溶液，摇匀，室温放置 1~2h，再以蒸馏水定容，混匀，备用。

（5）标准蛋白质溶液　称取牛血清清蛋白或酪蛋白标准品 0.5g，以 0.05mol/L 氢氧化钠溶液溶解并定容至 50mL，终浓度为 10mg/mL。

三、实验方法

按表 3-15 操作。

表 3-15　　　　　　　双缩脲法制备蛋白质标准曲线　　　　　　　单位：mL

加入物	试管编号						样品
	0	1	2	3	4	5	
蛋白质标准溶液	0	0.2	0.4	0.6	0.8	1.0	—
样品	—	—	—	—	—	—	A
蒸馏水	1.0	0.8	0.6	0.4	0.2	0.0	0.1-A
双缩脲试剂	4.0	4.0	4.0	4.0	4.0	4.0	4.0

充分混匀，室温下放置 30min，以 0 号管调零，540nm 下测定各管吸光度。

注：如样品浓度超过曲线范围，可将样品适当稀释。

四、结果计算

以吸光度为纵坐标，标准蛋白质含量为横坐标，绘制标准曲线，计算线性回归方程。将样品管吸光度代入方程，计算得出样品中蛋白质含量。如样品经过稀释，需加入稀释倍数。

结果评价

（1）脂质氧化产物结果评价　受试样品组与模型（或老龄）对照组比较，丙二醛或8-表氢氧异前列腺素含量降低有统计学意义，判定该受试样品有降低脂质过氧化作用，该项指标结果呈阳性。

（2）蛋白质氧化产物结果评价　受试样品组与模型（或老龄）对照组比较，蛋白质羰基含量降低有统计学意义，判定该受试样品有降低蛋白质过氧化作用，该项指标结果呈阳性。

（3）抗氧化酶活力结果评价　受试样品组与模型（或老龄）对照组比较，SOD或GSH-Px活力升高有统计学意义，判定该受试样品有升高抗氧化酶活力作用，该项指标结果呈阳性。

（4）抗氧化物质GSH结果评价　受试样品组与模型（或老龄）对照组比较，GSH含量升高有统计学意义，判定该受试样品有升高抗氧化物质GSH作用，该项指标结果呈阳性。

（5）综合结果评价　过氧化脂质含量、蛋白质羰基、抗氧化酶活性、还原性GSH四项指标中三项指标呈阳性，可判定该受试样品有助于抗氧化功能动物实验结果呈阳性。

实验七　改善胃肠功能评价实验

实验设计

1. 有助于润肠通便功能

本实验选用健康成年的小鼠，建立小肠蠕动抑制模型。给予模型小鼠受试样品7~15d后，检测受试样品对小鼠肠道运动功能和排便全过程的影响进行通便功效评价。肠道运动增强、排便时间缩短、排便粒数和排便重量增加，则预示受试物有一定的增强肠道运动的作用，或能改善肠内容物和粪便的性状。

（1）实验动物　选用SPF级健康雄性小鼠，体重18~22g，每组10~15只。

（2）分组及饲养　选用成年健康小鼠，在实验环境下喂饲基础饲料，观察5~7d后，按体重随机分成5组，分别为空白对照组、模型对照组和三个剂量受试样品组。受试物以人体推荐量的10倍为其中一个剂量组。各组每日摄食基础饲料，自由饮水摄食，定期称量体重。

空白对照组：每日灌胃溶解受试样品的溶剂；

模型对照组：每日灌胃溶解受试样品的溶剂；

各受试样品组：每日灌胃不同剂量的受试样品。

受试物连续给予7d，必要时可延长至15d后，模型对照组和受试样品组经口灌胃给予复方地芬诺酯或洛哌丁胺，建立小肠蠕动抑制模型。其后，进行小肠运动实验、检测排便时间、排便粒数、排便重量等各项指标。

2. 有助于调节肠道菌群功能

本实验选用健康成年的小鼠，给予小鼠受试样品14~30d，检测摄入受试样品前后小鼠粪便中双歧杆菌、乳杆菌、大肠杆菌、肠球菌、产气荚膜梭菌数量的变化，评价该受试物对小鼠肠道菌群的影响。

（1）实验动物　选用SPF级近交系小鼠，单一性别，体重18~22g，每组10~15只。

（2）分组及饲养　选用成年健康小鼠，在实验环境下喂饲基础饲料，观察5~7d后，按体重随机分成4组，分别为空白对照组和三个剂量受试样品组。受试物以人体推荐量的10倍为其中一个剂量组。各组每日摄食基础饲料，自由饮水摄食，定期称量体重。

空白对照组：每日灌胃溶解受试样品的溶剂；

各受试样品组：每日灌胃不同剂量的受试样品。

受试物连续给予14~30d后，检测各组小鼠粪便中双歧杆菌、乳杆菌、大肠杆菌、肠球菌、产气荚膜梭菌数量的变化。

3. 辅助保护胃黏膜功能

本实验选用健康成年的大鼠，建立急性胃黏膜损伤模型或慢性胃溃疡模型，给予模型动物受试样品14~30d后，检测受试样品对大鼠胃黏膜损伤发生率、损伤总积分和损伤抑制率的影响，评价该受试物对大鼠胃黏膜是否有一定的保护作用。

（1）实验动物　选用SPF级SD或Wistar健康大鼠，单一性别，体重180~220g，每组8~12只。

（2）分组及饲养　选用成年健康大鼠，在实验环境下喂饲基础饲料，观察5~7d后，按体重随机分成5组，分别为空白对照组、模型对照组和三个剂量受试样品组。受试物以人体推荐量的5倍为其中一个剂量组。各组每日摄食基础饲料，自由饮水摄食，定期称量体重。

空白对照组：每日灌胃溶解受试样品的溶剂；

模型对照组：每日灌胃溶解受试样品的溶剂；

各受试样品组：每日灌胃不同剂量的受试样品。

①急性胃黏膜损伤模型：给予受试物30d后，用无水乙醇或消炎痛致急性胃黏膜损伤模型，观察各受试物剂量组胃黏膜的损伤程度。

②慢性胃溃疡模型：用冰醋酸致慢性胃黏膜损伤模型。慢性溃疡模型应先造模型，手术次日再分组。受试物给予时间一般为14~30d，必要时可以延长至45d后，观察各受试物剂量组胃溃疡的面积和体积，反映受试物对胃黏膜的保护作用。

内容一　小肠运动实验

一、实验原理

经口灌胃给予造模药物复方地芬诺酯或洛哌丁胺，建立小鼠小肠蠕动抑制模型，检测并计算一定时间内小肠的墨汁推进率，来判断模型小鼠胃肠蠕动功能。

二、仪器和试剂

1. 仪器

手术剪、眼科镊、直尺、注射器、天平。

2. 试剂

（1）墨汁的配制　精确称取阿拉伯树胶100g，加水800mL，煮沸至溶液透明，称取活性炭粉100g加至上述溶液中煮沸三次，待溶液凉后定容到1000mL，于冰箱中4℃保存，用前摇匀。

（2）复方地芬诺酯或洛哌丁胺混悬液的配制　复方地芬诺酯剂量为5~6mg/kg（bw），洛哌丁胺剂量为5~6mg/kg（bw）。依据复方地芬诺酯或洛哌丁胺的实用剂量取用，用研钵研碎呈粉末后按实验所需的浓度进行配制，待溶质完全溶解、充分摇匀后使用。

三、实验方法

（1）模型建立　给受试物7d后，各组小鼠禁食不禁水20h。模型对照组和三个受试物剂量组灌胃给予复方地芬诺酯5~6mg/kg（bw），或洛哌丁胺5~6mg/kg（bw），空白对照组灌胃蒸馏水。

（2）测定　给复方地芬诺酯或洛哌丁胺0.5h后，各剂量组灌胃给予含相应浓度受试物的墨汁（含100g/L活性炭粉、100g/L阿拉伯树胶），空白对照组和模型对照组给墨汁灌胃。

25min后立即脱颈椎处死动物，打开肠腔分离肠系膜，剪取上端自幽门、下端至回盲部的肠管，置于托盘上，轻轻将小肠拉成直线，测量肠管长度为"小肠总长度"，从幽门至墨汁前沿为"墨汁推进长度"。

四、结果计算

按式（3-34）计算墨汁推进率：

$$墨汁推进率（\%）=墨汁推进长度（cm）/小肠总长度（cm）\times100\% \tag{3-34}$$

内容二　排便时间、排便粒数和排便重量的测定

一、实验原理

经口灌胃给予造模药物复方地芬诺酯或洛哌丁胺，建立小鼠便秘模型，测定小鼠排出首粒黑便排便时间、5h或6h内排便粒数和排便重量（干重），来反映模型小鼠的排便情况。

二、仪器与试剂

1. 仪器

眼科镊、注射器、分析天平。

2. 试剂

（1）墨汁的配制　同本实验"内容一　小肠运动实验"。

（2）复方地芬诺酯或洛哌丁胺混悬液的配制　复方地芬诺酯剂量为10~12mg/kg

（bw），洛哌丁胺剂量为 10~12mg/kg（bw）。依据复方地芬诺酯或洛哌丁胺的实用剂量取用，用研钵研碎呈粉末后按实验所需浓度配制，待溶质完全溶解、充分摇匀后使用。

三、实验方法

（1）模型的建立　给受试物 7d 后，各组小鼠禁食不禁水 20h。空白对照组给蒸馏水，模型对照组和三个受试物剂量组灌胃给予复方地芬诺酯 10~12mg/kg（bw）或洛哌丁胺 10~12mg/kg（bw）。

（2）测定　给复方地芬诺酯或洛哌丁胺 0.5h 后，空白对照组和模型对照组小鼠用墨汁灌胃，剂量组灌胃给予含相应浓度受试物的墨汁，动物均单笼饲养，正常饮水进食。从灌墨汁开始，记录每只动物排便时间（即排出首粒黑便时间）、5h 或 6h 内排便粒数及重量。

四、注意事项

（1）实验中应将复方地芬诺酯或洛哌丁胺悬液不断振荡，以保持其浓度的均一状态。

（2）墨汁配制时待阿拉伯胶加热透明后再加入炭末。

（3）应除去小鼠排出第一粒黑便前的粪便。

（4）实验中复方地芬诺酯或洛哌丁胺的造模剂量应通过预实验确定。

（5）排便实验中模型成立的条件为排便时间、5h 或 6h 内排便重量和排便粒数与空白对照组差异均有显著性。

内容三　有助于调节肠道菌群功能实验

一、实验原理

无菌采取小鼠粪便 0.1g，10 倍系列稀释，选择适合的稀释度分别接种在各培养基上。培养后，以菌落形态、革兰染色镜检、生化反应等鉴定计数菌落，计算出每克湿便中的菌数，取对数后进行统计处理。

二、仪器与试剂

1. 仪器

超净台、电子天平、生化培养箱、显微镜、高压灭菌器、厌氧袋、培养皿等。

2. 试剂

（1）肠杆菌培养基（伊红亚甲蓝琼脂 EMB）　蛋白胨 10g、乳糖 10g、磷酸氢二钾 2g、琼脂 17g、20g/L 伊红 Y 溶液 20mL、6.5g/L 亚甲蓝溶液 10mL，加蒸馏水至 1000mL。

将蛋白胨、磷酸盐和琼脂溶解于蒸馏水中，校正 pH 7.1，分装于烧瓶内，121℃高压灭菌 15min 备用。临用时加入乳糖并加热溶化琼脂，冷却至 50~55℃，加入伊红和亚甲蓝溶液，摇匀，倾注平板。

（2）肠球菌培养基（叠氮钠-结晶紫-七叶苷琼脂）　多价胨 10g、酵母浸膏 5g、氯化钠 5g、磷酸氢二钾 4g、磷酸二氢钾 1.5g、叠氮化钠 0.5g、七叶苷 1g、0.5g/L 结晶紫水溶液 0.4mL、柠檬酸铁铵 0.5g、琼脂 20~30g，加蒸馏水至 1000mL。

将上述成分溶解于蒸馏水中，校正 pH 8.0，分装后，121℃高压灭菌 15min 备用。

（3）产气荚膜梭菌选择性培养基（TSC 琼脂） 胰蛋白胨 15g、大豆蛋白胨 5g、酵母浸膏 5g、无水亚硫酸钠 1g、柠檬酸铁铵 1g、琼脂 20g，加蒸馏水至 1000mL。

将各成分溶于蒸馏水中，调节 pH 至 7.6，121℃高压灭菌 10min，冷却至 50℃左右，加入 Fluorocult® TSC 添加剂（MerCK 公司），混匀后倾注平板。

（4）双歧杆菌选择性培养基（BBL 琼脂） 蛋白胨 15.0g、酵母粉 2.0g、葡萄糖 20.0g、可溶性淀粉 0.5g、氯化钠 5.0g、50g/L 半胱氨酸 10.0mL、番茄浸出液 400.0mL、吐温-80 1.0mL、肝提取液 80.0mL、琼脂 20.0g，加蒸馏水至 1000mL。

番茄浸出液的制备：将新鲜番茄洗净称重后切碎，加等量蒸馏水在 100℃水浴中加热，时时搅拌，约 90min，然后用绒布过滤，校正 pH 7.0，分装三角瓶，115℃高压灭菌 15~20min。

肝提取液的制备：称取新鲜猪肝 1000g，切成小块或绞碎，加蒸馏水至 2000mL，混匀，置冰箱中过夜。第 2 天煮沸 15~20min，绒布过滤，并挤压收集全部滤液，加水补足原量。分装三角瓶，115℃高压灭菌 15~20min。

将上述成分配制，校正 pH 7.0，分装三角瓶，115℃高压灭菌 15~20min。

（5）乳杆菌选择性培养基（LBs 琼脂） 蛋白胨 10g、牛肉膏 10g、酵母粉 2g、葡萄糖 20g、吐温-80 1mL、磷酸氢二钾 2g、乙酸钠 5g、柠檬酸三铵 2g、硫酸镁 0.2g、硫酸锰 0.05g、琼脂 25g，加蒸馏水至 1000mL。

将上述成分溶解于蒸馏水中，校正 pH 6.0~6.5，分装于烧瓶内，115℃高压灭菌 15~20min 备用。

（6）稀释液 5g/L L-半胱氨酸 0.5mL、吐温 80 1.0mL、酵母粉 0.5g，加蒸馏水至 1000mL。调 pH 至 7.0~7.2，115℃高压灭菌 20min 备用。

三、实验方法

（1）取样和稀释 在给予受试物之前，无菌采取小鼠粪便 0.1g，用稀释液稀释至 10^{-2}，充分振荡混匀，再依 10 倍系列稀释，选择合适的稀释度分别接种在各培养基上培养。

最后一次给予受试物 24h 后，与实验前同样方式取直肠粪便，检测肠道菌群。

（2）肠道菌群检验用培养基、培养和鉴定，如表 3-16 所示。

表 3-16　　　　　　　　　　　　肠道菌群的培养与鉴定

菌名	培养基	培养条件	鉴定方法
肠杆菌	伊红亚甲蓝琼脂培养基	(36±1)℃，24h	计数发酵乳糖、染色镜检为 G⁻杆菌的所有菌落
肠球菌	叠氮钠-结晶紫-七叶苷琼脂	(36±1)℃，48h	计数有明显褐色圈、染色镜检为 G⁺球菌的所有菌落
乳杆菌	乳杆菌选择性培养基（LBs 琼脂）	(36±1)℃，48h	G⁺无芽孢杆菌、过氧化氢酶阴性

续表

菌名	培养基	培养条件	鉴定方法
双歧杆菌	双歧杆菌琼脂培养基	厌氧培养 (36±1)℃，48h	双歧杆菌检验
产气荚膜梭菌	胰胨-亚硫酸盐-环丝氨酸琼脂基础（TSC）	厌氧培养 (36±1)℃，24h	计数所有在紫外光下有荧光的黑色菌落

四、菌落计算

计算出每克湿便中的菌落数（cfu/g），除产气荚膜梭菌外，均取对数进行统计处理。

内容四　辅助保护胃黏膜功能实验

一、实验原理

用对胃黏膜有损伤作用的物质造成急性胃黏膜损伤模型或慢性胃溃疡模型，观察不同剂量的受试样品对胃黏膜的损伤程度或胃溃疡的面积和体积的影响，反映受试物对胃黏膜的保护作用。

二、仪器与试剂

1. 仪器

解剖器械、电子天平、游标卡尺、体视解剖显微镜、病理制片系统、生物显微镜、带标尺的解剖镜、微量注射器等。

2. 试剂

甲醛、酒精、消炎痛、冰醋酸、半胱氨酸、巴比妥钠。

三、实验方法

（1）急性胃黏膜损伤——酒精模型

①动物按体重随机分正常对照组、模型对照组和三个受试物剂量组。各剂量组灌胃受试物30d后，全部动物严格禁食24h（不禁水），此期间亦禁止给予受试物。除空白对照组外，所有实验组动物给予无水乙醇1.0mL/只，1h后处死动物，暴露完整胃，结扎幽门，灌注适量10%甲醛溶液，固定20min，然后沿胃大弯剪开，洗净胃内容物，展开胃黏膜，在体视解剖显微镜下或肉眼观察下，用游标卡尺测量出血点或出血带的长度和宽度。因宽度所代表损伤的严重性远较长度大，故双倍积分。其评分标准见表3-17。

表3-17　　　　　　　急性酒精损伤肉眼观察评分标准

损伤程度	1分	2分	3分	4分
出血点	1个	—	—	—
出血带长度	1~5mm	6~10mm	10~15mm	>15mm
出血带宽度	1~2mm	>2mm		
总积分 = 出血点分值+长度分值+（宽度分值×2）				

②观察指标：胃黏膜损伤程度以损伤发生率、损伤总积分和损伤抑制率表示。

损伤总积分：胃出血或溃疡损伤评分的总和。

$$损伤发生率（\%）= 某组出现出血或溃疡的大鼠数量/该组大鼠数量×100\% \quad (3-35)$$

$$损伤抑制率（\%）= (A - B)/A × 100\% \quad (3-36)$$

式中　A、B——模型对照组与试验组的损伤积分。

③病理组织学观察及评分：大体检查完毕，将每只动物胃黏膜损伤最严重的部位切下，固定于10%（体积分数）甲醛溶液，常规制片，HE染色，镜下观察。注意选择胃黏膜正横切面，包括黏膜全层的区域观察。

评分方法：以充血、出血、黏膜细胞变性坏死在整个黏膜上皮层的累及程度分为5级。充血权重为1，出血权重为2，上皮细胞变性坏死权重为3，评分标准及病变总积分公式如表3-18所示。

表3-18　　　　　　　　　　　急性胃黏膜损伤镜下评分标准

病变	1分	2分	3分	4分	5分
充血	< 1/5	1/5~2/5	2/5~3/5	3/5~4/5	上皮全层
出血	< 1/5	1/5~2/5	2/5~3/5	3/5~4/5	上皮全层
上皮细胞变性坏死	< 1/5	1/5~2/5	2/5~3/5	3/5~4/5	上皮全层
病变总积分 = 充血积分+出血积分×2+上皮细胞变性坏死积分×3					

（2）急性胃黏膜损伤——消炎痛模型

①动物随机分正常对照组、模型对照组和三个受试物剂量组，灌胃给予动物受试物30d后，禁食不禁水24h，模型对照组和各剂量组给予消炎痛40mg/kg一次性腹腔注射。5h后处死动物，剖腹将胃取出，结扎幽门和贲门，从十二指肠与幽门部结合处注入10%甲醛溶液5mL，固定20min后，沿胃大弯剪开，洗净胃内容物，展开胃黏膜，用纸吸干，观察胃黏膜损伤程度。用游标卡尺测量胃出血或溃疡的最大长度及宽度，以出血或溃疡的最大长宽径作为损伤指标评分。消炎痛所致胃黏膜损伤的溃疡一般较小，肉眼观察以点状多见，其评分标准见表3-19。

表3-19　　　　　　　　　　　急性胃黏膜损伤消炎痛模型评分标准

损伤形态	1分	2分	3分	4分
出血点	1个	—	—	
出血带长度	1~2mm	2~4mm	4~6mm	>6mm
出血带宽度	1~2mm	>2mm		
总积分 = 出血点分值+长度分值+（宽度分值×2）				

注：长度和宽度均以最大径计。

②观察指标：胃黏膜损伤程度以损伤发生率、损伤总积分和损伤抑制率表示。

损伤总积分：胃出血或溃疡损伤评分的总和。

$$损伤发生率(\%) = 某组出现出血或溃疡的大鼠数量 / 该组大鼠数量 \times 100\% \qquad (3-37)$$

$$损伤抑制率(\%) = (A - B)/A \times 100\% \qquad (3-38)$$

式中　A、B——模型对照组与试验组的损伤积分。

③病理组织学观察及评分：同"急性胃黏膜损伤——酒精模型"。

（3）慢性胃溃疡模型

①醋酸注射法：将动物禁食不禁水 24h，乙醚或 10g/L 巴比妥钠麻醉后实施剖腹手术，消毒腹部，于剑突下切开腹腔，将胃轻拉出腹腔外，用微量注射器于胃幽门处浆膜下注射 20～30μL 的 30%（体积分数）冰醋酸，缝合切口，术后正常喂食和水。第 2 天将手术后状态良好的动物按体重随机分为模型对照组和三个受试物剂量组。各剂量组按相应剂量灌胃，连续 14d。模型对照组灌胃受试物溶剂。禁食 24h 后处死，取出整个胃浸泡于 10%（体积分数）的甲醛内，浸泡 20min 后沿胃大弯剪开，洗净内容物，取腺胃区展开平铺于玻璃板上，用纸吸干溃疡内的水分，测量其面积和体积。

溃疡面积和体积测量：于带标尺的解剖显微镜下计数溃疡所占的方格数，换算成面积。然后用微量注射器将有色墨水注入溃疡内，将溃疡填满与周边平齐，读取微量注射器上刻度即为溃疡的体积。

②冰醋酸浸渍法：将动物禁食不禁水 24h，乙醚或 10g/L 巴比妥钠麻醉后实施剖腹手术，消毒腹部，于剑突下切开腹腔，将内径 5mm、长 30mm 的玻璃管垂直放置胃体部黏膜上，向管腔加入冰醋酸 0.2mL，1.5min 后用棉签蘸出冰醋酸，缝合手术切口，术后正常喂食和水，第 2 天将手术后状态良好的动物按体重随机分组、给药，动物处置和测量等操作同醋酸注射法。

四、注意事项

动物禁食中应严格控制动物禁食期间食粪便、皮毛、垫料等。

结果评价

（1）小肠运动实验结果评价　在模型成立的前提下，受试物剂量组小鼠的墨汁推进率显著高于模型对照组的墨汁推进率时，可判定该项实验结果为阳性。

（2）排便时间、排便粒数和排便重量结果评价　在模型成立的前提下：①受试物组小鼠的排便时间明显短于模型对照组，可判定该项指标为阳性；②受试物组小鼠 5h 或 6h 内排便粒数明显高于模型对照组，可判定该项指标为阳性；③受试物组小鼠 5h 或 6h 内排便重量明显高于模型对照组，可判定该项指标为阳性。

（3）有助于润肠通便功能评价　5h 或 6h 内排便重量和排便粒数任一项结果呈阳性，同时小肠推进实验和排便时间任一项结果呈阳性，可判定受试物具有润肠通便作用。

（4）有助于调节肠道菌群功能评价　比较实验前后自身及组间双歧杆菌、乳杆菌、肠球菌、肠杆菌、产气荚膜梭菌的变化情况，实验组实验前后自身比较差异有显著性，或实验后实验组与对照组组间比较差异有显著性、且实验组实验前后自身比较差异有显著性，符合以下一项，可以判定该受试物动物实验结果呈阳性，①粪便中双歧杆菌和/或乳杆菌明显增加，产气荚膜梭菌减少或不增加，肠杆菌、肠球菌无明显变化；②粪便中双歧杆菌和/或乳杆菌明显增加，产气荚膜梭菌减少或不增加，肠杆菌和/或肠球菌明显增加，但增加的幅度低于双歧杆菌/乳杆菌增加的幅度。

（5）辅助保护胃黏膜功能评价　与模型对照组比较，一个或一个以上剂量受试物组的胃黏膜损伤总积分和病理组织学检查病变总积分结果均表明急性胃黏膜损伤明显改善，或溃疡面积和体积结果均表明胃溃疡损伤明显减小，可判定该受试物对胃黏膜有辅助保护功能动物实验结果为阳性。

 课程思政点

1965 年 9 月 17 日，中国科研团队在世界上第一次人工全合成了与天然牛胰岛素分子化学结构相同并具有完整生物活性的胰岛素蛋白。在有助于维持血糖健康水平功能评价项目中，重温这一段中国科技发展史，学习老一辈科学家无私奉献、严谨求实、协同创新的科学精神和艰苦奋斗、追求卓越、敢为人先的民族气概，树立正确的价值观，增强责任感和使命感。

思考题

扫一扫
思考题答案

1. 概述功能食品功效评价实验的基本流程。

2. 测定血清 LDL-C、HDL-C 含量有何临床意义？讨论沉淀测定法的实验原理及操作关键步骤。

3. 掌握 GOD-POD 法测定血糖的实验原理及反应特异性步骤。若血清样品溶血，血糖检测值是否受影响？为什么？

4. 减肥功能评价实验中，为何既要考虑各组实验动物的摄食量，也要考虑摄入的总能量？二者与动物体重/体重增量、体脂肪量/体脂肪增量有何关系？

5. 小鼠游泳耐力实验中，水温控制是否对实验结果有较大影响？对于血乳酸、肝糖原两项指标，从血液、肝脏样本的采集、处理到测定环节，涉及哪些关键步骤？

6. 哪些方式可以制备免疫低下动物模型以评价功能食品是否具有增强免疫作用？常用哪些试剂进行化学造模？讨论炭廓清实验、足趾肿胀实验、半数溶血实验的理论基础及操作关键步骤。

7. 氧化损伤对生物大分子有何影响？讨论抗氧化酶 SOD、GSH-Px 的生物学作用、食物中常见的抗氧化成分。

8. 讨论肠道菌群对机体健康的重要性、便秘对健康的危害、改善便秘的膳食干预策略。

9. 小肠运动实验在评价功能食品改善便秘作用中的意义。

参考文献

［1］陈文 . 功能食品教程［M］. 2 版 . 北京：中国轻工业出版社，2018.

［2］高芃，钱嘉林，刘长喜，等 . 环磷酰胺对小鼠免疫抑制的动物模型建立［J］. 环境与职业医学，2004，21（4）：314-318.

［3］郭俊霞，陈文 . 保健食品功能评价实验教程［M］. 北京：中国质检出版社/中国标准出版社，2018.

［4］国家市场监督管理总局 . 保健食品功能检验与评价方法（2022 年版）［Z］. 2022.

［5］吕颖坚，黄俊明，蔡玟，等 . 氢化可的松对小鼠免疫功能低下模型的建立及其验证［J］. 毒理学杂志，2013，27（3）：194-196.

［6］杨颖，蔡玟，黄志彪，等 . 环磷酰胺致小鼠免疫功能低下模型建立与评价［J］. 中国公共卫生，2008，24（5）：581-583.

第四章

功能食品的安全性评价实验

毒理学安全性评价是功能食品必须要做的实验，也是在应用人体之前必须掌握的基本资料。功能食品在生产、加工、保藏、运输和销售过程中所涉及的可能对健康造成危害的化学、生物和物理因素都应该进行安全性评价。检验对象包括食品及其原料、食品添加剂、新食品原料、辐照食品、食品相关产品（用于食品的包装材料、容器、洗涤剂、消毒剂和用于食品生产经营的工具、设备）以及食品污染物。

检验前应提供受试物的名称、批号、含量、保存条件、原料来源、生产工艺、质量规格标准、性状、人体推荐（可能）摄入量等有关资料。对于单一成分的物质，应提供受试物（必要时包括其杂质）的物理、化学性质（包括化学结构、纯度、稳定性等），对于混合物（包括配方产品），应提供受试物的组成，必要时应提供受试物各组成成分的物理、化学性质（包括化学名称、化学结构、纯度、稳定性、溶解度等）有关资料。若受试物是配方产品，应是规格化产品，其组成成分、比例及纯度应与实际应用的相同。若受试物是酶制剂，应该使用在加入其他复配成分以前的产品作为受试物。

一、受试物的选择

不同受试物可以选择相应的实验进行安全性评价，按照《食品安全国家标准 食品安全性毒理学评价程序》（GB 15193.1—2014），对不同受试物选择毒性实验的原则如下所述。

凡属我国首创的物质，特别是化学结构提示有潜在慢性毒性、遗传毒性或致癌性或该受试物产量大、使用范围广、人体摄入量大，应进行系统的毒性实验，包括急性经口毒性实验、遗传毒性实验、90d 经口毒性实验、致畸实验、生殖发育毒性实验、毒物动力学实验、慢性毒性实验和致癌实验（或慢性毒性和致癌合并实验）。

凡属与已知物质（指经过安全性评价并允许使用者）的化学结构基本相同的衍生物或类似物，或在部分国家和地区有安全食用历史的物质，则可先进行急性经口毒性实验、遗传毒性实验、90d 经口毒性实验和致畸实验，根据实验结果判定是否需进行毒物动力学实验、生殖毒性实验、慢性毒性实验和致癌实验等。

凡属已知的或在多个国家有食用历史的物质，同时申请单位又有资料证明申报受试物的质量规格与国外产品一致的，则可先进行急性经口毒性实验、遗传毒性实验和28d 经口毒性实验，根据实验结果判断是否可进行进一步的毒性实验。

在对于食品添加剂、新食品原料、食品相关产品、农药残留和兽药残留的安全性毒理学评价实验的选择时：凡属世界卫生组织（WHO）已建议批准使用或已制定日容许摄入量者，以及香料生产者协会（FATHA）、欧洲理事会（COE）和国际香料工业组织（IOFI）四个国际组织中的两个或两个以上允许使用的，一般不需要进行实验。凡属资料不全或只有一个国际组织批准的先进行急性毒性实验和遗传毒性实验组合中的一项者，经初步评价后，再决定是否需进行进一步实验。凡属尚无资料可查、国际组织未允许使用的，先进行急性毒性实验、遗传毒性实验和28d经口毒性实验，经初步评价后，决定是否需要进行进一步实验。凡属用动、植物可食部分提取的单一高纯度天然香料，如其化学结构及有关资料并未提示具有不安全性的，一般不要求进行毒性实验。

对于酶制剂：由具有长期安全食用历史的传统动物和植物可食部分生产的酶制剂，WHO已公布日容许摄入量或不需规定日容许摄入量者或多个国家批准使用的，在提供相关证明材料的基础上，一般不要求进行毒理学实验。对于其他来源的酶制剂，凡属毒理学资料比较完整的，WHO已公布日容许摄入量或不需规定日容许摄入量者或多个国家批准使用，如果质量规格与国际质量规格标准一致，则要求进行急性经口毒性实验和遗传毒性实验。如果质量规格标准不一致，则需增加28d经口毒性实验，根据实验结果考虑是否进行其他相关毒理学实验。对其他来源的酶制剂，凡属新品种的，需要先进行急性经口毒性实验、遗传毒性实验、90d经口毒性实验和致畸实验，经初步评价后，决定是否需进行进一步实验。凡属一个国家批准使用，WHO未公布日容许摄入量或资料不完整的，进行急性经口毒性实验、遗传毒性实验和28d经口毒性实验，根据实验结果判定是否需要进一步的实验。通过转基因方法生产的酶制剂，按照国家对转基因管理的有关规定执行。

对于其他食品添加剂：凡属毒理学资料比较完整，WHO已公布日容许摄入量或不需规定日容许摄入量者或多个国家批准使用，如果质量规格与国际质量规格标准一致，则要求进行急性经口毒性实验和遗传毒性实验。如果质量规格标准不一致，则需增加28d经口毒性实验，根据实验结果考虑是否进行其他相关毒理学实验。凡属一个国家批准使用，WHO未公布日容许摄入量或资料不完整的，则可先进行急性经口毒性实验、遗传毒性实验、28d经口毒性实验和致畸实验，根据实验结果判定是否需要进一步的实验。对于由动、植物或微生物制取的单一组分、高纯度的食品添加剂，凡属新品种的，需要先进行急性经口毒性实验、遗传毒性实验、90d经口毒性实验和致畸实验，经初步评价后，再决定是否需要进行进一步实验。凡属国外有一个国际组织或国家已批准使用的，则应进行急性经口毒性实验、遗传毒性实验和28d经口毒性实验，经初步评价后，再决定是否需要进行进一步实验。

二、毒理学的筛选评价实验内容及其目的

完整的毒理学的筛选评价实验一般包括以下实验，可以根据不同受试物适当选择。具体见表4-1。

表4-1　　　　　　　　　　完整的毒理学的筛选评价实验及其目的

评价内容	目的
急性毒性实验	了解受试物的急性毒性强度、性质和可能的靶器官，测定LD_{50}，为进一步进行毒性实验的剂量和毒性观察指标的选择提供依据，并根据LD_{50}进行急性毒性剂量分级

续表

评价内容	目的
遗传毒性实验 **组合一：**细菌回复突变实验；哺乳动物红细胞微核实验或哺乳动物骨髓细胞染色体畸变实验；小鼠精原细胞或精母细胞染色体畸变实验或啮齿类动物显性致死实验。 **组合二：**细菌回复突变实验；哺乳动物红细胞微核实验或哺乳动物骨髓细胞染色体畸变实验；体外哺乳类细胞染色体畸变实验或体外哺乳类细胞 *TK* 基因突变实验。 **其他备选遗传毒性实验：**果蝇伴性隐性致死实验、体外哺乳类细胞脱氧核糖核酸（DNA）损伤修复（非程序性 DNA 合成）实验、体外哺乳类细胞 HGPRT 基因突变实验	了解受试物的遗传毒性以及筛查受试物的潜在致癌作用和细胞致突变性
28d 经口毒性实验	在急性毒性实验的基础上，进一步了解受试物毒作用性质、剂量反应关系和可能的靶器官，得到 28d 经口未观察到有害作用剂量，初步评价受试物的安全性，并为下一步较长期毒性和慢性毒性实验剂量、观察指标、毒性终点的选择提供依据
90d 经口毒性实验	观察受试物以不同剂量水平经较长期喂养后对实验动物的毒作用性质、剂量反应关系和靶器官，得到 90d 经口未观察到有害作用剂量，为慢性毒性实验剂量选择和初步制定人群安全接触限量标准提供科学依据
致畸实验	了解受试物是否具有致畸作用和发育毒性，并可得到致畸作用和发育毒性的未观察到有害作用剂量
生殖毒性实验和生殖发育毒性实验	了解受试物对实验动物繁殖及对子代的发育毒性，如性腺功能、发情周期、交配行为、妊娠、分娩、哺乳和断乳以及子代的生长发育等。得到受试物的未观察到有损害作用剂量（NOAEL），为初步制定人群安全接触限量标准提供科学依据
毒物动力学实验	了解受试物在体内的吸收、分布和排泄速度等相关信息；为选择慢性毒性实验的合适实验动物种（species）、系（strain）提供依据；了解代谢产物的形成情况
慢性毒性实验和致癌实验	了解经长期接触受试物后出现的毒性作用以及致癌作用；确定未观察到有害作用剂量，为受试物能否应用于食品的最终评价和制定健康指导值提供依据

三、各项毒理学实验结果的判定

（1）**急性毒性实验** 如 LD_{50} 小于人的推荐（可能）摄入量的 100 倍，则一般应放弃该受试物用于食品，不再继续进行其他毒理学实验。

（2）**遗传毒性实验** 如遗传毒性实验组合中两项或以上实验阳性，则表示该受试物很可能具有遗传毒性和致癌作用，一般应放弃该受试物应用于食品；如遗传毒性实验组合中一项实验为阳性，则再选两项备选实验（至少一项为体内实验）。如再选的实验均为阴性，则可继续进行下一步的毒性实验；如其中有一项实验为阳性，则应放弃该受试物应用于食品。如三项实验均为阴性，则可继续进行下一步的毒性实验。

（3）28d 经口毒性实验　对只需要进行急性毒性、遗传毒性和 28d 经口毒性实验的受试物，若实验未发现有明显毒性作用，综合其他各项实验结果可做出初步评价；若实验中发现有明显毒性作用，尤其是有剂量-反应关系时，则考虑进行进一步的毒性实验。

（4）90d 经口毒性实验　根据实验所得的未观察到有害作用剂量进行评价，原则是：

①未观察到有害作用剂量小于或等于人体的推荐（可能）摄入量的 100 倍表示毒性较强，应放弃该受试物用于食品。

②未观察到有害作用剂量大于 100 倍而小于 300 倍者，应进行慢性毒性实验。

③未观察到有害作用剂量大于或等于 300 倍者则不必进行慢性毒性实验，可进行安全性评价。

（5）致畸实验　根据实验结果评价受试物是不是实验动物的致畸物。若致畸实验结果呈阳性则不再继续进行生殖毒性实验和生殖发育毒性实验。在致畸实验中观察到的其他发育毒性，应结合 28d 和（或）90d 经口毒性实验结果进行评价。

（6）生殖毒性实验和生殖发育毒性实验　根据实验所得的未观察到有害作用剂量进行评价，原则是：

①未观察到有害作用剂量小于或等于人体的推荐（可能）摄入量的 100 倍表示毒性较强，应放弃该受试物用于食品。

②未观察到有害作用剂量大于 100 倍而小于 300 倍者，应进行慢性毒性实验。

③未观察到有害作用剂量大于或等于 300 倍者则不必进行慢性毒性实验，可进行安全性评价。

（7）毒物动力学实验　尽量使用与人体具有相同毒物动力学或代谢模式的动物种系进行实验。剂量应至少设置两个水平，否则需要说明原因，并确保该剂量理论上应使受试物或受试物的代谢产物足以在排泄物中测出，并不产生明显的毒性。根据实验结果，应客观描述受试物进入机体的途径、吸收速率和程度，受试物及其代谢产物在脏器、组织和体液中的分布特征，生物转化的速率和程度，主要代谢产物的生物转化通路，排泄的途径、速率和能力，受试物及其代谢产物在体内蓄积的可能性、程度和持续时间等参数。

（8）慢性毒性和致癌实验

①根据慢性毒性实验所得的未观察到有害作用剂量进行评价，原则是：

a. 未观察到有害作用剂量小于或等于人体的推荐（可能）摄入量的 50 倍者，表示毒性较强，应放弃该试物用于食品。

b. 未观察到有害作用剂量大于 50 倍而小于 100 倍者，经安全性评价后，决定该受试物可否用于食品。

c. 未观察到有害作用剂量大于或等于 100 倍者，则可考虑允许使用于食品。

②根据致癌实验所得的肿瘤发生率、潜伏期和多发性等进行致癌实验结果判定的原则是（凡符合下列情况之一，可认为致癌实验结果呈阳性。若存在剂量反应关系，则判断阳

性更可靠）：

a. 肿瘤只发生在实验组动物，对照组中无肿瘤发生。

b. 实验组与对照组动物均发生肿瘤，但实验组发生率高。

c. 实验组动物中多发性肿瘤明显，对照组中无多发性肿瘤，或只是少数动物有多发性肿瘤。

d. 实验组与对照组动物肿瘤发生率虽无明显差异，但实验组中发生时间较早。

其他若受试物掺入饲料的最大加入量（原则上最高不超过饲料的 10%）或液体受试物经浓缩后仍达不到未观察到有害作用剂量为人的推荐（可能）摄入量的规定倍数时，可综合其他的毒性实验结果和实际食用或饮用量进行安全性评价。

在各毒理学实验结果判定时，确定各种毒性参数和安全限值可参考图 4-1。

图 4-1　各种毒性参数和安全限值的剂量轴

注：LD_0：最大非致死剂量，也可标记为 MNLD；LD_{50}：半数致死剂量；LD_{100}：绝对致死剂量；LD_{01}：最小致死剂量，也可标记为 MLD；LOAEL：最小可见损害作用剂量；NOAEL：未观察到有损害作用剂量。

四、进行食品安全性评价时需要考虑的因素

1. 实验指标的统计学意义、生物学意义和毒理学意义

对实验中某些指标的异常改变，应根据实验组与对照组指标是否有统计学差异、其有无剂量-反应关系、同类指标横向比较、两种性别的一致性及与本实验室的历史性对照值范围等，综合考虑指标差异有无生物学意义，并进一步判断是否具毒理学意义。此外，如在受试物组发现某种在对照组没有发生的肿瘤，即使与对照组比较无统计学意义，仍要给予关注。

2. 人的推荐（可能）摄入量较大的受试物

应考虑给予受试物量过大时，可能影响营养素摄入量及其生物利用率，从而导致某些毒理学表现，而非受试物的毒性作用所致。

3. 时间-毒性效应关系

对由受试物引起实验动物的毒性效应进行分析评价时，要考虑在同一剂量水平下毒性效应随时间的变化情况。

4. 特殊人群和易感人群

对孕妇、乳母或儿童食用的食品，应特别注意其胚胎毒性或生殖发育毒性、神经毒性和免疫毒性等。

5. 人群资料

由于存在着动物与人之间的物种差异，在评价食品的安全性时，应尽可能收集人群接触受试物后的反应资料，如职业性接触和意外事故接触等。在确保安全的条件下，可以考

虑遵照有关规定进行人体试食试验，并且志愿受试者的毒物动力学或代谢资料对于将动物实验结果推论到人具有很重要的意义。

6. 动物毒性实验和体外实验资料

本标准所列的各项动物毒性实验和体外实验系统是目前管理（法规）毒理学评价水平下所得到的最重要的资料，也是进行安全性评价的主要依据，在实验得到阳性结果，而且结果的判定涉及到受试物能否应用于食品时，需要考虑结果的再现性和剂量反应关系。

7. 不确定系数

不确定系数即安全系数。将动物毒性实验结果外推到人时，鉴于动物与人的物种和个体之间的生物学差异，不确定系数通常为100，但可根据受试物的原料来源、理化性质、毒性大小、代谢特点、蓄积性、接触的人群范围、食品中的使用量和人的可能摄入量、使用范围及功能等因素来综合考虑其安全系数的大小。

8. 毒物动力学实验的资料

毒物动力学实验是对化学物质进行毒理学评价的一个重要方面，因为不同化学物质、剂量大小，在毒物动力学或代谢方面的差别往往对毒性作用影响很大。在毒性实验中，原则上应尽量使用与人具有相同毒物动力学或代谢模式的动物种系来进行实验。研究受试物在实验动物和人体内吸收、分布、排泄和生物转化方面的差别，对于将动物实验结果外推到人和降低不确定性具有重要意义。

9. 综合评价

在进行综合评价时，应全面考虑受试物的理化性质、结构、毒性大小、代谢特点、蓄积性、接触的人群范围、食品中的使用量与使用范围、人的推荐（可能）摄入量等因素，对于已在食品中应用了相当长时间的物质，对接触人群进行流行病学调查具有重大意义，但往往难以获得剂量-反应关系方面的可靠资料；对于新的受试物质，则只能依靠动物实验和其他实验研究资料。然而，即使有了完整和详尽的动物实验资料和一部分人类接触的流行病学研究资料，由于人类的种族和个体差异，也很难做出能保证每个人都安全的评价。所谓绝对的食品安全实际上是不存在的。在受试物可能对人体健康造成的危害以及其可能的有益作用之间进行权衡，以食用安全为前提，安全性评价的依据不仅仅是安全性毒理学实验的结果，而且与当时的科学水平、技术条件以及社会经济、文化因素有关。因此，随着时间的推移，社会经济的发展，科学技术的进步，有必要对已通过评价的受试物进行重新评价。

实验一　毒物动力学实验

毒物代谢动力学，简称毒代动力学，毒理学的分支，由"药物动力学"一词派生而来，是研究受试物在体内吸收、分布、生物转化和排泄等过程随时间变化的动态特性，即研究毒物在体内的量变规律的一门学科。常应用多种房室模型系数、数学运算模式、计算多种毒物动力学参数，得以了解毒物到达机体、持留时间、浓度及其在可能的作用部位产生何种机制，为其安全性评价、了解毒理作用和机制提供重要的资料。

吸收是指受试物从给予部位通常是机体的外表面或内表面的生物膜转运至血循环的过

程。分布是指受试物通过吸收进入血液和体液后在体内循环和分配的过程。代谢是指受试物在体内经酶促或非酶促反应，结构发生改变的过程。排泄是指受试物和（或）其代谢物从身体被清除的过程。生物利用度是指受试物被机体吸收利用的程度。速率过程是指经毒物动力学过程受试物的量在单位时间内的变化率，一般用单位时间过程进行的变化量表示过程的速率。毒物动力学的速率过程包括零级、一级和非线性 3 种类型。

在这个实验中会得到一系列重要的基础资料：如浓度−时间曲线，是指以给予受试物后时间为横坐标，以受试物的血液浓度为纵坐标所作的算术坐标图，反映受试物在体内的处置状态、受试物含量的经时变化和速率，该曲线下的面积反映了进入体循环的受试物含量。表观分布容积是指当体内受试物分布达动态平衡后，假设体内流体中的受试物浓度均一地与血浆中的受试物浓度一样，这样溶解体内受试物量所需的流体容积就是表观分布容积。它以体内受试物量与血浆受试物浓度的比值表示。还会得到机体总清除率受试物通过代谢和（或）排泄的方式从体内清除的速度，即单位时间内受试物从体内清除的表观分布容积的分数。消除半衰期，是指体内血中受试物浓度下降一半所需要的时间，它是表示受试物消除速率的参数。峰浓度是指受试物给予后，受试动物血中能够达到的最大浓度。峰时间是指受试物给予后达到最大血药浓度的时间。

一、实验原理

对一组或几组实验动物分别通过适当的途径一次或在规定的时间内多次给予受试物。然后测定体液、脏器、组织、排泄物中受试物和（或）其代谢产物的量或浓度的经时变化。进而求出有关的毒物动力学参数，探讨其毒理学意义。

二、实验材料

1. 仪器

根据实验需要，配备紫外分光光度计、荧光分光光度计、薄层层析仪、气相色谱仪、高效液相色谱仪、气−质联用仪或液−质联用仪等设备。

2. 试剂

实验室常用试剂均为分析纯；如果用于液相和气相，需要色谱纯。

3. 实验动物

一般首选大鼠，周龄一般为 6~12 周，但若有证据证明其代谢途径与人类接近，应选择相应的动物。一般应选用年轻、健康的成年动物。实验开始时动物体重的差异不应超过平均体重的±20%。选择其他动物应说明其理由。对实验动物的性别不作特殊规定，一般情况下，雌性动物应选用未产过仔和非妊娠的；每一实验组不应少于 5 只动物。实验前动物在实验动物房至少应进行 3~5d 环境适应和检疫观察。实验动物饲养条件、饮用水、饲料应符合国家标准和有关规定。

三、实验方法

（一）受试物

需要获取受试物的名称、CAS 号、批号、来源、纯度、性状、理化性质、储存条件及配制方法等有关资料。

（二）剂量设置

实验中至少需要选用两个剂量水平，每个剂量水平应使其受试物或受试物的代谢产物足以在排泄物中测出。剂量设置时应充分考虑现有的毒理学资料所提供的信息。如果缺乏相应的毒理学资料，则高剂量水平应低于 LD_{50}，或低于急性毒性剂量范围的较低值。低剂量水平应该是高剂量水平的一部分。

如果实验中仅设置一个剂量水平，该剂量理论上应使其受试物或受试物的代谢产物足以在排泄物中测出，并不产生明显的毒性，同时应提供合理的理由说明不设置两个剂量水平的原因。

（三）实验步骤

1. 受试物的准备

受试物的纯度不应低于98%。实验可采用"未标记的"或"标记"受试物。如果使用放射性同位素标记的受试物，其放射化学纯度不应低于95%，且应将放射性同位素标记在受试物分子的骨架上或具有重要功能的基团上。

2. 受试物给予途径

当选用溶剂或其他介质时，受试物应充分溶解或均匀悬浮其中，所选溶剂或介质对受试物毒物动力学不产生任何影响。一般采用灌胃的途径，某些情况下还可以采用吞服胶囊、掺入饲料的方式给予受试物。

采用静脉注射给予受试物，应选择合适的注射部位和注射量给予受试物，所选溶剂或介质应不影响血液的完整性或血流量。

3. 生物样品分析方法的建立和确证

（1）由于生物样品一般来自全血、血清、血浆、尿液、器官或组织等，具有取样量少、受试物浓度低、干扰物质多以及个体差异大等特点，因此，必须根据受试物的结构、生物介质和预期的浓度范围，建立灵敏、特异、精确、可靠的生物样品定量分析方法，并对方法进行确证。

（2）生物样品分析方法

①色谱法：气相色谱法（GC）、高效液相色谱法（HPLC）、色谱质谱联用法［液相色谱-质谱法（LC-MS）、液相色谱-串联质谱法（LC-MS/MS）、气相色谱-质谱法（GC-MS）、气相色谱-串联质谱法（GC-MS/MS）］，生物样品分析一般首选色谱法。

②免疫学方法：放射免疫分析法、酶免疫分析法、荧光免疫分析法等。

③微生物学方法。

④同位素示踪法。

（3）对方法进行确证一般应进行以下几方面的考察

①特异性：必须证明待测物是预期的分析物，内源性物质和其他代谢物不得干扰样品的测定。对于色谱法至少要分析6个不同个体空白生物样品色谱图、空白生物样品外加对照物质色谱图及给予受试物后的生物样品色谱图。

②标准曲线与定量范围：根据待测物的浓度与响应的相关性，用回归分析方法（如用加权最小二乘法）获得标准曲线。标准曲线高低浓度范围为定量范围，在定量范围内浓度

测定结果应达到实验要求的精密度和准确度。

③精密度与准确度：要求选择 3 个不同浓度的质控样品同时进行方法的精密度和准确度的考察。低浓度选择在定量下限附近，其浓度在定量下限的 3 倍以内；高浓度接近于标准曲线的上限；中间选一个浓度。

④定量下限：定量下限是标准曲线上的最低浓度点，要求至少能满足测定 3~5 个消除半衰期时样品中的受试物浓度，或峰浓度的 1/10~1/20 时的受试物浓度，其准确度应在真实浓度的 80%~120% 内，批内和批间相对标准差应小于 20%。

⑤样品稳定性：根据具体情况，对含受试物的生物样品在室温、冰冻或冻融条件下以及不同存放时间进行稳定性考察，以确定生物样品的存放条件和时间。还应注意贮备液的稳定性以及样品处理后的溶液中分析物的稳定性。

⑥提取回收率：应考察高、中、低 3 个浓度的提取回收率，其结果应精密和可重现。

4. 观察指标

（1）血中受试物浓度-时间曲线

①受试动物数：动物给予受试物后选择 9~11 个不同的时间点采血，每个时间点的动物数不应少于 5 只。最好从同一动物个体多次取样。如由多只动物的数据共同构成一条血中受试物浓度时间曲线，应相应增加动物数，以反映个体差异对实验结果的影响。

②采样点：给予受试物前需要采血作为空白样品。为获得给予受试物后的一个完整的血中受试物浓度-时间曲线，采样时间点的设计应兼顾受试物的吸收相、分布相（峰浓度附近）和消除相。整个采样时间至少应持续到 3~5 个消除半衰期，或持续到血中受试物浓度为峰浓度的 1/10~1/20。

③毒物动力学参数：根据实验中测得的各受试动物的血中受试物浓度时间数据，求得受试物的主要毒物动力学参数。静脉注射给予受试物，应提供消除半衰期、表观分布容积、曲线下面积、机体总清除率等参数值；血管外给予受试物，除提供上述参数外，尚应提供峰浓度和峰时间等参数，以反映受试物吸收的规律。

④单次给予受试物：单次给予不同剂量的受试物（或其放射性同位素标记物）后，于不同时间测定血浆或全血中受试物浓度（或总放射活性强度），以提供各个受试动物的血中受试物浓度-时间数据和曲线及其平均值、标准差及其曲线；各个受试动物的主要毒物动力学参数及平均值、标准差。

⑤重复多次给予受试物：重复多次给予受试物，应结合单次实验进行，一般选取一个剂量多次给予受试物，至少提供 3 次稳态的受试物的谷浓度，达稳态后进行末次给予受试物实验。于不同时间测定血浆或全血中受试物浓度或总放射活性强度，与单次给予受试物相比，确定重复多次给予受试物时的毒物动力学特征。

（2）吸收　受试物吸收的程度和速率取决于受试物的给予途径。一般认为静脉注射给予受试物时母体化学物的瞬时吸收率计为 100%，经口给予受试物时应确定达峰浓度、达峰时间和曲线下面积。分析母体化学物浓度与时间变化曲线可以确定经口给予受试物的吸收常数。生物利用度为经口给予受试物的曲线下面积与静脉注射曲线下面积的比值。

（3）分布　选择合适的受试物剂量给予实验动物后，根据受试物的理化性质和毒性特点测定其在血液、心、肝、脾、肺、肾、胃肠道、生殖腺、脑、体脂、骨骼肌等组织的浓度，以了解受试物在体内的主要分布器官组织。特别关注受试物浓度高、蓄积时间长的组织和器官，以及在毒性靶器官的分布。参考血中受试物浓度时间曲线的变化趋势，选择至少 3 个时间点分别代表吸收相、分布相和消除相的受试物分布。若某组织的受试物浓度较高，应增加观测点，进一步研究该组织中受试物消除的情况。每个时间点，至少应有 5 个动物的数据。进行组织分布实验，应注意取样的代表性和一致性。

同位素标记物的组织分布实验，应提供标记受试物的放射化学纯度、标记率（比活性）、标记位置、给予受试物剂量等参数；提供放射性测定所采用的详细方法；提供采用放射性示踪生物学实验的详细过程，以及在生物样品测定时对放射性衰变所进行的校正方程等。在实验条件允许的情况下，尽可能提供给予受试物后不同时相的整体放射自显影图像。

（4）代谢　应采用适当的技术分析生物样本，以确定受试物的代谢途径和程度。应阐明代谢产物的结构。体外实验也有助于获取受试物代谢途径方面的信息。

（5）排泄　在排泄实验中，选定合适的剂量给予受试物后，按一定的时间间隔分段收集尿样、粪便、呼出气体，测定受试物浓度，计算受试物经此途径排泄的速率及排泄量。必要时，还应收集胆汁检测经此途径排泄的速率及排泄量。在给予受试物剂量至少 90% 已被消除，或在上述收集到的样品中已检测不到受试物，或检测时间长达 7d，可停止排泄物的收集。若呼出气中受试物和（或）代谢产物浓度≤1%，可停止对动物呼出气体的收集。记录受试物自粪、尿、呼出气等排泄的速率及总排泄量，提供受试物在动物体内的物质平衡的数据。

四、结果与评价

1. 数据处理

根据具体的实验类型，将数据汇总。选择科学合理的数据处理及统计学方法，并说明所用软件的名称、版本和来源。

2. 实验报告

实验报告应包含如下内容：原理、仪器和试剂、步骤、原始数据、计算结果、分析及讨论。

3. 结果评价

根据实验结果，对受试物进入机体的途径、吸收速率和程度，受试物及其代谢产物在脏器、组织和体液中的分布特征，生物转化的速率和程度，主要代谢产物的生物转化通路，排泄的途径、速率和能力，受试物及其代谢产物在体内蓄积的可能性、程度和持续时间做出评价。结合相关学科的知识对各种毒物动力学参数进行毒理学意义的评价。

实验二　经口急性毒性实验［亚硝酸钠的经口急性毒性实验（Horn 法）、亚硝酸钠的经口急性毒性实验（UDP 法）、市售功能食品经口急性毒性实验］

在功能食品及其原料的安全性评价中，无论是属我国首创的物质，还是与已知物质（指经过安全性评价并允许使用者）的化学结构基本相同的衍生物或类似物，或在部分国家和地区有安全食用历史的物质，还是已知的或在多个国家有食用历史的物质都需要进行急性毒性实验。急性毒性实验的目的是了解受试物的急性毒性强度、性质和可能的靶器官，测定 LD_{50}，为进一步进行毒性实验的剂量和毒性观察指标的选择提供依据，并根据 LD_{50} 进行急性毒性剂量分级。急性经口毒性实验是检测和评价功能食品及其他受试物毒性作用最基本的一项实验，是功能食品安全性评价必须要做的基本实验。

一般而言，急性毒性通常为毒理学研究的最初步的资料，包括经口、吸入、经皮和其他途径的急性毒性，研究急性毒性效应表现、剂量–反应关系、靶器官和可逆性。作为功能食品的安全性评价，通常是指经口途径的毒理学安全性评价，因此，本实验的设计均按照经口途径。所谓急性经口毒性是指一次或在 24h 内多次经口给予实验动物受试物后，动物在短期内出现的毒性效应。

通过急性毒性实验，可以得到一系列毒性参数，包括以下四种：

（1）绝对致死剂量（LD_{100}）或绝对致死浓度（LC_{100}）。

（2）半数致死剂量（LD_{50}）或半数致死浓度（LC_{50}）。

（3）最小致死剂量［MLD（LD_{01}）］或最小致死浓度［MLC（LC_{01}）］。

（4）最大非致死剂量［MNLD（LD_{0}）］或最大非致死浓度［MNLC（LC_{0}）］。

这四种参数均是以死亡为终点的外源性化合物毒性上限参数。

此外还可以得到急性毒性的下限参数，如急性毒性最小可见损害作用剂量（LOAEL）；急性毒性未观察到有损害作用剂量（NOAEL），这两个参数是以非死亡为终点的急性毒性参数。

因此，急性毒性实验可以分为两大类，一类是以死亡为终点，以检测受试物急性毒性上线参数为目的的实验，这类实验主要是求得或近似得到 LD_{50}。另一类急性毒性实验检测非致死性指标。在功能食品安全性评价实验中，对于食品添加剂和食品相关产品（用于食品的包装材料、洗涤剂、消毒剂）以及食品污染物的急性毒性评价，可以以死亡为终点的经典急性毒性实验进行，得到 LD_{50} 及其他参数。但是对于能用于食品的原料、食品、保健品等一般不会有很大毒性，无法获得 LD_{50}，可以以非死亡性指标为终点的急性毒性替代实验进行，如上下移动法或阶梯法、金字塔法、限量实验和急性系统性实验。一般而言，经典急性致死（LD_{50}）实验设计基本流程如图 4-2 所示，非死亡性指标为终点的急性毒性替代实验则是在此基础上适当调整的。本实验教程将分别列出经典急性毒性实验、上下移动法、限量实验和急性系统性实验，以供选择。

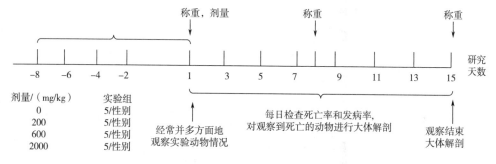

图 4-2　经典急性致死（LD_{50}）实验设计流程图

1927 年，J. W. Trevan（1887—1956）首次在 *The Error of Determination of Toxicity* 中引入了半数致死剂量（LD_{50}）来评价急性毒性，此后，该指标被广泛运用，成为评价急性毒性的主要指标之一。在功能食品安全性评价中，半数致死剂量（LD_{50}）指经口一次或 24h 内多次给予受试物后，能够引起动物死亡率为 50% 的受试物剂量，该剂量为经过统计得出的计算值。其单位是每千克体重所摄入受试物质的毫克数或克数，即 mg/kg（bw）或 g/kg（bw）。在功能食品安全性评价中，经口一次性或 24h 内多次给予受试物后，在短期内观察动物所产生的毒性反应，包括中毒体征和死亡，通常用 LD_{50} 来表示。该实验可提供在短期内经口接触受试物所产生的健康危害信息；作为急性毒性分级的依据；作为进一步毒性实验提供剂量选择和观察指标的依据；初步估测毒作用的靶器官和可能的毒作用机制。

LD_{50} 的测定方法很多，如霍恩法（Horn 法）、目测概率单位法、加权概率单位法（Bliss 法）、寇氏法（Karbor 法）及序贯法等，在功能食品评价国标中，一般推荐使用霍恩法（Horn 法）和寇氏法。

本部分分别设置了不同毒性级别的食品相关受试物的毒理学评价实验，并根据受试物毒性大小，分别采用不同的评价方法。

内容一　亚硝酸钠的经口急性毒性实验（Horn 法）

亚硝酸钠（$NaNO_2$），是亚硝酸根离子与钠离子化和生成的无机盐。亚硝酸钠易潮解，易溶于水和液氨，其水溶液呈碱性，其 pH 约为 9，微溶于乙醇、甲醇、乙醚等有机溶剂。亚硝酸钠是国家规定允许添加的食品添加剂。肉类制品加工中用作发色剂，可用于肉类罐头、肉类制品。在肉制品中对抑制微生物的增殖有一定作用（对肉毒梭状芽孢杆菌有特殊抑制作用），亚硝酸钠有一定毒性，含有工业盐的食品对人体危害很大，有致癌性。

小鼠经口半数致死剂量（LD_{50}）为 220mg/kg（bw），大鼠经口半数致死剂量（LD_{50}）为 85mg/kg（bw）。亚硝酸钠是食品添加剂中毒性较强的物质之一，单次摄入 0.2g 可致人死亡，亚硝酸钠进入血液后，可使正常的血红蛋白变成高铁血红蛋白而失去携带氧的功能，导致组织缺氧。急性中毒表现为全身无力、头痛、头晕、恶心、呕吐、腹泻、胸部紧迫感以及呼吸困难；检查见皮肤黏膜明显紫绀。严重者血压下降、昏迷、死亡。直接接触可使皮肤发生损害，还可以麻痹血管运动中枢、呼吸中枢及周围血管。另外，亚硝酸钠在体内能形成强致癌物亚硝胺。

因此，对亚硝酸钠的急性毒性评价的研究就非常有必要。DAI 为 $0\sim0.2$mg/kg。按《食品安全国家标准　食品添加剂使用标准》（GB 2760—2014）规定，其最大使用量为 0.15g/kg。残留量也有明确规定，肉类罐头 $\leqslant0.05$g/kg；肉制品 $\leqslant0.03$g/kg。

一、实验原理

霍恩法（Horn 法），又称平均移动法、剂量递增法，是利用剂量对数与死亡率（反应率）的转换数（即概率单位）呈直线关系而设计的方法。一般设置 4 个剂量组；每组动物数相等；每组 4 只或 5 只；设计剂量时可根据化学物致死剂量范围的宽窄应用两个剂量系列，其组距分别为 2.15 倍和 3.16 倍。根据每组动物数、组距和每组动物死亡数，即可从 Horn 表中查得 LD_{50}。及其 95% 可信限。

Horn 法优缺点：使用动物数少；可直接从 Horn 表查出 LD_{50} 及其 95% 可信限，不需计算，甚为简便。但 LD_{50} 的 95% 置信区间范围较大，方法精确度尚不够。

二、实验材料

1. 仪器

注射器（0.25、1、2、5mL）；移液器（0.1、0.2、0.5、1、2、10mL）；容量瓶（10、25、50mL）；烧杯（10、25、50mL）；灌胃针；电子天平；动物体重秤；解剖用剪刀、镊子等手术器械。

2. 试剂

亚硝酸钠（$NaNO_2$），分析纯。

3. 实验动物

小鼠若干只，体重 18~22g，体重范围不应超过平均体重的 ±20%，实验前实验动物在实验环境中至少应进行 5~7d 环境适应和检疫观察。

实验前，需禁食 4~6h，禁食期间可以自由饮水。给予受试物后需继续禁食 1~2h。若采用分批多次给予受试物，可根据染毒间隔时间的长短给动物一定量的饲料。

三、实验方法

（一）预实验

如有相应的文献资料时可不进行预试，对于亚硝酸钠小鼠经口半数致死剂量（LD_{50}）为 220mg/kg（bw），因此，可以直接进行正式实验。

预实验时，一般多采用 100mg/kg（bw）、1000mg/kg（bw）和 10000mg/kg（bw）的剂量，各以 2~3 只动物预试。根据 24h 内死亡情况，估计 LD_{50} 的可能范园，确定正式实验的剂量组。

也可简单地直接采用一个剂量，如 215mg/kg（bw）用 5 只动物进行预试。观察 2h 内动物的中毒表现。如中毒体征严重估计多数动物可能死亡，即可采用低于 215mg/kg（bw）的剂量系列进入正式实验；反之中毒体征较轻，则可采用高于此剂量的剂量系列。

（二）正式实验

1. 动物数

一般每组 10 只动物，雌雄各半。

2. 常用剂量系列

$$\left.\begin{array}{c} 1.00 \\ 2.15 \\ 4.64 \end{array}\right\} \times 10^{t} \qquad t = 0, \ \pm 1, \ \pm 2, \ \pm 3$$

$$\left.\begin{array}{c} 1.00 \\ 3.16 \end{array}\right\} \times 10^{t} \qquad t = 0, \ \pm 1, \ \pm 2, \ \pm 3$$

一般实验时，可根据上述剂量系列设计 5 个组，即较原来的方法在最低剂量组以下或最高剂量组以上各增设一组，在查表时容易得出结果。

本实验中，因为剂量组间距 2.15 倍系列较 3.16 倍系列小，所以结果较为精确，且小鼠经口半数致死剂量（LD_{50}）为 220mg/kg（bw），故本实验取 2.15 倍系列，取 $t=2$，向上、向下各延伸一个剂量组。各组剂量分别为 46.4、100、215、464、1000mg/kg（bw）。

3. 受试物配置

应将受试物溶解或悬浮于合适的溶剂中，首选溶剂为水，不溶于水的受试物可使用植物油（如橄榄油、玉米油等），不溶于水或油的受试物亦可使用羧甲基纤维素、淀粉等配成混悬液或糊状物等。受试物应新鲜配制，有资料表明其溶液或混悬液储存稳定者除外。

本实验以分析纯亚硝酸钠（$NaNO_2$）为例，用蒸馏水配制，根据不同剂量系列稀释成适当浓度。

4. 灌胃

各组给药剂量分别为 46.4、100、215、464、1000mg/kg（bw）。灌胃体积按照 2mL/100g（bw）给予，最高不超过 4mL/100g（bw）。

5. 观察

灌胃后应立即观察实验动物出现的各种症状，并及时记录。观察期内记录动物死亡数、死亡时间及中毒表现等，若有动物死亡，则应做大体病理学观察，存活动物实验结束时可做大体解剖学观察，急性毒性实验可不做病理组织学检查，肉眼观察到病变时应取材做病理组织学检查，以便为下阶段毒性实验剂量选择提供参考依据。

应观察皮肤、被毛、眼睛和黏膜改变、呼吸、循环、自主和中枢神经系统、四肢活动和行为方式的变化。特别注意有无震颤、惊厥、腹泻、嗜睡、昏迷等症状。观察内容见表 4-2。观察动物的中毒体征，对于获得受试物的急性毒性特征十分重要，有助于了解受试物的靶器官。还应注意观察并记录发生每种体征的出现时间、体征表现的程度、各个体征发展的过程以及死亡前的特征和死亡时间。临床中毒反应时间和死亡时间可提供中毒机制的线索，观察记录应尽量准确、具体、完整，包括出现的程度与时间。记录表见表 4-3。由于亚硝酸盐毒性较急，一般中毒 24h 后，不再出现死亡，因此，本实验可延续至 24h 截止。

表 4-2　　　　　　　　　　　　　啮齿动物中毒表现观察项目

系统	观察的项目	中毒后的体征及表现	可能涉及的器官、组织和系统
运动系统	行为动作	改变姿势，叫声异常，不安或呆滞，反复抓挠口周，反复梳理，转圈，痉挛，翻转身体，震颤，运动失调，麻痹，惊厥，强制性动作，甚至倒退行走或者自残	中枢神经系统、躯体运动系统、和自主神经
	各种刺激的反应	易兴奋、知觉过敏或缺乏知觉	中枢神经、感官

续表

系统	观察的项目	中毒后的体征及表现	可能涉及的器官、组织和系统
运动系统	大脑和脊髓反射	减弱或者消失	中枢神经系统
	肌肉张力	强制、弛缓	运动神经、肌肉
	瞳孔大小	扩大或者缩小	植物神经系统、感官
	分泌	流涎、流泪	植物神经系统
呼吸系统	鼻孔	流液、鼻翼煽动	呼吸中枢、肺水肿
	呼吸性质和速率	深缓、过速	呼吸中枢、肺脏、心肺功能不足
心血管系统	心区触诊	心律不齐、心率异常	中枢神经、自主神经、心肺功能不足、心肌缺血
	血管指征	血管收缩：皮肤苍白、体温偏低	自主神经、中枢神经、心输出量减低
		血管扩张：皮肤黏膜、尾巴、舌、足垫、阴囊发红、体温高	自主神经、中枢神经、心输出量增加
消化系统	腹型	气胀或者收缩、腹泻或者便秘	自主神经、胃肠蠕动功能、便秘
	粪便硬度和颜色	粪便不成形，黑色或者灰色	自主神经、胃肠蠕动功能、腹泻
泌尿生殖系统	阴道、乳腺	膨胀	
	阴茎	脱垂	
	会阴部	污秽、有分泌物	
皮肤和被毛	颜色、张力	发红、褶皱、松弛、皮疹出血	
	完整性	竖毛	
黏膜	黏膜	流黏液、充血、出血性紫癜、苍白	
	口腔	溃疡	
眼	眼睑	上眼睑下垂	
	眼球	眼球突出或者震颤、结膜充血、角膜混浊	
其他	直肠或者皮肤温度	降低或者升高	
	一般情况	消瘦	

表 4-3　　　　　　　　　　　中毒症状观察记录表

实验方法		动物品系		来源及批号		动物性别	
剂量/ （mg/kg）	动物编号	动物体重/g	灌胃体积/mL	出现中毒 症状的时间	中毒症状	死亡时间	解剖所见

记录者：

四、结果与评价

1. 数据处理

根据每组死亡动物数和所采用的剂量系列，查表求得 LD_{50}（详见附录一）。也可根据附录一的附表 1-1、附表 1-2，计算其他非死亡指标的反应率。

2. 实验报告

实验报告应包含如下内容：原理、仪器和试剂、步骤、原始数据、计算结果、分析及讨论。

五、注意事项

（1）在实验操作过程中，注意安全，以免被小鼠咬伤，防止小鼠跑失；实验使用的有毒化学药品妥善处理；要遵守实验操作规程。

（2）为了使受试物能完全吸收，灌胃染毒时要求动物保持空腹状态，这是因为受试物进入胃内易与食糜作用减缓吸收，而降低毒性，而且胃内容物也不利于受试物溶液的灌入，因此，染毒前应禁食 6~10h，但要注意时间不能过长。否则，动物长时间饥饿会影响肝脏状态，影响实验结果。灌胃后至少 2~3h 后才能喂食。

（3）相同剂量的受试物，若以不同浓度给药，死亡情况会有所不同。体积太小、太浓可能发生局部刺激或其他损伤；体积太大可能会引起胃部机械性损伤，影响正常生理功能。常用的方法是将受试物体积固定，根据实验设计的剂量将受试物配制成不同浓度的溶液进行灌胃。通常灌胃体积以体重的 1%~2% 计算，最多不超过 3%，即每 100g 体重灌胃 1~2mL，最多不超过 3mL。

内容二　亚硝酸钠的经口急性毒性实验（UDP 法）

本实验的目的是学习急性毒性实验的实验设计、实验原理和实验操作方法。熟悉上-下移动法或阶梯法（up-down procedure，UDP）基本流程，掌握急性毒性反应、中毒死亡特征的观察和记录方法；熟练使用专用统计软件"Acute Oral Toxicity（Guideline 425）Statistical Program"（AOT425StatPgm），对实验结果进行统计，计算 LD_{50} 及 95% 的可信限。

一、实验原理

该方法主要适用于纯度较高、毒性较大、摄入量小且在给予受试物后动物 1~2d 内可引起动物死亡的受试物，对预期给予受试物后动物在 5d 及以后死亡的受试物不适用。此时可以采用 U.S. EPA 开发的上-下移动法急性毒性实验的专用统计软件"Acute Oral Toxicity（Guideline 425）Statistical Program"（AOT425StatPgm），对实验结果进行统计，计算 LD_{50} 及 95% 的可信限。如图 4-3 所示。

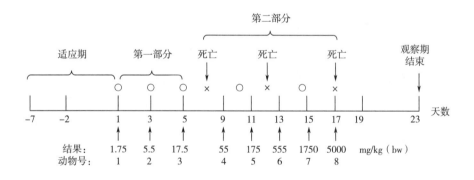

图 4-3　上-下移动法急性致死实验流程图

二、实验材料

1. 仪器

注射器（0.25、1、2、5mL）；移液器（0.1、0.2、0.5、1、2、10mL）；容量瓶（10、25、50mL）；烧杯（10、25、50mL）；灌胃针；电子天平；动物体重秤；解剖用剪刀、镊子等手术器械。

2. 受试物

应将受试物溶解或悬浮于合适的溶剂中，首选溶剂为水，不溶于水的受试物可使用植物油（如橄榄油、玉米油等），不溶于水或油的受试物亦可使用羧甲基纤维素、淀粉等配成混悬液或糊状物等。受试物应新鲜配制，有资料表明其溶液或混悬液储存稳定者除外。

本实验以分析纯亚硝酸钠（$NaNO_2$）为例，用蒸馏水配制，根据不同剂量系列稀释成适当浓度。

3. 实验动物

小鼠若干只，体重在 18~22g，体重范围不应超过平均体重的±20%，实验前实验动物在实验环境中至少应进行 5~7d 环境适应和检疫观察。

实验前，需禁食 6~10h，禁食期间可以自由饮水。给予受试物后需继续禁食 1~2h。若采用分批多次给予受试物，可根据染毒间隔时间的长短给动物一定量的饲料。

三、实验方法

（一）预实验

由于亚硝酸钠小鼠经口 LD_{50} 已知，因此可以不进行预实验。

如果受试物 LD_{50} 未知时以 2000mg/kg（bw）剂量先给 1 只动物受试物，如果动物在 48h 内死亡，应进行正式实验。如果动物在 48h 内存活，另取 4 只动物以相同的剂量给予受试物，如 5 只动物中有 3 只死亡，应进行正式实验；如果 3 只及以上的动物存活，结束实验，则该受试物 $LD_{50} > 2000mg/kg$（bw）。

如需要采用 5000mg/kg（bw）剂量时，给 1 只动物受试物，如动物在 48h 内死亡，应进行正式实验。如在 48h 内动物存活，另取 2 只动物，仍以相同剂量给予受试物，如在 14d 的观察期内动物全部存活，结束实验，则该受试物 $LD_{50} > 5000mg/kg$（bw）。如果 14d 的观察期内后 2 只动物中有 1 只或 2 只死亡，再追加 2 只动物，给予受试物后在 14d 观察期内 5 只动物中 3 只及以上动物存活，结束实验，该受试物 $LD_{50} > 5000mg/kg$；如 5 只动物中 3 只及以上动物分别在 14d 观察期内死亡，应进行正式实验。

（二）正式实验

1. 动物数

单一性别，实验动物数一般为 6~9 只。

2. 剂量

选择起始剂量和剂量梯度系数时，如果没有受试物 LD_{50} 的估计值资料，默认的起始剂量是 175mg/kg（bw）；如果没有受试物的剂量反应曲线斜率的资料，默认的剂量梯度系数为 3.2（是斜率为 2 时的梯度系数），所设定的剂量系列为 1.75、5.5、17.5、55、175、555、2000mg/kg（bw），或 1.75、5.5、17.5、55、175、555、1750、5000mg/kg（bw）。对于剂量–反应曲线斜率比较平缓或较陡的受试物，剂量梯度系数可加大或缩小，起始剂量可作适当调整。附录二列出了斜率为 1.8 的剂量梯度。

3. 方法

实验开始时称量禁食后动物的体重，计算灌胃体积。经口灌胃，1 次 1 只动物，每只动物的灌胃间隔时间为 48h。第 2 只动物的剂量取决于第一只动物的毒性结果，如动物呈濒死状态或死亡，剂量就下调一级。动物存活，则剂量就上调一级。

4. 终止实验的规定

是否继续给予受试物取决于固定的时间间隔期内所有动物的生存状态，首次达到以下任何一种情况时，即可终止实验。

（1）在较高剂量给予受试物中连续有 3 只动物存活。

（2）连续 6 只动物给予受试物后出现 5 个相反结果。

（3）在第一次出现相反结果后，继续给予受试物至少 4 只动物，并且从第一次出现相反结果后计算每一个剂量的似然值，其给定的似然比超过临界值。

依照实验结束时的动物生存状态即可计算受试物的 LD_{50}，附录三描述了正式实验 LD_{50} 估计值和可信限的计算方法及特殊情况的处理方法。

5. 观察

灌胃后应立即观察实验动物出现的各种症状，并及时记录。观察期内记录动物死亡数、死亡时间及中毒表现等，若有动物死亡，则应做大体病理学观察，存活动物实验结束时可做大体解剖学观察，急性毒性实验可不做病理组织学检查，肉眼观察到病变时应取材做病理组织学检查，以便为下阶段毒性实验剂量选择提供参考依据。

应观察皮肤、被毛、眼睛和黏膜改变、呼吸、循环、自主和中枢神经系统、四肢活动和行为方式的变化。特别注意有无震颤、惊厥、腹泻、嗜睡、昏迷等症状。观察内容见表 4-2。观察动物的中毒体征，对于获得受试物的急性毒性特征十分重要，有助于了解受试物的靶器官。还应注意观察并记录发生每种体征的出现时间、体征表现的程度、各个体征发展的过程以及死亡前的特征和死亡时间。临床中毒反应时间和死亡时间可提供中毒机制的线索，观察记录应尽量准确、具体、完整，包括出现的程度与时间。记录表见表 4-3。因亚硝酸盐中毒引起的死亡通常发生在 24h 之内，超过 24h 不会出现死亡，因此观察 24h 即可。

四、结果与评价

1. 数据处理

LD_{50}（LC_{50}）值是一个统计量，是经统计学计算得到的毒性参数，并可报告其 95% 可信限。它受实验动物个体易感性差异的影响较小，因此是最重要的急性毒性参数，也用来进行急性毒性分级。对于非致死性指标的量化问题，可以利用半数效应剂量（ED_{50}）和相应的剂量-反应关系曲线来解决。ED_{50} 是指一次给予实验动物某种化学物引起动物群体中 50% 的个体出现某种特殊效应的剂量，该指标也是通过统计学计算处理得到的。

根据每组死亡动物数和所采用的剂量系列，上-下移动法急性毒性实验的专用统计软件 "Acute Oral Toxicity（Guideline 425）Statistical Program"（AOT425StatPgm），对实验结果进行统计，计算 LD_{50} 及 95% 的可信限。软件下载地址：https://www.epa.gov/pesticide-science-and-assessing-pesticide-risks/acute-oral-toxicity-and-down-procedure 也可根据附表 3-1，计算其他非死亡指标的反应率。

2. 实验报告

实验报告应包含如下内容：原理、仪器和试剂、步骤、原始数据、计算结果、分析及讨论。

五、注意事项

（1）在实验操作过程中，注意安全，以免被小鼠咬伤，防止小鼠跑失；实验使用的有毒化学药品妥善处理；要遵守实验操作规程。

（2）为了使受试物能完全吸收，灌胃染毒时要求动物保持空腹状态，这是因为受试物进入胃内易与食糜作用减缓吸收，而降低毒性，而且胃内容物也不利于受试物溶液的灌入，因此染毒前应禁食 6~10h，但要注意时间不能过长。否则动物长时间饥饿会影响肝脏功能，影响实验结果。灌胃后至少 2~3h 后才能喂食。

（3）如果给予受试物后，动物在实验的后期才死亡，而比该剂量更高的剂量组的动物仍存活，应暂时停止染毒，观察其他动物是否也出现延迟死亡。当所有已经给予受试物的动物结局明确后再继续染毒。如果后面的动物也出现延迟死亡，表示所有染毒的剂量水平都超过了 LD_{50} 应当选择更适当的、低于已经死亡的最低剂量的两个剂量级重新开始实验，并要延长观察期限。统计时延迟死亡的动物按死亡来计算。

内容三　市售功能食品经口急性毒性实验

味精是调味料的一种，主要成分为谷氨酸钠。味精的主要作用是增加食品的鲜味，在中国菜里用的最多，也可用于汤和调味汁。一般是由粮食为原料经发酵提纯的谷氨酸钠结晶，还可用化学方法合成。味精还有缓和碱、酸、苦味的作用。谷氨酸钠在人体内参与蛋白质正常代谢，促进氧化过程，对脑神经和肝脏有一定保健作用。成年人食用量可不限制，但婴儿不宜食用。

味精被食用后，经胃酸（主成分为盐酸）的作用转化为谷氨酸，被消化吸收构成蛋白质，并参与体内其他代谢过程，有较高的营养价值。谷氨酸食用后有 96% 在体内被吸收。人体中含有 2.8%~3.4% 的谷氨酸盐。谷氨酸不仅没有这些臆想的危害，反而对大脑皮质和中枢神经有益，谷氨酸与血液中的氨结合，生成谷氨酰胺，可解除代谢过程中机体所产生的氨的有毒有害作用，谷氨酰胺参加脑组织代谢，能提供能源，并能改善脑机能。

味精分三种：纯味精（含 99.0% 以上的谷氨酸钠），商品以颗粒状为常见；含盐味精（含 80.0% 以上的谷氨酸钠），另外加入了 20% 以下的食盐（氯化钠），以粉状多见，也有粒状，但一般是细粒；强力味精，或称特鲜味精、超鲜味精，在含盐味精中加入了呈味核苷酸钠，如 5′-鸟苷酸钠（GMP）、5′-肌苷酸钠（IMP）或前两者的混合物（I+G，亦称WMP），该类味精中谷氨酸钠含量最低仍然不能少于 80.0%。

小鼠口服味精，LD_{50} 为 16200mg/kg（bw）；大鼠口服味精，LD_{50} 为 19900mg/kg（bw）；豚鼠经腹腔，LD_{50} 为 15000mg/kg（bw）；而根据毒性分级 >15000mg/kg（bw），即为绝对无毒。亚急性毒性、慢性毒性、致畸形性、突然变异性实验均表明食用味精是安全的，从某种程度上来说，味精的安全性要好于食盐［食盐大鼠经口 LD_{50} 为 5250mg/kg（bw）］。

对于毒性较低，甚至达到最大限量依然检测不出 LD_{50} 的受试物，Horn 法和上-下移动法则不适用。因此，需采用限量法（limit test）。对于大多数功能食品而言，受到其溶解度和最大使用限量的客观情况，可以进行最大耐受量实验。市售功能食品，一般均经过严格的安全性毒理学评价，其安全性能均应达到上市要求。

本实验的目的就是要熟悉低毒、无毒受试物的急性毒性评价方法及程序。了解市售功能食品评价中，受试物的处理及剂量设置，了解功能食品急性经口毒性实验报告的撰写要求。

一、实验原理

该方法适用于有关资料显示毒性极小的或未显示毒性的受试物，给予最大使用浓度和最大灌胃容量的受试物（1d 内 1 次或多次给予，1d 内最多不超过 3 次），连续观察7~14d，动物不出现死亡，则认为受试物对某种动物的经口急性毒性剂量大于某一数值[g/kg（bw）]。最大灌胃容量小鼠为 0.4mL/20g（bw），大鼠为 4.0mL/200g（bw）。急性毒性限量法流程图见图 4-4。

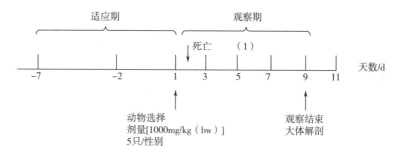

结果：1/10死亡，所以LD_{50}大于1000mg/kg。

图 4-4　限量法设计流程

二、实验材料

1. 仪器

注射器（0.25、1、2、5mL）；移液器（0.1、0.2、0.5、1、2、10mL）；容量瓶（10、25、50mL）；烧杯（10、25、50mL）；灌胃针；电子天平；动物体重秤；解剖用剪刀、镊子等手术器械。

2. 受试物

市售味精，或者其他功能食品。

应将受试物溶解或悬浮于合适的溶剂中，首选溶剂为水，不溶于水的受试物可使用植物油（如橄榄油、玉米油等），不溶于水或油的受试物亦可使用羧甲基纤维素、淀粉等配成混悬液或糊状物等。受试物应新鲜配制，有资料表明其溶液或混悬液储存稳定者除外。

3. 实验动物

小鼠若干只，体重在 18~22g，体重范围不应超过平均体重的±20%，实验前实验动物在实验环境中至少应进行 5~7d 环境适应和检疫观察。

实验前，需禁食 4~6h，禁食期间可以自由饮水。给予受试物后需继续禁食 1~2h。若采用分批多次给予受试物，可根据染毒间隔时间的长短给动物一定量的饲料。

三、实验方法

1. 剂量设置

一般选用剂量至少应为 10.0g/kg（bw），甚至可以到 15g/kg（bw）。如剂量达不到 10.0g/kg（bw），则给予动物最大剂量（最大使用浓度和最大灌胃体积）。

2. 给药方式

一般一次性给予受试物，也可一日内多次给予（每次间隔 4~6h，24h 内不超过 3 次，尽可能达到最大剂量，合并作为一次剂量计算）。

3. 观察期限

一般观察 14d 必要时延长至 28d，特殊应急情况下至少观察 7d。

4. 结果判断

（1）如果实验动物无死亡，结论是最小致死剂量（MLD）大于该限量。

（2）如果死亡动物数低于 50%，结论是 LD_{50} 大于限量。

（3）如果死亡动物数高于 50%，则应重新设计，进行常规的急性毒性实验。

保守的观点认为，根据二项分布，20 只动物死亡 5 只，死亡百分率的 95% 置信区间为 9%~49%，如果死亡动物数为 5 只或者 5 只以下，结论是 LD_{50} 大于限量；如果死亡数为 6 只或者 6 只以上，则应重新设计实验。

5. 观察及记录

灌胃后应立即观察实验动物出现的各种症状，并及时记录。观察期内记录动物死亡数、死亡时间及中毒表现等，若有动物死亡，则应做大体病理学观察，存活动物实验结束时可做大体解剖学观察，急性毒性实验可不做病理组织学检查，肉眼观察到病变时应取材做病理组织学检查，以便为下阶段毒性实验剂量选择提供参考依据。

受试物给予实验动物染毒后，动物往往出现兴奋、抑制、死亡，或者抑制、死亡的现象。有些化学物中毒体征发展迅速且很快死亡。而有些化学物的中毒体征发展缓慢，甚至出现体征缓解，此后再发生严重体征甚至导致死亡。对于速杀性化学物也可仅根据 24h 的死亡数计算 LD_{50}。

有些速杀性化学物（如久效磷），其 24h 的 LD_{50} 与 14d 的 LD_{50} 没有差别。若是报告 24h 的 LD_{50}，则应在实验结果中加以说明。在实际工作中，应该根据受试物的有关测试规程的要求来确定观察期的长短。在食品安全性评价中，一般观察 14d 必要时延长至 28d，特殊应急情况下至少观察 7d。

于染毒前、染毒后每周和死亡时测量体重。体重改变可以反映动物染毒后的整体变化。实验动物染毒后的死亡时间也应被记录。

虽然作为经典急性致死性急性毒性实验，也应注意观察非致死指标及其可逆性，从而能够全面了解化学物的急性毒性。可逆性毒效应一般指随着化学物从体内消失而逐渐减小以至消失的毒效应。毒作用的可逆性与作用器官和系统、化学物本身的毒作用特点、化学物接触时间、特定时间内机体接触化学物的总量、动物的年龄及一般状况有关。在实验中观察到的不可逆性的毒效应，在外推到人时比可逆性毒效应更为重要。观察内容见表 4-2。

6. 病理学检查

所有的动物包括实验期间死亡、人道处死和实验结束处死的动物都要进行大体解剖检查，记录每只动物大体病理学变化，出现大体解剖病理改变时应做病理组织学观察。

四、结果与评价

1. 数据处理

观察动物的中毒体征，对于获得受试物的急性毒性特征十分重要，有助于了解受试物的靶器官。还应注意观察并记录发生每种体征的出现时间、体征表现的程度、各个体征发展的过程以及死亡前的特征和死亡时间。临床中毒反应时间和死亡时间可提供中毒机制的线索，观察记录应尽量准确、具体、完整，包括出现的程度与时间，记录表见表4-3。

最大耐受量实验则可以得出一个最大耐受量近似值。也可根据附表4-2，计算其他非死亡指标的反应率。

根据LD_{50}数值，判定受试物的毒性分级。由中毒表现初步提示毒作用特征。根据非致死性指标的观察，可以计算ED_{50}。

2. 实验报告

实验报告应包含如下内容：原理、仪器和试剂、步骤、原始数据、计算结果、分析及讨论。

3. 结果评价

急性经口毒性实验可提供在短时间内经口接触受试物所产生的健康危害信息，为进一步毒性实验的剂量选择提供依据，并初步估测毒作用的靶器官和可能的毒作用机制。对于有些食品添加剂等可以得到剂量–效应关系和LD_{50}。经典的急性毒性实验及其LD_{50}的精确评定曾经是各国药品注册法规的重要组成部分，在新药的开发、注册中发挥了重要作用；但由于低毒或无毒的化合物无法得到LD_{50}，尤其是在食品安全性评价中更为突出，因此需要用其他毒性反应来弥补其局限性，具体表现如下：

（1）LD_{50}不能等同于急性毒性，死亡仅仅是评价急性毒性的许多观察终点之一，尤其是能用于食品或者功能食品的原料或者成分，一般不会得到LD_{50}。

（2）化学物单次大剂量急性中毒，动物多死于中枢神经系统及心血管功能障碍，并不能反应具体器官的毒作用特征。另外，由于死亡迅速，各种器质性变化尚未发展，不能显示出靶器官的病变。相反，亚急性毒性实验中的剂量选择会提供更有用的信息。

（3）从生物学的角度看，LD_{50}没有稳定的数值。LD_{50}数值的变异依赖于多种影响因素。不同的实验条件、实验机构、研究中心对于同一药品所得出的结果差别较大。

（4）通常急性毒性实验所用的剂量与临床人体使用剂量差别很大，所以不能期望使用急性毒性实验的结果来拟定人的临床药物使用剂量。

（5）人和动物对药物的敏感性差别很大，如人和小鼠的致死剂量相差很大。根据误服或过量服药致人死亡的事件，对于急救医生和中毒控制中心来说，LD_{50}实验的结果对于医学诊断和治疗意义较小。

（6）经典急性毒性实验消耗的动物量大，按经典法的要求测LD_{50}，一次实验至少需要30~50只动物。由于确定LD_{50}的方法造成了不必要的动物和资源的浪费，因此受到了广泛的伦理学和科学的批评。

（7）对于功能食品评价来说，通常不会求出精确的 LD_{50}，所要关注的是在动物身上出现的毒性和剂量间的量效关系，在啮齿类动物中不再需要给予致死水平的剂量。

剂量的耐受性实验，以监测不同剂量下的毒性反应，比 LD_{50} 更具有实际意义。目前，有些国家新药的报批材料中，不必准确地测定 LD_{50}，只需了解其近似致死剂量和详细观察记录中毒表现即可。因此，最大耐受量实验某种程度上更具有实际意义。

实验三　遗传毒性实验（哺乳动物红细胞微核实验、哺乳动物骨髓染色体畸变实验、小鼠精原细胞染色体畸变实验、体外哺乳类细胞染色体畸变实验、细菌回复突变实验）

遗传毒理学实验是通过直接检测遗传学终点（genetic endpoint）或检测导致某一终点的 DNA 损伤过程伴随的现象，来确定化学物质产生遗传物质损伤并导致遗传性改变的能力。目前已发展了 200 余种遗传毒理学实验，指示生物包括生物进化的各个阶段，检测的遗传学终点包括基因突变、染色体畸变、原发性 DNA 损伤、非整倍体。所用的指示生物涉及病毒、细菌、霉菌、昆虫、植物、培养的哺乳动物细胞和哺乳动物等。这些指示生物在对外源化学物的代谢、DNA 损伤修复及其他影响突变发生的生理过程方面存在差异，但作为遗传物质的 DNA，其基本特性具有普遍性，这是用非人类检测系统预测对人类的遗传危害性的基础。表 4-4 列出了目前常用的遗传毒理学实验。

表 4-4　　　　　　　　　　　　　常用的遗传毒理学实验

核心实验	其他实验
1. 突变实验 ● 沙门/哺乳动物微粒体实验（Ames 实验）	1. 基因突变实验 ● 大肠杆菌 WP2 色氨酸回复突变实验 ● 哺乳动物细胞 *TK* 或者 *HPRT* 正向突变实验 ● 果蝇性连锁隐形致死实验
2. 哺乳动物体内染色体损伤实验 ● 中期相分析或啮齿动物骨髓微核实验	2. 中国仓鼠或人类细胞遗传性实验 ● 染色体畸变和微核实验 ● 非整倍体实验
	3. 其他遗传损伤 ● 哺乳动物 DNA 损伤和修复实验 ● 酵母和果蝇有丝分裂重组实验
	4. 哺乳动物生殖细胞实验 ● 小鼠特殊基因座实验 ● 小鼠骨骼或白内障突变实验 ● 细胞遗传分析和遗传易位实验 ● 啮齿动物生殖细胞 DNA 损伤和修复 ● 显性致死实验

某些基因突变实验检测正向突变，而另一些则检测回复突变，正向突变还是回复突变在遗传毒理学中都被广泛地应用。

简单的基因突变实验可以依靠选择技术来检测突变。选择技术是利用只有突变的细胞或微生物才能生长的实验条件，通过加入受试物使未突变细胞在该条件中生长来检测基因突变。利用选择技术可以在微生物和培养的哺乳动物细胞中检测到正向突变和回复突变。由于此类实验快速、价廉且容易检测出低频率发生的突变，因此，微生物和细胞培养的基因突变实验在遗传毒理学研究中具有重要的地位。

因为微生物和培养的哺乳动物细胞缺乏整体哺乳动物的代谢能力，所以在许多遗传试验中都要加入活化体系以检测出间接致突变物。被广泛应用的代谢活化系统是大鼠肝细胞匀浆的微粒体上清液，加上相应的缓冲液和辅助因子。标准的肝代谢活化系统被称作 S9 混合物，是经过 9000×g 离心的上清液。应进一步的研究涉及其他种属或器官的代谢活化系统，发展含有 S9 所不具有的还原反应的体系，发展人体酶在微生物或细胞培养中表达的致突变实验系统。

细胞遗传实验主要依靠细胞学方法，因此，在设计上与典型的基因突变实验不同。细胞遗传实验应用可以清楚地识别有遗传损伤的细胞，这些损伤包括染色体畸变、微核、姐妹染色单体交换（SCE）和染色体数目的改变。用整体动物进行致突变研究比应用微生物和培养细胞的方法需要更复杂的实验设计。

在所有的致突变性测试中，为了保证实验的有效性和再现性，应用致突变性实验时要考虑到下列因素：选择合适的生物体和生长条件、对基因型和表型的监测、有效的实验设计和处理条件、合适的阳性和阴性对照、合适的代谢活化系统、合理的数据分析方法等。

在功能食品毒理学安全评价中，对于遗传毒性实验常用的有细菌回复突变实验、哺乳动物红细胞微核实验、哺乳动物骨髓细胞染色体畸变实验、小鼠精原细胞或精母细胞染色体畸变实验、体外哺乳类细胞 HGPRT 基因突变实验、体外哺乳类细胞 TK 基因突变实验、体外哺乳类细胞染色体畸变实验、啮齿类动物显性致死实验、体外哺乳类细胞 DNA 损伤修复（非程序性 DNA 合成）实验、果蝇伴性隐性致死实验。

遗传毒性实验组合：一般应遵循原核细胞与真核细胞、体内实验与体外实验相结合的原则。根据受试物的特点和实验目的，功能食品安全性毒理学评价中，一般推荐下列遗传毒性实验组合。

组合一：细菌回复突变实验；哺乳动物红细胞微核实验或哺乳动物骨髓细胞染色体畸变实验；小鼠精原细胞或精母细胞染色体畸变实验或啮齿类动物可显性致死实验。

组合二：细菌回复突变实验；哺乳动物红细胞微核实验或哺乳动物骨髓细胞染色体畸变实验；体外哺乳类细胞染色体畸变实验或体外哺乳类细胞 TK 基因突变实验。

其他备选遗传毒性实验：果蝇伴性隐性致死实验、体外哺乳类细胞 DNA 损伤修复（非程序性 DNA 合成）实验、体外哺乳类细胞 HGPRT 基因突变实验。

内容一　哺乳动物红细胞微核实验

哺乳动物红细胞微核试验通过分析动物骨髓和（或）外周血红细胞，用于检测受试物引起的成熟红细胞染色体损伤或有丝分裂装置损伤，可导致形成含有迟滞的染色体断片或整条染色体的微核。这种情况的出现通常是受到染色体断裂剂作用的结果。此外，也可能在受到纺锤体毒物的作用时，主核未能形成，代之以一组小核，此时，小核比一般典型的微核稍大。因此，哺乳动物红细胞微核实验适用于评价功能食品的遗传毒性作用。

本实验的目的是了解受试物的遗传毒性以及筛查受试物的潜在致癌作用和细胞致突变性。掌握小鼠骨髓多染红细胞（PCE）微核试验的原理和方法。

一、实验原理

微核是指细胞有丝分裂后期染色体有规律地进入子细胞形成细胞核时，仍留在细胞质中的整条染色单体或染色体的无着丝断片或环。在末期，单独形成一个或几个规则的次核，被包含在细胞的胞质内。因此，微核试验能检测化学毒物或物理因素诱导产生的染色体完整性改变和染色体分离改变这两种遗传学终点。微核实验是一种快速检测化学毒物对染色体损伤和干扰细胞有丝分裂的方法（图4-5）。

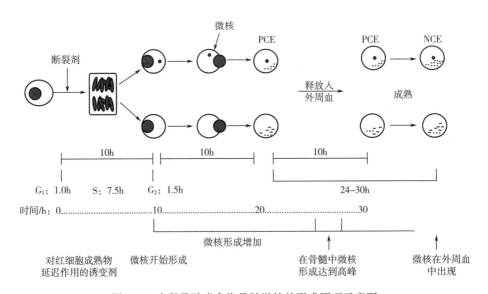

图4-5 小鼠骨髓嗜多染骨髓微核的形成原理示意图

着丝粒是指在细胞分裂期染色体与纺锤体纤维连接的区域，以便于子染色体有序移动到子细胞两极。正染红细胞就是指成熟的红细胞，其缺乏核糖体并可用选择性核糖体染料与未成熟的嗜多染红细胞区分。嗜多染红细胞是指未成熟的红细胞处于发育的中间期的状态，仍含有核糖体，故可用选择性核糖体染料与成熟的正染红细胞区分。总红细胞是指正染红细胞和嗜多染红细胞的总和。

二、实验材料

1. 仪器

手术刀、手术剪、无齿镊、小型弯止血钳、干净纱布、带橡皮头吸管、台式离心机、刻度离心管、晾片架、电吹风机、玻璃蜡笔、玻璃染色缸、2mL注射器及针头、载玻片及推片、定时钟、带油镜头显微镜、细胞计数器。

2. 试剂

（1）小牛血清　小牛血清过滤除菌后，放入 56℃ 恒温水浴保温 1h 进行灭活。通常可存储于 4℃ 冰箱，亦可用大小鼠血清代替。

（2）吉姆萨（Giemsa）染液　称取 Giemsa 染料 3.8g，加入 375mL 甲醇研磨。待完全溶解后，再加入 125mL 甘油。置 37℃ 恒温箱保温 48h，其间震摇数次，取出过滤，两周后可用。

（3）Giemsa 应用液　取 1 份 Giemsa 染液与 6 份磷酸盐缓冲液混合而成，现用现配。

（4）1/15mol/L 磷酸盐缓冲液（pH 6.8）　磷酸二氢钾（KH_2PO_4）4.50g，磷酸氢二钠（$Na_2HPO_4 \cdot 12H_2O$）11.81g，加蒸馏水至 1000mL。

（5）甲醇。

（6）阳性对照物　环磷酰胺，以灭菌生理盐水配成 4mg/mL。

3. 实验动物

（1）动物种、系选择　常用 7~12 周龄、体重 25~35g 的小鼠，在实验开始时，动物体重差异应不超过每种性别平均体重的 ±20%。每个采样点每组不少于 5 只。

（2）动物准备　实验前动物在实验动物房应进行至少 3~5d 环境适应和检疫观察。

（3）动物饲养　实验动物饲养条件、饮用水、饲料应符合国家标准和有关规定，每个受试物组动物按性别分笼饲养。实验期间实验动物喂饲基础饲料，自由饮水。

三、实验方法

1. 受试物配制

应将受试物溶解或悬浮于合适的溶剂中，首选溶剂为水，不溶于水的受试物可使用植物油（如橄榄油、玉米油等），不溶于水或油的受试物亦可使用羧甲基纤维素、淀粉等配成混悬液或糊状物等。受试物应新鲜配制，有资料表明其溶液或混悬液储存稳定者除外。

2. 剂量设置

通常设置三个剂量组，最高剂量组原则上给予动物出现严重中毒表现和（或）个别动物出现死亡的剂量，一般可取 $1/2\ LD_{50}$；中剂量组取 $1/4\ LD_{50}$ 即可；低剂量组取 $1/8\ LD_{50}$；阳性对照物可用环磷酰胺 40mg/kg（bw）经口或者腹腔注射（首选经口）给予。阴性对照组给予等体积蒸馏水。

如果急性毒性试验给予受试物最大剂量（最大使用浓度和最大灌胃容量）动物无死亡则求不出 LD_{50}，高剂量组按以下顺序只设一个剂量：

①10g/kg（bw）。

②人的可能摄入量的 100 倍。

③一次最大灌胃剂量，再设中、低剂量组，另设溶剂对照组和阳性对照组，如果没有文献资料或历史性资料证实所用溶剂不具有有害作用或致突变作用，还应设空白对照组。

3. 实验动物的处理

根据细胞周期和不同物质的作用特点，可先做预试，确定取材时间。常用 30h 给受试物法。即两次给受试物间隔 24h，第二次给受试物后 6h 采集骨髓样品。

4. 标本制作

处死动物后取股骨，用小牛血清冲洗股骨骨髓腔制成细胞悬液涂片，涂片自然干燥后放入甲醇中固定 5~10min。当日固定后保存。将固定好的涂片放入 Giemsa 应用液中，染色 10~15min，立即用 pH 6.8 的磷酸盐缓冲液或蒸馏水冲洗、晾干。写好标签，阴凉干燥处保存。

5. 阅片

（1）选择细胞完整、分散均匀，着色适当的区域，在油镜下观察。以有核细胞形态完好作为判断制片优劣的标准。

（2）本方法能观察嗜多染红细胞的微核。用 Giemsa 染色法，嗜多染红细胞呈灰蓝色，成熟红细胞呈粉红色。典型的微核多为单个的、圆形、边缘光滑整齐，嗜色性与核质一致，呈紫红色或蓝紫色，直径通常为红细胞的 1/20~1/5。

（3）对每个动物的骨髓至少观察 200 个红细胞，对外周血至少观察 1000 个红细胞，计数嗜多染红细胞在总红细胞中比例，嗜多染红细胞在总红细胞中比例不应低于对照值的 20%。每个动物至少观察 2000 个嗜多染红细胞以计数有微核嗜多染红细胞频率，即含微核细胞率，以千分率表示。如一个嗜多染红细胞中有多个微核存在时，只按一个细胞计。

四、结果与评价

1. 数据处理

各组含微核细胞率的均数和标准差，利用适当的统计学方法如泊松（Poisson）分布或 u 检验，可对受试样品各剂量组与溶剂对照组的含微核细胞率进行比较。

2. 结果评价

实验组与对照组相比，实验结果含微核细胞率有明显的剂量-反应关系并有统计学意义时，即可确认为阳性结果。若统计学上差异有显著性，但无剂量-反应关系时，则应进行重复实验。结果能重复可确定为阳性。

3. 实验报告

（1）受试物　名称、前处理方法、溶剂、阳性对照物等。

（2）实验动物　物种、品系、级别、数量、周龄、体重、性别、饲料来源及饲养情况等。

（3）实验方法　实验分组、每组动物数、剂量选择依据、受试物给予途径及期限、采样时间点、标本制备方法、每只动物观察的细胞数、统计方法和判定标准。

（4）实验结果见表 4-5。

表 4-5　　　　　　　　　　骨髓微核实验结果统计表

分组	实验动物编号	NCE/个	PCE/个	含微核 PCE/个	微核率	均值	标准差
阴性对照组							
阳性对照组							
高剂量组							
中剂量组							
低剂量组							

记录每只动物观察的嗜多染红细胞数和含有微核的细胞数，以列表方式报告每组动物的嗜多染红细胞数、含微核细胞率和嗜多染红细胞在总红细胞中的比例、剂量反应关系、阴性对照，并写明结果的统计方法。

（5）实验结论　根据实验结果，对受试物是否能引起哺乳动物嗜多染红细胞含微核细胞率增加做出结论。

五、注意事项

（1）正常的 PCE/NCE 比值约为 1（正常范围为 0.6～1.2）。如比值<0.1，则表示 PCE 形成受到严重抑制；如比值<0.05，则表示受试化学毒物的剂量过大，实验结果不可靠。

（2）阴性对照组和阳性对照组的微核发生率，应与实验所用动物种属及品系的文献报道结果或者是与研究的历史数据相一致。

（3）阳性结果表明受试样品在本实验条件下可引起哺乳动物嗜多染红细胞含微核细胞率增加。阴性结果表明在本实验条件下受试样品不引起哺乳动物嗜多染红细胞含微核细胞率增加。一般阴性对照组的含微核细胞率<0.5%，供参考。但应有本实验室所用实验动物的自发含微核细胞率本底值作参考。本实验方法不适用于有证据表明受试物或其代谢产物不能达到靶组织的情况。

内容二　哺乳动物骨髓染色体畸变实验

所有生物细胞的染色体均有一定的数目和特点的形态结构，而且这些特征是相对恒定的，能使生物体各种各样的遗传性状得以世代相传，这就是遗传物质的相对稳定性。受到某种致突变性物质的作用后，染色体的固有数目和形态会发生突变即染色体畸变。分析动物骨髓细胞染色体畸变终点可推测人的体细胞损害，从而可预测致癌可能性。染色体畸变分析是一种简便、经济利于推广的细胞遗传学方法。掌握一种体内致突变试验方法和染色体制片技术及染色体方法。

本实验的目的是了解受试物的遗传毒性以及筛查受试物的潜在致癌作用和细胞致突变性。掌握小鼠骨髓染色体畸变实验的原理和方法。

一、实验原理

染色体是细胞核中具有特殊结构和遗传功能的小体，当化学物质作用于细胞周期 G_1 期和 S 期时，诱发染色体型畸变，而作用于 G_2 期时则诱发染色体单体型畸变。给试验的大、小鼠腹腔注入秋水仙素，抑制细胞分裂时纺锤体的形成，以便增加中期分裂相细胞的比例，并使染色体丝缩短、分散，轮廓清晰。在显微镜下观察染色体数目和形态。就可以观测到染色单体的畸变型，适用于评价保健食品对骨髓细胞的遗传毒性。本方法不适用于有证据表明受试物或反应代谢产物达不到靶组织（target tissue）——骨髓的情况。

二、实验材料

1. 仪器

手术剪刀、普通剪刀、离心机、1mL 注射器、$5^{1/2}$ 针头、刻度离心管、载玻片、酒精灯、火柴、玻璃蜡笔、20mL 量筒、玻片架、干净纱布、青霉素小瓶、止血钳、恒温水浴箱、普通显微镜（带油镜）、擦镜纸。

2. 试剂

全部试剂除注明外均为分析纯，实验用水为蒸馏水。

（1）0.4mg/mL 秋水仙素　置于棕色瓶中，冰箱保存。

（2）磷酸盐缓冲液（pH 7.4）

1/15mol/L 磷酸氢二钠溶液：磷酸氢二钠（Na_2HPO_4）9.47g 溶于 1000mL 蒸馏水中。

l/15mol/L 磷酸二氢钾溶液：磷酸二氢钾（KH_2PO_4）49.07g 溶于 1000mL 蒸馏水中。

将磷酸氢二钠溶液 80mL 与磷酸二氢钾溶液 20mL 混合，用 pH 计测定并调节 pH 至 7.4。

（3）0.075mol/L 氯化钾溶液。

（4）固定液　甲醇（分析纯）-冰乙酸（分析纯）= 3∶1（体积比），临用时现配。储存时间不超过 1h。

（5）Giemsa 染液

Giemsa 储备液：取 Giemsa 染料 3.8g，置玛瑙乳钵中，加少量甲醇研磨，逐渐加甲醇至 375mL。溶解后再加 125mL 纯甘油，于 37℃ 温箱保温 48h，在此期间摇动数次，放置 1~2 周过滤备用。

Giemsa 应用液：取 1mL 储备液加入 10mL pH 7.4 磷酸缓冲液。

（6）二甲苯（分析纯）。

3. 实验动物

常用健康年轻的成年大鼠或小鼠。每组用两种性别的动物至少各 5 只。动物购买后适应环境至少 3d。

三、实验方法

1. 受试物配制

应将受试物溶解或悬浮于合适的溶剂中，首选溶剂为水，不溶于水的受试物可使用植物油（如橄榄油、玉米油等），不溶于水或油的受试物亦可使用羧甲基纤维素、淀粉等配成混悬液或糊状物等。受试物应新鲜配制，有资料表明其溶液或混悬液储存稳定者除外。

2. 剂量设置

如果受试物具有毒性，通常设置三个剂量组，最高剂量组原则上为动物出现严重中毒表现和（或）个别动物出现死亡的剂量，一般可取 1/2 LD_{50}；中剂量组取 1/4 LD_{50} 即可；低剂量组取 1/8 LD_{50}；阳性对照物可用环磷酰胺 40mg/kg（bw）经口或者腹腔注射（首选经口）给予。阴性对照组给予等体积溶剂。

如果急性毒性实验给予受试物最大剂量（最大使用浓度和最大灌胃容量）动物无死亡

而求不出 LD_{50}，并且根据结构相关物质资料不能推断受试物具有遗传毒性时，则不必设 3 个剂量。按以下顺序只设一个剂量：

①10g/kg（bw）。

②人的可能摄入量的 100 倍。

③一次最大灌胃剂量，连续染毒 14d，另设溶剂对照组和阳性对照组，如果没有文献资料或历史性资料证实所用溶剂不具有有害作用或致突变作用，还应设空白对照组。

3. 实验动物的处理

经口给予受试物，受试物溶液一次灌胃量不应超过 20mL/kg（bw）。采用一次染毒或多次染毒方式。一次染毒应分两次采集标本，即每组动物分两个亚组，亚组 1 于染毒后 12、18h 处死动物，采集第一次标本；亚组 2 于亚组 1 动物处死后 24h 采集第二次标本。如果采用多次染毒方式，可给予受试物 2~4 次，每次间隔 24h，在末次染毒后 12、18h 采集一次标本。处死动物前 3h 和 5h，按 4mg/kg（bw）腹腔注射秋水仙素。

4. 标本制备

（1）取材　颈椎脱臼法处死动物，迅速取出股骨，剔去肌肉，擦净血污，剪去两端骨骺，用带针头的注射器吸取 5mL 生理盐水，插入骨髓腔，将骨髓洗入 10mL 离心管，然后用吸管吹打骨髓团块使其均匀，将细胞悬液以 1000r/min 离心 10min，弃去上清液。

（2）制片　离心后的沉淀物加入 7mL 0.075mol/L 氯化钾溶液，用滴管将细胞轻轻吹打均匀，放入 37℃ 水浴中低渗 10~20min。立即加入 1~2mL 固定液［甲醇－冰醋酸＝3∶1（体积比）］，以 1000r/min 离心 10min，弃去上清液。加入 7mL 固定液，混匀，固定 15min 后，以 1000r/min 离心 10min，弃去上清液；采用相同方法再加固定液 1~2 次，弃去上清液。加入数滴新鲜固定液，用滴管充分混匀，将细胞悬液均匀地滴在冰水玻片上，轻吹细胞悬液扩散平铺于玻片上，每个标本制作 2~3 张玻片，空气中自然干燥。

临用时取 Giemsa 储备液 1mL 磷酸盐缓冲液 10mL，置染色缸中，将涂片浸于染液中染色 15min 左右，取出玻片用水冲洗，空气中自然干燥。

5. 阅片

在低倍镜下检查制片质量，制片应为全部染色体较集中，而各个染色体分散、互不重叠、长短收缩适中、两条单体分开、清楚地显示出着丝点位置、染色体呈红紫色。用油镜进行细胞中期染色体分析。每只动物分析 100 个中期相细胞，每个剂量组不少于 1000 个中期相细胞。观察项目包括以下内容。

（1）染色体数目的改变

①非整倍体：亚二倍体或超二倍体。

②多倍体：染色体成倍增加。

③内复制：包膜内的特殊形式的多倍化现象。

（2）染色体结构的改变

①断裂：损伤长度大于染色体的宽度。

②微小体：较断片小而呈圆形。

③有着丝点环：带有着丝点部分，两端形成环状结构并伴有一双无着丝点断片。

④无着丝点环：成环状结构。

⑤单体互换：形成三辐体、四辐体或多种形状的图像。

⑥双微小体：成对的染色质小体。

⑦裂隙：损伤的长度小于染色单体的宽度。

⑧非特定性型变化：如粉碎化、着丝点细长化、黏着等。

四、结果与评价

1. 数据处理

每只实验动物作为一个观察单位，每组动物按分别计算染色体结构畸变细胞百分率。用 χ^2 检验方法进行统计学分析。裂隙应单独记录和报告，但一般不计入总的畸变率。

2. 结果评价

结果评价时，应从生物学意义和统计学意义两个方面进行分析。剂量组染色体畸变率与阴性对照组相比，具有统计学意义，并呈剂量-反应关系或一个剂量组出现染色体畸变细胞数明显增高并具有统计学意义，并经重复试验证实，即可确认为阳性结果。

若有统计学意义，但无剂量-反应关系时，则应进行重复实验。结果能重复者可确定为阳性。

3. 实验报告

（1）受试物　名称、前处理方法、溶剂、阳性对照物等。

（2）实验动物　物种、品系、级别、数量、周龄、体重、性别、饲料来源及饲养情况等。

（3）实验方法　实验分组、每组动物数、剂量选择依据、受试物给予途径及期限、采样时间点、标本制备方法、每只动物观察的细胞数、统计方法和判定标准。

（4）实验结果　以文字描述和表格逐项进行汇总，包括观察和分析的细胞数、染色体畸变类型和数量及畸变率，给出数据的统计处理结果。

（5）实验结论　给出明确结论。

五、注意事项

（1）了解所有动物正常的染色体形态及自然畸变率。

（2）低渗处理是操作关键，时间短，染色体铺展不均，处理时间过长，则会引起细胞破碎，甚至由于染色体膨胀过度而致形态结构模糊，合适的低渗时间与温度有关。

（3）固定的次数和时间影响制片质量。固定不足，可引起染色体结构的变化；而固定次数过多又易使细胞丢失，一般固定两次即可。

（4）阳性结果表明受试物具有引起受试动物骨髓细胞染色体畸变的作用。阴性结果表明在本实验条件下受试物不引起受试动物骨髓细胞染色体畸变。

内容三　小鼠精原细胞染色体畸变实验

小鼠精原细胞或精母细胞染色体畸变试验适用于评价受试物对小鼠生殖细胞染色体的损伤，根据具体情况选择精原细胞或精母细胞作为靶细胞。

精原细胞：雄性哺乳动物曲细精管上皮中能经过多次有丝分裂增殖并经减数分裂产生精母细胞的干细胞，为原始的雄性生殖细胞。具有体细胞相同的染色体数目。

精母细胞：精原细胞经减数分裂产生的能最终分化成成熟精子的细胞，分为初级精母细胞和次级精母细胞。次级精母细胞染色体数减半。

染色体结构畸变：在细胞有丝分裂中期，通过显微镜可以直接观察到的染色体结构变化。结构畸变可分为染色体型畸变和染色单体型畸变：

①染色体型畸变：染色体结构损伤，表现为在两个染色单体的相同部位均出现断裂或断裂重接。

②染色单体型畸变：染色体结构损伤，表现为染色单体断裂或断裂重接。

染色体数目畸变：染色体数目发生改变，不同于正常二倍体核型，包括整倍体和非整倍体。

本实验的目的是了解受试物的遗传毒性以及筛查受试物的潜在致癌作用和细胞致突变性。掌握小鼠精原细胞染色体畸变的原理和方法。

一、实验原理

经口给予实验动物受试样品，一定时间后处死动物。观察睾丸精原细胞或精母细胞染色体畸变情况，以评价受试样品对雄性生殖细胞的致突变性。动物处死前，用细胞分裂中期阻断剂处理，处死后取出两侧睾丸，经低渗、固定、软化及染色后制备精原细胞或精母细胞染色体标本，在显微镜下观察中期分裂相细胞，分析精原细胞或精母细胞染色体畸变。

二、实验材料

1. 仪器

手术剪刀、普通剪刀、离心机、1mL 注射器、5$^{1/2}$针头、刻度离心管、载玻片、酒精灯、火柴、玻璃蜡笔、20mL 量筒、玻片架、干净纱布、青霉素小瓶、止血钳、恒温水浴箱、普通显微镜（带油镜）、擦镜纸、电子天平、冰箱、离心机等。

2. 试剂

（1）0.4mg/mL 秋水仙素　置于棕色瓶中，冰箱保存。

（2）10g/L 柠檬酸三钠　1g 柠檬酸三钠（分析纯），加蒸馏水至 100mL。

（3）60%（体积分数）冰乙酸　取 60mL 冰乙酸（分析纯），加蒸馏水至 100mL。

（4）固定液　甲醇–冰乙酸=3∶1（体积比），现用现配。

（5）磷酸盐缓冲液（pH 7.4）

1/15mol/L 磷酸氢二钠溶液：磷酸氢二钠（Na_2HPO_4，分析纯）9.47g 溶于 1000mL 蒸馏水中。

1/15mol/L 磷酸二氢钾溶液：磷酸二氢钾（KH_2PO_4，分析纯）9.07g 溶于 1000mL 蒸馏水中。

取磷酸氢二钠溶液 1/15mol/L 80mL 与磷酸二氢钾溶液（1/15mol/L）20mL 混合，调 pH 至 7.4。

（6）Giemsa 染液

Giemsa 储备液：称取 Giemsa 染液 3.8g 加入 375mL 甲醇（分析纯）研磨，待完全溶解后再加入 125mL 甘油。置 37℃恒温箱保温 48h，其间振摇数次。过滤两周后用。

Giemsa 应用液：取 1 份 Giemsa 储备液与 9 份磷酸盐缓冲液混合而成，现用现配。

3. 实验动物

健康成年雄性小鼠，周龄为 7~12 周，实验开始时动物体重的差异不应超过平均体重的±20%。动物应随机分组，实验前 3~5d 环境适应和检疫观察，饲养符合相关标准。

三、实验方法

1. 受试物配制

应将受试物溶解或悬浮于合适的溶剂中，首选溶剂为水，不溶于水的受试物可使用植物油（如橄榄油、玉米油等），不溶于水或油的受试物亦可使用羧甲基纤维素、淀粉等配成混悬液或糊状物等。受试物应新鲜配制，有资料表明其溶液或混悬液储存稳定者除外。

2. 剂量设置

通常设置三个剂量组，最高剂量组原则上为动物出现严重中毒表现和（或）个别动物出现死亡的剂量，一般可取 $1/2\ LD_{50}$；中剂量组取 $1/5\ LD_{50}$ 即止；低剂量组取 $1/10\ LD_{50}$；阳性对照物可用环磷酰胺 40mg/kg（bw）经口或者腹腔注射（首选经口）给予。阴性对照组给予，等体积蒸馏水。

如果急性毒性试验给予受试物最大剂量（最大使用浓度和最大灌胃容量）动物无死亡而求不出 LD_{50}，高剂量组按以下顺序只设一个剂量：

①10g/kg（bw）。

②人的可能摄入量的 100 倍。

③一次最大灌胃剂量，再设中、低剂量组，另设溶剂对照组和阳性对照组，如果没有文献资料或历史性资料证实所用溶剂不具有有害作用或致突变作用，还应设空白对照组。

3. 实验动物的处理

（1）精原细胞　经口灌胃给予受试物，一般为一次给予受试物。受试样品溶液一次给予的最大容量不应超过 20mL/kg（bw）。如果给予的剂量较大，也可在 1d 内分两次给予受试物，其间隔时间最好为 4~6h，高剂量组应于末次给予受试物后的第 24 小时和第 48 小时处死动物采样，中低剂量组的动物均在末次给予受试物后 24h 处死动物采样。

（2）精母细胞　灌胃给予受试物，每天一次，连续 5d，受试样品溶液一次给予的最大容量不应超过 20mL/kg（bw）。各组均于第一次给予受试物后的第 12 天~第 14 天将动物处死采样。

（3）秋水仙素的使用　动物处死前 3~5h 腹腔注射秋水仙素 4~6mg/kg（bw）［注射体积：10~20mL/kg（bw）］。秋水仙素应现用现配。

4. 标本制备

（1）取材　用颈椎脱臼法处死小鼠，打开腹腔，取出两侧睾丸，去净脂肪，于低渗液中洗去毛和血污，放入盛有适量 10g/L 柠檬酸三钠的小平皿中。

（2）低渗

①精原细胞：以眼科镊撕开被膜，轻轻地分离曲细精管，加入 10g/L 柠檬酸三钠溶液 10mL，用滴管吹打曲细精管，静止 20min 使曲细精管下沉，将含有许多精子的上清液仔细

吸去，留下的曲细精管重新用 10mL 10g/L 柠檬酸三钠处理 10min。

②精母细胞：以眼科镊撕开被膜，轻轻地分离曲细精管，加入 10g/L 柠檬酸三钠溶液 10mL，用滴管吹打曲细精管，室温下静止 20min。

（3）固定　仔细吸尽上清液，加固定液 10mL 固定。第一次不超过 15min，倒掉固定液后，再加入新的固定液固定 20min 以上。如在冰箱（0~4℃）过夜固定更好。

（4）离心　吸尽固定液，加 60%（体积分数）冰乙酸 1~2mL，待大部分曲细精管软化完后，立即加入倍量的固定液，打匀、移入离心管，以 1000r/min 离心 10min。

（5）制片　弃去大部分上清液，留下 0.5~1.0mL，充分打匀制成细胞混悬液，将细胞混悬液均匀地滴于冰水玻片上。每个样本制得 2~3 张。空气干燥或微热烘干。

（6）染色　用 1∶10（体积比）Giemsa 应用液染色 10min（根据室温染色时间不同），用蒸馏水冲洗、晾干。

5. 阅片

（1）编号　所有玻片，包括阳性对照和阴性对照，在镜检前均要分别编号。

（2）镜检　在低倍镜下按顺序寻找背景清晰、分散良好、染色体收缩适中的中期分裂相，然后在油镜下进行分析。

（3）染色体分析　每个动物至少记数 100 个中期分裂相细胞，每个剂量组至少观察 500 个中期分裂相细胞。当观察到的畸变细胞数量较多时，可以减少观察的细胞数。因固定方法常导致染色体丢失，所以计数的精原细胞应含染色体数为 $2n\pm2$ 的中期分裂相细胞，计数的精母细胞应含染色体数为 $1n\pm1$ 的中期相细胞。

①精原细胞

a. 确定有丝分裂指数：每只动物至少要观察 1000 个细胞以确定精原细胞有丝分裂指数。高剂量组精原细胞有丝分裂指数应不低于对照组的 50%。

b. 染色体数目改变：正常精原细胞中期分裂相中常见到多倍体，因此，阐明多倍体的意义时应慎重。

c. 染色体结构畸变：染色体的结构畸变中，包括断裂、断片、微小体、无着丝点环、环状染色体、双或多着丝点染色体、单体互换等。

②精母细胞：除了可见到裂隙、断片、微小体外，还要分析相互易位、X-Y 和常染色体的单价体。

四、结果与评价

1. 数据处理

对每个动物记录含染色体结构畸变的细胞数和每个细胞的染色体畸变数，并列表给出各组不同类型的染色体结构畸变数目和频率。实验组与阴性对照组的断片、易位、畸变细胞率、常染色体单价体、性染色体单价体等分别按二项分布进行统计处理，染色体裂隙、单价体应分别记录和报告，一般不计入畸变率。

2. 结果评价

受试剂量组染色体畸变率或畸变细胞率与阴性对照组相比，差别有统计学意义，并有明显的剂量-反应关系，结果可定为阳性。在一个受试剂量组中出现染色体畸变率或畸变细胞率差异有统计学意义，但无剂量反应关系，则需进行重复试验，结果可重复者定为阳性。

3. 实验报告

（1）受试物　名称、前处理方法、溶剂、阳性对照物等。

（2）实验动物　物种、品系、级别、数量、周龄、体重、性别、饲料来源及饲养情况等。

（3）实验方法　实验分组、每组动物数、剂量选择依据、受试物给予途径及期限、采样时间点、标本制备方法、每只动物观察的细胞数、统计方法和判定标准。

（4）实验结果　以列表方式报告受试物组、阴性对照组和阳性对照组的染色体畸变类型、数量和畸变细胞率，并写明结果的统计方法。

（5）实验结论　根据实验结果，对受试物是否有致突变作用，做出结论。

五、注意事项

（1）了解所有动物正常的染色体形态及自然畸变率。

（2）低渗处理是操作关键，时间短，染色体铺展不均，处理时间过长，则会引起细胞破碎，甚至由于染色体膨胀过度而致形态结构模糊，合适的低渗时间与温度有关。

（3）固定的次数和时间影响制片质量。固定不足，可引起染色体结构的变化；而固定次数过多又易使细胞丢失，一般固定两次即可。

（4）阳性结果表明受试物具有引起受试动物骨髓细胞染色体畸变的作用。阴性结果表明在本实验条件下，受试物不引起受试动物骨髓细胞染色体畸变。

内容四　体外哺乳类细胞染色体畸变实验

通过本次实验，了解受试物的遗传毒性以及筛查受试物的潜在致癌作用和细胞致突变性。掌握体外哺乳类细胞染色体畸变的原理和方法。

一、实验原理

通过检测受试物是否诱发体外培养的哺乳类细胞染色体畸变，评价受试物致突变的可能性。在加入或不加入代谢活化系统的条件下，使培养的哺乳类细胞暴露于受试物中。用中期分裂相阻断剂秋水仙素，使细胞停止在中期分裂相，收获细胞、制片、染色、分析染色体畸变。因此，体外哺乳类细胞染色体畸变实验适用于评价受试物的体外哺乳类细胞染色体畸变。

二、实验材料

1. 仪器

CO_2 培养箱、倒置显微镜、超净台、离心机、细胞培养相关设备。

2. 试剂

（1）培养液　常用 Eagle's MEM 培养液（minimum essential medium，MEM）也可选用其他合适培养液。加入抗菌素（青霉素按 100IU/mL、链霉素 100μg/mL），将灭活的胎牛血清或小牛血清按 10%（体积分数）的比例加入培养液。

（2）代谢活化系统

①S9 辅助因子的配制：镁钾溶液：氯化镁 1.9g 和氯化钾 6.15g 加蒸馏水溶解至 100mL。

②0.2mol/L 磷酸盐缓冲液（pH 7.4）：磷酸氢二钠（Na_2HPO_4，28.4g/L）440mL，磷酸二氢钠（$NaH_2PO_4 \cdot H_2O$，27.6g/L）60mL，调 pH 至 7.4，0.103MPa 灭菌 20min 或滤菌。

③辅酶-Ⅱ（氧化型）溶液：无菌条件下称取辅酶-Ⅱ，用无菌蒸馏水溶解配制成 0.025mol/L 溶液，现用现配。

④葡萄糖-6-磷酸钠盐溶液：称取葡萄糖-6-磷酸钠盐，用蒸馏水溶解配制成 0.05mol/L 过滤除菌。现用现配。

（3）大鼠肝 S9 组分的诱导和配制　选健康雄性成年 SD 或 Wistar 大鼠，体重 150～200g，约 56 周龄。将多氯联苯（aroclor 254）溶于玉米油中，浓度为 200g/L，按 500mg/kg（bw）无菌操作，一次腹腔注射，5d 后处死动物，处死前禁食 12h。

处死动物后取出肝脏，称重后用新鲜冰冷的 0.15mol/L 氯化钾溶液连续冲洗肝脏数次，以便除去能抑制微粒体酶活性的血红蛋白。每克肝（湿重）加 0.1mol/L 氯化钾溶液 3mL，连同烧杯移入冰浴中，用消毒剪刀剪碎肝脏在玻璃匀浆器（低于 4000r/min，1～2min）或组织匀浆器（低于 20000r/min，1min）中制成肝匀浆。以上操作需注意无菌和局部冷环境。将制成的肝匀浆在低温（0～4℃）高速离心机上以 9000×g 离心 10min，吸出上清液为 S9 组分，分装于无菌冷冻管中，每管 2mL 左右，最好用液氮或干冰速冻后置 80℃ 低温保存。S9 组分制成后，经无菌检查，测定蛋白质含量（Lowry 法），每毫升蛋白含量以不超过 40mg 为宜，并经间接致突变剂鉴定其生物活性合格后贮存于 80℃ 低温或冰冻干燥，保存期不超过 1 年。

（4）10%（体积分数）S9 混合液的制备　一般由 S9 组分和辅助因子按 1∶9 组成 10%（体积分数）的 S9 混合液，无菌现用现配。10%（体积分数）S9 混合液 10mL。配制方法如下：

取上述磷酸盐缓冲液 6.0mL、镁钾溶液 0.4mL、葡萄糖-6-磷酸钠盐溶液 1.0mL、辅酶-Ⅱ溶液 1.6mL、肝 S9 组分 1.0mL，混匀，置冰浴中待用。

S9 混合液浓度一般为 1%～10%（体积分数），实际使用浓度可由各实验室自行决定，但需对其活性进行鉴定，必须能明显活化阳性对照物，且对细胞无明显毒性。

（5）秋水仙素溶液　用 PBS 溶液配制适当浓度的储备液，过滤除菌，在避光冷藏的条件下至少能保存 6 个月。

（6）0.075mol/L 氯化钾溶液　5.59g 氯化钾加蒸馏水至 1000mL。

（7）固定液　甲醇-冰醋酸=3∶1（体积比），临用前配制，根据实验条件，可适当调整冰醋酸的浓度，改善染色体分散度，但不宜过大，导致细胞破裂。

（8）Giemsa 染液　取 Giemsa 染料 3.8g，置乳钵中，加少量甲醇研磨。逐渐加甲醇至 375mL，待完全溶解后，再加 125mL 甘油，放入 37℃ 温箱中保温 48h。保温期间振摇数次，使充分溶解。取出过滤，2 周后使用，作为 Giemsa 储备液。使用时，取 1 份 Giemsa 储备液与 9 份 1/15mol/L 磷酸盐缓冲液（pH 6.8）混合，配成应用液，现配现用。

（9）磷酸盐缓冲液（1/15mol/L，pH 6.8）：

磷酸氢二钠溶液：磷酸氢二钠（Na_2HPO_4，分析纯）9.47g 溶于 1000mL 蒸馏水中，配成 1/15mol/L 溶液。

磷酸二氢钾溶液：磷酸二氢钾（KH_2PO_4，分析纯）9.07g 溶于 1000mL 蒸馏水中，配成 1/15mol/L 溶液。

取磷酸氢二钠溶液 50mL 加于磷酸二氢钾溶液 50mL 中混匀，即为 pH 6.8 的 1/15mol/L 磷酸盐缓冲液。

3. 细胞株

可选用中国仓鼠肺（CHL）细胞株或卵巢（CHO）细胞株、人或其他哺乳动物外周血淋巴细胞（lymphocyte）。实验前检查细胞的核型和染色体数目，检测细胞有无支原体污染。推荐使用中国仓鼠肺（CHL）细胞株。

三、实验方法

1. 受试物

固体受试物应溶解或悬浮于适合的溶剂中，并稀释至适当浓度。液体受试物可直接使用或稀释至适当浓度。受试物应无菌现用现配，否则须确认储存不影响其稳定性。

2. 剂量设置

受试物至少应取 3 个检测剂量。对有细胞毒性的受试物其剂量范围应包括从最大毒性至几乎无毒性（细胞存活率为 20%~100%）；通常浓度间隔系数不大于 $2 \sim \sqrt{10}$。

（1）最高剂量的选择　当收获细胞时，最高剂量应能明显减少细胞计数或有丝分裂指数（大于 50%，如毒性过大，应适当增加接种细胞数）同时应该考虑受试物对溶解度、pH 和摩尔渗透压浓度的影响；对无细胞毒性或细胞毒性很小的化合物，最高剂量应达到 $5\mu L/mL$、5mg/mL 或 10mmol/L。

对溶解度较低的物质，当达到最大溶解浓度时仍无毒性，则最高剂量应是在最终培养液中溶解度限值以上的一个浓度。在某些情况下，应使用一个以上可见沉淀的浓度，溶解性可用肉眼鉴别，但沉淀不能影响观察。

（2）细胞毒性的确定　测定细胞毒性可使用指示细胞完整性和生长情况的指标，如相对集落形成率或相对细胞生长率等。应在 S9 系统存在或不存在的条件下测定细胞毒性。

（3）阳性对照　环磷酰胺，其常用浓度为 $8\sim15\mu g/mL$。其水溶液不稳定，应现配现用。

（4）阴性对照　溶剂对照是不含血清的培养液，

3. 操作步骤

（1）细胞培养与染毒　实验需在加入和不加入 S9 的条件下进行。实验前一天，将一定数量的细胞接种于培养皿（瓶）中［以收获细胞时，培养皿（瓶）的细胞未长满为标准，一般以长到 85%左右为佳；如用 CHL 细胞，可接种 1×10^6个］，放 CO_2 培养箱内培养。试验时吸去培养皿（瓶）中的培养液，加入一定浓度的受试物、S9 混合液（不加 S9 混合液时，需用培养液补足）以及一定量不含血清的培养液，置培养箱中处理 2~6h。处理结束后，吸去含受试物的培养液，用 PBS 溶液洗细胞 3 次，加入含 10%（体积分数）胎牛血清的培养液，放回培养箱，于24h收获细胞。于收获前2~4h，加入秋水仙素，终浓度为 0.1~1μg/mL。

当受试物为单一化学物质时，如果在上述加入和不加入S9混合液的条件下均获得阴性结果，则需加做长时间处理的实验，即在没有S9混合液的条件下，使受试物与实验系统的接触时间延长至24h。当难以得出明确结论时，应更换实验条件，如改变代谢活化条件、受试物与实验系统接触时间等重复试验。

（2）收获细胞与制片

①消化：用0.25%（质量分数）胰蛋白酶溶液消化细胞，待细胞脱落后，加入含10%（体积分数）胎牛或小牛血清的培养液终止胰蛋白酶的作用，混匀，放入离心管以800~1000r/min离心5min，弃去上清液。

②低渗：加入0.075mol/L氯化钾溶液2mL，用滴管将细胞轻轻地混匀，放入37℃细胞培养箱中低渗处理30~40min。

③固定：加入2mL固定液，混匀后固定5min以上，以800~1000r/min离心5min弃去上清液。重复一次，弃去上清液。

④滴片：加入数滴新鲜固定液，混匀。用混悬液滴片，自然干燥。玻片使用前用冰水浸泡。

⑤染色：5%~10% Giemsa染液，15~20min。

⑥阅片：在油镜下阅片，每一剂量组应分析不少于100个分散良好的中期分裂相，且每个观察细胞的染色体数在$2n\pm2$范围之内。对于畸变细胞还应记录显微镜视野的坐标位置及畸变类型。

（3）观察指标

①染色体数目的改变

a. 非整倍体：亚二倍体或超二倍体。

b. 多倍体：染色体成倍增加。

c. 核内复制：核膜内的特殊形式的多倍化现象。

②染色体结构的改变

a. 断裂：损伤长度大于染色体的宽度。

b. 微小体：较断片小而呈圆形。

c. 有着丝点环：带有着丝点部分，两端形成环状结构并伴有一双无着丝点断片。

d. 着丝点环：成环状结构。

e. 单体互换：形成三辐体、四辐体或多种形状的图像。

f. 双微小体：成对的染色质小体。

g. 裂隙：损伤的长度小于染色单体的宽度。

h. 非特定性型变化：如粉碎化、着丝点细长化、黏着等。

四、结果与评价

1. 数据处理

数据按不同剂量列表，指标包括观察细胞数、畸变细胞数、染色体畸变率、各剂量组及对照组不同类型染色体畸变数与畸变率等裂隙应单独记录和报告，但一般不计入总的畸变率。各组的染色体畸变率用 X^2 检验进行统计学处理。

2. 结果评价

下列两种情况可判定受试物在本实验系统中为阳性结果：

（1）受试物引起染色体结构畸变数的增加具有统计学意义，并与剂量相关。

（2）受试物在任何一个剂量条件下，引起的染色体结构畸变数增加具有统计学意义，并有再现性。

3. 实验报告

（1）受试物　名称、CAS 号（如已知）、纯度、与本实验有关的受试物的物理和化学性质及稳定性等。

（2）溶剂　溶剂的选择依据为受试物在溶剂中的溶剂性和稳定性。

（3）细胞株　细胞株的来源、名称。

（4）实验条件　剂量、代谢活化系统、标准诱变剂、操作步骤等。

（5）实验结果

①实验结果应包括细胞毒性的测定、加受试物后的溶解情况及对 pH 和渗透压的影响（如果有影响）。

②各剂量组和对照组细胞染色体畸变率。

③本实验室的阳性对照组和阴性对照组（常用溶剂，如 DMSO）在本实验室历史上的染色体畸变率范围和检测数（说明样品数）。

（6）实验结论　给出受试物在实验条件下是否引起体外培养的细胞染色体畸变的结论，必要时对有关问题进行讨论。

五、注意事项

（1）大部分的致突变剂导致染色单体型畸变，偶有染色体型畸变发生。虽然多倍体的增加可能预示着染色体数目畸变的可能，但本方法并不适用于检测染色体的数目畸变。

（2）阳性结果表明受试物在该实验条件下可引起所用哺乳类细胞染色体畸变。阴性结果表明在该实验条件下受试物不引起所用哺乳类细胞染色体畸变。评价时应综合考虑生物学和统计学意义。

内容五　细菌回复突变实验

细菌回复突变实验是以营养缺陷型的突变体菌株指示生物检测基因突变的体外实验。常用的菌株有组氨酸营养缺陷型鼠伤寒沙门菌和色氨酸营养缺陷型的大肠杆菌（如 *E. coli* wp2），是遗传毒理学的核心实验。通过检测受试物对微生物（细菌）的基因突变作用，预测其遗传毒性和潜在的致癌作用。实验菌株的突变基因、检测类型、生物学特性及自发回变菌落数见附录六中附表 6-1 ~ 附表 6-3。

鼠伤寒沙门菌回复突变实验是由美国加州大学的 Ames 教授在 20 世纪 70 年代建立并完善的，所以又称 Ames 实验。本实验适用于评价保健食品的致突变作用。本方法不适用于具有杀菌和/或抑菌作用的受试物，不适用于具有妨碍哺乳动物细胞复制系统的受试物。

本实验的目的是了解细菌回复突变实验原理，掌握细菌回复突变实验步骤以及菌种鉴定方法，掌握功能食品及其活性成分评价过程。

一、实验原理

细菌回复突变实验是利用鼠伤寒沙门菌来检测点突变，涉及 DNA 的一个或几个碱基对的置换、插入或缺失。鼠伤寒沙门菌是利用组氨酸缺陷型突变。鼠伤寒沙门菌的突变型（即组氨酸缺陷型）丧失了合成组氨酸的能力，在有组氨酸的培养基上可以正常生长。但如在无组氨酸的培养基中有致突变物存在时，则突变型可回复突变为野生型（表现型），因此，在无组氨酸的培养基上也能生长，故可根据菌落形成数量，检查受试物是否为致突变物。某些致突变物需要代谢活化后才能使突变型菌株产生回复突变，因此，实验必须同时设置有和没有代谢活化物系统的条件。代谢活化系统可以用多氯联苯（PCB）诱导的大鼠肝匀浆（S9）制备的 S9 混合液。细菌回复突变实验原理如图 4-6 所示。

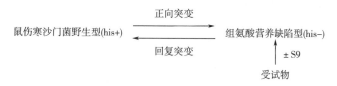

图 4-6　细菌回复突变实验原理

二、实验材料

1. 仪器

（1）实验室常用设备。

（2）低温高速离心机、低温冰箱（-80℃）或液氮罐、洁净工作台、恒温培养箱、恒温水浴、蒸汽压力锅、匀浆器等。

2. 试剂

培养基成分或试剂除说明外至少应是化学纯，无诱变性。避免重复高温处理，选择适当保存温度和期限，如肉汤保存于 4℃ 不超过 6 个月，其他详见下述各培养基及溶液说明。

（1）营养肉汤培养基　牛肉膏 2.5g，胰胨（或混合蛋白胨）5.0g，氯化钠 2.5g，磷酸氢二钾（$K_2HPO_4 \cdot 3H_2O$）1.3g，蒸馏水 500mL，加热溶解，调 pH 至 7.4，分装后 0.103MPa 灭菌 20min，4℃ 冰箱保存备用，保存期不超过半年。

（2）营养肉汤琼脂培养基　主要用于基因型鉴定（包括结晶紫敏感实验、抗氨苄青霉素和四环素实验、紫外线敏感性实验、细菌活力鉴定）。琼脂粉 1.5g，加营养肉汤培养基 100mL，加热融化后调 pH 为 7.4，0.103MPa 灭菌 20min。

（3）底层培养基　在 400mL 灭菌的 1.5% 琼脂培养基（100℃）中依次加入磷酸盐储备液 8mL，40% 葡萄糖溶液 20mL，充分混匀，冷却至 80℃ 左右时按照每平皿 25mL（相当于 90mm 平皿）制备平板。冷凝固化后置于 37℃ 培养箱中 24h 备用，以除去水分及检查有无污染。

①磷酸盐储备液（50 倍）：磷酸氢钠铵（$NaNH_4HPO_4 \cdot 4H_2O$）17.5g，柠檬酸（$C_6H_8O_7 \cdot H_2O$）10.0g，磷酸氢二钾（K_2HPO_4）50.0g，硫酸镁（$MgSO_4 \cdot 7H_2O$）1.0g，加蒸馏水

至 100mL，溶解后，0.103MPa 灭菌 20min。待其他试剂完全溶解后再将硫酸镁缓慢放入其中继续溶解，否则易析出沉淀。

②400g/L 葡萄糖溶液：葡萄糖 40.0g，加蒸馏水至 100mL，0.055MPa 灭菌 20min。

③15g/L 琼脂培养基：琼脂粉 6.0g，加入至 400mL 锥形瓶，加蒸馏水至 400mL，融化后 0.103MPa 灭菌 20min。

（4）顶层培养基的成分及制备　加热融化顶层琼脂，每 100mL 顶层琼脂中加 10mL 0.5mmol/L 组氨酸-生物素溶液。混匀，分装在 4 个锥形瓶中，0.103MPa 灭菌 20min。用时融化分装小试管，每管 2mL，在 45℃ 水浴中保温。

①顶层琼脂：琼脂粉 3.0g，氯化钠 2.5g，加蒸馏水至 500mL，0.103MPa 灭菌 20min。

②0.5mmol/L 组氨酸-生物素溶液（诱变实验用）：D-生物素（相对分子质量 244）30.5mg，L-组氨酸（相对分子质量 155）19.4mg。加蒸馏水至 250mL，0.103MPa 灭菌 20min。

（5）特殊试剂和培养基的配制

①8g/L 氨苄青霉素溶液（鉴定菌株用，无菌配制）：称取氨苄青霉素 40mg，用 0.02mol/L 氢氧化钠溶液稀释至 5mL，4℃ 保存备用。

②1g/L 结晶紫溶液（鉴定菌株用）：称取 100mg 结晶紫，溶于无菌水至 100mL。

③L-组氨酸溶液和 D-生物素溶液（0.5mmol/L）（鉴定菌株用）：称取 L-组氨酸 0.4043g 和 D-生物素 12.2mg，分别溶于蒸馏水至 100mL，0.103MPa 灭菌 20min，4℃ 保存备用。

④8g/L 四环素溶液（用于四环素抗性实验和氨苄青霉素-四环素平板）：称取 40mg 四环素，用 0.02mol/L 盐酸缓冲液稀释至 5mL，4℃ 保存备用。

⑤氨苄青霉素平板（用作 TA97、TA98、TA100 菌株的主平板）和氨苄青霉素-四环素平板（用作 TA102 菌株的主平板）：每 1000mL 中由以下成分组成：底层培养基 980mL，0.4043g/100mL 组氨酸水溶液 10mL，0.5mmol/L 生物素 6mL，8g/L 氨苄青霉素溶液 3.15mL，8g/L 四环素溶液 0.25mL。四环素仅在使用对四环素有抗性的 TA102 时加入。以上成分均已分别灭菌或无菌制备。

⑥组氨酸-生物素平板（组氨酸需要实验用）：每 1000mL 中由以下成分组成：底层培养基 984mL，0.4043g/100mL 组氨酸水溶液 10mL，0.5mmol/L 生物素 6mL，以上成分均已分别灭菌。

⑦二甲基亚砜：光谱纯，0.103MPa 灭菌 20min。

⑧阳性诱变剂的配置：根据所选择的诱变剂的种类和剂量用适当的溶液配制呈阳性对照品（参见附录七、附录八）培养基成分或实际除特殊说明外，至少应是化学纯，无诱变性，避免重复高温处理，选择适当保存温度和期限。

（6）S9 辅助因子（混合液试剂）的配制

①镁钾溶液：氯化镁（$MgCl_2$）1.9g，氯化钾（KCl）6.15g，加蒸馏水溶解至 100mL。

②0.2mol/L 磷酸盐缓冲液（pH 7.4）：每 500mL 由以下成分组成：14.2g/500mL 磷酸氢二钠（Na_2HPO_4）440mL，13.8g/500mL 磷酸二氢钠（$NaH_2PO_4 \cdot H_2O$）60mL，混合。调 pH 至 7.4，0.103MPa 灭菌 20min 或滤菌。

③辅酶-Ⅱ（氧化型）溶液：无菌条件下准确称取辅酶-Ⅱ，用无菌蒸馏水溶解配制成 0.025mol/L 溶液，现用现配。

④葡萄糖-6-磷酸钠盐溶液：无菌条件下称取葡萄糖-6-硫酸钠盐，用无菌蒸馏水溶解配制成 0.05mol/L，现用现配。

（7）大鼠肝 S9 组分的诱导和制备

①选健康雄性成年 SD 或 Wistar 大鼠，体重 150~220g，周龄为 5~6 周。将多氯联苯（aroclor1254）溶于玉米油中，浓度为 200g/L，按 500mg/kg（bw）无菌操作一次腹腔注射，5d 后处死动物，处死前禁食 12h。

处死动物后取出肝脏，称重，用新鲜冰冷的氯化钾溶液（0.15mol/L）连续冲洗肝脏数次，以便除去能抑制微粒体酶活性的血红蛋白。每克肝（湿重）加氯化钾溶液（0.1mol/L）3mL，连同烧杯移入冰浴中，用无菌剪刀剪碎肝脏，在无菌玻璃匀浆器（低于 4000r/min，往复 1~2min）或无菌组织匀浆器（20000r/min，1min）中制成肝匀浆。以上操作需注意无菌和局部冷环境。

②将制成的肝匀浆在低温（0~4℃）高速离心机上以 9000×g 离心 10min，吸出上清液为 S9 组分，分装于无菌冷冻管或安瓿中，每安瓿 2mL 左右，液氮或干冰速冻后置-80℃低温保存。

③S9 制成后，经无菌检查，测定蛋白质含量（Lowry 法），每毫升蛋白质含量不超过40mg 为宜，并经间接致癌物（诱变剂）鉴定其生物活性合格后贮存于深低温或冰冻干燥，保存期不超过一年。

（8）10%（体积分数）S9 混合液的配制　10%（体积分数）S9 混合液一般由 S9 组分和辅助因子按 1：9 组成，也可按体积分数配制成 30%（不同受试物所需 S9 浓度不同），临用时应进行新鲜无菌配制或过滤除菌。10%（体积分数）S9 混合液 10mL 配制如下：磷酸盐缓冲液（0.2mol/L，pH 7.4）6.0mL、钾镁溶液 0.4mL、葡萄糖-6-磷酸钠盐溶液（0.05mol/L）1.0mL、辅酶-Ⅱ溶液（0.025mol/L）1.6mL、肝 S9 液 1.0mL，混匀，置冰浴中待用。用每平板 0.5mL S9 混合液（含 20~50μL S9）测定其对已知阳性致癌物（诱变剂）的生物活性，确定最适用量。也可以按一般用量，即每平皿 0.5mL S9 混合液。

三、实验方法

1. 菌株及其鉴定与保存

（1）实验菌株　实验菌株采用五株鼠伤寒沙门突变型菌株，可选下列组合。

①鼠伤寒沙门菌 TA1535。

②鼠伤寒沙门菌 TA97a 或 TA97 或 TA1537。

③鼠伤寒沙门菌 TA98。

④鼠伤寒沙门菌 TA100。

⑤鼠伤寒沙门菌 TA102 或大肠杆菌 WP2 *uvrA* 或大肠杆菌 WP2 *uvrA*（PKM101）。

常用 TA1535、TA98、TA97、TA100 和 TA102。其中 TA97、TA98 可测移码型致突变物，TA1535 和 TA100 可检测碱基置换型致突变物，TA102 可检出移码突变型和碱基置换致突变物。

（2）菌株的鉴定 菌株特性应与回复突变实验标准相符（附表6-1）。菌株的鉴定包括基因型鉴定、自发回变数鉴定和对阳性致突变物敏感性的鉴定。每3个月进行一次菌株鉴定，遇到下列情况也应进行菌株鉴定：①在收到培养菌株后；②当制备一套新的冷冻保存株或冰冻干燥菌株时；③重新挑选菌株时；④使用主平板传代时。

（3）鉴定方法

① 增菌培养：在5mL营养肉汤培养基中接种贮存菌培养物，37℃振荡（100次/min）培养10h或静置培养16h，使活菌数不少于$1×10^9～2×10^9$/mL。

②组氨酸缺陷型（his）的鉴定

a. 底层培养皿的制备：加热融化底层培养基两瓶，一瓶不加组氨酸，每100mL底层培养基中加0.5mmol/L D-生物素0.6mL；另一瓶加组氨酸，每100mL底层培养基中加L-组氨酸1mL和0.5mmol/L D-生物素0.6mL，冷却至50℃左右，各倒两个平皿。

b. 接种：取有组氨酸和无组氨酸培养基平皿各一个，按菌株号顺序各取一种环菌液划直线于培养基表面，37℃培养48h。

c. 结果判定：株菌在有组氨酸培养基平皿表面各长出一条菌膜，在无组氨酸培养基平皿上除自发回变菌落外无菌膜，说明受试菌株确为组氨酸缺陷型。

③脂多糖屏障缺陷（rfa）的鉴定

a. 加热融化营养肉汤琼脂培养基。

b. 接种：取菌液0.1mL移入平皿，迅速将营养肉汤琼脂培养基（冷却至50℃左右）适量倒入平皿，混匀，平放凝固。将无菌滤纸片一片放入已凝固的培养基平皿中央，用移液器在滤纸片上滴加1g/L结晶紫溶液10μL，37℃培养24h，每个菌株做一个平皿。

c. 结果判定：阳性者在纸片周围出现一个透明的抑制带，说明存在rfa（深粗型）突变。这种变化允许某些大分子物质进入细菌体内并抑制其生长。TA97、TA98、TA100和TA102均有抑制带，野生型鼠伤寒沙门菌没有抑制带。

④R因子（抗氨苄青霉素）的鉴定

a. 加热融化营养肉汤琼脂培养基，冷却至50℃左右，适量倒入平皿中，平放凝固，用移液器吸8g/L氨苄青霉素10μL，在凝固的培养基表面依中线涂成一条带，待氨苄青霉素溶液干后，用接种环取各菌液与氨苄青霉素带相交叉划线接种，并且接种一个不具有R因子的菌株作为氨苄青霉素抗性的对照，37℃培养24h，一个平皿可同时鉴定几个菌株。

b. 结果判定：菌株在氨苄青霉素带的周围依然生长不受抑制，即有抗氨苄青霉素效应，证明它们都带有R因子。

⑤四环素抗性的鉴定

a. 接种：用移液器各吸取5～10μL 8g/L四环素溶液和8g/L氨苄青霉素溶液，在营养肉汤琼脂培养基平皿表面沿中线涂成一条带，待四环素和氨苄青霉素液干后，用接种环取各菌液与四环素和氨苄青霉素带相交叉划线接种TA102和一种有R因子的菌株（作四环素抗性的对照），37℃培养24h。

b. 结果判定：TA102菌株生长不受抑制，对照菌株有一段生长抑制区，表明TA102菌株有抗四环素效应。

⑥uvrB修复缺陷型的鉴定

a. 接种：在营养肉汤琼脂培养基平皿表面用接种环划线接种需要的菌株。接种后的平皿一半用黑纸覆盖，在距 15W 紫外线灭菌灯 33cm 处照射 8s，37℃培养 24h。

b. 结果判定：对紫外线敏感的三个菌株（TA97、TA98、TA100）仅在没有照射过的一半生长，具有野生型切除修复酶的菌株 TA102 仍能生长。

⑦生物素缺陷型（bio）的鉴定

a. 底层培养基的制备：加热融化底层培养基两瓶。一瓶加生物素，每 100mL 底层培养基中加 0.5mmol/L D-生物素 0.6mL 和 L-组氨酸 1mL；另一瓶不加生物素，每 100mL 底层培养基中加 L-组氨酸 1mL，冷却至 50℃左右。每种底层培养基各倒两个平板。

b. 接种：取有生物素和无生物素培养基平板各一个，按菌株号顺序各取一接种环的菌液划直线于培养基表面，37℃培养 48h。

c. 结果判定：菌株在有生物素培养基平板表面各长出一条菌膜，在无生物素培养基平板上除自发回变菌外无菌膜，说明受试菌株确为生物素缺陷型。

⑧自发回变率的测定

a. 测定方法：准备底层培养基平皿 8 个，融化顶层培养基 8 管，每管 2mL，在 45℃水浴中保温。在每管顶层培养基中，分别加入待鉴定的测试菌株的菌液 0.1mL，一式两份，轻轻摇匀，迅速将此试管内容物倒入已固化的底层培养基平皿中，转动平皿，使顶层培养基均匀分布，平放固化，37℃培养 48h，计数菌落数。

b. 结果判定：每一株的自发回变率应落在附录六中附表 6-3 所列正常范围内。

（4）菌株的保存　鉴定合格的菌种应保存在深低温（如-80℃），或加入 9%光谱级 DMSO 作为冷冻保护剂，保存在液氮条件下（-196℃），或者冰冻干燥制成干粉，4℃保存。除液氮条件外，保存期一般不超过 2 年，主平板贮存在 4℃，超过 2 个月后应丢弃（TA102 主平板保存两周后应该丢弃）。

2. 实验设计与受试物处理

（1）溶剂　溶剂应不与受试物发生反应，对所选菌株和 S9 没有毒性，没有诱变性。首选蒸馏水，对于不溶于水的受试物可选择其他溶剂，首选 DMSO（每平板最高添加量不超过 0.1mL），也可以选择其他溶剂。

（2）剂量设计　决定受试物最高剂量的原则是受试物对试验菌株的毒性和受试物的溶解度。进行预试验有助于了解受试物对菌株的毒性和受试物的溶解度。对于无细菌毒性的可溶性受试物推荐的最高剂量是 5mg/皿或 5μL/皿；对于溶解度差的受试物，可以采用悬浊液，但溶液混浊的程度（沉淀的多少）不能影响菌落计数。由于溶解度或者毒性的限制最大剂量达不到 5mg/皿或 5μL/皿，最高剂量应为出现沉淀或细菌毒性的剂量。评价含有潜在致突变杂质的受试物时，实验剂量可以高于 5mg/皿或 5μL/皿。对于需要前处理的受试物（如液体饮料、袋泡茶、口服液和辅料含量较大的样品等），其剂量设计应以处理后的样品计算。

每种受试物在允许的最高剂量下设 4 个剂量组，包括加和不加 S9 两种情况。按等比组距的原则设定剂量间隔，推荐采用 $\sqrt{10}$ 倍组距。每个剂量应作 3 个平板。一般受试物的最低剂量不低于 0.2μg/皿。受试物应无菌，必要时以适当的方法灭菌或除菌。

（3）对照组的设置　实验应同时设有阳性物对照组、溶剂对照组和未处理对照，均包括加 S9 和不加 S9 两种情况。

阳性对照物应根据菌株的类型进行选择，并选择合适的剂量以保证每次实验的有效性，可参考附录七、附录八或其他有关资料。

溶剂对照组的处理方法除不加入受试物外与处理组相同。

当阳性致突变物采用 DMSO 溶解，而受试物不用 DMSO 溶解时，应同时做 DMSO 溶剂对照。

（4）受试物的特殊处理　若遇特殊受试物作非常规处理时应在报告中说明。对以下几种情况可作如下处理。

①含组氨酸受试物：根据食品中测得的组氨酸含量，若能诱发回复突变率的增高，可加设组氨酸平行对照组；或将检品经 XAD-Ⅱ 树脂柱过滤洗脱进行预处理。

②挥发性受试物：可采用真空干燥器处理等方法。

③天然植物材料：可按植物化学方法制备粗制品或纯制品。

3. 操作步骤

可分为平板掺入法、预培养平板掺入法及点试法等，分别叙述如下。

（1）平板掺入法

①将主平板或冷冻保存的菌株培养物接种于营养肉汤培养基内，37℃振荡（100 次/min）培养 10h 或静置培养 16h，使活菌数不少于 $1×10^9 \sim 2×10^9$/mL。

②底层培养基平板，每个剂量加 S9 和不加 S9 均做 3 个平板。

③融化顶层培养基分装于无菌带盖小试管（试管数与平板数相同），每管 2mL，在 45℃水浴中保温。

④在保温的顶层培养基（试管）中依次加入测试菌株新鲜增菌液 0.1mL，混匀；实验组加受试物 0.05～0.2mL（一般加入 0.1mL，需活化时另加 10% S9 混合液 0.5mL），再混匀，迅速倾入铺好底层培养基的平板上，转动平板使顶层培养基均匀分布在底层培养基上，平放固化；37℃培养 48h 观察结果，必要时延长至 72h 观察结果。

⑤阳性对照组加入同体积标准诱变剂，溶剂对照组只加入同体积的溶剂；未处理对照组只在培养基上加菌液；其他方法同实验组。

（2）预培养平板掺入法　预培养对于某些受试物可取得较好效果。因此，可根据情况确定是否进行预培养。在加入顶层培养基前，先进行以下预培养步骤：

①将受试物（需活化时另加 10% S9 混合液 0.5mL）和菌液，在 37℃ 条件下培养 20min，或在 30℃ 条件下培养 30min。

②再加入 2mL 顶层琼脂；其他同平板掺入法。

（3）点试法

①与本实验"平板掺入法"中①相同。

②与本实验"平板掺入法"中②相同。

③与本实验"平板掺入法"中③相同。

④在水浴中保温的顶层培养基中依次加入测试菌株增菌液 0.1mL ［需要时加 10%（体积分数）S9 混合液 0.5mL］，混匀，迅速倾入底层培养基上，转动平皿，使顶层培养基在

底层上均匀分布。平放固化后取无菌滤纸圆片（直径为6mm），小心放在已固化的顶层培养基的适当位置上，用移液器取适量受试物（如10μL），点在纸片上，或将少量固体受试物结晶加到纸片或琼脂表面，37℃培养48h，观察结果。

⑤另做阳性对照、溶剂对照，分别在滤纸片上加入同体积标准诱变剂、溶剂，未处理对照滤纸片上不加物质，其他步骤相同。

四、结果与评价

1. 数据处理

回变菌落计数　直接计数培养基上的回变菌落数，计算各菌株各剂量3个平板回变菌落数的均数和标准差。

2. 结果评价

（1）掺入法结果评价　在背景生长良好的条件下，测试菌株TA1535、TA1537、TA98和大肠杆菌的回变菌落数等于或大于未处理对照组的2倍，其他测试菌株的回变菌落数等于或大于未处理对照组的2倍，并具有以下两种情况之一的可判定为阳性结果：①有剂量反应关系；②某一测试点有可重复的阳性结果。

（2）点试法结果评价　如在受试物点样纸片周围长出较多密集的回变菌落，与未处理对照相比有明显区别者，可初步判定该受试物诱变实验阳性，但应该用掺入法实验来验证。

（3）验证　明显的阳性结果不需要进行验证；可疑的结果要改用其他的方法进行验证；阴性结果需要验证（即重复一次），应改变实验的条件，如剂量间距（改为5倍间距）等。

（4）对照组结果评价　阳性结果表明受试物对实验菌株的基因组诱发了点突变。阴性结果表明，在该实验条件下受试物对测试菌株不诱发基因突变。

3. 实验报告

（1）受试物　名称、前处理方法、溶剂、阳性对照物等。

（2）菌株　来源、名称、浓度（细菌个数/皿）及菌株特性（包括菌株鉴定的时间和结果）。

（3）实验方法　剂量、代谢活化系统、标准诱变剂、操作步骤等。

（4）实验结果　受试物对菌株的毒性、背景菌苔生长情况、平板上是否有沉淀、每个平板的回变菌落数、各剂量各菌株加和不加S9每皿回变菌落数的均数和标准差、是否具有剂量-反应关系、统计结果，同时，进行的溶剂对照和阳性对照的均照和阳性对照的历史范围。

（5）结论　本实验条件下受试物是否具有致突变作用。

五、注意事项

（1）本实验采用的是原核细胞，与哺乳动物细胞在摄取、代谢、染色体结构和DNA修复等方面都有所不同。体外实验一般需要外源性代谢活化，但体外代谢活化系统不能完全模拟哺乳动物体内代谢条件，因此，本实验结果不能直接外推到哺乳动物。

（2）本实验通常用于遗传毒性的初步筛选，并特别适用于诱发点突变的筛选。已有的数据库证明，在本实验为阳性结果的很多化学物在其他实验上也表现出致突变活性。也有一些致突变物在本实验不能被检测，这可能是由于检测终点的特殊性质、代谢活化的差别，或生物利用度的差别。

（3）本实验不适用于某些类别的化学物，如强杀菌剂和特异性干扰哺乳动物细胞复制系统的化学品。含有这类物质的受试样品可使用哺乳动物细胞基因突变实验。

（4）对于各菌株的自发回变范围，应有本实验的历史对照数据库。

实验四　生殖发育毒性实验

外来化合物对雄性和雌性生殖功能或能力的损害和对后代的有害影响就称为生殖毒性。生殖毒性既可发生于雌性妊娠期，也可发生于妊前期和哺乳期。表现为外源化学物对生殖过程的影响，如生殖器官及内分泌系统的变化、对性周期和性行为的影响，以及对生育力和妊娠结局的影响等。发育毒性为个体在出生前暴露于受试物、发育成为成体之前（包括胚期、胎期以及出生后）出现的有害作用，表现为发育生物体的结构异常、生长改变、功能缺陷和死亡。生殖毒性实验主要研究外来化合物对生殖细胞发生、卵细胞受精、胚胎形成、妊娠、分娩和哺乳过程的损害及其评定；过去也称为繁殖实验；适用于评价受试物的生殖发育毒性作用。母体毒性是指受试物引起亲代雌性妊娠动物直接或间接的健康损害效应，表现为增重减少、功能异常、中毒体征，甚至死亡。未观察到有害作用剂量是指通过动物实验，以现有的技术手段和检测指标未观察到任何与受试物有关的毒性作用的最大剂量。最小观察到有害作用剂量是指在规定的条件下，受试物引起实验动物组织形态、功能、生长发育等有害效应的最小作用剂量。

本实验的目的是了解受试物对实验动物繁殖及对子代的发育毒性，如性腺功能、发情周期、交配行为、妊娠、分娩、哺乳和断乳以及子代的生长发育等。得到受试物的未观察到有害作用剂量水平，为初步制定人群安全接触限量标准提供科学依据。学习生殖发育毒性实验的基本方法和程序。

一、实验原理

本实验包括三代（F_0、F_1 和 F_2 代）。F_0 和 F_1 代给予受试物，观察生殖毒性，F_2 代观察功能发育毒性。提供关于受试物对雌性和雄性动物生殖发育功能影响，如性腺功能、交配行为、受孕、分娩、哺乳、断乳以及子代的生长发育和神经行为情况等。毒性作用主要包括子代出生后死亡的增加、生长与发育的改变、子代的功能缺陷（包括神经行为、生理发育）和生殖异常等。该实验也称为三段生殖毒性实验（图 4-7）。

二、实验材料

1. 仪器

实验室常用解剖器械、电子天平、生物显微镜、检眼镜、生化分析仪、血球分析仪、凝血分析仪、尿液分析仪、离心机、石蜡切片机等。

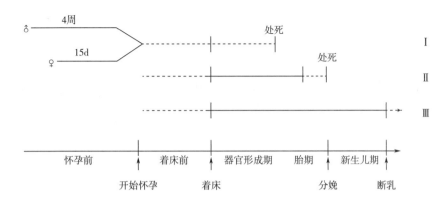

图 4-7　三段生殖毒性实验图解

注：Ⅰ—生育力与早期胚胎发育毒性实验；Ⅱ—胚体-胚胎毒性实验；

Ⅲ—出生前和出生后发育毒性实验，实线表示染毒期。

2. 试剂

苦味酸酒精饱和溶液，其他相关试剂均为分析纯。

3. 实验动物

首选大鼠，避免选用生殖率低或发育缺陷发生率高的品系。为了正确地评价受试物对动物生殖和发育能力的影响，两种性别的动物都应使用。所选动物应注明物种、品系、性别、体重和周龄。同性别实验动物个体间体重相差不超过平均体重的±20%。选用的亲代（F_0代）雌鼠应为非经产鼠、非孕鼠。保证每个受试物组及对照组都能至少获 20 只孕鼠。一般在实验开始时两种性别每组各需要 30 只（F_0代），在后续的实验中用来交配的动物每种性别每组各需要 25 只（F_1代至少每窝雌雄各取 1 只，最多每窝雌雄各取 2 只）。实验前动物在实验动物房至少应进行 3~5d 环境适应和检疫观察，方可进行生殖发育毒性实验。饲养条件、饮用水、饲料应符合有关规定。实验动物按单笼或按性别分笼饲养，自由饮食、饮水。孕鼠临近分娩时，应单独饲养在分娩笼中，需要时笼中放置造窝垫料。

三、实验方法

1. 受试物

受试物应首先使用原始样品，若不能使用原始样品，应按照受试物处理原则对受试物进行适当处理。将受试物掺入饲料、饮用水或灌胃给予。

2. 剂量及分组

动物按体重随机分组，实验至少设三个受试物组和一个对照组。如果受试物使用溶剂，对照组应给予溶剂的最大使用量。如果受试物引起动物食物摄入量和利用率下降时，那么对照组动物需要与实验组动物配对喂饲。某些受试物的高剂量受试物组设计应考虑其对营养素平衡的影响，对于非营养成分受试物剂量不应超过饲料的 5%。在受试物理化和生物特性允许的条件下，最高剂量应使 F_0 和 F_1 代动物出现明显的毒性反应，但不引起动物死亡；中间剂量可引起轻微的毒性反应，低剂量应不引起亲代及其子代动物的任何毒性反应。如果受试物的毒性较低，1000mg/kg（bw）的剂量仍未观察到对生殖发育过程有任何毒副作用，则可以采用限量实验，即实验不再考虑增设受试物其他剂量组。若高剂量的预实验观察到明显的母体毒性作用，但对生育无影响，也可以采用限量实验。

3. 操作步骤和观察指标

（1）受试物给予　实验期间，所有动物应采用相同的方式给予受试物；如受试物经灌胃给予，灌胃频次按每天1次，每周7d给予受试物。各代大鼠给予的受试物剂量［按动物体重给予，mg/kg（bw）或g/kg（bw）］、饲料和饮水相同。

根据受试物的特性或实验目的，可将受试物掺入饲料、饮水或灌胃给予。首选掺入饲料，若受试物加入饲料或饮水中影响动物的适口性，则应选择灌胃给予受试物。

①受试物灌胃给予：要将受试物溶解或悬浮于合适的溶剂中，首选溶剂为水、不溶于水的受试物可使用植物油（如橄榄油、玉米油等），不溶于水或油的受试物亦可使用羧甲基纤维素、淀粉等配成混悬液或糊状物等。受试物应现用现配，有资料表明其溶液或混悬液储存稳定者除外。应每日在同一时间灌胃1次，每周称体重两次，根据体重调整灌胃体积。灌胃体积一般不超过10mL/kg（bw），如为水溶液时，最大灌胃体积可达20mL/kg（bw）；如为油性液体，灌胃体积应不超过4mL/kg（bw）；各组灌胃体积一致。

②受试物掺入饲料或饮水给予：要将受试物与饲料（或饮水）充分混匀并保证该受试物配制的稳定性和均一性，以不影响动物摄食、营养平衡和饮水量为原则，受试物掺入饲料比例一般小于质量分数5%，若超过5%时（最大不应超过10%），可调整对照组饲料营养素水平（若受试物无热量或营养成分，且添加比例大于5%时，对照组饲料应填充甲基纤维素等，掺入量等同高剂量），使其与剂量组饲料营养素水平保持一致；亦可视受试物热量或营养成分的状况调整剂量组饲料营养素水平，使其与对照组饲料营养素水平保持一致。受试物掺入饲料时需将受试物剂量［mg/kg（bw）］按动物每100g体重的摄食量折算为受试物饲料浓度（mg/kg饲料）。

（2）实验流程　选用断乳后7~9周的F_0代雌、雄鼠，适应3~5d后开始给予受试物，至交配前至少持续10周。交配结束后，对F_0代雄鼠进行剖检。在3周交配期、妊娠期，直到子代F_1断乳，整个实验期间，F_0代雌鼠每天给予受试物。F_1代仔鼠断乳后，给予受试物，并一直延续直到F_2代断乳。试验期间根据受试物的代谢和蓄积特性，可适当调整剂量（实验程序见表4-6）。

表4-6　　　　　　　　　　　　　　大鼠生殖发育实验程序

实验周期	亲代（F_0）	子一代（F_1）	子二代（F_2）
第1周~第10周末	给予受试物		
第1周~第13周末	交配（给予受试物）		
第14周~第16周末	妊娠期给予受试物，妊娠结束后处死雄鼠		
第17周~第19周末	哺乳期给予受试物，哺乳结束后处死雌鼠	出生后4d，每窝调整为8只仔鼠，进行仔鼠生理发育观察	

续表

实验周期	亲代（F_0）	子一代（F_1）	子二代（F_2）
第 20 周~第 29 周末		给予受试物	
第 30 周~第 32 周末		交配（给予受试物）	
第 33 周~第 35 周末		妊娠期给予受试物，妊娠结束后处死雄鼠	
第 36 周~第 38 周末		哺乳期给予受试物，哺乳结束 后处死雌鼠	出生后 4d，每窝调整为 8 只仔鼠，进行仔鼠生理发育观察
第 39 周~实验结束			仔鼠生理发育观察仔鼠神经行为检测

（3）交配

①生殖发育毒性试验可用性别 1：1 或 1：2（1 雄，2 雌）交配。

②每次交配时，每只雌鼠应与从同一受试物组随机选择的单只雄鼠同笼（1：1 交配），配对同笼的雌、雄鼠应作标记。所有雌鼠在交配期应每天检查精子或阴栓，直到证明已交配为止，并在证明已交配后尽快将雌、雄鼠分开。查到精子或阴栓的当天为受孕第 0 天。

③子代 F_1 大鼠鼠龄 13 周才可交配。对子代 F_1 的交配，同一受试物组中每窝随机选择与另一窝仔鼠 1：1 雌雄交叉交配产生子代 F_2；参与交配的仔鼠，每窝雌、雄至少各有 1 只，且应随机抽出，而不应按体重选择。没有被选中的 F_1 代雌性和雄性仔鼠至 F_2 代仔鼠断乳时处死。

④如果经过 3 个发情期或两周仍未交配成功，应将交配的雌、雄鼠分开，不再继续同笼。同时，应对不育的动物进行检查，分析其原因另外，也可将未成功交配的动物与证实过生育功能无常的动物重新配对，并在需要时进行生殖器官的病理组织学、发情周期和精子发生周期的检查。

⑤由于受试物的毒性作用导致窝仔鼠数目无法达到试验要求，或在第一次交配过程中观察到可疑的变化和结果，可进行亲代（F_0 代）或子一代（F_1 代）大鼠的第二次交配。第二次交配时，推荐使用未交配的雌（雄）大鼠与已交配过的雄（雌）大鼠进行。第二次交配一般在第一次交配所产幼鼠断乳后 1 周进行。

（4）每窝仔鼠数量的标准化　F_0 和 F_1 代母鼠妊娠和哺乳期间给予受试物，断乳期结束后处死。F_1 代仔鼠出生后第 4 天，采用随机的方式（而不是以体重为依据），将每窝仔鼠数目进行调整，剔除多余的仔鼠，达到每窝仔鼠性别和数目的统一。每窝尽可能选 4 只雄鼠和 4 只雌鼠，也可根据实际情况进行部分调整，但每窝应不少于 8 只幼鼠。F_2 代仔鼠按照同样的方式进行调整。

（5）观察指标

①对实验动物做全面的临床检查，记录受试物毒性作用所产生的体征、相关的行为改变、分娩困难或延迟的迹象等所有的毒性指征及死亡率。

②交配期间应检查雌鼠（F_0 和 F_1 代）的阴道和子宫颈，判断雌鼠的发情周期有无异常。

③交配前和交配期，实验动物摄食量可每周记录一次，而妊娠期间可考虑逐日记录。如受试物通过掺入饮水方式给予，则需每周计算一次饮水消耗量。产仔后，母鼠的摄食量也应记录，时间可选择与每窝仔鼠称量体重时同时进行。

④F_0 和 F_1 代参与生殖的动物应在给予受试物的第 1 天进行称重，以后每周称量体重一次，逐只记录。

⑤实验结束时，选取 F_0 和 F_1 代雄鼠的附睾，进行精子形态、数量以及活动能力的观察和评价。可先选择对照组和高剂量组的动物进行检查，每只动物至少检查 200 个精子。如检查结果有提示，则进一步对低、中剂量组动物进行检查。

⑥为确定每窝仔鼠数量、性别、死胎数、活胎数和是否有外观畸形，每窝仔鼠应在母鼠产仔后尽快对其进行检查，死胎、哺乳期间死亡的仔鼠以及产后第 4 天由于窝标准化而需处死的仔鼠的尸体，均需妥善保存并做病理学检查。

⑦对明显未孕的动物，可处死后取其子宫，采用硫化铵染色等方法检查着床数，以证实胚胎是否在着床前死亡。

⑧存活的仔鼠在出生后的当天上午、第 4 天、第 7 天、第 14 天和第 21 天分别进行计数和体重称量并观察和记录母鼠及子代生理和活动是否存在异常。

⑨以窝为单位，检查并记录全部 F_1 代仔鼠生理发育指标，建议选择断乳前耳廓分离、睁眼、张耳、出毛、门齿萌出时间，以及断乳后雌性阴道张开和雄性睾丸下降的时间等。具体观察时间和频次可根据试验所用大鼠品系特点确定（表 4-7）。

表 4-7 F_1 代仔鼠生理发育指标

生理发育指标	观察时间和频次		
	断乳前	断乳后至性成熟	性成熟后
体重、临床表现	每周一次	每两周一次	每两周一次
脑重	出生后第 11 天		实验结束
性成熟		适当时间	
其他发育指标	相应的适当时间		

⑩各实验剂量组随机选取一定数目、标记明确的 F_2 代仔鼠，分别进行相关生理发育和神经行为指标测定。检测的生理发育、神经行为指标以及相应的实验动物数目见表 4-8，其中生理发育指标检查时间和频次同 F_1 代仔鼠。神经行为发育指标的检测分别于 F_2 仔鼠出生后第（25 ± 2）天和第 60 天左右进行。在这两个发育阶段所采用的认知能力实验方法有所区别，建议选择有针对性、敏感的认知能力实验方法；如果有资料提示受试物可能对认知能力有影响，需要进一步进行感觉功能、运动功能检测，并可根据文献报道和前期的研究结果有针对性地选择相关学习和记忆检测方法。如果无上述信息的提供，推荐使用主动回避实验、被动回避实验以及 Morris 水迷宫实验等作为实验方法。

表 4-8 F_2 代仔鼠生理和神经行为发育指标

各受试物组每窝选用仔鼠数目/只		各项发育指标实际使用仔鼠数目/只		发育指标
雄	雌	雄	雌	
1	1	20	20	个体运动行为能力的测定
		10	10	出生后 11d 对仔鼠大脑称重并进行神经病理学检查
1	1	20	20	进行详细的临床观察并记录、自主活动的观察、性成熟的观察、运动和感觉功能的测定
		10	10	出生后 70d 对已成年的仔鼠大脑称重并进行神经病理学检查
1	1	10	10	出生后 23d 起,对仔鼠进行学习记忆能力的测定
		10	10	出生后 70d 已成年的仔鼠大脑称重
1	1	20	20	出生后 21d 处死

⑪其他指标:必要时结合受试物的特点开展其他的临床检测。

(6) 病理检查

①大体解剖:生殖发育毒性实验过程中,处死的或死亡的所有成年鼠、仔鼠均需进行大体病理解剖,观察包括生殖器官在内的脏器是否存在病变或结构异常。

②器官称量:在大体解剖的基础上应对子宫及卵巢、睾丸及附睾、前列腺、精囊腺、脑、肝脏、肾、脾、脑垂体、甲状腺和肾上腺等重要的器官进行称量,并记录。

四、结果与评价

1. 数据处理

将所有的数据和结果以表格形式进行总结,数据可以用表格进行统计,表中应显示每组的实验动物数、交配的雄性动物数、受孕的雌性动物数、各种毒性反应及其出现动物百分数。生殖、生理发育指标数据,应以窝为单位进行统计。神经发育毒性以及病理检查等结果应以适当的方法进行统计学分析。计量资料采用方差分析,进行多个试验组与对照组之间均数比较,分类资料采用 Fisher 精确分布检验、χ^2 检验、秩和检验,等级资料采用 Ridit 分析、秩和检验等。

2. 结果评价

逐一比较受试物组动物与对照组动物观察指标和病理学检查结果是否有显著性差异,以评定受试物有无生殖发育毒性,并确定其生殖发育毒性的最小可见损害作用剂量(LOAEL)和未观察到有损害作用剂量(NOAEL)。同时还可根据出现统计学差异的指标(如体重、生理指标、大体解剖和病理组织学检查结果等),进一步估计生殖发育毒性的作用特点。

3. 实验报告

(1) 受试物   名称、前处理方法、溶剂、阳性对照物等。

(2) 实验动物   物种、品系、级别、数量、周龄、体重、性别、饲料来源及饲养情况等。

（3）实验方法　实验分组、每组动物数、剂量选择依据、受试物给予途径及期限、观察指标、统计学方法。

（4）实验结果

①按性别和受试物组分别记录的毒性反应，包括生殖、妊娠和发育能力的异常。

②实验期间动物死亡的时间或实验动物是否能生存到实验结束。

③每窝仔鼠的体重和仔鼠的平均体重，以及实验后期单只仔鼠的体重。

④任何有关生殖，仔鼠及其生长发育的毒性和其他健康损害效应。

⑤观察到的各种异常症状的出现时间和持续过程。

⑥亲代（F_0）和选作交配的子代动物的体重数据。

⑦F_2代仔鼠生理发育指标达标的时间。

⑧F_2代仔鼠个体神经行为发育指标检查结果。

⑨F_2代仔鼠学习和记忆功能指标的测试结果，病理大体解剖的发现。

⑩结果的统计处理。

⑪实验结论：受试物生殖发育毒性作用的特点、剂量-反应关系，并得出对各代经口生殖发育毒性的 NOAEL 和（或）LOAEL 等结论。

五、注意事项

生殖毒性实验检验动物经口重复暴露于受试物产生的对 F_0 和 F_1 代雄性和雌性生殖功能的损害及对 F_2 代的功能发育的影响，并从剂量-效应和剂量反应关系的资料，得出生殖发育毒性作用的 LOAEL 和 NOAEL 实验结果应该结合亚慢性实验、致畸实验、生殖毒性实验、毒物动力学及其他实验结果进行综合解释。因动物和人存在物种差异，故实验结果外推到人存在一定的局限性，但也能为初步确定人群的允许接触水平提供有价值的信息。

实验五　亚慢性毒性实验（28d 经口毒性实验、90d 经口毒性实验）

急性毒性实验主要是研究外源化学物急性毒作用的特征和上限参数（如 LD_{50}），并据此可进行急性毒性分级。人体接触外源化学物往往是长期的反复的接触，利用急性毒性实验的资料难以预测慢性毒性，这是因为：①外源化学物在长期重复染毒时可产生与急性毒性实验完全不同的毒作用，如苯急性中毒引起中枢神经系统的抑制，而长期反复接触可引起粒细胞缺乏及白血病；②随着动物的衰老，有些因素如组织易感性改变、代谢和生理功能的改变，以及自发性疾病等均可影响毒作用的性质和程度；③某些重要的疾病如心脏病、慢性肾衰、肿瘤等均与年龄增长有关。基于上述原因，进一步研究外源化学物的慢性毒性是很有必要的。

外源化学物进入机体后，可经过代谢转化排出体外，或直接排出体外。但是当其连续地、反复地进入机体，而且吸收速度超过代谢转化与排泄的速度时，化学物质在体内的量逐渐增加，这种蓄积作用是发生慢性毒性的基础。由于慢性毒性实验耗费了大量的人力、物力和时间，亚急性、亚慢性毒性实验在预备或筛选实验中的优势就很明显。当外源化学物在亚急性、亚慢性毒性实验中有严重的毒作用时，此受试物就应被放弃，只有在必要时才进行慢性毒性实验。有研究者比较了 117 种药品犬亚慢性（90d）和慢性（24 个月）毒性实验结果与大鼠（短期或长期毒性实验）的结果，几乎没有发现新的毒性资料，因此，一般 6 个月实验周期是没有必要的，除非是在研究致癌作用时。

亚慢性是指实验动物连续（通常 13 个月）重复染毒外源化合物所应起的毒性效应；慢性毒性是指实验动物长期染毒外源化学物所应起的毒性效应。

亚慢性毒性实验的目的：

（1）确定受试物亚慢性的效应谱，对在急性及亚急性毒性实验中发现的毒作用提供新的信息，并可发现在急性及亚急性毒性实验中未发现的毒作用。

（2）研究受试物亚慢性毒作用的靶器官。

（3）研究受试物亚慢性毒性剂量-反应（效应）关系，确定其最小可见损害作用剂量（LOAEL）和未观察到有损害作用剂量（NOAEL），提出此受试物的安全限量参考。

（4）研究受试物亚慢性毒性损害的可逆性。

（5）亚慢性毒性实验为慢性毒性实验的剂量设计及观察指标的选择提供依据。

（6）确定不同动物物种对受试物亚慢性毒效应的差异，为将毒性研究结果外推到人体提供依据。

在保健食品毒理学安全性评价中，亚慢性毒性实验包括短期 28d 经口毒性实验和较长期的 90d 经口毒性实验。目的就是在急性毒性实验的基础上，进一步了解受试物毒作用性质、剂量-反应（效应）关系和可能的靶器官，得到短期和较长期经口未观察到有害作用剂量（NOAEL），初步评价受试物的安全性，并为下一步期毒性和慢性毒性实验剂量、观察指标、毒性终点的选择提供依据，为慢性毒性实验剂量的选择和初步制定人群安全接触限量标准提供科学依据。亚慢性和慢性毒性实验检测各种毒性终点的流程图见图 4-8。

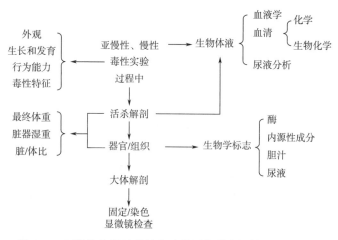

图 4-8　亚慢性和慢性毒性实验检测各种毒性终点的流程图

内容一　28d 经口毒性实验

重复剂量 28d 经口毒性实验是指实验动物连续 28d 经口接触受试物后引起的健康损害

效应。未观察到有害作用剂量（NOAEL）是指通过动物实验，以现有的技术手段和检测指标未观察到任何与受试物有关的毒性作用的最大剂量。

最小观察到有害作用剂量（LOAEL）是指在规定的条件下，受试物引起实验动物组织形态、功能、生长发育等有害效应的最小作用剂量。靶器官是指实验动物出现由受试物引起明显毒性作用的器官。卫星组是指在毒性研究设计和实施中外加的动物组，其处理和饲养条件与主要研究的动物相似，用于实验中期或实验结束恢复期的观察和检测，也可用于不包括在主要研究内的其他指标及参数的观察和检测。

在急性毒性实验的基础上，进一步了解受试物毒作用性质、剂量-反应（效应）关系和可能的靶器官，得到28d经口未观察到有害作用剂量（NOAEL），初步评价受试物的安全性，并为下一步较长期毒性和慢性毒性实验剂量、观察指标、毒性终点的选择提供依据；学习实验动物28d经口毒性实验的基本实验方法和技术要求。

一、实验原理

确定在28d内经口连续接触受试物后引起的毒性效应，了解受试物剂量-反应关系和毒作用靶器官，确定28d经口最小观察到有害作用剂量（LOAEL）和未观察到有害作用剂量（NOAEL），初步评价受试物经口的安全性，并为下一步较长期毒性和慢性毒性实验剂量、观察指标、毒性终点的选择提供依据。

二、实验材料

1. 仪器

实验室常用解剖器械、电子天平、生物显微镜、检眼镜、生化分析仪、血球分析仪、凝血分析仪、尿液分析仪、离心机、石蜡切片机等。

2. 试剂

甲醛、二甲苯、乙醇、苏木素、伊红、石蜡、血球分析仪稀释剂、生化分析试剂、凝血分析试剂、尿液分析试剂等。

3. 实验动物

实验动物的选择应符合有关规定。大鼠周龄不超过6周，体重50~100g。实验开始时每个性别动物体重的差异不应超过平均体重的±20%。每组动物数不少于20只，雌雄各半；若计划实验结束做恢复期的观察，应增加动物数（对照和高剂量增加卫星组，每组10只，雌雄各半）。

对照组动物性别和数量应与受试物组相同。实验前大鼠在实验动物房至少应进行3~5d环境适应和检疫观察饲养。实验动物饲养条件应符合有关规定。实验期间动物自由饮水和摄食，推荐单笼饲养，大鼠也可按组分性别分笼群饲，每笼动物数（一般不超过3只）应满足实验动物最低需要的空间，以不影响动物自由活动和观察动物的体征为宜。实验期间每组动物非试验因素死亡率应小于10%，濒死动物应尽可能进行血液生化指标检测、大体解剖以及病理组织学检查，每组生物标本损失率应小于10%。

三、实验方法

1. 受试物

受试物应使用原始样品，若不能使用原始样品，应按照受试物处理原则对受试物进行适当处理。将受试物掺入饲料、饮用水或灌胃给予。

2. 剂量及分组

（1）分组　实验至少设 3 个受试物剂量组，1 个阴性（溶剂）对照组，必要时增设未处理对照组。若实验结束做恢复期观察，对照和高剂量需增设卫星组。对照组除不给受试物外，其余处理均同受试物剂量组。

（2）剂量设计

①原则上高剂量应使部分动物出现比较明显的毒性反应，但不引起死亡；低剂量不宜出现任何可观察到的毒效应（相当于 NOAEL），且高于人的实际接触水平；中剂量介于两者之间，可出现轻度的毒性效应，以得出 LOAEL，一般递减剂量的组间距以 2~4 倍为宜，如受试物剂量总跨度过大，可加设剂量组。实试验剂量的设计参考急性毒性 LD_{50} 剂量和人体实际摄入量进行。

②能求出 LD_{50} 的受试物，以 LD_{50} 的 10%~25% 作为 28d 经口毒性实验的最高剂量组，此 LD_{50} 百分比的选择主要参考 LD_{50} 剂量-反应曲线的斜率。然后在此剂量下设几个剂量组，最低剂量组至少是人体预期摄入量的 3 倍。

③求不出 LD_{50} 的受试物，实验剂量应尽可能涵盖人体预期摄入量 100 倍的剂量，在不影响动物摄食及营养平衡的前提下应尽量提高高剂量组的剂量。对于人体拟摄入量较大的受试物，高剂量组亦可以按最大给予量设计。

3. 操作步骤和观察指标

（1）受试物给予　根据受试物的特性和实验目的，选择受试物掺入饲料、饮水或灌胃方式给予。若受试物影响动物适口性，应灌胃给予。受试物应连续给予 28d。

①受试物灌胃给予：要将受试物溶解或悬浮于合适的溶剂中，首选溶剂为水、不溶于水的受试物可使用植物油（如橄榄油、玉米油等），亦可使用羧甲基纤维素、淀粉等配成混悬液或糊状物等。受试物应现用现配，有资料表明其溶液或混悬液储存稳定者除外。应每日在同一时段灌胃 1 次，每周称体重 2 次，根据体重调整灌胃体积。灌胃体积一般不超过 10mL/kg（bw），如为水溶液时，最大灌胃体积大鼠可达 20mL/kg（bw）；如为油性液体，灌胃体积应不超过 4mL/kg（bw）；各组灌胃体积一致。

②受试物掺入饲料或饮水给予：要将受试物与饲料（或饮水）充分混匀并保证该受试物配制的稳定性和均一性，以不影响动物摄食、营养平衡和饮水量为原则，受试物掺入饲料比例一般小于质量分数 5%，若超过 5% 时（最大不应超过 10%），可调整对照组饲料营养素水平（若受试物无热量或营养成分，且添加比例大于 5% 时，对照组饲料应填充甲基纤维素等，掺入量等同高剂量），使其与受试物组饲料营养素水平保持一致，同时增设未处理对照组；亦可视受试物热量或营养成分的状况调整受试物剂量组饲料营养素水平，使其与对照组饲料营养素水平保持一致。受试物剂量单位是每千克体重所摄入受试物的毫克（或克）数，即 mg/kg（bw）［或 g/kg（bw）］，受试物掺入饲料时，需将受试物剂量［mg/kg（bw）］按动物每 100g 体重的摄食量折算为受试物饲料浓度（mg/kg 饲料），一般

28d 经口毒性实验大鼠每日摄食量按体重 10% 折算。

（2）一般临床观察　观察期限为 28d，若设恢复期观察，动物应停止给予受试物后继续观察 14d，以观察受试物毒性的可逆性、持续性和迟发效应。实验期间至少每天观察一次动物的一般临床表现，并记录动物出现中毒的体征、程度和持续时间及死亡情况。观察内容包括被毛、皮肤、眼、黏膜、分泌物、排泄物、呼吸系统、神经系统、自主活动（如流泪、竖毛反应、瞳孔大小、异常呼吸）及行为表现（如步态、姿势、对处理的反应、有无强直性或阵挛性活动、刻板反应、反常行为等）。对体质弱的动物应隔离，濒死和死亡动物应及时解剖。

（3）体重和摄食及饮水消耗量　每周记录体重、摄食量，计算食物利用率，实验结束时，计算动物体重增长量、总摄食量、总食物利用率。受试物经饮水给予，应每日记录饮水量。如受试物经掺入饲料或饮水给予，应计算和报告受试物各剂量组实际摄入剂量。

（4）眼部检查　实验前和实验结束时，至少对高剂量组和对照组实验动物进行眼部（角膜、球结膜、虹膜）检查，若发现高剂量组动物有眼部变化，则应对所有动物进行检查。

（5）血液学检查　大鼠实验结束、恢复期结束（卫星组）进行血液学指标测定。推荐指标为白细胞计数及分类（至少三分类）、红细胞计数、血红蛋白浓度、红细胞压积、血小板计数、凝血酶原时间（PT）、活化部分凝血活酶时间（APTT）等。如果对血液系统有影响，应加测网织红细胞、骨髓涂片细胞学检查。

（6）血生化检查　大鼠实验结束、恢复期结束（卫星组）进行血液生化指标测定，均为空腹采血。测定指标应包括电解质平衡、糖类、脂类和蛋白质代谢、肝（细胞、胆管）肾功能等方面。至少包含丙氨酸氨基转移酶（ALT）、天冬氨酸氨基转移酶（AST）、谷氨酰转肽酶（GGT）、碱性磷酸酶（AKP）、尿素（Urea）、肌酐（Cre）、血糖（Glu）、总蛋白质（TP）、清蛋白（Alb）、总胆固醇（TC）、甘油三酯（TG）、氯、钾、钠指标。必要时可检测钙、磷、尿酸（UA）、胆碱酯酶、山梨醇脱氢酶、总胆汁酸（TBA）、高铁血红蛋白、激素等指标。应根据受试物的毒作用特点或构效关系增加检测内容。

（7）尿液检查　大鼠在实验结束、恢复期结束（卫星组）时进行尿液常规检查，包括尿蛋白、相对密度、pH、葡萄糖和潜血等。若预期有毒反应指征，应增加尿液检查的有关项目，如尿沉渣镜检、细胞分析等。

（8）病理检查　大体解剖：实验结束时必须对所有动物进行大体检查，包括体表、颅、胸、腹腔及其脏器，并称量心脏、胸腺、肾上腺、肝、肾、脾、睾丸的绝对重量，计算相对重量（脏体比）。

（9）其他指标　必要时，根据受试物的性质及所观察的毒性反应增加其他指标（如神经毒性、免疫毒性、内分泌毒性指标）。

四、结果与评价

1. 数据处理

应将所有的数据和结果以表格形式进行总结，列出各组开始前的动物数、实验期间动物死亡数及死亡时间、出现毒性反应的动物数，列出所见的毒性反应，包括出现毒效应的时间、持续时间及程度。对计量资料给出均数、标准差。对动物体重、摄食量、饮水量（受试物经饮水给予）、食物利用率、血液学检查、血生化检查、尿液检查、脏器重量和脏体比、病理检查等结果应以适当的方法进行统计学分析。

一般情况，计量资料采用方差分析进行多个实验组与对照组之间均数比较，分类资料采用 Fisher 精确分布检验、χ^2 检验、秩和检验，等级资料采用 Ridit 分析、秩和检验等。

2. 结果评价

应将临床观察、生长发育情况、血液学检查、血生化检查、尿液检查、大体解剖、脏器重量和脏/体比值、病理组织学检查等各项结果，结合统计结果进行综合分析，初步判断受试物毒作用特点、程度、靶器官、剂量–效应、剂量–反应关系。如设有恢复期卫星组，还可判断受试物毒作用的可逆性。在综合分析的基础得出 28d 经口毒性 LOAEL 和（或）NOAEL，初步评价受试物经口的安全性，并为进一步的毒性试验提供依据。

3. 实验报告

（1）受试物 名称、CAS 号（如已知）、纯度、与本实验有关的受试物的物理和化学性质及稳定性等。

（2）溶剂 溶剂的选择依据为受试物在溶解度的溶解度和稳定性。

（3）实验动物 物种、品系、级别、数量、周龄、体重、性别、饲料来源及饲养情况。

（4）实验方法 实验分组、每组动物数、剂量选择依据、受试物给予途径及期限、观察指标、统计学方法。

（5）实验结果 动物生长活动情况、毒性反应特征（包括出现的时间和转归）、体重增长、摄食量、食物利用率、眼部检查、血液学检查、血生化检查、尿液检查、大体解剖、脏器重量和脏体比、病理组织学检查结果。如受试物经掺入饲料或掺入饮水给予，报告各剂量组实际摄入剂量。

（6）实验结论 受试物 28d 经口毒作用的特点，剂量反应关系，靶器官和可逆性，并可得出 28d 经口毒性 NOAEL 和（或）LOAEL 结论等。

五、注意事项

（1）如果把受试物拌入饲料或者饮水，应保证无异味，不影响大鼠摄食和饮水，拌入饲料应均匀一致。

（2）称取饲料时，注意扣除动物弄撒在笼底的饲料量（包括毒物）。

（3）28d 经口毒性实验能提供受试物在较短时间内重复给予引起的毒性效应，毒作用特征及靶器官等有关资料。由于动物和人存在物种差异，实验结果外推到人有一定的局限性，但可为初步估计人群允许接触水平，以提供有价值的信息。

内容二 90d 经口毒性实验

90d 经口毒性实验是亚慢性毒性实验，是指实验动物在不超过其寿命期限 10% 的时间内（大鼠通常为 90d），重复经口接触受试物后引起的健康损害效应。通过这个实验，可以得到未观察到有害作用剂量（NOAEL）和（或）最小观察到有害作用剂量（LOAEL）两个指标。未观察到有害作用剂量是指通过动物实验，以现有的技术手段和检测指标未观察到任何与受试物有关的毒性作用的最大剂量。而最小观察到有害作用剂量是指在规定的条件下，受试物引起实验动物组织形态、功能、生长发育等有害效应的最小作用剂量。而有害效应阈值介于 NOAEL 和 LOAEL 之间。因此，确定 NOAEL 和 LOAEL 的大小对于安全剂量的确定有非常重要的意义。但是由于 NOAEL 和 LOAEL 并不是固定不变的，而是随着实验条件的变化有一定变化的，因此，在分析 NOAEL 和 LOAEL 数据时，应说明实验具体条件（动物种类、染毒途径、毒性效应和研究期限等），同时也应说明有害作用的严重程度。

在亚慢性实验中还可以找到受试物损伤的主要器官，即靶器官，是指实验动物出现由受试物引起明显毒性作用的器官。在实验设计过程中需要增设卫星组。

本实验的目的是观察受试物以不同剂量水平经较长期喂养后对实验动物的毒作用性质、剂量反应关系和靶器官，得到 90d 经口未观察到有害作用的剂量（NOAEL），为慢性毒性实验剂量选择和初步制定人群安全接触限量标准提供科学依据。

一、实验原理

确定在 90d 内经口重复接触受试物引起的毒性效应，了解受试物剂量-反应关系、毒作用靶器官和可逆性，得出 90d 经口最小观察到有害作用剂量（LOAEL）和未观察到有害作用剂量（NOAEL），初步确定受试物的经口安全性，并为慢性毒性实验剂量、观察指标、毒性终点的选择以及获得"暂定的人体健康指导值"提供依据。

二、实验材料

1. 仪器

实验室常用解剖器械、电子天平、生物显微镜、检眼镜、血生化分析仪、血液分析仪、凝血分析仪、尿液分析仪、心电图扫描仪、离心机、病理切片机等。

2. 试剂

甲醛、二甲苯、乙醇、苏木素、伊红、石蜡、血球分析仪稀释剂、血生化分析试剂、凝血分析试剂、尿液分析试剂（或试纸）等。

3. 实验动物

大鼠周龄推荐不超过 6 周，体重 50~100g。实验开始时每个性别动物体重差异不应超过平均体重的±20%，每组动物数不少于 20 只，雌雄各半，若计划实验中期观察或试验结束做恢复期的观察，应增加动物数（对照和高剂量增加卫星组，每组 10 只，雌雄各半）。对照组动物性别和数量应与受试物组相同。

实验前大鼠在实验动物房至少应进行 3~5d 环境适应和检疫观察，饲养条件应符合有关规定。实验期间动物自由饮水和摄食，最好单笼饲养，大鼠也可按组分性别分笼群饲，每笼动物数（一般不超过 3 只）应满足实验动物最低需要的空间，以不影响动物自由活动和观察动物的体征为宜。实验期间每组动物非实验因素死亡率小于 10%，濒死动物应尽可能进行血液生化指标检测、大体解剖以及病理组织学检查，每组生物标本损失率应小于 10%。

三、实验方法

1. 受试物

受试物应使用原始样品，若不能使用原始样品，应按照受试物处理原则对受试物进行适当处理。将受试物掺入饲料、饮用水或灌胃给予。

2. 剂量及分组

（1）分组　实验至少设 3 个受试物剂量组，1 个阴性（溶剂）对照组，必要时增设未处理对照组。若实验中期需要观察血液生化指标、尸检或实验结束做恢复期观察，对照和高剂量需增设卫星组。对照组除不给受试物外，其余处理均同受试物剂量组。

（2）剂量设计

①原则上高剂量应使部分动物出现比较明显的毒性反应，但不引起死亡；低剂量不宜出现任何观察到毒效应（相当于 NOAEL），且高于人的实际接触水平；中剂量介于两者之间，可出现轻度的毒性效应，以得出 NOAEL 和（或）LOAEL。一般递减剂量的组间距以 2~4 倍为宜，如受试物剂量总跨度过大可加设剂量组。实验剂量的设计参考急性毒性 LD_{50} 剂量、28d 经口毒性实验剂量和人体推荐摄入量进行。

②能求出 LD_{50} 的受试物，以 28d 经口毒性实验的 NOAEL 或 LOAEL 作为 90d 经口毒性实验的最高剂量组，或以 LD_{50} 的 5%～15% 作为最高剂量组，此 LD_{50} 百分比的选择主要参考 LD_{50} 剂量–反应曲线的斜率。然后在此剂量下设几个剂量组，最低剂量组至少是人体推荐摄入量的 3 倍。

③求不出 LD_{50} 的受试物，实验剂量应尽可能涵盖人体预期摄入量 100 倍的剂量，在不影响动物摄食及营养平衡的前提下应尽量提高高剂量组的剂量，对于人体推荐摄入量较大的受试物，高剂量组亦可以按最大给予量设计。

3. 操作步骤和观察指标

（1）受试物给予　根据受试物的特性或实验目的，选择受试物掺入饲料、饮水或灌胃方式给予。若受试物影响动物适口性，应灌胃给予。受试物应连续给予 90d。

①受试物灌胃给予：要将受试物溶解或悬浮于合适的溶剂中，首选溶剂为水、不溶于水的受试物可使用植物油（如橄榄油、玉米油等），不溶于水或油的受试物亦可使用羧甲基纤维素、淀粉等配成混悬液或糊状物等。受试物应新鲜配制，有资料表明其溶液或混悬液储存稳定者除外。为保证受试物在动物体内浓度的稳定性，每日同一时段灌胃 1 次（每周灌胃 6d）。实验期间前 4 周每周称体重 2 次，之后每周称体重 1 次，按体重调整灌胃体积。灌胃体积一般不超过 10mL/kg（bw），如为水溶液时，最大灌胃体积大鼠可达 20mL/kg（bw），如为油性液体，灌胃体积应不超过 4mL/kg（bw），各组灌胃体积一致。

②受试物掺入饲料或饮水给予：要将受试物与饲料（或饮水）充分混匀并保证该受试物配制的稳定性和均一性，以不影响动物摄食、营养平衡和饮水量为原则，受试物掺入饲料比例一般小于质量分数 5%，若超过 5% 时（最大不应超过 10%），可调整对照组饲料营养素水平（若受试物无热量或营养成分，且添加比例大于 5% 时，对照组饲料应填充羧甲基纤维素等，掺入量等同高剂量），使其与剂量组饲料营养素水平保持一致，同时增设未处理对照组，亦可视受试物热量或营养成分的状况调整剂量组饲料营养素水平，使其与对照组饲料营养素水平保持一致。受试物掺入饲料时，需将受试物剂量［mg/kg（bw）］按

动物每 100g 体重的摄食量折算为受试物饲料浓度（mg/kg 饲料），一般 90d 经口毒性实验大鼠每日摄食量按体重 8% 折算。

（2）一般临床观察　观察期限为 90d，若设恢复期观察，动物应停止给予受试物后继续观察 28d，以观察受试物毒性的可逆性、持续性和迟发效应。试验期间至少每天观察一次动物的一般临床表现，并记录动物出现中毒的体征、程度和持续时间及死亡情况。观察内容包括被毛、皮肤、眼、结膜、分泌物、排泄物、呼吸系统、神经系统、自主活动（如流泪、竖毛反应、瞳孔大小、异常呼吸）及行为表现（如步态、姿势、对处理的反应有无强直性或阵挛性活动、刻板反应、反常行为等）。对体质弱的动物应隔离，濒死和死亡动物应及时解剖。

（3）体重和摄食及饮水消耗量　每周记录体重、摄食量，计算食物利用率，实验结束时，计算动物体重增长量、总摄食量、总食物利用率。受试物经饮水给予，应每日记录饮水量。如受试物经掺入饲料或饮水给予应计算和报告受试物各剂量组实际摄入剂量。

（4）眼部检查　在实验前和实验结束时，至少对高剂量组和对照组大鼠进行眼部检查（角膜、晶状体、球结膜、虹膜），若发现高剂量组动物有眼部变化，则应对所有动物进行检查。

（5）血液学检查　大鼠实验中期（卫星组）、实验结束、恢复期结束（卫星组）进行血液学指标测定。指标可为白细胞计数及分类（至少三分类）、红细胞计数、血红蛋白浓度、红细胞压积、血小板计数、凝血酶原时间（PT）、活化部分凝血活酶时间（APTT）等。如果对血液系统有影响，应加测网织红细胞、骨髓涂片细胞学检查。

（6）血生化学检查　大鼠实验中期（卫星组）、实验结束、恢复期结束（卫星组）进行血液生化指标测定；应空腹采血。测定指标应包括电解质平衡、糖类、脂类和蛋白质代谢、肝（细胞、胆管）肾功能等方面。至少包含丙氨酸氨基转移酶（ALT）、天冬氨酸氨基转移酶（AST）、碱性磷酸酶（ALP）、谷氨酸转移酶（GGT）、尿素（Urea）、肌酐（Cr）、血糖（Glu）、总蛋白质（TP）、清蛋白（Alb）、总胆固醇（TC）、甘油三酯（TG）、氯、钾、钠指标。必要时可检测钙、磷、尿酸（UA）、总胆汁酸（TBA）、胆碱酯酶、山梨醇脱氢酶、高铁血红蛋白、激素等指标。应根据受试物的毒作用特点或构效关系增加检测内容。可根据条件适当删减。

（7）尿液检查　大鼠在实验中期（卫星组）、实验结束、恢复期结束（卫星组）进行尿液常规检查，包括外观、尿蛋白、密度、pH、葡萄糖和潜血等。若预期有毒反应指征，应增加尿液检查的有关项目，如尿沉渣镜检、细胞分析等。

（8）病理检查　大体解剖：实验结束、恢复期结束（卫星组）时必须对所有动物进行大体检查，包括体表、颅、胸、腹腔及其脏器，并称脑、心脏、胸腺、肾上腺、肝、肾、脾、睾丸、附睾、子宫、卵巢的绝对重量，计算相对重量［脏体比和（或）脏脑比］。

（9）其他指标　必要时，根据受试物的性质及所观察的毒性反应增加其他指标（如神经毒性、免疫毒性、内分泌毒性指标）。

四、结果与评价

1. 数据处理

应将所有的数据和结果以表格形式进行总结，列出各组实验前的动物数、实验期间动物死亡数及死亡时间、出现毒性反应的动物数，列出所见的毒性反应，包括出现毒效应的时间，持续时间及程度。对计量资料给出均数、标准差和动物数。

对动物体重、摄食量、饮水量（受试物经饮水给予）食物利用率、血液学检查、血生化检查、尿液检查、脏器重量、脏体比和（或）脏脑比、病理检查等结果应以适当的方法进行统计学分析。一般情况计量资料采用方差分析，进行多个实验组与对照组之间均数比较，分类资料采用 x^2 检验、秩和检验，等级资料采用 Ridit 分析、秩和检验等。

2. 结果评价

应将临床观察、生长发育情况、血液学检查、尿液检查、血生化检查、大体解剖、脏器重量、脏体比和（或）脏脑比、病理组织学检查等各项结果，结合统计结果进行综合分析，判断受试物毒作用特点、程度、靶器官，以及剂量-效应、剂量-反应关系，如设有恢复期卫星组，还可判断受试物毒作用的可逆性。

在综合分析的基础上得出 90d 经口毒性的 LOAEL 和（或）NOAEL，为慢性毒性实验的剂量、观察指标的选择提供依据。

3. 实验报告

（1）受试物 名称、前处理方法、溶剂、阳性对照物等。

（2）实验动物 物种、品系、级别、数量、周龄、体重、性别、饲料来源及饲养情况等。

（3）实验方法 实验分组、每组动物数、剂量选择依据、受试物给予途径及期限、观察指标、统计学方法。

（4）实验结果 动物生长活动情况、毒性反应特征（包括出现的时间和转归）、体重增长、摄食量、食物利用率、眼部检查、血液学检查、血生化检查、尿液检查、大体解剖、脏器重量、脏体比和（或）脏脑比、病理组织学检查结果。如受试物经掺入饲料或掺入饮水给予，报告各剂量组实际摄入剂量。

（5）实验结论 受试物 90d 经口毒作用的特点、剂量-反应关系、靶器官和可逆性，并得出 90d 经口毒性 NOAEL 和（或）LOAEL 结论等。

五、注意事项

（1）如果把受试物拌入饲料或者饮水，应保证无异味，不影响大鼠摄食和饮水，拌入饲料应均匀一致。

（2）称取饲料时，注意扣除动物弄撒在笼底的饲料量（包括毒物）。

（3）对实验所得阳性结果是否与受试物有关作出肯定和否定的意见，对出现矛盾的结果应做出合理解释，评价结果的生物学意义和毒理学意义。从剂量-效应和剂量-反应关系的资料，得出 LOAEL 和（或）NOAEL。同时对是否需要进行慢性毒性实验，以及对慢性毒性实验的剂量、观察指标等提出建议。由于动物和人存在物种差异，实验结果外推到人有一定的局限性，但也能为初步确定人群的允许接触水平提供有价值的信息。

实验六　慢性毒性实验

慢性毒性是指实验动物经长期重复给予受试物所引起的毒性作用，获得未观察到有害作用剂量和最小观察到有害作用剂量。了解受试物的长期毒性。其中，未观察到有害作用剂量是指以现有的技术手段和检测指标未观察到任何与受试物有关的毒性作用的最大剂量；最小观察到有害作用剂量指在规定的条件下，受试物引起实验动物组织形态、功能、生长发育等有害效应的最小作用剂量，获得受试物引起明显毒性作用的靶器官。

通过本实验可以获得受试物剂量-反应关系和毒性作用靶器官，确定未观察到有害作用剂量（NOAEL）和最小观察到有害作用剂量（LOAEL），预测受试物在人群接触后的慢性毒性作用及确定健康指导值提供依据。

一、实验原理

通过实验动物长期经口重复给予受试物引起的慢性毒性效应，获得受试物剂量-反应关系和毒性作用靶器官，确定未观察到有害作用剂量（NOAEL）和最小观察到有害作用剂量（LOAEL）。

二、实验材料

1. 仪器

实验室常用解剖器械、动物体重秤、电子天平、生物显微镜、生化分析仪、血细胞分析仪、血液凝固分析仪、尿液分析仪、离心机、切片机等。

2. 试剂

甲醇、二甲苯、乙醇、苏木素、伊红、石蜡、血球稀释液、生化试剂、血凝分析试剂、尿分析试剂等。

3. 实验动物

首选大鼠，6~8周，实验开始时每个性别动物体重差异不应超过平均体重的±20%。每组动物数至少40只，雌雄各半，雌鼠应为非经产鼠、非孕鼠。若计划实验中期剖检或实验结束做恢复期的观察（卫星组），应增加动物数（中期剖检每组至少20只，雌雄各半）。卫星组通常仅增加对照组和高剂量组，每组至少20只，雌雄各半。实验前大鼠在实验动物房至少应进行3~5d环境适应和检疫观察，饲养条件应符合有关规定。实验期间动物自由饮水和摄食，按组分性别分笼群饲。

三、实验方法

1. 受试物

受试物应使用原始样品，若不能使用原始样品，应按照受试物处理原则对受试物进行适当处理。将受试物掺入饲料、饮用水或灌胃给予。

2. 动物饲养

实验期间动物自由饮水和摄食可按组分性别分笼群饲，每笼动物数（一般大鼠不超过

3只），以不影响动物自由活动和观察动物的体征为宜。实验期间每组动物非实验因素死亡率应小于10%，濒死动物应尽可能进行血液生化指标检测、大体解剖以及病理组织学检查，每组生物标本损失率应小于10%。

3. 剂量及分组

（1）分组　实验至少设3个受试物组，1个阴性（溶剂）对照组，对照组除不给予受试物外，其余处理均同受试物组。必要时增设未处理对照组。

（2）剂量设计　高剂量应根据90d经口毒性实验确定，原则上应使动物出现比较明显的毒性反应，但不引起过高死亡；低剂量不引起任何毒性作用；中剂量应介于高剂量与低剂量之间，可引起轻度的毒性作用，以得出剂量-反应关系、NOAEL和（或）LOAEL。一般剂量的组间距以2~4倍为宜，不超过10倍。

（3）实验期限　实验期限至少12个月。卫星组监测由受试物引起的任何毒性改变的可逆性、持续性或延迟性作用，停止给予受试物后观察期限不少于28d，不多于实验期限的1/3。

4. 操作步骤和观察指标

（1）受试物给予　根据受试物的特性和实验目的，选择受试物掺入饲料、饮水或灌胃方式给予。若受试物影响动物适口性，应灌胃给予。

①受试物灌胃给予：要将受试物溶解或悬浮于合适的溶剂中，首选溶剂为水，不溶于水的受试物可使用植物油（如橄榄油、玉米油等），不溶于水或油的受试物可使用羧甲基纤维素、淀粉等配成混悬液或糊状物等。受试物应现用现配，有资料表明其溶液或混悬液储存稳定者除外。同时，应考虑使用的溶剂可能对受试物被机体吸收、分布、代谢和蓄积的影响；为保证受试物在动物体内浓度的稳定性，每日同一时段灌胃1次（每周灌胃6d）；实验期间，前4周每周称体重两次，第5~13周每周称体重1次，之后每4周称体重1次，按体重调整灌胃体积。灌胃体积一般不超过10mL/kg（bw），如为油性液体，灌胃体积应不超过4mL/kg（bw）。各组灌胃体积一致。

②受试物掺入饲料或饮水给予：要将受试物与饲料（或饮水）充分混匀并保证该受试物配制的稳定性和均一性，以不影响动物摄食、营养平衡和饮水量为原则。饲料中加入受试物的量很少时，宜先将受试物加入少量饲料中充分混匀后，再加入一定量饲料后再混匀，如此反复3~4次。受试物掺入饲料比例一般小于质量分数5%，若超过5%时（最大不应超过10%），可调整对照组饲料营养素水平（若受试物无热量或营养成分，且添加比例大于5%时，对照组饲料应填充羧甲基纤维素等，掺入量等同高剂量），使其与受试物各剂量组饲料营养素水平保持一致，同时增设未处理对照组；亦可视受试物热量或营养成分的状况调整剂量组饲料营养素水平，使其与对照组饲料营养素水平保持一致。受试物剂量单位是每千克体重所摄入受试物的毫克（或克）数，即mg/kg（bw）［或g/kg（bw）］，当受试物掺入饲料，其剂量单位亦可表示为mg/kg（或g/kg）饲料，掺入饮水则表示为mg/mL水。受试物掺入饲料时，需将受试物剂量［mg/kg（bw）］按动物每100g体重的摄食量折算为受试物饲料浓度（mg/kg饲料）。

（2）一般临床观察

①实验期间至少每天观察1次动物的一般临床表现，并记录动物出现中毒的体征、程

度和持续时间及死亡情况。观察内容包括被毛、皮肤、眼、黏膜、分泌物、排泄物、呼吸系统、神经系统、自主活动（如流泪、竖毛反应、瞳孔大小、异常呼吸）及行为表现（如步态、姿势、对处理的反应、有无强直性或阵挛性活动、刻板反应、反常行为等）。

②如有肿瘤发生，记录肿瘤发生时间、发生部位、大小、形状和发展等情况。

③对濒死和死亡动物应及时解剖并尽量准确记录死亡时间。

（3）体重和摄食及饮水消耗量 实验期间，前13周每周记录动物体重、摄食量和饮水量（当受试物经饮水给予时），之后每4周1次；实验结束时，计算动物体重增长量、总摄食量、食物利用率（前3个月）、受试物总摄入量。

（4）眼部检查 实验前，对动物进行眼部检查（角膜、球结膜、虹膜）。实验结束时，对高剂量组和对照组动物进行眼部检查，若发现高剂量组动物有眼部变化，应对其他组动物进行检查。

（5）血液学检查

①实验第3个月、第6个月和第12个月及实验结束时（实验期限为12个月以上时）每组至少检查雌雄各10只动物，每次检查应尽可能使用同一动物，如果90d经口毒性实验的剂量水平相当且未见任何血液学指标改变，则实验第3个月可不检查。

②检查指标为白细胞计数及分类（至少三分类）、红细胞计数、血小板计数、血红蛋白浓度、红细胞压积、红细胞平均容积（MCV）、红细胞平均血红蛋白量（MCH）、红细胞平均血红蛋白浓度（MCHC）、凝血酶原时间（PT）、活化部分凝血活酶时间（APTT）等。如果对造血系统有影响，应加测网织红细胞计数和骨髓涂片细胞学检查。

（6）血生化学检查

①按规定的时间和动物数进行。如果90d经口毒性实验的剂量水平相当且未见任何血生化指标改变，则实验第3个月可不检查。采血前宜将动物禁食过夜。

②检查指标包括电解质平衡、糖类、脂类和蛋白质代谢、肝（细胞、胆管）肾功能等方面。至少包含丙氨酸氨基转移酶（ALT）、天冬氨酸氨基转移酶（AST）、碱性磷酸酶（ALP）、谷氨酸转移酶（GGT）、尿素（Urea）、肌酐（Cr）、血糖（Glu）、总蛋白质（TP）、清蛋白（Alb）、总胆固醇（TC）、甘油三酯（TG）、钙、氯、钾、钠、总胆红素等，必要时可检测磷、尿酸（UA）、总胆汁酸（TBA）、球蛋白、胆碱酯酶、山梨醇脱氢酶、高铁血红蛋白、特定激素等指标。

（7）尿液检查

①实验第3个月、第6个月和第12个月及实验结束时（实验期限为12个月以上时）对所有动物进行尿液检查，如果90d经口毒性实验的剂量水平相当且未见任何尿液检查结果异常，则实验第3个月可不检查。

②检查项目包括外观、尿蛋白、相对密度、pH、葡萄糖和潜血等。若预期有毒性反应指征，应增加尿液检查的有关项目，如尿沉渣镜检、细胞分析等。

（8）病理检查

①大体解剖：所有实验动物，包括实验过程中死亡或濒死而处死的动物及实验期满处死的动物都应进行解剖和全面系统的肉眼观察，包括体表、颅、胸、腹腔及其脏器，并称量脑、心脏、肝脏、肾脏、脾脏、子宫、卵巢、睾丸、附睾、胸腺、肾上腺的绝对重量，

计算相对重量［脏体比和（或）脏脑比］。必要时还应选择其他脏器，如甲状腺（包括甲状旁腺）、前列腺等。

②组织病理学检查的原则：a. 可以先对高剂量组和对照组动物所有固定保存的器官和组织进行组织病理学检查；b. 发现高剂量组病变后再对较低剂量组相应器官和组织进行组织病理学检查；c. 实验过程中死亡或濒死而处死的动物，应对全部保存的组织和器官进行组织病理学检查；d. 对大体解剖检查肉眼可见的病变器官和组织进行组织病理学检查；e. 成对的器官，如肾、肾上腺，两侧器官均应进行组织病理学检查。

③应固定保存以供组织病理学检查的器官和组织，包括唾液腺、食管、胃、十二指肠、空肠、回肠、盲肠、结肠、直肠、肝脏、胰腺、脑（包括大脑、小脑和脑干）、垂体、坐骨神经、脊髓（颈、胸和腰段）、肾上腺、甲状旁腺、甲状腺、胸腺、气管、肺、主动脉、心脏、骨髓、淋巴结、脾脏、肾脏、膀胱、前列腺、睾丸、附睾、子宫、卵巢、乳腺等。必要时可加测精囊腺和凝固腺、副泪腺、任氏腺、鼻甲、子宫颈、输卵管、阴道、骨、肌肉、皮肤和眼等组织器官。应有组织病理学检查报告，病变组织给出病理组织学照片。

（9）其他指标　必要时，根据受试物的性质及所观察的毒性反应增加其他指标（如神经毒性、免疫毒性、内分泌毒性指标）。

四、结果与评价

1. 数据处理

（1）应将所有的数据和结果以表格形式进行总结，列出各组实验开始前的动物数、实验期间动物死亡数及死亡时间、出现毒性反应的动物数，描述所见的毒性反应，包括出现毒效应的时间、持续时间及程度。

（2）对动物体重、摄食量、饮水量（受试物经饮水给予）、食物利用率、血液学指标、血生化指标、尿液检查指标、脏器重量、脏体比和（或）脏脑比、大体和组织病理学检查等结果进行统计学分析。一般情况，计量资料采用方差分析，进行受试物各剂量组与对照组之间均数比较，分类资料采用 Fisher 精确分布检验、χ^2 检验、秩和检验，等级资料采用 Ridit 分析、秩和检验等。

2. 结果评价

结果评价应包括受试物慢性毒性的表现、剂量–反应关系、靶器官、可逆性，得出慢性毒性相应的 NOAEL 和（或）LOAEL。

3. 实验报告

（1）受试物　名称、CAS 号（如已知）、纯度、与本实验有关的受试物的物理和化学性质及稳定性等。

（2）溶剂　溶剂的选择依据为受试物在溶剂中的溶解度和稳定性。

（3）实验动物　物种、品系、级别、数量、体重、性别、饲料来源及饲养情况。

（4）实验方法　实验分组、每组动物数、剂量选择依据、受试物给予途径及期限、观察指标、统计学方法。

（5）实验结果　动物生长活动情况、毒性反应特征（包括出现的时间和转归）、体重增长、摄食量、饮水量（受试物经饮水给予）、食物利用率、临床观察（毒性反应体征、程度、持续时间，存活情况）、眼部检查、血液学检查、血生化检查、尿液检查、心电图、大体解剖、脏器重量、脏体比和（或）脏脑比、病理组织学检查、神经毒性或免疫毒性检查结果。如受试物经掺入饲料或掺入饮水给予，报告各剂量组实际摄入剂量。

（6）实验结论　受试物长期经口毒效应，剂量–反应关系、靶器官和可逆性，确定慢性毒性 NOAEL 和（或）LOAEL 结论等。

五、注意事项

（1）如果把受试物拌入饲料或者饮水，应保证无异味，不影响大鼠摄食和饮水，拌入饲料应均匀一致。

（2）称取饲料时，注意扣除动物弄撒在笼底的饲料量（包括毒物）。

（3）对实验所得阳性结果是否与受试物有关作出肯定和否定的意见，对出现矛盾的结果应做出合理解释，评价结果的生物学意义和毒理学意义。从剂量–效应和剂量–反应关系的资料，得出 LOAEL 和（或）NOAEL。实验结果外推到人有一定的局限性，但也能为初步确定人群的允许接触水平提供有价值的信息。

实验七　啮齿类动物显性致死实验

显性致死实验是检测受试物诱发哺乳动物生殖细胞遗传毒性的实验方法，其观察终点为显性致死突变。显性致死突变发生于生殖细胞的一种染色体畸变，这种遗传上的结构或数目改变并不能引起生殖细胞（精子或卵子）的机能障碍，而是直接造成受精卵或发育期胚胎的死亡。

通过本实验可以检测受试物诱发哺乳动物生殖细胞遗传毒性。熟悉显性致死实验流程和检测指标，食品安全评价中的显性致死实验的实际意义。

一、实验原理

致突变物可引起哺乳动物生殖细胞染色体畸变，以致不能与异性生殖细胞结合或导致受精卵在着床前死亡，或导致胚胎在早期死亡。一般以受试物处理雄性啮齿类动物与雌性动物交配，按照顺次的周期对不同发育阶段的生殖细胞进行检测，经过适当时间后，处死雌性动物检查子宫内容物，确定着床数、活胚胎数和死亡胚胎数。如果处理组死亡胚胎数增加或活胚胎数减少，与对照组比较有统计学意义，并呈剂量–反应关系或实验结果能够重复者，则可认为该受试物为哺乳动物生殖细胞的致突变物。小鼠显性致死实验设计流程如图 4-9 所示。

二、实验材料

1. 仪器

实验室常用解剖器械、动物体重秤、电子天平、生物显微镜等。

2. 试剂

甲醇、二甲苯、乙醇、苏木素、伊红、石蜡等。

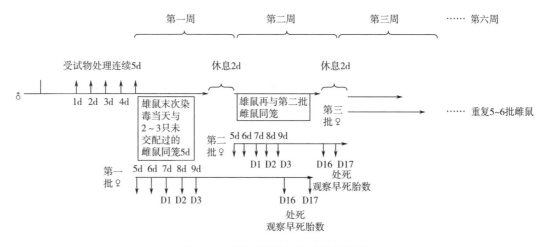

图 4-9　小鼠显性致死实验设计流程

3. 实验动物

根据实验条件可选用小鼠，也可选用大鼠。但应选择显性致死本底值低、受孕率高且着床数多、经生殖能力预试受孕率在 70% 以上的品系。小鼠选择 6~8 周龄或体重 30g 以上性成熟雄鼠，大鼠选 8~10 周龄或体重 200g 以上的性成熟雄鼠。交配用的成年雌鼠，应该是未曾有过交配和生育史者，不同交配周期的雌鼠周龄、体重应相近似。应使用适当数目的雄性动物，雄鼠的数目应足以使每个交配周期每组产生 30~50 只受孕雌鼠。每组雄鼠应不少于 15 只。

三、实验方法

1. 受试物

受试物应溶解或悬浮于合适的溶剂中，溶剂应为无毒物质，不与受试物发生化学反应。首选溶剂为水，脂溶性的受试物可使用食用植物油（如橄榄油、玉米油等），不溶于水或油的受试物可使用羧甲基纤维素、淀粉等配成混悬液，不能配制成混悬液时，还可配制成如糊状物的其他形式。一般情况下，受试物应现用现配，有资料表明其溶液或混悬液储存稳定者除外。

2. 动物饲养

实验前应在实验动物房至少应进行 3~5d 环境适应和检疫观察，饲养条件应符合有关规定。实验期间动物自由饮水和摄食，按组分性别分笼群饲。实验期间动物自由饮水和摄食可按组分性别分笼群饲，单笼饲养，按照实验进度和要求合笼。

3. 剂量及分组

实验至少设 3 个受试物剂量组，高剂量组应能引起动物出现某些毒性体征，如生育力轻度下降，高剂量组受试物剂量可在 $1/10\ LD_{50} \sim 1/3\ LD_{50}$。急性毒性实验给予受试物最大耐受剂量（最大使用浓度和最大灌胃容量）求不出 LD_{50} 时，则以 10g/kg（bw）、或人体可能摄入量的 100 倍、或受试物最大给予剂量为最高剂量，然后，在此剂量下再设 2 个剂量组。一般应同时做阳性和阴性（溶剂）对照组，如果同一实验室最近 12 个月内阳性对照组已获得阳性结果，且实验室环境条件和动物品系没有变化，则可不再设阳性对照组。阳性对照物常选用环磷酰胺 30~40mg/kg（bw），腹腔注射，每日 1 次，连续 5d 等。

4. 操作步骤和观察指标

（1）受试物给予　常采用灌胃法，也可参在饲料中或者饮水中饲喂，小鼠常用灌胃体积为 10~20mL/kg（bw），大鼠常用灌胃体积为 10mL/kg（bw）。阳性对照物也可采用腹腔注射的方法，注射体积为 10~20mL/kg（bw）。一般采用每日 1 次、连续 5d 的给予方式。如果认为其他方式合理也可采用，如一次性或连续 3 个月给予受试物。

（2）交配　给予雄鼠受试物后次日（一次染毒法），或末次给予雄鼠受试物后次日（多次染毒法），雄鼠与雌鼠按 1∶1 或 1∶2 比例同笼交配 5d 后，或根据阴道精子、阴栓检查确定交配成功后，取出雌鼠另行饲养。间隔 2d 后，雄鼠以同样比例再与另一批雌鼠同笼交配，小鼠如此进行 5~6 批，大鼠 8~10 批。

（3）胚胎检查　以雄鼠与雌鼠同笼日期算起第 15~17 天，处死雌鼠后，剖腹取出子宫，检查并记录每一雌鼠的活胚胎数、早期死亡胚胎数与晚期死亡胚胎数。

胚胎存活或死亡的鉴别方法如下所述：

①活胎：完整成形，色鲜红，有自然运动，机械刺激后有运动反应。

②早期死亡胚胎：胚胎形体较小，外形不完整，胎盘较小或不明显最早期死亡胚胎会在子宫内膜上隆起一小瘤，如已完全被吸收，仅在子宫内膜上留一隆起暗褐色点状物。

③晚期死亡胚胎：成形，色泽暗淡，无自然运动，机械刺激后无运动反应。

四、结果与评价

1. 数据处理

（1）统计分析方法　显性致死实验的检查结果，以实验组为单位分别计算每个交配周期的下列指标。按实验组与对照组动物的各项指标分别采用适当的统计分析方法，如 χ^2 检验、单因素方差分析或秩和检验等，以评定受试物的致突变性。受孕率可用 χ^2 检验，平均着床数、平均死亡胚胎数可用单因素方差分析或秩和检验法，胚胎死亡率经反正弦转换后用单因素方差分析或秩和检验。

（2）生育能力指标　生育能力指标按式（4-1）~式（4-3）计算：

$$受孕率 = \frac{受孕雌鼠数}{交配雌鼠数} \times 100\% \tag{4-1}$$

$$总着床数 = 活胚胎数 + 早期死亡胚胎数 + 晚期死亡胚胎数 \tag{4-2}$$

$$平均着床数 = \frac{总着床数}{受孕雌鼠数} \tag{4-3}$$

（3）显性致死指标　显性致死指标按式（4-4）~式（4-6）计算：

$$死亡胚胎数 = 早期死亡胚胎数 + 晚期死亡胚胎数 \tag{4-4}$$

$$胚胎死亡率 = \frac{死亡胚胎数}{总着床数} \times 100\% \tag{4-5}$$

$$平均死亡胚胎数 = \frac{死亡胚胎数}{受孕雌鼠数} \tag{4-6}$$

2. 结果评价

主要依据显性致死指标的结果进行判定：

（1）实验组与对照组比较，胚胎死亡率（%）和（或）平均死亡胚胎数明显高于对照组，有统计学意义并有剂量–反应关系时，即可确认为阳性结果。

（2）若统计学上差异有显著性，但无剂量–反应关系时，则应进行重复实验，结果能重复者可确定为阳性。与此同时，应在综合考虑生物学意义和统计学意义的基础上做出最终评价。

3. 实验报告

（1）受试物　名称、CAS 号（如已知）、纯度、与本实验有关的受试物的物理和化学性质及稳定性等。

（2）溶剂　溶剂的选择依据为受试物在溶剂中的溶解度和稳定性。

（3）实验动物　物种、品系、级别、数量、体重、性别、饲料来源及饲养情况。

（4）实验方法　实验分组情况及动物数、对照组及各实验组剂量选择的原则或依据、受试物给予途径及期限、实验周期、交配程序、确定是否交配成功的方法、动物处死时间、观察指标、统计学方法。

（5）实验结果　以文字描述和表格逐项进行汇总，包括中毒体征、妊娠情况、着床数、活胚胎数、死亡胚胎数及相关指标（胚胎死亡率、平均死亡胚胎数），给出结果的统计处理方法。

（6）实验结论　根据观察到的效应和产生效应的剂量水平评价是否具有显性致死作用。

五、注意事项

显性致死是染色体结构畸变或染色体数目异常的结果，但也不能排除基因突变和毒性作用。因此，显性致死实验结果阳性表明受试物对该物种动物的生殖细胞可能具有遗传毒性，显性致死实验结果阴性表明在本实验条件下受试物对该种属动物的生殖细胞可能没有遗传毒性。

实验八　体外哺乳类细胞 DNA 损伤修复（非程序性 DNA 合成）实验

非程序性 DNA 合成是指当 DNA 受损伤时，损伤修复的 DNA 合成主要在 S 期以外的其他细胞周期，称非程序性 DNA 合成。在正常情况下，DNA 合成仅在细胞有丝分裂周期的 S 期进行。当化学或物理因素诱发 DNA 损伤后，细胞启动非程序性 DNA 合成程序以修复损伤的 DNA 区域。在非 S 期分离培养的原代哺乳动物细胞或连续细胞系中，加入 ^{3}H-胸腺嘧啶核苷（^{3}H-TDR）通过 DNA 放射自显影技术或液体闪烁计数（LSC）法检测染毒细胞中 ^{3}H-TDR 掺入 DNA 的量，可说明受损 DNA 修复合成的程度。

通过本实验可以评价受试物的诱变性和（或）致癌性，熟悉体外哺乳类细胞 DNA 损伤修复（非程序性 DNA 合成）实验流程，了解该实验在食品安全性毒理学评价中的意义。

一、实验原理

在体外培养细胞中，用缺乏半必需氨基酸精氨酸的培养基（ADM）进行同步培养，DNA 合成的始动受阻，使细胞同步于 G_1 期；并用羟基脲等药物抑制残留的半保留 DNA 复制后，通过 ^3H-TDR 掺入来显示非程序性 DNA 合成（UDS）。

二、实验材料

1. 仪器

一次性细胞培养皿、微孔滤膜，细胞培养相关材料严格无菌处理。离心机、制冰机、CO_2 培养箱、液体闪烁计数仪及自显影相关设备。

2. 试剂

如不加说明，试剂均为分析纯；实验用水为双蒸水或超纯水。

（1）细胞增殖用培养基　Eagle 最低要求培养基（EMEM）：依次加入小牛血清、青霉素、链霉素储备液，使小牛血清的最终浓度为 10%（体积分数），青霉素的最终浓度为 100IU/mL，链霉素的最终浓度为 100μg/mL。EMEM 培养基可选用粉末培养基，过滤除菌，4℃冰箱贮存。

（2）细胞同步培养基　不含精氨酸的 EMEM 培养基（ADM）：依次加入小牛血清、青霉素、链霉素，加入浓度同"细胞增殖用培养基"。

（3）Hanks 平衡盐溶液（HBSS）

①储备液 A：将氯化钠 160g、氯化钾 8g、硫酸镁（$MgSO_4 \cdot 7H_2O$）2g 及氯化镁（$MgCl_2 \cdot 6H_2O$）2g 溶于 800mL 双蒸水（50~60℃）中。另取无水氯化钙 2.8g 溶于 100mL 双蒸水中。将上述两溶液混合后，加水定容至 1000mL，加入三氯甲烷 2mL，保存于 4℃冰箱中。

②储备液 B：将磷酸氢二钠（$Na_2HPO_4 \cdot 12H_2O$）3.04g、磷酸二氢钾（$KH_2PO_4 \cdot 2H_2O$）1.2g、葡萄糖 20g 溶于 800mL 双蒸水中，加入 100mL 4g/L 酚红溶液［取酚红 1g，溶于 3mL 氢氧化钠（1mol/L）］中，待完全溶解后，加入双蒸水中至 250mL，加水定容至 1000mL 加入三氯甲烷 2mL 保存于 4℃冰箱中。

③储备液 C：14g/L 碳酸氢钠以双蒸水配制。

④应用液的配制：取 A 液 1 份、B 液 1 份、水 18 份，混合后分装于玻璃容器内；高压灭菌，4℃冰箱保存。用前加入 C 液，将 pH 调整至 7.2~7.4。

（4）无钙、镁的 Dulbecco 磷酸缓冲液　取氯化钾 8.00g、磷酸二氢钾（KH_2PO_4）0.20g、氯化钾 0.20g、磷酸氢二钠（$Na_2H_2PO_4 \cdot 12H_2O$）2.89g 溶解，调 pH 至 7.4，并定容至 1000mL 双蒸水中。

（5）0.2g/L 乙二胺四乙酰二钠或四钠（EDTA）溶液　取 EDTA 0.2g 溶于无钙、镁的磷酸缓冲液中，定容至 1000mL。高压灭菌后使用。

（6）抗菌素储备液　取临床注射用青霉素 G 100 万单位及链霉素 1g 粉剂，在无菌操作下溶于 100mL 灭菌蒸馏水中，使青霉素的浓度为 10000U/mL，链霉素的浓度为 10000μg/mL，使用时每 100mL 培养基中加入抗菌素储备液 1mL。

（7）大鼠肝微粒体 S9 组分的制备　S9 混合液可按以下方式配制：将磷酸氢二钠（$Na_2H_2PO_4 \cdot 12H_2O$）86.8mg、磷酸二氢钾 7.0mg、氯化镁（$MgCl_2 \cdot 6H_2O$）8.1mg、6-磷酸葡萄糖（G-6-P）5.4mg、辅酶Ⅱ（CoⅡ）（纯度 90%）4mg 溶于 ADM 中，加入 N-2-羟乙基哌嗪-N-2-乙磺酸（HEPES）溶液（1mol/L）0.2mL，以及大鼠肝 S9 组分 0.8~4mL 或 20mL，并用碳酸氢钠溶液调整 pH 至 7.2~7.4。

（8）显影液及定影液（放射自显影用）

①Kodak D-170 显影液储备液：无水亚硫酸钠 25g、溴化钾 1g，加水至 200mL。使用时用水稀释，溶入 2-氨基酚盐酸盐（Amitol）4.5g，定容至 1000mL。

②Kodak D-196 显影液：取 50℃水 500mL，顺次溶入米吐尔（硫酸对甲氨基苯酚）2g、无水亚硫酸钠 72g、对苯二酚 8.8g、无水碳酸钠 48g、溴化钾 4g，定容至 1000mL。

③停显液：98%（体积分数）冰乙酸 15mL，定容至 1000mL。

④Kodak F-5 定影液：取 50℃水 100mL，依次溶入海波 240g、无水亚硫酸钠 15g、28%（体积分数）乙酸 48mL、硼酸 7.5g、钾矾 15g，定容至 1000mL。

（9）高氯酸（0.25mol/L 及 0.5mol/L）　70%（体积分数）高氯酸 8.57mL，加水至 100mL，浓度为 1mol/L。

（10）闪烁液　称取 2,5 二苯基噁唑（PPO）5g、1,4-双-[5-苯基噁唑基-2]-苯（POPOP）300mg 溶于甲苯中，定容至 1000mL。

三、实验方法

1. 受试物

受试物在实验时新鲜配制。先将受试物溶于适当溶剂（蒸馏水、二甲基亚砜、丙酮等）中，配制成所需浓度；实验时，加于培养基中使溶剂的最终浓度为 1%（体积分数），不影响细胞活性。

2. 对照设置

每次实验均应同时设置加和不加代谢活化系统两种情况下的阳性和阴性（溶剂）对照。用大鼠肝细胞进行实验时，阳性对照物可用 7,12-二甲基苯并蒽（7,12-DMBA，7,12-dimethyl-benzathracenem）和 2-乙酰氨基芴（2-AAF，2-acetylaminofluorene）。如果用细胞系，在无代谢活化系统的情况下，放射自显影和 LSC 检测均可用 4-硝基喹啉氧化物（4-NQO，4-nitroquinoline oxide）作为阳性对照物；而在有代谢活化系统的情况下，则用 N-二甲基亚硝胺（N-dimethyl nitrosamine）作为阳性对照物。

3. 染毒浓度

受试物最高染毒浓度的选择由预实验获得。选用多个浓度受试物进行预实验，浓度应覆盖确定毒性反应的合适范围。受试物最高染毒浓度应产生一定细胞毒性。对于不溶于水的受试物应以其能达到的最高溶解度进行实验。对于易溶于水的受试物，应根据受试物细胞存活率的范围值确定染毒浓度。

4. 代谢活化

除非采用肝原代细胞，建株细胞中药物代谢活化酶系的活性一般都很低，因此，对一些需经酶代谢活化才显示其 DNA 损伤作用的化学物质，可在实验体系中加入以大鼠肝微粒体酶系及辅助因子组成的体外活化系统（S9 混合液）。

5. 细胞培养

（1）细胞的选择　原代培养细胞（如大鼠肝细胞），人淋巴细胞或已建系的细胞（如人羊膜细胞 FL 株、人二倍体成纤维细胞、Hela 细胞）都可用于本实验。人类细胞的 UDS 反应大于啮齿类动物细胞。使用最多的人类细胞为成纤维细胞、外周血淋巴细胞、单核细胞和 Hela 细胞等。

（2）培养条件　选用适当的生长培养基、CO_2 浓度、温度和湿度维持细胞生长。细胞系应定期检查有无支原体污染。

（3）细胞的传代、维持和贮存　生长成单层的细胞，除去培养基。用 Hanks 平衡盐液洗涤后，用 0.2g/L EDTA 或 0.1%（质量分数）胰蛋白酶溶液（于无 Ca^{2+}、Mg^{2+} 之磷酸盐缓冲液中）于 37℃ 处理数分钟使细胞间隙增加。再用 HBSS 洗涤 1 次，加入适量培养基，反复吹吸，使细胞从玻面上脱下并分散于培养基中。取细胞悬液一滴，加于血球计数池中，计数 4 大格中的细胞数，计算出悬液中之细胞浓度（4 大格的细胞数/$4×10^4$ 即为每毫升所含细胞数）。将细胞悬液生长培养基稀释至 $0.5×10^5$ ~ $1.0×10^5$ 个/mL。将上述细胞悬液接种于培养瓶中（30mL 培养瓶可接种 3mL，100mL 的培养瓶可接种 10mL）。每次接种 3 份，长成融合单层后取其中一瓶再按以上方法传代接种 3 瓶。另两瓶在证明传代成功后弃去或供实验所用，这样可保证细胞在实验中延续保持。若较长时间不用，可将细胞贮存于液氮中，在需要时取出经增殖后供实验所用，将细胞增殖至所需数量后，按上法制成细胞悬液（于生长用培养基中）。细胞浓度为 $1.0×10^6$ ~ $1.5×10^6$ 个/mL。在冰浴中逐渐加入为细胞悬液总量 10%（体积分数）的灭菌二甲基亚砜。然后，将细胞悬液分装于洁净干燥之灭菌的玻璃容器或细胞冻存管中，每份 1mL。封口后，置于 4℃ 中 2~3h，然后移至普通冰箱之冰室内 4~5h，再移入 -30~-20℃ 的低温冰箱内过夜。次日晨将冻存管移入液氮罐。需用时复苏细胞，除去含有二甲基亚砜的培养基，加入适量生长用培养基，并调整细胞浓度至 $1.0×10^5$ ~ $1.5×10^5$ 个/mL。分种于细胞培养瓶中，37℃ 培养 1h 后，换培养基一次，将无活力之细胞除去，待长成融合单层后分传增殖维持于实验室中。

6. 操作步骤和观察指标

根据实验室情况，可选择通过 DNA 放射自显影显示法或液体闪烁技术显色法（LSC）测定染毒细胞中 ^{3}H-TdR 的掺入量。

（1）UDS 的放射自显影显示法　将细胞增殖至所需数量后，按上述方法制成单细胞悬液。浓度为 $0.5×10^5$ ~ $1.0×10^5$ 个/mL。将上述细胞悬液接种于置有小盖片（18mm×6mm）的培养瓶中，37℃ 培养 1~3d，使细胞在盖片上生长至适当密度。培养瓶接种数目根据受试物的数目、所选剂量级别而定。每一剂量制作 2~3 个样片，并另备 4~6 个样本作为溶剂对照和已知致癌物的阳性对照。细胞在增殖培养后，用同步培养基［ADM 补以 1%（体积分数）小牛血清］同步培养 3~4d。在实验前 1d 下午，加入溶于 ADM 的羟基脲（HU）溶液，使 HU 在培养基中的终浓度为 10mmol/L。继续在 37℃ 下孵育 16h；然后将上述长有细胞的盖片置于含有不同浓度的受试物、HU（10mmol/L）及 ^{3}H-胸腺嘧啶核苷（5μCi/mL ~ 10μCi/mL，30Ci/mmol）的同步培养基中，37℃ 中孵育 5h。

孵育结束后，用 HBSS 充分洗涤，用 10g/L 柠檬酸钠溶液处理 10min，随后用乙醇-冰乙酸（3∶1，体积比）固定（4℃）过夜，空气中干燥后，用少量中性树胶将盖片黏固于载玻片上，长有细胞的一面朝上，45℃烘烤24h。在暗室中，将适量的核-4乳胶移入玻璃器皿中，于40℃水浴中融化；同时，取等量蒸馏水于一个量筒中，也置于该水浴中加热，待乳胶融化后，将热蒸馏水倾于乳胶液中，继续在水浴中加温，并用玻璃棒轻轻搅拌，等待10~20min，使气泡逸出。将准备做自显影处理的玻片置于水浴平台上预热。将玻片垂直浸于1∶1稀释的乳胶液5s，缓慢提出玻片，并将玻片背面的乳胶用纱布或擦镜纸擦去，将已涂有乳胶的玻片移入29℃的温箱中4h，待乳胶干后置于内置适量干燥剂（变色硅胶）的曝光盒中。曝光盒外包以黑色避光纸及塑料纸，置于4℃冰箱中曝光10d。曝光结束后，将玻片移入有机玻璃制成的玻片架上，在温度为19℃的D-170或D-196显色液中显影5min，在停显液中漂洗2min，在F-5定影液中定影6~10min，再用水漂洗数小时。

细胞可在乳胶涂片前用20g/L地衣红冰乙酸溶液或在显影液后用H.E或Giemsa染液染色。将玻片脱水透明后，用盖片封固。在油镜下，计数各样本细胞核的显影银粒数，同时计数相同面积的本底银粒数，并计算出两者的差值。每张玻片至少计数50个细胞核，计算出对照组、各受试物组及阳性对照组的银粒数的均值和标准差等统计量。为了区分UDS和正常的DNA半保留复制，可采用精氨酸缺乏的培养基、低血清培养基或在培养基中添加羟基脲的方法来减少和抑制正常的DNA半保留复制。

（2）UDS的液体闪烁技术显色法 将实验用细胞悬于生长用培养基中，细胞浓度为$0.5×10^5$个/mL，将细胞接种于液体闪烁计数瓶中，每瓶1mL，并加入^{14}C胸腺嘧啶核苷终浓度为0.01μCi/mL（50mCi/mmoL）。37℃中培养48h使细胞增殖并预标记，去培养基并用HBSS洗涤后，换以含^{14}C胸腺嘧啶核苷（0.01μCi/mL）的同步培养基，在37℃中进行同步培养2~4d，于实验前1d下午去培养基，用HBSS充分洗涤后，加入含有10mmol/L的羟基脲，37℃中孵育16h。UDS的诱发同放射显影显示法，细胞在含有HU及^3H-胸腺嘧啶核苷（5μCi/mL，30Ci/mmol）的同步培养基中与不同浓度的受试物接触5h，孵育结束后，去培养基及受试物。以冷盐水洗涤2次，随后用冰冷的0.25mol/L过氯酸溶液处理2次，每次2min，再用乙醇处理10min，干后以0.5mL的0.5~1mol/L过氯酸于75~80℃恒温箱中水解40min。冷却后加入乙二醇乙醚3.5mL及闪烁液（PPO为5g/L、POPOP为0.3g/L，以甲苯为溶剂）5mL，振荡均匀，以液体闪烁计数器测定各样本中之^{14}C及^3H的放射活性。每组（包括对照组）至少做6个培养瓶。

标本中的^3H放射活性即反映UDS中^3H-胸腺嘧啶核苷的掺入量，而^{14}C的放射活性反映实验细胞的数目或其DNA量，因此，^3H和^{14}C放射活性之比（$^3H/^{14}C$）即为细胞单位数或单位质量DNA中UDS水平。将阴性对照组的$^3H/^{14}C$作为100%，计算出各受试物组与阴性对照组的变化量及受试物组各测试浓度的均值和标准差等统计量。

四、结果与评价

1. 数据处理

选用合适的统计方法如方差分析，判断各受试物组与溶剂对照组间差异有无统计学意义，对数据进行分析和评价。

2. 结果评价

受试物组的细胞 ^{3}H–TdR 掺入数随剂量增加而增加，且与阴性对照组相比有统计学意义，或者至少在一个测试点得到可重复并有统计学意义，均可判定为该实验阳性。

受试物组的细胞 ^{3}H–TdR 掺入数不随剂量增加而增加，各剂量组与对照组比较均无统计学意义，则认为受试物在该实验系统下不引起 UDS。判定结果时，应综合考虑生物学意义和统计学意义。

3. 实验报告

（1）受试物　名称、CAS 号（如已知）、纯度、与本实验有关的受试物的物理和化学性质及稳定性等。

（2）溶剂　溶剂的选择依据，受试物在溶剂中的溶解性和稳定性。

（3）细胞株　名称、来源、浓度及培养条件。

（4）实验条件　剂量、代谢活化系统、细胞株、标准诱变剂、操作步骤等。

（5）实验结果　受试物对细胞株的毒性，是否具有剂量-反应关系，统计结果，同时进行的溶剂对照和阳性对照的均数和标准差。

（6）实验结论　本实验条件下受试物是否具有致突变作用。

五、注意事项

（1）细胞培养无菌操作是关键，所有实验环节尽量简化操作步骤，避免不必要的环节；严格的无菌操作，避免污染，并定期进行污染检测，对于新换的酶、小牛血清、培养基需要进行无菌测试后再用。

（2）与 ^{3}H 和 ^{14}C 相关的实验条件应符合要求。

（3）该实验所需试剂较多，操作时需要注意各种试剂的浓度和相关温度要求，实验前做好时间和过程规划，需要提前准备好。

🌐 **课程思政点**

邻苯二甲酸酯是脂溶性物质，可以在体内长期蓄积。邻苯二甲酸酯是塑料加工过程中常用添加剂，广泛应用于制造食品和饮料的包装，主要通过饮食、呼吸、皮肤接触等途径吸收进入体内。邻苯二甲酸酯具有内分泌干扰毒性，是典型的环境内分泌干扰物；并且，子宫内暴露邻苯二甲酸酯可引起典型的睾丸退化综合征。因此，养成健康生活习惯，拒绝或减少使用一次性塑料餐盒，可以有效防止邻苯二甲酸酯暴露，有益身体健康。

 思考题

扫一扫
思考题答案

1. 为什么应用"表观分布容积"这一名词，表观分布容积有何意义？

2. 一般在毒代动力学实验采样中需要几个采样点？如果采样点过

少或者过多有什么问题？

3. Horn 法急性毒性实验的优缺点是什么？

4. 由动物实验获得 LD_{50} 能否直接估算人的临床使用剂量？为什么？

5. 简述非致死性指标在食品毒理学中的意义。

6. 在骨髓微核实验中，如果受试物及其代谢产物不能达到骨髓，那结果如何评价？

7. 在骨髓微核实验中，如果 PCE/NCE 比值介于 $0.05 \sim 0.1$，说明什么问题？结果该如何评价？是否需要重新设计实验？

8. 在染色体畸变实验中，观测终点包括了染色体的数目异常和结构异常，请问如果染色体数目异常会有什么遗传效应？如果染色体缺失又会有什么遗传效应？

9. 精原细胞和精母细胞的关系，显微镜下如何区分判断哪些是精原细胞？哪些是精母细胞？

10. 细胞培养技术是体外哺乳类细胞染色体畸变实验的基本技能，污染是造成实验失败的主要原因，请列举细胞污染的来源和种类，以及如何预防污染？

11. 在细菌回复突变实验中，为什么必须同时使用 TA1535、TA98、TA97、TA100 和 TA102 多个菌株进行实验？其中 TA97、TA98 可测什么类型的致突变物？TA1535 和 TA100 可检测什么类型的致突变物？TA102 可检测什么类型的突变物？

12. 在细菌回复突变实验中，如果受试物是一个多种成分的功能食品，含有组氨酸，实验还能进行吗？如果不能，应该怎么改进？

13. 在细菌回复突变实验中，如果受试物具有一定的杀菌活性，实验还能进行吗？如果不能，有什么可以替代的实验组合？

14. 啮齿类动物生殖指标有哪些？发育指标有哪一些？请分别解释其测量方法和临床意义。

15. 同一个受试物，经口急性毒性实验获得的 NOAEL 和 LOAEL 与 28d 经口毒性实验获得的 NOAEL 和 LOAEL 一样吗？为什么？通过所学的知识对它们的大小进行排序。

16. 大鼠的生殖和生理发育指标都有哪些？在实验中，F_0、F_1 和 F_2 三代大鼠需要测定的生殖和生理发育分别是哪些？都有什么临床意义？

17. 在 90d 经口毒性实验中，如果实验结果有些生物学指标不一致，甚至出现矛盾的时候，如何处理？

18. 90d 经口毒性实验中结果外推时，应从哪几个方面考虑外推结果的不确定性？说明理由。

19. 对于不能得到明确 LD_{50} 的受试物，在慢性毒性实验剂量设置上，与 90d 经口毒性实验和 28d 经口毒性实验的剂量设置上有无区别？各自的剂量设置是如何确定的？

20. 显性致死实验的统计指标分为致死指标和生育能力指标，具体指标都有哪些？请解释其计算方式和毒理学意义。

21. 体外哺乳类细胞 DNA 损伤修复（非程序性 DNA 合成）实验前，请查阅相关资料，明确 ^3H 和 ^{14}C 的实验条件及要求。并在实验前做好相关准备工作。

22. 体外哺乳类细胞 DNA 损伤修复（非程序性 DNA 合成）实验染毒浓度确定时，一般选用 MTT 进行细胞成活率检测，请说明按照存活率选择浓度的基本原则。

参考文献

[1] 中华人民共和国国家卫生和计划生育委员会.GB 15193.10—2014 食品安全国家标准 体外哺乳类细胞 DNA 损伤修复（非程序性 DNA 合成）试验［S］.北京：中国标准出版社，2014.

[2] 中华人民共和国国家卫生和计划生育委员会.GB 15193.13—2015 食品安全国家标准 90 天经口毒性试验［S］.北京：中国标准出版社，2015.

[3] 中华人民共和国国家卫生和计划生育委员会.GB 15193.22—2014 食品安全国家标准 28 天经口毒性试验［S］.北京：中国标准出版社，2014.

[4] 中华人民共和国国家卫生和计划生育委员会.GB 15193.23—2014 食品安全国家标准 体外哺乳细胞染色体畸变试验［S］.北京：中国标准出版社，2014.

[5] 中华人民共和国国家卫生和计划生育委员会.GB 15193.25—2014 食品安全国家标准 生殖发育毒性试验［S］.北京：中国标准出版社，2014.

[6] 中华人民共和国国家卫生和计划生育委员会.GB 15193.26—2015 食品安全国家标准 慢性毒性试验［S］.北京：中国标准出版社，2015.

[7] 中华人民共和国国家卫生和计划生育委员会.GB 15193.3—2014 国家食品安全标准 急性经口毒性试验［S］.北京：中国标准出版社，2014.

[8] 中华人民共和国国家卫生和计划生育委员会.GB 15193.4—2014 食品安全国家标准 细菌回复突变试验［S］.北京：中国标准出版社，2014.

[9] 中华人民共和国国家卫生和计划生育委员会.GB 15193.5—2014 国家食品安全标准 哺乳动物红细胞微核试验［S］.北京：中国标准出版社，2014.

[10] 中华人民共和国国家卫生和计划生育委员会.GB 15193.8—2014 食品安全国家标准 小鼠精原细胞或精母细胞染色体畸变试验［S］.北京：中国标准出版社，2014.

[11] 中华人民共和国国家卫生和计划生育委员会.GB 15193.9—2014 食品安全国家标准 啮齿类动物显性致死试验［S］.北京：中国标准出版社，2014.

[12] 周宗灿.毒理学教程［M］.3 版.北京：北京大学医学出版社，2006.

第五章

营养素补充剂的检测

实验一 反相高效液相色谱法同时测定功能食品中维生素 A 和维生素 E

维生素 A 为脂溶性维生素，主要存在于动物组织中，人体也能够将从植物源性食品摄入的胡萝卜素转换成维生素 A。维生素 A 又称抗干眼病因子，在机体中具有维持正常视觉功能、维护上皮组织细胞健康、维持骨骼正常生长发育等重要作用。维生素 A 为条状淡黄色晶体，熔点 62~64℃，不溶于水，易溶于脂肪、乙醇、甲醇、氯仿、乙醚和苯等有机溶剂。易被氧化破坏，光和热会促进其氧化，对酸不稳定，对热、碱稳定。维生素 A 主要以维生素 A_1［图 5-1（1）］和维生素 A_2［图 5-1（2）］两种形式存在。维生素 A_1（视黄醇）主要存在于动物脂肪中，维生素 A_2（3-脱氢视黄醇）存在于淡水鱼中，其生物效能为维生素 A_1 的 40%，所以通常检测所指的维生素 A 为维生素 A_1。

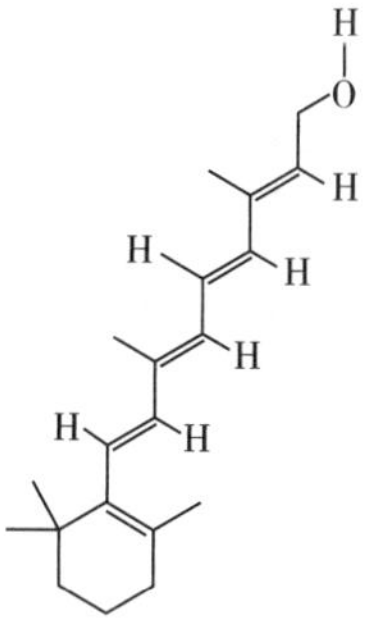

（1）维生素A_1 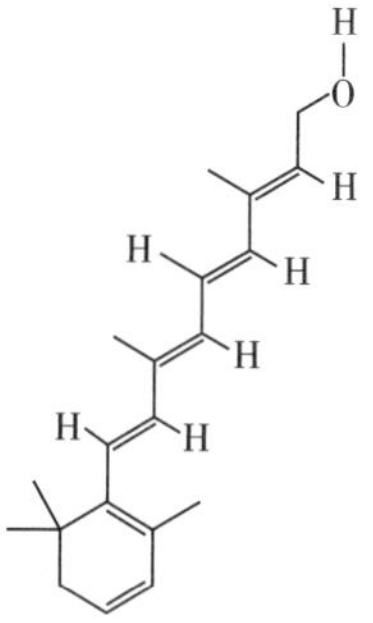   （2）维生素A_2

图 5-1 维生素 A 的结构式

维生素 E 是一种酚类物质，又称生育酚，具有抗氧化、预防衰老、促进性激素分泌等作用。目前已确认 α，β，γ，δ-生育酚和 α，β，γ，δ-生育三烯酚 8 种异构体（图 5-2），其中，α-生育酚在自然界中分布最广泛、含量最丰富、活性最高。维生素 E 为黄色的油状液体，溶于脂肪和乙醇等有机溶剂中，不溶于水，对热稳定，酸性条件下比碱性条件稳定，对氧敏感，在无氧条件下，对热、光以及碱性环境相对较为稳定，易被氧化，对可见光稳定，但易被紫外线氧化。

维生素 A、维生素 E 常被同时检测，有着近乎相同的前处理方法。在功能食品、食品等样品中，维生素 A、维生素 E 往往与脂质结合，不易检测，所以需通过皂化法前处理使其游离出来，欧盟标准以及我国现有国家、行业标准都采用皂化法对样品进行前处理，然

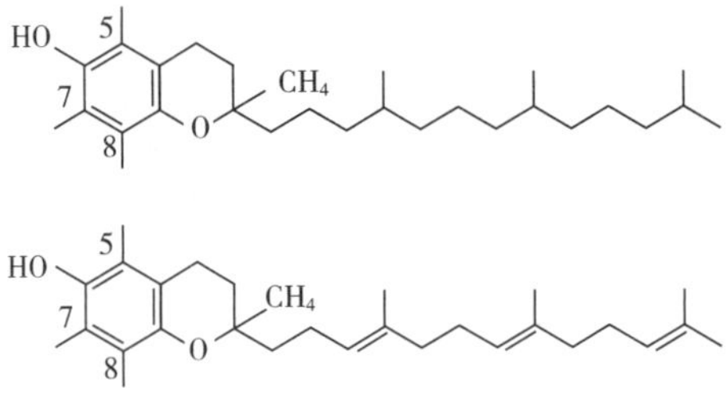

甲基之位置	生育酚(T)	生育三烯醇
5, 7, 8	α-T	α-T-3
5, 8	β-T	β-T-3
7, 8	γ-T	γ-T-3
8	δ-T	δ-T-3

图 5-2 维生素 E 的结构式

后，一般使用液液萃取的方法提取皂化液中的维生素 A、维生素 E。

液相色谱法（LC）开发之前，气相色谱法（GC）是检测维生素 E 的主要方法，通常需要将维生素 E 上的酚羟基衍生化以提高维生素 E 的挥发性，检测过程烦琐，容易引入其他干扰，逐渐被液相色谱法取代。正相液相色谱法检测维生素 A、维生素 E，流动相通常为正己烷与极性更强的有机试剂如叔丁基甲基醚、异丙醇等的混合液，可以有效分离检测维生素 E 异构体，《食品安全国家标准　食品中维生素 A、D、E 的测定》（GB 5009.82—2016）的第二法就是采用该法来检测维生素 E。该法需要消耗较多的有机试剂，环境不友好，稳定性也有待提高。相比而言反相高效色谱更加稳定，对环境也更友好，目前常被用于维生素 A 和维生素 E 的检测。维生素 A、维生素 E 都具有紫外吸收，维生素 E 具有较高的荧光性，常用紫外和荧光检测器。仅检测维生素 A 时常选用相较荧光检测器有着更高灵敏度的紫外检测器；仅检测维生素 E 时，选用荧光检测器检测，灵敏度和选择性比紫外检测器高。当需同时检测维生素 A 与维生素 E 时，则可用二极管阵列检测器或将荧光检测器与紫外检测器串联使用。

质谱检测器也越来越多地被应用于维生素的检测。大气压化学电离源（APCI）与电喷雾电离源（ESI）都可应用于维生素 A、维生素 D、维生素 E 等脂溶性维生素的检测，与一般液相色谱法相比，液质联用法选择性与灵敏度都较高，是检测这些维生素的理想方法。国家食品药品监督管理总局于 2018 年 1 月公布了液相色谱-质谱联用法同时测定保健食品中维生素 A、维生素 D、维生素 E、维生素 K₁、维生素 K₂ 等 9 种脂溶性维生素。液相色谱-质谱联用法已经成为维生素 D 的标准方法之一，这种方法也有发展成为检测维生素 A 和维生素 E 标准方法的趋势，然而液质联用仪设备较昂贵，普及度不高，目前在本科实验阶段无法普及，所以本教程没有介绍液相色谱-质谱法，而是介绍了成本较低且准确度高的液相色谱法。

一、实验原理

试样中的维生素 A 及维生素 E 经皂化（含淀粉先用淀粉酶酶解）、提取、净化、浓缩后，经 C₃₀ 或五氟苯基（PFP）反相液相色谱柱分离，用紫外检测器或荧光检测器检测，外标法定量。

二、实验材料

1. 仪器

高效液相色谱仪（带紫外检测器、二极管阵列检测器或荧光检测器）、分析天平（感量为 0.01mg）、恒温水浴振荡器、旋转蒸发仪、氮吹仪、分液漏斗、萃取净化振荡器、紫外分光光度计。

有机系过滤头：孔径为 0.22μm。

2. 试剂

如不加说明，试剂均为分析纯；实验用水为《分析实验室用水规格和试验方法》（GB/T 6682—2008）规定的一级水。

维生素 C（又称抗坏血酸）、氢氧化钾、石油醚（沸程为 30～60℃）、无水硫酸钠、pH 试纸（pH 范围 1～14）、淀粉酶（活力单位 ≥100U/mg）、2,6-二叔丁基对甲酚（BHT）、甲醇（色谱纯）。

无水乙醇：经检查不含醛类物质，检查方法参见 GB 5009.82—2016 附录 A.1。

乙醚：经检查不含过氧化物，检查方法参见 GB 5009.82—2016 附录 A.2。

维生素 A 标准品：视黄醇（CAS 号：68-26-8）。

维生素 E 标准品：α-生育酚（CAS 号：10191-41-0）、β-生育酚（CAS 号：148-03-8）、γ-生育酚（CAS 号：54-28-4）、δ-生育酚（CAS 号：119-13-1）。

如上标准品纯度≥95%，或经国家认证并授予标准物质证书的标准物质。

3. 试剂配制

（1）氢氧化钾溶液（50g/100g）　称取 50g 氢氧化钾，加入 50mL 水溶解，冷却后，储存于聚乙烯瓶中。

（2）石油醚-乙醚溶液（1:1，体积比）　量取 200mL 石油醚，加入 200mL 乙醚，混匀。

（3）维生素 A 标准储备液（0.500mg/mL）　准确称取 25.0mg 维生素 A 标准品，用无水乙醇溶解后，转移入 50mL 容量瓶中，定容至刻度，此溶液浓度约为 0.500mg/mL。

（4）维生素 E 标准储备液（1.00mg/mL）　分别准确称取 α-生育酚、β-生育酚、γ-生育酚和 δ-生育酚各 50.0mg，用无水乙醇溶解后，转移入 50mL 容量瓶中，定容至刻度，此溶液浓度约为 1.00mg/mL。

（5）维生素 A 和维生素 E 混合标准溶液中间液　准确吸取维生素 A 标准储备液 1.00mL 和维生素 E 标准储备液各 5.00mL 于同一个 50mL 容量瓶中，用甲醇定容至刻度，此溶液中维生素 A 浓度为 10.0μg/mL，维生素 E 各生育酚浓度为 100μg/mL。在-20℃下避光保存，可保存半个月。

三、实验方法

1. 样品制备

将一定数量的样品按要求经过缩分、粉碎均质后，储存于样品瓶中，避光冷藏，尽快测定。

2. 试样处理

（1）皂化　称取 2～5g（精确至 0.01g）经均质处理的固体试样或 50g（精确至

0.01g）液体试样于 150mL 平底烧瓶中，固体试样需加入约 20mL 温水，混匀，再加入 1.0g 维生素 C 和 0.1g BHT，混匀，加入 30mL 无水乙醇，加入 10～20mL 氢氧化钾溶液，边加边振摇，混匀后于 80℃恒温水浴震荡皂化 30min，然后立即用冷水冷却至室温。

如样品含有淀粉，则需先进行酶解，即加入 0.5～1g 淀粉酶，置于 60℃水浴避光恒温振荡 30min，然后再皂化。

（2）提取　用 30mL 水将皂化液转入 250mL 分液漏斗中，加入 50mL 石油醚-乙醚混合液，振荡萃取 5min，将下层溶液转移至另一个 250mL 分液漏斗中，然后加入 50mL 混合醚液按上述方法再次萃取，合并醚层。

（3）洗涤　用约 100mL 水洗涤醚层，约重复 3 次，直至醚层洗至中性（用 pH 试纸检测下层溶液 pH 值），去除下层水相。

（4）浓缩　洗涤后的醚层经无水硫酸钠（约 3g）干燥后滤入 250mL 旋转蒸发瓶或氮气浓缩管中，用约 15mL 石油醚冲洗分液漏斗及无水硫酸钠两次，洗液并入蒸发瓶。将蒸发瓶接在旋转蒸发仪或气体浓缩仪上，于 40℃水浴中减压蒸馏或气流浓缩至醚液剩下约 2mL 时，取下蒸发瓶，立即用氮气吹至近干。用甲醇分次将蒸发瓶中残留物溶解并转移至 10mL 容量瓶中，定容至刻度。溶液过 0.22μm 有机系滤膜后待测。

3. 液相色谱参考条件

色谱柱：C_{30} 柱（柱长 250mm，内径 4.6mm，粒径 3μm），或相当者。

柱温：20℃。

流动相：A：水；B：甲醇；梯度洗脱条件见表 5-1。

流速：0.8mL/min。

紫外检测波长：维生素 A 为 325nm；维生素 E 为 294nm。

进样量：10μL。

表 5-1　　　　　　　　　　　　流动相梯度洗脱程序

时间/min	A/%	B/%	时间/min	A/%	B/%
0.0	4	96	24.0	0	100
13.0	4	96	24.5	4	96
20.0	0	100	30.0	4	96

4. 标准曲线的制作

维生素 A 和维生素 E 标准系列工作溶液配制：分别准确吸取维生素 A 和维生素 E 混合标准溶液中间液 0.20、0.50、1.00、2.00、4.00、6.00mL 于 10mL 棕色容量瓶中，用甲醇定容至刻度，该标准系列中维生素 A 浓度为 0.20、0.50、1.00、2.00、4.00、6.00μg/mL，维生素 E 浓度为 2.00、5.00、10.0、20.0、40.0、60.0μg/mL。临用前配制。

将维生素 A 和维生素 E 标准系列工作溶液过 0.22μm 有机系滤膜后分别注入高效液相色谱仪中检测，以峰面积为纵坐标，以标准测定液浓度为横坐标绘制标准曲线。

5. 测定

试样液经高效液相色谱仪分析，测得峰面积，采用外标法通过标准曲线计算其浓度。

四、结果计算

$$X = \frac{\rho \times V \times f \times 100}{m} \tag{5-1}$$

式中 X——试样中维生素 A 或维生素 E 的含量，维生素 A 单位为 μg/100g，维生素 E 单位为 mg/100g；

ρ——根据标准曲线计算得到的试样中维生素 A 或维生素 E 的浓度，μg/mL；

V——定容体积，mL；

f——换算因子（维生素 A：$f=1$，维生素 E：$f=0.001$）；

100——试样中量以每 100g 计算的换算系数；

m——试样的质量，g。

计算结果保留三位有效数字。

如维生素 E 的测定结果要用 α-生育酚当量（α-TE）表示，可按式（5-2）计算：

维生素 E（mgα-TE/100g）= α-生育酚（mg/100g）+ β-生育酚（mg/100g）×0.5 +

$$\gamma\text{-生育酚（mg/100g）}\times 0.1 + \delta\text{-生育酚（mg/100g）}\times 0.01 \tag{5-2}$$

五、注意事项

（1）维生素 A 和维生素 E 储备液需转移至棕色试剂瓶中，密封后在 -20℃下避光保存，在此储存条件下，维生素 A 和维生素 E 储备液的有效期分别为 1 个月和 6 个月。维生素 A 和维生素 E 储备液临用前，须将溶液回温至 20℃，并进行浓度校正，校正方法参见 GB 5009.82—2016 附录 B。

（2）试样处理步骤中使用的所有器皿不得含有氧化性物质；分液漏斗活塞玻璃表面不得涂油；处理过程应避免紫外光照，尽可能避光操作；提取过程应在通风柜中操作。

（3）皂化时间一般为 30min，如皂化液冷却后液面有浮油，需要加入适量氢氧化钾溶液，并适当延长皂化时间。

（4）只测维生素 A 与 α-生育酚时，在提取步骤时可用石油醚代替石油醚-乙醚混合醚液作为提取剂。

（5）在色谱参考条件中，如难以将柱温控制在（20±2）℃，可改用 PFP 柱分离异构体，流动相为水和甲醇梯度洗脱。如样品中只含 α-生育酚，不需分离 β-生育酚和 γ-生育酚，可选用 C_{18} 柱，流动相为甲醇。荧光检测器对生育酚的检测有更高的灵敏度和选择性，可选用荧光检测器检测，可按以下检测波长检测：维生素 A 激发波长 328nm，发射波长 440nm；维生素 E 激发波长 294nm，发射波长 328nm。

（6）在液相色谱测定过程中，建议每测定 10 个样品用同一份标准溶液或标准物质检查仪器的稳定性。

实验二 高效液相色谱法测定功能食品中维生素 D

维生素 D 是类固醇的衍生物，含有抗佝偻病的活性物质，具有抗佝偻病的作用，又称钙（或骨）化醇、抗佝偻维生素。以维生素 D_3（胆钙化醇）和维生素 D_2（麦角钙化醇）

两种形式最为常见（图 5-3）。维生素 D_2 可由麦角固醇经紫外线照射而来，活性为维生素 D_3 的三分之一。维生素 D_3 可由人体从食物中摄取或在体内合成的胆固醇转变成 7-脱氢胆固醇储存于皮下在紫外线照射后产生。维生素 D 是白色晶体，溶于脂肪和脂溶剂，化学性质较稳定，在中性和碱性溶液中耐热，不易被氧化，在酸性溶液中不稳定，容易分解。

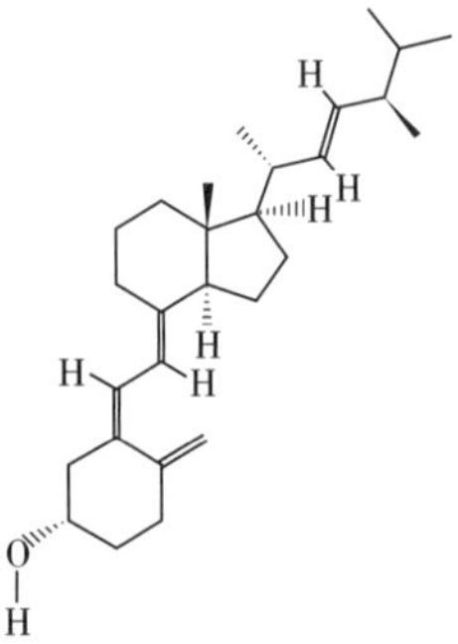

（1）维生素 D_2 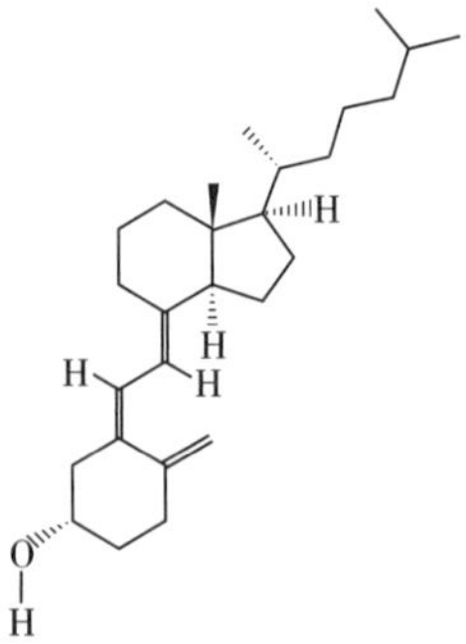　　　　　　　　（2）维生素 D_3

图 5-3　维生素 D 的结构式

同为脂溶性维生素，维生素 D 常用的前处理方法也是皂化法，用液-液萃取法提取维生素 D，并用正相色谱方法进一步进化富集，反相液相色谱法检测，前处理过程复杂，维生素 D 易损失，前处理过程中可能发生维生素 D 与相应的维生素 D 原转化，所以往往在前处理过程中加入内标，以此来校正操作过程中的损失以及在质谱检测时消除基质干扰。维生素 D 常用的检测方法有高效液相色谱法（HPLC）以及免疫检测技术。高效液相色谱法灵敏度高、准确性好、选择性强，是目前检测维生素 D 的最好方法，可用紫外检测器检测。

一、实验原理

试样中的维生素 D_2 或维生素 D_3 经氢氧化钾乙醇溶液皂化（含淀粉试样先用淀粉酶酶解）、提取、净化、浓缩后，用正相高效液相色谱半制备，反相高效液相色谱 C_{18} 柱色谱分离，经紫外或二极管阵列检测器检测，内标法（或外标法）定量。

二、实验材料

1. 仪器

半制备正相高效液相色谱仪（带紫外或二极管阵列检测器，进样器配 500μL 定量环）、反相高效液相色谱分析仪（带紫外或二极管阵列检测器，进样器配 100μL 定量环）、分析天平（感量为 0.1mg）、磁力搅拌器（带加热、控温功能）、旋转蒸发仪、氮吹仪、紫外分光光度计、萃取净化振荡器。

2. 试剂

如不加说明，试剂均为分析纯；实验用水为 GB/T 6682—2008 规定的一级水。

抗坏血酸、2,6-二叔丁基对甲酚（BHT）、氢氧化钾、正己烷、石油醚（沸程为 30～

60℃）、无水硫酸钠、甲醇（色谱纯）。

无水乙醇：色谱纯，经检验不含醛类物质，检查方法见 GB 5009.82—2016 附录 A.1。

pH 试纸（pH 范围 1~14）、淀粉酶（活力单位≥100U/mg）。

维生素 D_2 标准品：钙化醇（CAS 号：50-14-6）。

维生素 D_3 标准品：胆钙化醇（CAS 号：511-28-4）。

如上标准品纯度>98%，或经国家认证并授予标准物质证书的标准物质。

3. 试剂配制

（1）氢氧化钾溶液　50g 氢氧化钾，加入 50mL 水溶解，冷却后储存于聚乙烯瓶中，临用前配制。

（2）正己烷-环己烷溶液（1:1，体积比）　量取 8mL 异丙醇加入到 496mL 正己烷中，再加入 496mL 环己烷，混匀，超声脱气，备用。

（3）甲醇-水溶液（95:1，体积比）　量取 50mL 水加入到 950mL 甲醇中，混匀，超声脱气，备用。

（4）维生素 D_2/维生素 D_3 标准储备液　准确称取维生素 D_2/维生素 D_3 标准品 10.0mg，分别用色谱纯无水乙醇溶解并定容至 100mL，使其浓度约为 100μg/mL。

（5）维生素 D_2/维生素 D_3 标准中间使用液　分别准确吸取维生素 D_2/维生素 D_3 标准储备液 10.00mL，分别用流动相稀释并定容至 100mL，浓度约为 10.0μg/mL，有效期 1 个月，准确浓度按校正后的浓度折算。

（6）维生素 D_2/维生素 D_3 标准使用液　分别准确吸取维生素 D_2/维生素 D_3 标准中间使用液 10.00mL，分别用流动相稀释并定容至 100mL 的棕色容量瓶中，浓度约为 1.00μg/mL，准确浓度按校正后的浓度折算。

三、实验方法

1. 样品制备

将一定数量的样品按要求经过缩分、粉碎、均质后，储存于样品瓶中，避光冷藏，尽快测定。

2. 试样处理

（1）皂化　称取 5~10g（准确至 0.01g）经均质处理的固体试样或 50g（准确至 0.01g）液体样品于 150mL 平底烧瓶中，固体试样需加入 20~30mL 温水，加入 1.00mL 内标使用溶液后再加入 1.0g 维生素 C 和 0.1g BHT，混匀。加入 30mL 无水乙醇，加入 10~20mL 氢氧化钾溶液，边加边振摇，混匀后于恒温磁力搅拌器上 80℃回流皂化 30min，然后立即用冷水冷却至室温。

如样品含有淀粉，这在加入内标使用液的同时加入 1g 淀粉酶，放入 60℃恒温水浴振荡 30min，其余步骤同上。

（2）提取　用 30mL 水将皂化液转入 250mL 分液漏斗中，加入 50mL 石油醚，振荡萃取 5min，将下层溶液转移至另一个 250mL 分液漏斗中，再加入 50mL 石油醚萃取，合并醚层。

（3）洗涤　用约 150mL 水洗涤醚层，约重复 3 次，直至将醚层洗至中性（可用 pH 试纸检测下层溶液 pH），去除下层水相。

（4）浓缩　将洗涤后的醚层经无水硫酸钠（约 3g）滤入 250mL 旋转蒸发瓶或氮气浓缩管中，用约 15mL 石油醚冲洗分液漏斗及无水硫酸钠两次，并入蒸发瓶内，并将其接在旋转蒸发器或气体浓缩仪上，在 40℃ 水浴中减压蒸馏或气流浓缩，待醚剩下约 2mL 时，取下蒸发瓶，氮吹至干，用正己烷定容至 2mL，0.22μm 有机系滤膜过滤供半制备正相高效液相色谱系统半制备，净化待测液。

3. 测定条件

（1）维生素 D 待测液的净化

① 半制备正相高效液相色谱参考条件

色谱柱：硅胶柱，柱长 250mm，内径 4.6mm，粒径 5μm；或具同等性能的色谱柱。

流动相：环己烷-正己烷（1:1，体积比），并按体积分数 0.8% 加入异丙醇 [参见本实验 "3. 试剂配制" 中（2）]。

流速：1mL/min。

波长：264nm。

柱温：（35±1）℃。

进样体积：500μL。

② 半制备正相高效液相色谱系统适用性实验：取 1.00mL 左右维生素 D_2 和维生素 D_3 标准中间使用液于 10mL 具塞试管中，在（40±2）℃ 水浴氮气吹干。残渣用 10mL 正己烷振荡溶解后，取 100μL 注入液相色谱仪中确定维生素 D 保留时间。然后将 500μL 待测液注入液相色谱仪中，根据确定的保留时间收集维生素 D 馏分于试管中。将试管置于 40℃ 水浴氮气吹干，取出准确加入 1.0mL 甲醇，振荡溶解残渣，得到维生素 D 测定液。

（2）反相液相色谱参考条件

色谱柱：C_{18} 柱，柱长 250mm，柱内径 4.6mm，粒径 5μm；或具同等性能的色谱柱。

流动相：甲醇-水（1:1，体积比）。

流速：1mL/min。

检测波长：264nm。

柱温：（35±1）℃。

样量：100μL。

4. 标准曲线的制作

（1）标准系列溶液的配制　当用维生素 D_2（维生素 D_3）作内标测定维生素 D_3（维生素 D_2）时，分别准确吸取维生素 D_3（维生素 D_2）标准中间使用液 0.50、1.00、2.00、4.00、6.00、10.00mL 于 100mL 棕色容量瓶中，各加入维生素 D_2（维生素 D_3）内标溶液 5.00mL，用甲醇定容至刻度混匀。此标准系列工作液浓度分别为 0.05、0.10、0.20、0.40、0.60、1.00μg/mL。

（2）标准曲线的制作　分别将维生素 D_2 或维生素 D_3 标准系列工作液注入反相液相色谱仪中，得到维生素 D_2 和维生素 D_3 峰面积。以两者峰面积比为纵坐标，以标准工作液浓度为横坐标分别绘制标准曲线。

5. 测定

吸取维生素 D 测定液 100μL 注入反相液相色谱仪中，得到待测物与内标物的峰面积比值，根据标准曲线得到待测液中维生素 D_2（或维生素 D_3）的浓度。

四、结果计算

$$X = \frac{\rho \times V \times f \times 100}{m}$$

（5-3）

式中　X——试样中维生素 D_2（或维生素 D_3）的含量，$\mu g/100g$；

ρ——根据标准曲线计算得到的试样中维生素 D_2（或维生素 D_3）的浓度，$\mu g/mL$；

V——正己烷定容体积，mL；

f——待测液稀释过程的稀释倍数；

100——试样中量以每 100g 计算的换算系数；

m——试样的称样量，g。

计算结果保留三位有效数字。

五、注意事项

（1）维生素 D_2/维生素 D_3 标准储备液转移至棕色试剂瓶中，于-20℃冰箱中密封保存，有效期 3 个月。临用前用 GB 5009.82—2016 附录 B 紫外分光光度法校正其浓度。

（2）样品处理过程应避免紫外光照，尽可能避光操作。

（3）如样品中只含有维生素 D_3，可用维生素 D_2 做内标；如只含有维生素 D_2，可用维生素 D_3 做内标；否则，用外标法定量，但需要验证回收率能满足检测要求。

（4）一般皂化时间为 30min，如皂化液冷却后，液面有浮油，需要加入适量氢氧化钾-乙醇溶液，并适当延长皂化时间。

实验三　功能食品中维生素 K_1 的测定（高效液相色谱-荧光法）

天然维生素 K 是一类基本结构为 2-甲基-1,4-萘醌的脂溶性维生素，参与人体骨代谢和细胞生长，具有止血功能，当体内缺乏维生素 K 时，可造成凝血障碍，所以又称凝血维生素或抗出血维生素。根据其侧链结构的不同，天然维生素 K 可分为维生素 K_1、维生素 K_2（图 5-4）。维生素 K_1 亦称叶绿醌，主要存在于绿色植物中。维生素 K_2 亦称甲萘醌，是系列化合物，有 14 种，以 MK-n 表示（图 5-4），维生素 K_2 主要由微生物代谢产生，少量存在于肉类、动物内脏、鸡蛋、乳制品、发酵性食品中。维生素 K_1 在肝脏内转化为维生素 K_2 才能被人体吸收利用，其在体内的生物利用率仅为维生素 K_2 的 1/2。然而目前国内主要以维生素 K_1 作为添加剂添加到食品中，以补充人体内维生素 K 的不足，维生素 K_2 仍属刚发展阶段。随着其药用价值的突显，维生素 K_2 已然成为国际上新一代预防和治疗骨质疏松的保健食品，2016 年，国家卫生和计划生育委员会在《关于海藻酸钙等食品添加剂新品种的公告》（2016 年第 8 号）中将维生素 K_2（发酵法）列入食品营养强化剂新品种。

维生素 K_1 是黄色油状物，维生素 K_2 是淡黄色结晶，不溶于水，微溶于乙醇，易溶于

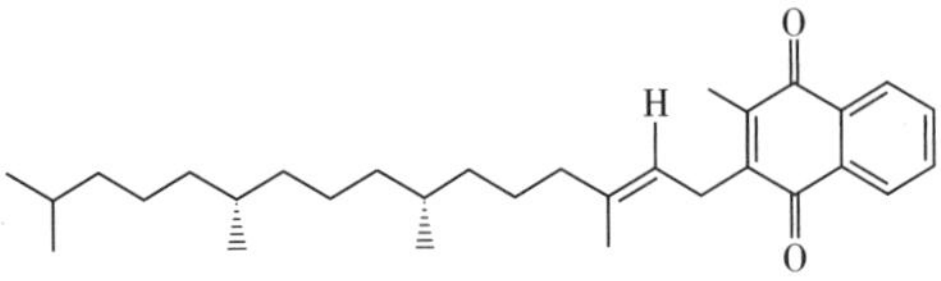

（1）维生素K₁

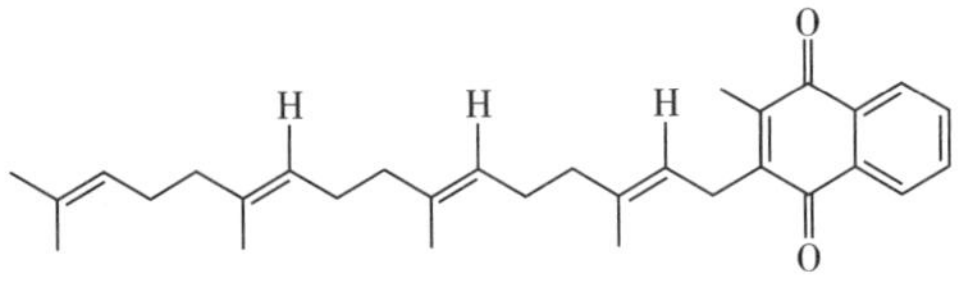

（2）维生素K₂

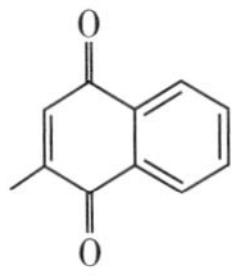

（3）维生素K₃

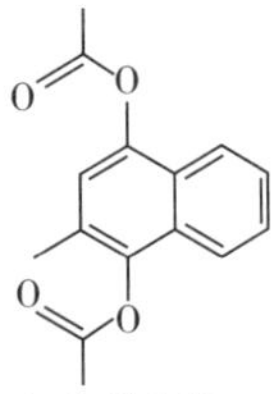

（4）维生素K₄

图 5-4　维生素 K 的结构式

乙醚、氯仿和油脂等，均有耐热性，但对光敏感，易被碱和紫外线分解，故要避光保存。维生素 K_1 的检测方法主要有液相色谱-紫外法、液相色谱-荧光法、液相色谱-质谱法。由于高效液相色谱紫外检测器法灵敏度低，GB 5009.158—2016 采用后两种方法。本实验介绍了 GB 5009.158—2016 的第一法——液相色谱-荧光法。

一、实验原理

样品经淀粉酶酶解，正己烷提取样品中的维生素 K_1 后，用 C_{18} 液相色谱柱将维生素 K_1 与其他杂质分离，锌柱柱后还原，荧光检测器检测，外标法定量。

二、实验材料

1. 仪器

高效液相色谱仪（带荧光检测器）、高速粉碎机、涡旋振荡器、恒温水浴振荡器、pH计（精度 0.01）、天平（感量为 1mg 和 0.1mg）、离心机（转速 ≥6000r/min）、旋转蒸发仪、氮吹仪、超声波振荡器。

锌柱：柱长 50mm，内径 4.6mm。

微孔滤头：带 0.22μm 有机系微孔滤膜。

2. 试剂

如不加说明，试剂均为分析纯；实验用水为 GB/T 6682—2008 规定的一级水。

无水乙醇、碳酸钾、正己烷、无水乙酸钠、氢氧化钾、磷酸二氢钾，均为分析纯。

甲醇、四氢呋喃、冰乙酸、氯化锌，均为色谱纯。

淀粉酶：酶活力 ≥1.5U/mg。

锌粉：粒径 50~70μm。

维生素 K_1 标准品（CAS 号：84-80-0）：纯度 ≥99%，或经国家认证并授予标准物质证书的标准物质。

3. 试剂配制

（1）400g/L 氢氧化钾溶液　称取 20g 氢氧化钾于 100mL 烧杯中，用 20mL 水溶解，冷却后，加水至 50mL，储存于聚乙烯瓶中。

（2）磷酸盐缓冲液（pH 8.0）　溶解 54.0g 磷酸二氢钾于 300mL 水中，用 400g/L 氢氧化钾溶液调节 pH 至 8.0，加水至 500mL。

（3）流动相　量取甲醇 900mL，四氢呋喃 100mL，冰乙酸 0.3mL，混匀后，加入氯化锌 1.5g，无水乙酸钠 0.5g，超声溶解后，用 0.22μm 有机系滤膜过滤。

（4）维生素 K_1 标准储备液（1mg/mL）　准确称取 50mg（精确至 0.1mg）维生素 K_1 标准品于 50mL 容量瓶中，用甲醇溶解并定容至刻度。

（5）维生素 K_1 标准中间液（100μg/mL）　准确吸取标准储备液 10.00mL 于 100mL 容量瓶中，用甲醇稀释至刻度，摇匀。

（6）维生素 K_1 标准使用液（1.00μg/mL）　准确吸取标准中间液 1.00mL 于 100mL 容量瓶中，加甲醇至刻度，摇匀。

三、实验方法

1. 样品制备

粉状样品：经混匀后，直接取样。

片状、颗粒状样品：经样本粉碎机磨成粉，储存于样品袋中备用。

液态样品：摇匀后，直接取样。

制样后，尽快测定。

2. 试样处理

（1）酶解　准确称取适量经均质的试样（精确到 0.01g，维生素 K_1 含量不低于 0.05μg）于 50mL 离心管中，加入 5mL 温水溶解（液体样品直接吸取 5mL），加入 5mL 磷酸盐缓冲液（pH 8.0），混匀，加入 0.2g 淀粉酶（不含淀粉的样品可以不加淀粉酶），加盖后涡旋 2~3min，置于（37±2）℃恒温水浴振荡器中振荡 2h 以上，使其充分酶解。

（2）提取　取出酶解好的试样，分别加入 10mL 乙醇及 1g 碳酸钾，混匀后加入 10mL 正己烷和 10mL 水，涡旋或振荡提取 10min，6000r/min 离心 5min，或将酶解液转移至 150mL 的分液漏斗中萃取提取，静置分层，转移上清液至 100mL 旋蒸瓶中，向下层液再加入 10mL 正己烷，重复操作 1 次，合并上清液至上述旋蒸瓶中。

（3）浓缩　将上述正己烷提取液旋蒸至干（如有残液，可用氮气轻吹至干），用甲醇转移并定容至 5mL 容量瓶中，摇匀，0.22μm 有机滤膜过滤，滤液待测。

不加试样，按同一操作方法做空白试验。

3. 色谱参考条件

色谱柱：C_{18} 柱，柱长 250mm，内径 4.6mm，粒径 5μm；或具同等性能的色谱柱。

锌还原柱：柱长 50mm，内径 4.6mm。

流动相：按本实验"3. 试剂配制"中（3）进行配制。

流速：1mL/min。

检测波长：激发波长 243nm，发射波长 430nm。

进样量：10μL。

4. 标准曲线的制作

标准系列工作溶液配制：分别准确吸取维生素 K_1 标准使用液 0.10、0.20、0.50、1.00、2.00、4.00mL 于 10mL 容量瓶中，用甲醇定容至刻度，维生素 K_1 标准系列工作溶液浓度分别为 10、20、50、100、200、400ng/mL。

将维生素 K_1 标准系列工作液分别注入高效液相色谱仪中，测定相应的峰面积，以峰面积为纵坐标，以标准系列工作液浓度为横坐标绘制标准曲线，计算线性回归方程。

5. 测定

在相同色谱条件下，将制备的空白溶液和试样溶液分别进样，进行高效液相色谱分析。根据线性回归方程计算出试样溶液中维生素 K_1 的浓度。

四、结果计算

$$X = \frac{\rho \times V_1 \times 100}{m \times 1000}$$ (5-4)

式中　X——试样中维生素 K_1 的含量，$\mu g/100g$；

　　　　ρ——由标准曲线得到的试样溶液中维生素 K_1 的浓度，ng/mL；

　　　　V_1——定容液的体积，mL；

　　　　100——将结果单位由微克每克换算为微克每百克样品中含量的换算系数；

　　　　m——试样的称样量，g；

　　　1000——将浓度单位由 ng/mL 换算为 $\mu g/mL$ 的换算系数。

计算结果保留三位有效数字。

五、注意事项

（1）维生素 K_1 标准储备液及维生素 K_1 标准中间液转移至棕色玻璃容器中，在 $-20℃$ 下避光可保存 2 个月。标准储备液在使用前需要进行浓度校正，校正方法参照 GB 5009.158—2016 附录 A。

（2）处理过程应避免紫外光直接照射，尽可能避光操作。

（3）提取步骤中，萃取提取时如发生乳化现象，可适当增加正己烷或水的加入量。

（4）锌柱可直接购买商品柱，也可自行装填。

锌柱填装方法：将锌粉密集装入不锈钢材质的柱套（柱长 50mm，内径 4.6mm）中。装柱时，应连续少量多次将锌粉装入柱中，边装边轻轻拍打，以使装入的锌粉紧密。

（5）锌柱接入仪器前，须将液相色谱仪所用管路中的水排干。

实验四　功能食品中维生素 K_2 的测定（高效液相色谱法）

一、实验原理

试样用甲醇超声提取，经 C_{18} 液相色谱柱分离后，紫外检测器检测，外标法定量。

二、实验材料

1. 仪器

高效液相色谱仪（带可变波长紫外光检测器或二极管阵列检测器）、天平（感量 1mg）。

微孔滤头：带 0.45μm 有机系微孔滤膜。

2. 试剂

甲醇（色谱纯）。

维生素 K_2 标准品（七烯甲萘醌，CAS 号：2124-57-4）：纯度≥99%，或经国家认证并授予标准物质证书的标准物质。

三、实验方法

1. 样品制备

精密称取试样适量（精确至 0.001g）于 10mL 容量瓶中，加入甲醇超声 30min，然后用甲醇定容至刻度，摇匀，过 0.45μm 有机滤膜，待测。

2. 标准品溶液的配制

精密称取维生素 K_2 标准品适量，用甲醇溶解并定容，配制成浓度为 20μg/mL 的标准溶液。

3. 色谱参考条件

色谱柱：C_{18} ODS 柱，柱长 150mm，内径 4.6mm，粒径 5μm；或相当者。

流动相：100%甲醇。

流速：1mL/min。

检测波长：254nm。

柱温：（50±1）℃。

样量：10μL。

4. 测定

将标准品和试样溶液 10μL 注入高效液相色谱仪中测定，以保留时间定性，峰面积外标法定量。

四、结果计算

$$X = \frac{A_1 \times c \times V_1}{A_2 \times m} \tag{5-5}$$

式中　X——维生素 K_2 的含量，μg/g；

A_1——试样中维生素 K_2（七烯甲萘醌）对应峰面积；

A_2——标准品中维生素 K_2（七烯甲萘醌）对应峰面积；

c——进样标准品中维生素 K_2（七烯甲萘醌）的浓度，μg/mL；

V_1——供试试样定容体积，mL；

m——试样的质量，g。

五、注意事项

样品处理过程应尽可能避光操作。

实验五　功能食品中维生素 B_1、维生素 B_6 的测定

维生素 B_1 又称硫胺素、抗神经炎素。硫胺素常以盐酸盐的形式出现，白色结晶，溶于水，微溶于乙醇，不易被氧化，耐热，在酸性溶液中即使加热也比较稳定，在碱性溶液中对热极不稳定易分解。硫胺素在碱性介质中可被铁氰化钾氧化产生硫色素，在紫外光照射下产生蓝色荧光，可借此以荧光比色法定量。硫胺素能与多种重氮盐偶合呈现各种不同颜色，借此可用比色法测定。比色法灵敏度较低，准确度也稍差，适用于含硫胺素高的样品。荧光法是《食品中硫胺素（维生素 B_1）的测定》（GB/T 5009.84—2003）的唯一方法，该法虽然灵敏度较高，准确性好，可适用于各类食品的检测。但是该法的衍生过程中需经人造沸石处理，操作过程烦琐、费时，而且如果净化操作不当时，容易导致测定值偏低。液相色谱-质谱法检出限低，操作简便快速，但样品中的 B_1 在离子化时可能存在不同程度的基体效应，进而影响定量结果的准确性。高效液相色谱法（HPLC）具有操作简单、快速、特异性高等优点，近年来被广泛应用于食品中维生素 B_1 的测定。《食品安全国家标准　食品中维生素 B_1 的测定》（GB 5009.84—2016）第一法采用高效液相色谱-荧光法测定食品中的维生素 B_1，该法应用广泛，但由于维生素 B_1 本身并无荧光，需要经过衍生化后才有荧光特性，且还需要经过高温灭菌和酶解过夜，并用正丁醇衍生萃取，前处理步骤烦琐且耗时，检验周期长。《保健食品中盐酸硫胺素、盐酸吡哆醇、烟酸、烟酰胺和咖啡因的测定》（GB/T 5009.197—2003）中用高效液相色谱-二极管阵列法测定保健食品中维生素 B_1 的含量，前处理操作简单，检验周期短。

维生素 B_6 又称吡哆素，属于吡啶衍生物，包括吡哆醇、吡哆醛和吡哆胺（图5-5）。维生素 B_6 在室温下为白色晶体，易溶于水，微溶于丙酮及醇，不溶于氯仿及醚。在酸性溶液中对热稳定，但在碱性溶液受光照射时不稳定，易被破坏。常见的维生素 B_6 测定方法有微生物分析法、荧光法、高效液相色谱法等。微生物法是维生素 B_6 的经典分析方法，依据酵母菌的生长和繁殖速度与溶液中维生素 B_6 的含量成正比，该方法特异性好、操作简便、样品不需要提纯、灵敏度高于其他仪器法和化学法，但实验周期长，必须经常保存菌种，

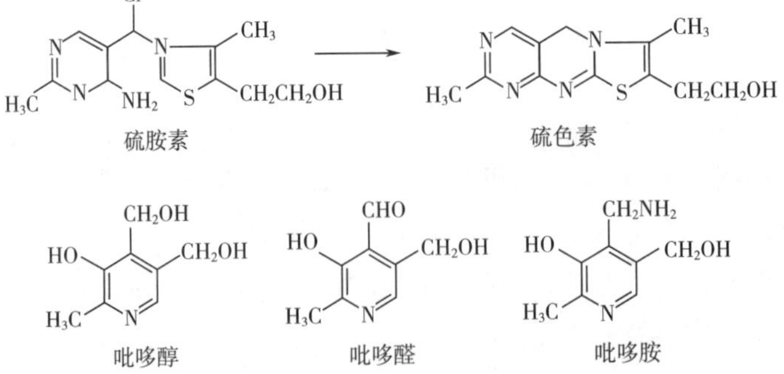

图5-5　维生素 B_6 的结构式

试剂较贵。荧光法操作复杂，样品需要提纯。高效液相色谱法具有快速、灵敏和准确的特点，需要样品量少，并可与其他分析技术联合，是目前最先进简便的方法。本实验介绍了GB/T 5009.197—2003 的高效液相色谱-二极管阵列法，同时检测保健食品中盐酸硫胺素、盐酸吡哆醇。

一、实验原理

试样用甲醇-水-磷酸混合液进行提取、稀释，经反相色谱柱分离，高效液相色谱紫外检测器检测，外标法定量。

二、实验材料

1. 仪器

高效液相色谱仪（带紫外检测器或二极管阵列检测器）、超声波清洗器、离心机、天平（感量 0.1mg）。

2. 试剂

甲醇（优级纯）、乙腈（色谱纯）、磷酸（分析纯）、1-癸烷磺酸钠（高效液相色谱用试剂）、硫酸月桂酯钠（高效液相色谱用试剂）。

维生素 B_1 标准品（盐酸硫胺素，CAS 号：67-03-8）、盐酸吡哆醇（CAS 号：58-56-0）：纯度≥98%，或经国家认证并授予标准物质证书的标准物质。

3. 试剂配制

（1）甲醇-水-磷酸混合液（100：400：0.5，体积比）　量取 100mL 甲醇，加入到400mL 水中，加入 0.5mL 磷酸混匀。

（2）标准储备液（1mg/mL）　准确称量盐酸硫胺素和盐酸吡哆醇各 0.0500g，溶液水中并定容至 50mL。

（3）标准使用液（0.25mg/mL）　准确移取 5mL 标准储备液，加入甲醇-水-磷酸混合液至 20mL。

三、实验方法

1. 样品制备

取 20 粒以上片剂或胶囊试样研磨或混匀，称取适量试样于试管中（准确至 0.001g），加入甲醇-水-磷酸混合液，使浓度为每毫升含盐酸硫胺素、盐酸吡哆醇 0.25mg，超声提取 5min 后，以 3000r/min 离心 5min，上清液过 0.45μm 滤膜后待测。

液体试样直接用甲醇-水-磷酸混合液稀释，充分混匀后经 0.45μm 滤膜过滤后待测。

2. 色谱参考条件

色谱柱：TSK C_{18}柱，柱长 150mm，内径 4.6mm，填料粒径 5μm；或相当者。

柱温：室温。

检测波长：盐酸硫胺素：260nm；

盐酸吡哆醇：280nm。

流动相：盐酸硫胺素：硫酸月桂酯钠（5g → 530mL）-乙腈-磷酸=530：470：1（体积比）；

盐酸吡哆醇：1-癸烷磺酸钠溶液（1.22g → 850mL）-乙腈-磷酸＝850∶150∶1（体积比）。

流速：1mL/min。

进样量：10μL。

3. 测定

将标准使用液、试样溶液注入高效液相色谱仪中，得到相应的峰面积、峰高。

四、结果计算

$$X = \frac{h_1 \times c \times V \times 100}{h_2 \times m \times 1000} \tag{5-6}$$

式中　X——试样中单一成分的含量，mg/100g 或 mg/100mL；

　　h_1——试样的峰高或峰面积；

　　c——标准溶液浓度，μg/mL；

　　V——试样定容体积，mL；

　　h_2——标准溶液的峰高或峰面积；

　　m——试样量，g 或 mL；

　100——换算为 100g（或 mL）样品中含量的换算系数；

1000——将浓度单位 μg/100g（或 mL）换算为 mg/100g（或 mL）的换算系数。

　　计算结果保留两位有效数字。

五、注意事项

试样制备的操作过程应避免强光照射。

实验六　功能食品中维生素 B₂ 的测定（高效液相色谱法）

维生素 B₂ 又称核黄素，是一种橙黄色的晶体。水溶性维生素，但微溶于水，溶液呈现较强的黄绿色荧光。溶于氯化钠溶液，在碱性溶液中容易溶解，易溶于稀的氢氧化钠溶液。对空气、热稳定，在中性和酸性溶液中稳定，但在碱性溶液中较易被破坏。对光敏感，紫外照射可引起不可逆的分解。在碱性溶液中受光照射转化为具有较强荧光强度的光黄素。维生素 B₂ 的常用分析方法有微生物分析法、荧光法、紫外分光光度法、高效液相色谱法等。微生物法是多种维生素测定的国家标准检验方法的仲裁法，对于成分复杂的天然食物，维生素含量少且干扰物多，采用微生物法进行测定，特异性较强。因微生物法比较烦琐且耗时，所以近些年来，微生物方法的使用越来越少。根据维生素 B₂ 水溶液呈现出较强的黄绿色荧光这一特性选择荧光法进行检测，该法灵敏度高、仪器简单、选择性好、测量快速，但操作过程中要注意避光，否则就会导致结果的不稳定。紫外分光光度法是一种简单实用的维生素检测方法，是《中华人民共和国药典》（简称《中国药典》）规定的标准方法，但测定时不确定因素多，步骤烦琐耗时较长。高效液相色谱法简便、快速，《食品安全国家标准　食品中维生素 B₂ 的测定》（GB 5009.85—2016）第一法就采用高效液相色谱测定食品中的维生素 B$_2$，本实验介绍了该法。

一、实验原理

试样在稀盐酸环境中恒温水解，调 pH 至 6.0~6.5，用木瓜蛋白酶和高峰淀粉酶酶解，定容过滤后，滤液经反相色谱柱分离，高效液相色谱荧光检测器检测，外标法定量。

二、实验材料

1. 仪器

高效液相色谱仪（带荧光检测器）、天平（感量为 1mg 和 0.01mg）、高压灭菌锅、pH 计（精度 0.01）、涡旋振荡器、组织捣碎机、恒温水浴锅、干燥器、分光光度计。

2. 试剂

如不加说明，试剂均为分析纯；实验用水为 GB/T 6682—2008 规定的一级水。

盐酸、冰乙酸、氢氧化钠、三水乙酸钠、甲醇（色谱纯）。

维生素 B$_2$ 标准品（CAS 号：83-88-5）：纯度≥98%，或经国家认证并授予标准物质证书的标准物质。

木瓜蛋白酶：活力≥10U/mg。

高峰淀粉酶：活力≥100U/mg，或性能相当者。

3. 试剂配制

（1）盐酸溶液（0.1mol/L） 吸取 9mL 盐酸，用水稀释并定容至 1000mL。

（2）盐酸溶液（1:1，体积比） 量取 100mL 盐酸，缓慢倒入 100mL 水中，混匀。

（3）氢氧化钠溶液（1mol/L） 准确称取 4g 氢氧化钠，加 90mL 水溶解，冷却后定容至 100mL。

（4）乙酸钠溶液（0.1mol/L） 准确称取 13.60g 三水乙酸钠，加 900mL 水溶解，用水定容至 1000mL。

（5）乙酸钠溶液（0.05mol/L） 准确称取 6.80g 三水乙酸钠，加 900mL 水溶解，用冰乙酸调 pH 至 4.0~5.0，用水定容至 1000mL。

（6）混合酶溶液 准确称取 2.345g 木瓜蛋白酶和 1.175g 高峰淀粉酶，加水溶解后定容至 50mL。临用前配制。

（7）盐酸溶液（0.012mol/L） 吸取 1mL 盐酸，用水稀释并定容至 1000mL。

（8）维生素 B$_2$ 标准储备液（100μg/mL） 将维生素 B$_2$ 标准品置于真空干燥器或装有五氧化二磷的干燥器中干燥处理 24h 后，准确称取 10mg（精确至 0.1mg），加入 2mL 盐酸溶液（1:1，体积比）超声溶解，立即用水转移并定容至 100mL。

（9）维生素 B$_2$ 标准中间液（2.00μg/mL） 准确吸取 2.00mL 维生素 B$_2$ 标准储备液，用水稀释并定容至 100mL。临用前配制。

三、实验方法

1. 样品制备

取 20 粒以上的片剂或胶囊试样研磨粉碎或混匀，分装入洁净棕色磨口瓶中，密封，避光存放备用。

称取适量（精确至 0.01g）均质后的试样（试样中维生素 B_2 的含量大于 $5\mu g$）于 100mL 具塞锥形瓶中，加入 60mL 的 0.1mol/L 盐酸溶液，充分摇匀后塞好瓶塞。将锥形瓶放入高压灭菌锅内，在 121℃ 下保持 30min，冷却至室温后取出。用 1mol/L 氢氧化钠溶液调 pH 至 6.0~6.5，加入 2mL 混合酶溶液，摇匀后，置于 37℃ 培养箱或恒温水浴锅中过夜酶解。将酶解液转移至 100mL 容量瓶中，用水定容至刻度，过滤或离心，滤液或上清液过 $0.45\mu m$ 水相滤膜后待测。

空白试验：不加试样，按同一操作方法做空白试验。

2. 仪器参考条件

色谱柱：C_{18} 柱，柱长 150mm，内径 4.6mm，填料粒径 $5\mu m$；或相当者。

流动相：乙酸钠溶液（0.05mol/L）-甲醇（65：35，体积比）。

流速：1mL/min。

柱温：30℃。

检测波长：激发波长 462nm，发射波长 522nm。

进样体积：$20\mu L$。

3. 标准曲线的制作

维生素 B_2 标准系列工作液配制：分别吸取维生素 B_2 标准中间液 0.25、0.50、1.00、2.50、5.00mL，用水定容至 10mL，该标准系列浓度分别为 0.05、0.10、0.20、0.50、$1.00\mu g/mL$。临用前配制。

将标准系列工作液分别注入高效液相色谱仪中，测定相应的峰面积，以标准工作液的浓度为横坐标，以峰面积为纵坐标，绘制标准曲线。

4. 测定

将试样溶液注入高效液相色谱仪中，得到相应的峰面积，根据标准曲线得到待测液中维生素 B_2 的浓度。

5. 空白试验

空白试验溶液色谱图中应不含待测组分峰或其他干扰峰。

四、结果计算

$$X = \frac{\rho \times v}{m} \times \frac{100}{1000} \tag{5-7}$$

式中　X——试样中维生素 B_2（以核黄素计）的含量，mg/100g；

　　　ρ——根据标准曲线计算得到的试样中维生素 B_2 的浓度，$\mu g/mL$；

　　　v——试样溶液的最终定容体积，mL；

　　　m——试样质量，g；

　　　100——换算为 100g 样品中含量的换算系数；

　　1000——将浓度单位 $\mu g/mL$ 换算为 mg/mL 的换算系数。

结果保留三位有效数字。

五、注意事项

（1）维生素 B$_2$标准储备液配制好后转移入棕色玻璃容器中，在4℃冰箱中贮存，保存期2个月。标准储备液在使用前需要进行浓度校正，校正方法参见 GB 5009.85—2016 附录 A。

（2）试样制备的操作过程应避免强光照射。

实验七 功能食品中维生素 B$_{12}$ 的测定

维生素 B$_{12}$ 又称钴胺素，是 B 族维生素中迄今为止发现最晚的一种。维生素 B$_{12}$ 是唯一含金属元素的维生素，4 个还原的吡咯环连在一起变成 1 个咕啉大环，中心是一个钴元素，它的家族成员主要包括氰钴胺、羟钴胺、腺苷钴胺和甲钴胺（图 5-6）。氰钴胺素相较于其他几种形态（如羟钴胺、腺苷钴胺和甲基钴胺等）更为稳定，配方食品中用于营养强化的维生素 B$_{12}$ 几乎均为氰钴胺素，一般所称维生素 B$_{12}$，是指分子中钴和氰结合的氰钴胺素。维生素 B$_{12}$ 为浅红色的针状结晶，易溶于水和乙醇，在 pH 为 4.5~5.0 的弱酸条件下最稳定，在强酸（pH<2）或碱性溶液中分解，遇热可有一定程度的破坏，但短时间的高温消毒损失小，遇强光或紫外线易被破坏。维生素 B$_{12}$ 参与制造骨髓红细胞，可以用来预防和治疗恶性贫血。维生素 B$_{12}$ 无法在人体内合成，且植物性食品中几乎不含维生素 B$_{12}$，因此，人体所需的维生素 B$_{12}$ 只能从动物性食物中获得。

目前测定维生素 B$_{12}$ 的方法有微生物法、原子吸收法、电感耦合等离子体-质谱法（ICP-MS）、液相色谱-紫外法、液相色谱-质谱法等。原子吸收光谱法和 ICP-MS 法通过测定 Co 元素含量间接反映维生素 B$_{12}$ 含量，容易受到样品中无机 Co 及其他含 Co 杂质的影响而造成测定结果比实际值高。液相色谱-质谱法检出限低，灵敏度准确度高，但因仪器昂贵、技术难度大难以在本科实验中普及。微生物法检测维生素 B$_{12}$ 灵敏度高，美国分析化学家协会（AOAC）和《美国药典》（USP）都将微生物法作为维生素 B$_{12}$ 检测的首选方法和仲裁方法。我国《食品安全国家标准 食品中维生素 B$_{12}$ 的测定》（GB 5009.285—2022）中第三法也采用微生物法，食品中维生素 B$_{12}$ 含量较低，基质成分复杂，适合用微生物法进行检测，但该法操作过

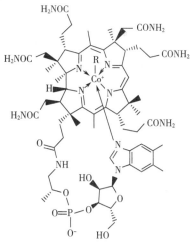

R=5′-脱氧腺苷基, Me, OH, CN

图 5-6 维生素 B$_{12}$ 的结构式

程较烦琐、测定周期长、再现性差。对于添加量较高的保健食品、药物等中的维生素 B$_{12}$ 可采用液相色谱-紫外法［《保健食品中维生素 B$_{12}$ 的测定》（GB/T 5009.217—2008）］进行检测，相对于微生物法而言，高效液相色谱-紫外法具有快速、分离完全、再现性好等特点，已成为维生素 B$_{12}$ 检测的重要研究方向，本实验主要介绍该法。

一、实验原理

采用固相萃取法或免疫亲和色谱法对试样提取液中的维生素 B_{12} 进行富集并去除部分杂质，采用高效液相色谱进行分析。

二、实验材料

1. 仪器

高效液相色谱仪（附紫外检测器）、超声波清洗器、离心机（4000r/min）、天平（感量 0.1mg）。

固相萃取柱：N-乙烯基吡咯烷酮和二乙烯基苯亲水亲脂平衡型固相萃取柱（60mg，3mL）。

免疫亲和净化柱：维生素 B_{12} 免疫亲和净化柱（EASI-EXTRACT. VITAMINE B_{12}）。

2. 试剂

如不加说明，试剂均为分析纯；实验用水为 GB/T 6682—2008 规定的一级水。

乙醇、四丁基氯化铵、三氯甲烷、三氟乙酸、柠檬酸、磷酸二氢钾、氢氧化钠、乙腈（色谱纯）、甲醇（优级纯）。

维生素 B_{12} 标准品：纯度≥99%，或经国家认证并授予标准物质证书的标准物质。

3. 试剂配制

（1）50g/L 四丁基氯化铵溶液　称取 5.0g 四丁基氯化铵，加水溶解并稀释至 100mL。

（2）磷酸缓冲液（pH 6.5）　取磷酸二氢钾 0.68g，加 0.1mol/L 氢氧化钠溶液 15.2mL，再用水稀释至 100mL。

（3）5%（体积分数）乙腈　量取 50mL 乙腈，用水稀释定容至 1000mL。

（4）25%（体积分数）乙腈　量取 250mL 乙腈，用水稀释定容至 1000mL。

（5）维生素 B_{12} 标准储备液　称取维生素 B_{12} 标准品 10mg（精确至 0.1mg），用 5%乙醇溶解，并定容至 10mL 棕色容量瓶中，混匀，得到维生素 B_{12} 的标准储备液。冷藏保存。

（6）维生素 B_{12} 标准中间液　吸取 1mL 储备液至 25mL 棕色容量瓶中，用水稀释得到维生素 B_{12} 的标准中间液。冷藏保存。

三、实验方法

1. 样品制备

片剂或胶囊试样：取 20 粒粉碎或混匀。

粉剂试样：取 5~10 包充分混匀。

2. 前处理方法一：固相萃取法

（1）提取　称取适量试样（含维生素 B_{12} 4μg 左右，精确至 0.001g）于 50mL 离心管中，加 10~15mL 水混匀，超声提取约 10min 后，以 4000r/min 转速离心 5min。吸取上清液置于另一个 50mL 离心管中。残渣按上述步骤重复提取两次，每次加入约 10mL 水，合并提取液。

（2）净化　加 1mL 50g/L 四丁基氯化铵溶液、约 20mL 三氯甲烷于提取液中，涡旋充分混匀后，以 1000r/min 离心 3min。将水层转入蒸发皿中，置水浴锅中加热蒸发至干。残渣用乙醇溶解，转移至离心管中超声溶解，离心，吸取上清液于蒸发皿中。再重复提取两次，合并提取液于蒸发皿中。蒸干乙醇，试样用 5mL 5%（体积分数）乙腈溶液定量转移到试管中，待上固相萃取柱。

（3）固相萃取 先用 3mL 甲醇活化固相萃取柱，再用 3mL 水平衡固相萃取柱，速度为 1 滴/s。将净化处理过的适量试样加到固相萃取柱上。上样后，先用 5mL 5%（体积分数）乙腈溶液淋洗，去除干扰物质，然后用 25%（体积分数）乙腈溶液将维生素 B_{12} 洗脱下来，收集洗脱液 0.5mL。

3. 前处理方法二：免疫亲和法

（1）提取 称取试样 10~50g（相当于维生素 B_{12} 的量为 25~2500μg，精确至 0.001g）于 250mL 容量瓶中，加入 100mL 水，振摇混匀，超声提取约 15min 后用水定容，稀释样品溶液的浓度至样品中维生素 B_{12} 的含量约为 25μg/mL。

（2）富集、净化 先用 10mL 水淋洗维生素 B_{12} 免疫亲和净化柱，然后吸取 24mL 提取液上样到净化柱上，再用 3mL 甲醇洗脱维生素 B_{12} 至蒸发皿中，整个过程速度约为 1 滴/s。于 60~70℃ 水浴中蒸干溶剂，用 1mL 0.025%（体积分数）的三氟乙酸溶液溶解，溶液过 0.45μm 水系滤膜，待测。

4. 标准系列溶液的配制

分别吸取 0.05、0.10、0.50、1.00、2.00、5.00mL 的维生素 B_{12} 标准中间液于 10mL 棕色容量瓶中，用水稀释得到维生素 B_{12} 标准系列溶液。

5. 液相色谱参考条件

色谱柱：C_{18}（4.6mm×250mm，5μm）反相色谱柱。

流动相：A：0.025%（体积分数）三氟乙酸（pH=2.6）；B：乙腈；梯度洗脱条件见表 5-2。

流速：1mL/min。

检测波长：361nm。

柱温：室温。

表 5-2　　　　　　　　　　　　流动相梯度洗脱程序

时间/min	A/%	B/%	时间/min	A/%	B/%
0~3.5	100	0	19~20	90	10
3.5~11	75	25	20~30	100	0
11~19	65	35			

6. 测定

分别吸取 20μL 标准溶液和试样溶液注入高效液相色谱仪中，以保留时间定性，用标准曲线法定量。

四、结果计算

$$X = \frac{A \times f}{m} \tag{5-8}$$

式中　X——试样中维生素 B_{12} 的含量，$\mu g/g$ 或 $\mu g/mL$；

A——从标准曲线上查得维生素 B_{12} 的含量，μg；

f——试样稀释倍数；

m——试样的取样量，g 或 mL。

计算结果保留两位有效数字。

五、注意事项

（1）维生素 B_{12} 见光易分解，因此在配制标准液时要尽量避光，并且一定要使用棕色试剂瓶。

（2）免疫亲和法处理样品时，如样品溶液 pH 在 7.0 以上，用柠檬酸调节 pH 在 4.5~7.0；如样品溶液 pH 在 4.5 以下，则应用磷酸缓冲液代替水作为提取液并重复提取步骤。

实验八　功能食品中维生素 C 的测定

维生素 C 是含有内酯结构的多元醇类，其分子中第 2 及第 3 位上两个相邻的烯醇式羟基极易解离并释放出 H^+，具有酸的性质，且人体缺乏这种维生素 C 易得坏血症，所以维生素 C 又称抗坏血酸。维生素 C 可脱氢而被氧化，具有很强的还原性，具有抗氧化性质。维生素 C 含有不对称的 C 原子，具有光学异构体，自然界存在的、具有生理活性的是 L-型抗坏血酸。D(+)-抗坏血酸，又称异抗坏血酸，具有强还原性，但对人体基本无生物活性。L(+)-抗坏血酸极易被氧化为 L(+)-脱氢抗坏血酸，进一步水解则生成二酮古洛糖酸，失去生物活性。

维生素 C 是一种水溶性维生素，在常温下呈白色针状或片状结晶，溶于水、甲醇和乙醇，不溶于其他有机溶剂。在酸性溶液中较为稳定，在中性及碱性溶液中易被破坏，Cu^{2+}、Fe^{3+} 等金属离子存在时更易氧化分解，容易被光和空气氧化，且随温度，pH 升高而稳定性下降。

目前，保健品中维生素 C 的检验方法主要参考食品中维生素 C 的检验方法，如高效液相色谱法、2,6-二氯靛酚滴定法、荧光法以及《中华人民共和国药典》收载的碘量滴定法。荧光法和 2,6-二氯靛酚滴定法操作步骤复杂、费时、试剂和试样溶液不稳定、容易产生误差；对于碘量法，当样品中有颜色干扰时，不易判断滴定终点。高效液相色谱法则是目前发展较快的一种测定维生素 C 含量的方法，因其对紫外光具有吸收作用，故常选用紫外检测器，该法具有稳定、操作简便、灵敏度高、再现性及选择性好等优点。本实验介绍了《食品安全国家标准　食品中抗坏血酸的测定》（GB 5009.86—2016）"第一法　高效液相色谱法"。

一、实验原理

试样中的抗坏血酸用偏磷酸溶解超声提取后，以离子对试剂为流动相，经反相色谱柱分离，其中L(+)-抗坏血酸和D(+)-抗坏血酸直接用配有紫外检测器的液相色谱仪（波长245nm）测定；试样中的L(+)-脱氢抗坏血酸经L-半胱氨酸溶液进行还原后，用紫外检测器（波长245nm）测定L(+)-抗坏血酸总量，或减去原样品中测得的L(+)-抗坏血酸含量而获得L(+)-脱氢抗坏血酸的含量。以色谱峰的保留时间定性，外标法定量。

二、实验材料

1. 仪器

液相色谱仪（配有二极管阵列检测器或紫外检测器）、pH计（精度0.01）、天平（感量为0.1g、1mg、0.01mg）、超声波清洗器、离心机（≥4000r/min）、均质机、水相滤膜或一次性滤器（0.45μm）、振荡器。

2. 试剂

如不加说明，试剂均为分析纯；实验用水为GB/T 6682—2008规定的一级水。

偏磷酸［含量≥38%（质量分数，以HPO_3计)］、磷酸三钠、磷酸二氢钾、85%（质量分数）磷酸、L-半胱氨酸（优级纯）、十六烷基三甲基溴化铵（色谱纯）、甲醇（色谱纯）。

标准品：L(+)-抗坏血酸标准品、D(+)-抗坏血酸（异抗坏血酸）标准品，纯度≥99%，或经国家认证并授予标准物质证书的标准物质。

3. 试剂配制

（1）偏磷酸溶液（20g/L） 称取200g（精确至0.1g）偏磷酸，溶于水并稀释至1L，得到200g/L偏磷酸溶液，在4℃的环境下可保存1个月。量取50mL 200g/L偏磷酸溶液，用水稀释至500mL，得到20g/L偏磷酸溶液。

（2）磷酸三钠溶液（100g/L） 称取100g（精确至0.1g）磷酸三钠，溶于水并稀释至1L。

（3）L-半胱氨酸溶液（40g/L） 称取4gL-半胱氨酸，溶于水并稀释至100mL。临用时配制。

（4）L(+)-抗坏血酸/D(+)-抗坏血酸标准储备液（1.000mg/mL） 分别准确称取L(+)-抗坏血酸/D(+)-抗坏血酸标准品0.01g（精确至0.01mg），分别用20g/L的偏磷酸溶液定容至10mL。在2~8℃避光条件下可保存1周。

三、实验方法

1. 样品制备

液体或固体粉末样品：混合均匀后，应立即用于检测。

其他固体样品：取100g左右样品加入等质量20g/L的偏磷酸溶液，经均质机均质并混合均匀后，应立即测定。

2. 试样溶液的制备

称取相对于样品适量（精确至0.001g）混合均匀的固体试样或匀浆试样，或吸取适量液体试样［使所取试样含 L(+)-抗坏血酸约 0.03~6mg］于 50mL 烧杯中，用 20g/L 的偏磷酸溶液将试样转移至 50mL 容量瓶中，震摇溶解并定容。摇匀，全部转移至 50mL 离心管中，超声提取 5min 后，于 4000r/min 离心 5min，取上清液过 0.45μm 水相滤膜，滤液待测，可同时分别测定试样中 L(+)-抗坏血酸和 D(+)-抗坏血酸的含量。

3. 试样溶液的还原

准确吸取 20mL 上述离心后的上清液于 50mL 离心管中，加入 10mL 40g/L 的 L-半胱氨酸溶液，用 100g/L 磷酸三钠溶液调节 pH 至 7.0~7.2，以 200 次/min 振荡 5min。再用磷酸调节 pH 至 2.5~2.8，用水将试液全部转移至 50mL 容量瓶中，并定容至刻度。混匀并取此试液过 0.45μm 水相滤膜后待测，可测定试样中包括脱氢型的 L(+)-抗坏血酸总量。

若试样含有增稠剂，可准确吸取 4mL 经 L-半胱氨酸溶液还原的试液，再准确加入 1mL 甲醇，混匀并过 0.45μm 滤膜后待测。

4. 仪器参考条件

色谱柱：C_{18} 柱，柱长 250mm，内径 4.6mm，粒径 5μm；或同等性能的色谱柱。

检测器：二极管阵列检测器或紫外检测器。

流动相：A：6.8g 磷酸二氢钾和 0.91g 十六烷基三甲基溴化铵，用水溶解并定容至 1L（用磷酸调 pH 至 2.5~2.8）；B：100% 甲醇。按 A：B = 98：2（体积比）混合，过 0.45μm 滤膜，超声脱气。

流速：0.7mL/min。

检测波长：245nm。

柱温：25℃。

进样量：20μL。

5. 标准曲线的制作

配制抗坏血酸混合标准系列工作液：分别吸取 L(+)-抗坏血酸和 D(+)-抗坏血酸标准储备液 0、0.05、0.50、1.0、2.5、5.0mL，用 20g/L 的偏磷酸溶液定容至 100mL。标准系列工作液中 L(+)-抗坏血酸和 D(+)-抗坏血酸的浓度分别为 0、0.5、5.0、10.0、25.0、50.0μg/mL。临用时配制。

分别对抗坏血酸混合标准系列工作溶液进行测定，以 L(+)-抗坏血酸［或 D(+)-抗坏血酸］标准溶液的质量浓度（μg/mL）为横坐标，峰面积为纵坐标，绘制标准曲线。

6. 测定

对试样溶液进行测定，根据标准曲线得到测定液中 L(+)-抗坏血酸［或 D(+)-抗坏血酸］的浓度（μg/mL）。

7. 空白试验

同时做空白试验，即指除不加试样之外，采用完全相同的分析步骤、试剂和用量，进行平行操作。

四、结果计算

$$X = \frac{(C_1 - C_0) \times V}{m \times 1000} \times f \times K \times 100 \tag{5-9}$$

式中　X——试样中 L($+$)-抗坏血酸［或 D($+$)-抗坏血酸、L($+$)-抗坏血酸总量］的含
　　　　　　量，mg/100g；

　　　c_1——样液中 L($+$)-抗坏血酸［或 D($+$)-抗坏血酸］的质量浓度，μg/mL；

　　　c_0——样品空白液中 L($+$)-抗坏血酸［或 D($+$)-抗坏血酸］的质量浓度，μg/mL；

　　　V——试样的最后定容体积，mL；

　　　m——实际检测试样质量，g；

　1000——换算系数（由 μg/mL 换算成 mg/mL 的换算因子）；

　　　f——稀释倍数（若使用本实验"3. 试样溶液的还原"步骤时，即为 2.5）；

　　　K——稀释倍数（若使用本实验"3. 试样溶液的还原"中甲醇沉淀步骤时，即为
　　　　　　1.25）；

　100——换算系数（由 mg/g 换算成 mg/100g 的换算因子）。

计算结果以再现性条件下获得的两次独立测定结果的算术平均值表示，结果保留三位
有效数字。

五、注意事项

（1）试样还原步骤中，若试样含有增稠剂，可准确吸取 4mL 经 L-半胱氨酸溶液还原
的试液，再准确加入 1mL 甲醇，混匀后过 0.45μm 滤膜后待测。

（2）维生素 C 对光敏感，整个检测过程尽可能在避光条件下进行。

实验九　营养强化剂中醋酸钙及钙的测定（化学滴定法）

钙（Ca）是人体内含量最多的矿物质。钙是人体牙齿和骨骼的主要成分。人体肌肉
收缩和心脏的正常跳动，都需要钙元素的参与，钙还能起到保护血管和细胞的作用。如果
儿童缺钙，会影响生长发育，可能会引起佝偻病、鸡胸、罗圈腿等骨骼变形的现象；成年
人缺钙，身体会发生抽搐的现象，严重缺钙会引起骨质疏松，易发生骨折等，影响身体
健康。

目前市面上销售的补钙产品大致分为两类：无机钙和有机钙。常见的无机钙的主要成
分有碳酸钙、磷酸氢钙、氯化钙和氧化钙。无机钙片中钙含量高，但是人体吸收率较低，
其中碳酸钙的含量最高，价格最便宜。有机钙包括有机酸钙和氨基酸螯合钙，其中有机酸
钙包括葡萄糖酸钙、乳酸钙、柠檬酸钙、醋酸钙、泛酸钙等。有机酸钙片中钙的含量比无
机钙片中钙的含量低很多，但由于其水溶性好，因此含有活性钙的成分相对较高。氨基酸
螯合钙产品中的钙成分较高，同时又能被人体充分吸收利用，因此被认为是较好的补钙产
品，缺点是价格较高。

目前检测功能食品中钙含量的方法有化学分析法和仪器分析法，化学分析法主要采用
化学滴定法，仪器分析法有原子吸收法、电感耦合等离子体原子发射光谱法、液相色谱
法等。

食品营养强化剂醋酸钙是由食品添加剂冰醋酸（冰乙酸）和优质石灰石（碳酸钙）

反应制备而成。醋酸钙的分子式为 $Ca(CH_3COO)_2$，相对分子质量为 158.17；是一种白色、无味、细小疏松的粉末；易溶于水，微溶于乙醇，熔点 160℃，是醋酸钙营养强化剂的主要成分。

一、实验原理

利用络合滴定的方法，用乙二胺四乙酸二钠盐溶液，在碱性条件下，以铬蓝黑 R 为指示剂，滴定样品中的钙含量。为了避免 Al^{3+}、Mn^{2+}、Fe^{3+} 等离子的干扰，首先要在样品溶液中加入三乙醇胺溶液，将干扰离子屏蔽起来；为了排除 Mg^{2+} 离子的干扰，在溶液中加入 NaOH 溶液，会使溶液的 pH 大于 12，生成 $Mg(OH)_2$。

二、实验材料

1. 仪器

天平（精确至 0.0001g）、量筒（10、25、100mL）、碱式滴定管（25mL）、锥形瓶（250mL）。

2. 试剂

三乙醇胺、氢氧化钠、乙二胺四乙酸二钠盐、铬蓝黑 R 指示剂。

3. 试剂配制

（1）20%（体积分数）三乙醇胺溶液 用滴管取 10mL 三乙醇胺，溶解于盛有 50mL 去离子水的试剂瓶中，振摇，待用。

（2）40g/L 氢氧化钠溶液 用天平称取 20g 氢氧化钠，将其溶解于 500mL 去离子水中，溶解，待用。

（3）0.05mol/L 乙二胺四乙酸二钠盐标准溶液 用天平（精确至 0.0001g）准确称取 1.8612g 乙二胺四乙酸二钠盐，用去离子水溶解后转移至 100mL 容量瓶中，定容至 100mL，振摇，待用。

三、实验方法

准确称取样品 0.2g（精确至 0.0001g），至锥形瓶中，用 100mL 去离子水溶解后，加入 5mL 20%（体积分数）三乙醇胺溶液，15mL 40g/L 氢氧化钠溶液，0.1g 铬蓝黑 R 指示剂，然后用 0.05mol/L 的乙二胺四乙酸二钠盐标准溶液滴定样品溶液，当溶液由红色变为纯蓝色，即表明到达滴定终点。记录消耗滴定液的体积，重复滴定三次取平均值。

空白试验：除不加样品之外，按照上述步骤，加入相应的溶液，做空白试验。

四、结果计算

乙酸钙含量的质量分数为 w_1，如式（5-10）所示。

$$w_1 = \frac{(V - V_0) \times c \times M}{m \times 1000} \times 100\% \tag{5-10}$$

式中 V——对样品溶液滴定中所消耗的乙二胺四乙酸二钠盐滴定溶液的体积，mL；

V_0——对空白溶液滴定中所消耗的乙二胺四乙酸二钠盐滴定溶液的体积，mL；

c——滴定溶液乙二胺四乙酸二钠盐（EDTA）的浓度，mol/L；

M——乙酸钙的摩尔质量，g/mol；

m——样品的质量，g。

样品中钙的含量的质量分数为 w_2，如式（5-11）所示。

$$w_2 = \frac{(V - V_0) \times c \times M'}{m \times 1000} \times 100\% \qquad (5-11)$$

式中 V——对样品溶液滴定中所消耗的乙二胺四乙酸二钠盐滴定溶液的体积，mL；

V_0——对空白溶液滴定中所消耗的乙二胺四乙酸二钠盐滴定溶液的体积，mL；

c——滴定溶液乙二胺四乙酸二钠盐（EDTA）的浓度，mol/L；

M'——钙的摩尔质量，g/mol；

m——样品的质量，g。

五、注意事项

（1）由于体系中存在的 Al^{3+}、Mn^{3+}、Fe^{3+} 离子也会被 EDTA 络合，因此，滴定前，必须事先用三乙醇胺与这些离子络合，去除该离子干扰。加入三乙醇胺的量一定要合适，确保其与干扰离子能反应完全。

（2）对于 Mg^{2+} 的干扰，需要加入 NaOH 溶液，使其生成沉淀将其去除。

（3）干扰去除剂的加入顺序为先加入三乙醇胺，后加入 NaOH 溶液。

实验十 功能食品中泛酸钙的测定（高效液相色谱法）

泛酸俗称维生素 B_5，泛酸钙是无味、味苦的白色粉末，具有一定的吸湿性。泛酸钙熔点 190℃，易溶于水、甘油，不易溶于乙醇、氯仿和乙醚。临床用泛酸钙对维生素缺乏症、周围神经炎、术后肠绞痛等疾病进行治疗，泛酸钙能参与体内脂肪、蛋白质、糖类的新陈代谢。

泛酸钙的分子式为 $C_{18}H_{32}CaN_2O_{10}$，相对分子质量476。泛酸钙的分子结构式如图5-7所示。

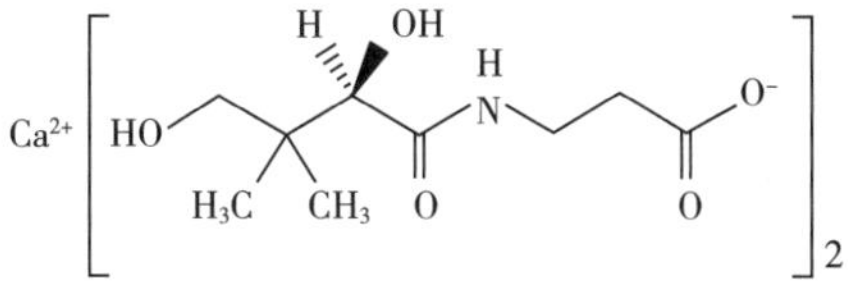

图 5-7 泛酸钙的结构式

一、实验原理

利用高效液相色谱法，C_{18} 柱分离，紫外检测器 200nm 波长条件下，根据色谱峰的保留时间进行定性，外标法进行定量。

由于泛酸钙易溶于水，在中性条件下（pH=5.0~7.0）很稳定，在酸性或碱性条件下却不稳定；因此，样品中的泛酸钙可用水在超声波振荡的条件下进行提取，定容、离心后取上清液过滤待用。

二、实验材料

1. 仪器

超声波清洗仪、离心机（4000r/min）、高效液相色谱仪（配 C_{18} 柱、紫外检测器）。

2. 试剂

乙腈（色谱纯）、水（超纯水）、磷酸（分析纯）、磷酸二氢钾（分析纯）。

3. 试剂配制

（1）磷酸二氢钾溶液（0.02mol/L）　取磷酸二氢钾 2.722g，加水溶解成 1000mL，用磷酸调节 pH 至 3.0。

（2）泛酸钙标准储备液　精确称取泛酸钙标准品 0.1g（精确至 0.0001g），置于 100mL 容量瓶中，加水溶解并定容至刻度，混匀备用。4℃下，可保存 5d。

（3）泛酸钙标准使用液　准确量取 1.0mL 上述标准储备液，置于 100mL 容量瓶中，加水稀释至刻度，混匀备用。4℃下，可保存 5d。

三、实验方法

1. 样品制备

（1）固体片剂或胶囊试样　准确称取粉碎后的均匀试样 0.1~1.0g，置于小烧杯中，用少许水溶解后，转移至 25mL 容量瓶中，容量瓶中水的量约为 20mL。将容量瓶置于超声波清洗器中，超声提取 20min 后，将容量瓶取出，加水定容至 25mL，摇匀。离心后，将上清液过 0.45μm 滤膜，滤液待用。

（2）液体试样　准确量取一定量的试液（确保其在标准曲线的线性范围内）于 25mL 容量瓶中（注：碳酸饮料需要去除 CO_2 后再量取），加水稀释至刻度后，将溶液混匀。过 0.45μm 滤膜，滤液待用。

2. 标准曲线的制作

（1）标准溶液的配制　分别移取泛酸钙标准使用液 0.25、0.50、1.0、2.0、4.0、8.0mL，至 10mL 容量瓶中，加水稀释至刻度后，混匀待用。相当于泛酸钙标准溶液浓度分别为 0.25、0.5、1.0、2.0、4.0、8.0μg/mL。

（2）标准曲线的绘制

①高效液相色谱条件

色谱柱：ODS C_{18} 柱，250mm×4.6mm，5μm。

柱温：30℃。

检测器：紫外检测器，检测波长为 200nm。

流动相：0.02mol/L 磷酸二氢钾溶液（用磷酸调 pH 至 3.0)-乙腈＝95：5（体积比）。

流速：1.0mL/min。

进样量：10μL。

②绘制标准曲线：在上述色谱条件下，依次取标准溶液注入色谱中，以保留时间定

性，用峰面积定量。以标准溶液的浓度为横坐标，以其相应的峰面积为纵坐标，绘制峰面积-溶液浓度（A-c）关系的标准曲线，得到回归方程。

3. 测定

在上述相同的色谱条件下，将样品溶液注入色谱中，以保留时间定性，以峰面积定量。将峰面积的值代入到 A-c 方程中，得到样品溶液的浓度值。

四、结果计算

试样中泛酸钙的含量：

$$X = \frac{V \times c \times 100}{m \times 1000 \times 1000} \times \frac{476.54}{219.23 \times 2} \tag{5-12}$$

式中　　X——试样中泛酸钙的含量，g/100g；

　　　　c——通过标准曲线公式算出的泛酸钙的浓度，μg/mL；

　　　　V——试样定容的体积，mL；

　　　　m——试样的质量，g；

　　476.54——泛酸钙的摩尔质量，g/mol；

　　219.23——泛酸的摩尔质量，g/mol；

100、1000——换算系数。

计算结果保留三位有效数字。

五、注意事项

（1）液体样品中气体，在色谱进样检测之前，需要进行超声以脱除 CO_2。

（2）固体样品溶解后，上清液需过 0.45μm 的滤膜，防止有颗粒进入液相色谱系统中。

实验十一　营养强化剂中葡萄糖酸亚铁的测定（滴定法）

铁元素是人体必不可少的微量元素之一。人体中血红蛋白和肌红蛋白的合成须有铁的参与，血红蛋白是血液中氧的运送载体，肌红蛋白是人体肌肉中氧的运送载体，可将氧传输到人体的组织和细胞中。如果人体缺铁，会发生缺铁性贫血；如果铁补充过量，也会诱发肿瘤，引起心脏和肝脏的疾病，因此补铁要适度。

常见的铁营养强化剂有乳铁蛋白、葡萄糖酸亚铁、焦磷酸铁、琥珀酸亚铁等；铁的食品添加剂有硫酸亚铁、甘氨酸亚铁、柠檬酸铁铵等。测定营养强化剂中铁含量的方法有化学分析法和仪器分析法；化学分析法包括碘量法、重铬酸钾法、灼烧减量法等；仪器分析法主要为高效液相色谱法。

葡萄糖酸亚铁是由葡萄糖酸与硫酸亚铁（或碳酸亚铁或铁粉）反应，经纯化后得到的一种铁营养强化剂。它是具有焦糖气味、灰黄色或浅灰绿色的结晶性粉末。

葡萄糖酸亚铁也称为 D-葡萄糖酸二价铁盐，分子式为 $C_{12}H_{22}FeO_{14} \cdot nH_2O$（$n = 0$ 或 2），其分子结构式如图 5-8 所示。

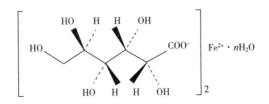

图 5-8　D-葡萄糖酸二价铁盐的结构式

一、实验原理

利用化学滴定的方法，在酸性介质中，用硫酸铈标准溶液作滴定剂，用 1,10-菲啰啉溶液作为指示剂，测出葡萄糖酸亚铁含量。

二、实验材料

1. 仪器

滴定管、锥形瓶、移液管、垂熔玻璃漏斗、蒸发皿。

2. 试剂

锌粉、浓硫酸、硫酸亚铁、铁粉、硫酸铈、1,10-菲啰啉。

3. 试剂配制

（1）2mol/L 硫酸溶液　量取 60mL 硫酸，缓缓注入 1000mL 水中，冷却，摇匀。

（2）0.1mol/L 硫酸铈标准溶液　称取硫酸铈 42g（精确至 0.0001g），加含有 28mL 硫酸的水 500mL，加热溶解，放冷，加水至 1000mL，摇匀，标定后备用。

（3）1,10-菲啰啉和硫酸亚铁混合指示剂　称取 0.5g 硫酸亚铁，加 100mL 水溶解，然后加 2 滴 2mol/L 硫酸溶液和 0.5g 1,10-菲啰啉，摇匀，保存在密闭溶液中待用。

三、实验方法

准确称取试样 1.5g（精确至 0.0001g），置于 500mL 锥形瓶中，加入 75mL 水和 15mL 硫酸溶液（2mol/L）溶解后，加入锌粉 0.25g 使溶液脱色，将锥形瓶在室温静置 20min（锥形瓶口用蒸发皿盖住）。利用真空抽滤或者用表面铺有一层锌粉的垂熔玻璃漏斗过滤，用 10mL 硫酸溶液（2mol/L）和 10mL 水分别淋洗漏斗，并将淋洗液与滤液混合。用 1,10-菲啰啉做指示剂，迅速用硫酸铈标准溶液滴定脱色处理后的样品溶液，直至溶液由黄色变成绿色。记下滴定剂的使用量，三次取平均值。

空白试验：不加入试样，按照上述的步骤，做空白试验。

四、结果计算

葡萄糖酸亚铁的质量分数：

$$w = \frac{(V - V_0) \times c \times M}{m \times 1000} \times 100\% \tag{5-13}$$

式中　V——滴定样品时所消耗的硫酸铈标准溶液的体积，mL；

V_0——滴定空白溶液时所消耗的硫酸铈标准溶液的体积，mL；

　c——硫酸铈标准溶液的浓度，mol/L；

M——硫酸亚铁的摩尔质量，g/mol；

m——试样的质量，g。

计算结果保留三位有效数字。

五、注意事项

（1）加入锌粉进行脱色后，进行过滤处理时，动作要快速。

（2）用硫酸铈标准溶液滴定脱色处理后的样品溶液时，动作要快速。

实验十二　营养强化剂中乳铁蛋白的测定（高效液相色谱法）

乳铁蛋白广泛分布于哺乳动物的乳汁及多种组织的分泌液中，乳铁蛋白是母乳中特有的成分。乳铁蛋白可以促进铁的吸收，乳铁蛋白与铁高亲和性结合，将铁运到小肠细胞内，并将铁释放出来，因此乳铁蛋白可以提高幼儿的免疫力。乳铁蛋白还可以夺取细菌中的铁，使细菌因缺铁得到抑制，因此乳铁蛋白可以抑制病毒和有害细菌的生长繁殖，其具有抗菌、抗氧化、抗癌等功能。

乳铁蛋白是与铁结合的糖蛋白，呈现出粉红色至红褐色，呈现为粉末状。乳铁蛋白分子的立体结构为"二枚银杏叶型"，由一条多肽链折叠成两个对称的 N 叶和 C 叶，两叶呈环状结构，由一条部分 α 螺旋的铰链连接，α 螺旋区由第 333～第 343 氨基酸残基组成。铁结合到乳铁蛋白后，N 叶和 C 叶的结构域都是关闭的，有四个蛋白配体的 N 通过共价结合在 Fe^{3+} 上，与铁螯合。铁饱和的乳铁蛋白有一个关闭的分子结构，可以避免水解。

乳铁蛋白作为一种营养强化剂，乳铁蛋白的含量高低也决定了功能食品的价格，检测其在功能食品中的含量是非常必要的。

一、实验原理

利用高效液相色谱法，在合适的工作条件下，在紫外检测器波长为 280 nm 处，分离测定乳铁蛋白的含量。

二、实验材料

1. 仪器

高效液相色谱（配紫外检测器）、容量瓶、移液管。

微孔水相滤膜：孔径 0.45μm。

2. 试剂

水（超纯水）、乙腈（色谱纯）、氯化钠（分析纯）、三氟乙酸。

乳铁蛋白标准品：纯度>95%，或经国家认证并授予标准物质证书的标准物质。

3. 试剂配制

（1） 9g/L 氯化钠溶液　称取 4.5g 氯化钠溶解在 500mL 去离子水中，备用。

（2） 1%（体积分数）三氟乙酸溶液　量取 1mL 三氟乙酸，加入 100mL 容量瓶中，定容至刻度，然后过 0.45μm 滤膜。

三、实验方法

1. 样品制备

准确称取 0.1g 样品，用 10mL 水溶解后，过 0.45μm 滤膜，得到样品溶液待用。

2. 标准溶液的配制

准确称取 0.1g 乳铁蛋白标准物质，用 10mL 水溶解后，过 0.45μm 滤膜，得到标准溶液待用。

3. 测定

（1） 高效液相色谱条件

色谱柱：Alltech prosphere C_4 300A （150mm×4.6mm） 或 Alltech All-guard TM Guard（7.5mm×4.6mm）。

检测器：紫外检测器，波长 280nm。

流速：1.0mL/min。

流动相：梯度洗脱［水、乙腈、1%（体积分数）三氟乙酸溶液］。

　　　　0min：73.3%水，16.7%乙腈，10%三氟乙酸；

　　　　10.00min：35%水，55%乙腈，10%三氟乙酸；

　　　　11.00min：18%水，72%乙腈，10%三氟乙酸；

　　　　13.00min：35%水，55%乙腈，10%三氟乙酸；

　　　　15.00min：73.3%水，16.7%乙腈，10%三氟乙酸。

进样量：50μL。

（2） 样品溶液和乳铁蛋白标准溶液的色谱测定　在上述色谱条件下，分别将 50μL 样品溶液和标准溶液注入高效液相色谱仪，在 280nm 处进行测定，标准溶液主峰的保留时间与样品主峰的保留时间一致。主峰为乳铁蛋白峰，在主峰保留时间 2 倍范围内，测出所有峰的峰面积值；主峰面积与所有峰面积的比值可以算出样品溶液和标准溶液中乳铁蛋白的含量。

四、结果计算

样品中乳铁蛋白的百分含量：

$$w = \frac{\dfrac{A}{A_{总}}}{\dfrac{A_i}{A_{i总}}} \times 100\% \tag{5-14}$$

式中　w——样品中乳铁蛋白的含量，%；

　　　A——样品主峰的峰面积；

$A_{总}$——样品主峰保留时间 2 倍范围内，所有峰的峰面积值；

A_i——标准溶液主峰的峰面积；

$A_{i总}$——标准溶液主峰保留时间 2 倍范围内，所有峰的峰面积值。

所得数据结果保留三位有效数字。

五、注意事项

（1）样品溶液和标准溶液在高效液相色谱进样之前，都要进行过滤处理。

（2）配制三氟乙酸溶液时，也要进行过滤处理。

实验十三　营养强化剂中乳酸锌的测定（滴定法）

锌是人体必需的微量元素之一。锌是人体中酶的组成成分，参与核酸和蛋白质的合成，锌在维持人体正常生命活动中起重要的作用。如果身体缺锌，小儿生长发育迟缓，严重导致侏儒症。成年人缺锌会导致皮肤病变，身体免疫力下降。但是补锌过量，也会导致锌中毒，表现为恶心、呕吐、腹泻等症状。

根据个人的饮食情况和身体状况，适当补充锌；食品安全国家标准中对食品中的锌、食品营养强化剂中的锌、食品添加剂的锌、食品接触材料和制品中的锌的含量的检测都制定出了国家标准。目前锌营养强化剂有乳酸锌、氧化锌、甘氨酸锌、氯化锌、乳酸锌、乙酸锌；锌的食品添加剂有葡萄糖酸锌、硫酸锌等。这些锌的化合物都可以作为外源性的锌补充到人体中，改善人体缺锌的症状，增强人体健康。

食品及功能性食品中锌的含量检测方法主要有化学分析法和仪器分析法。化学分析法采用的是化学滴定的方法；仪器分析的方法有原子吸收法、电感耦合等离子体原子发射光谱法、液相色谱法等。

乳酸锌是比较理想的食品锌强化剂，吸收效果比无机锌好，它有利于婴幼儿和青少年的身体、智力发育，因此，可以添加到牛乳、乳粉、谷物等食品中。

乳酸锌是由乳酸与氧化锌粉末反应，或者乳酸钙与硫酸锌反应，经过结晶、分离、干燥制得的。乳酸锌是无臭的白色粉末，易溶于水，微溶于乙醇。

乳酸锌的化学名称为 2-羟基丙酸锌，分子式为 $(C_3H_5O_3)_2Zn$，相对分子质量为 243。乳酸锌分子结构式如图 5-9 所示。

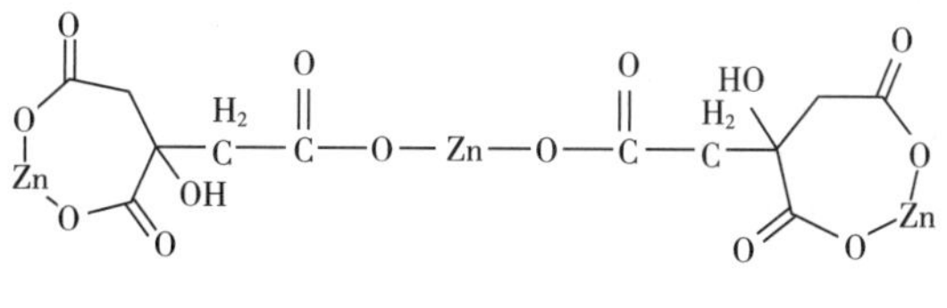

图 5-9　乳酸锌的结构式

一、实验原理

利用络合滴定的方法，以乙二胺四乙酸二钠盐（EDTA）作为滴定剂，铬黑 T 作为指示剂，滴定样品中乳酸锌的含量。

二、实验材料

1. 仪器

碱式滴定管、锥形瓶、移液管。

2. 试剂

乙二胺四乙酸二钠盐（EDTA）、氨水、氯化铵、铬黑 T 指示剂。

3. 试剂配制

（1）氨-氯化铵缓冲溶液（pH = 10）　称取氯化铵 5.4g，用 20mL 去离子水溶解后，加 35mL 浓氨水溶液，再稀释至 100mL。

（2）0.05mol/L 乙二胺四乙酸二钠盐（EDTA）标准溶液　用天平（精确至 0.0001g）准确称取 1.8612g 乙二胺四乙酸二钠盐，用去离子水溶解后转移至 100mL 容量瓶中，定容至 100mL，振摇，待用。

三、实验方法

准确称取样品 0.3g（精确至 0.0001g），溶解在 30mL 水中，若不溶解，可以适当加热，放置至室温后，加入 10mL 氨-氯化铵缓冲溶液，加入适量铬黑 T，用 EDTA 标准溶液对样品溶液进行滴定。滴定开始后，溶液颜色先为紫红色，当滴定到紫红色消失且溶液变成纯蓝色时，表明到达滴定终点。记录所用滴定剂的体积，重复三次取平均值。

空白试验：按照上述步骤，除了不加入样品，重复上述滴定过程，进行空白溶液的滴定。

四、结果计算

乳酸锌的百分含量：

$$w = \frac{(V - V_0) \times c \times M}{m \times 1000} \times 100\% \tag{5-15}$$

式中　w——乳酸锌的质量分数，%；

　　　V——滴定样品溶液时所消耗的 EDTA 标准溶液的体积，mL；

　　　V_0——滴定空白溶液时所消耗的 EDTA 标准溶液的体积，mL；

　　　c——EDTA 标准溶液的浓度，mol/L；

　　　M——乳酸锌的摩尔质量，g/mol；

　　　m——乳酸锌样品的质量，g。

所得结果保留三位有效数字。

五、注意事项

（1）在滴定的操作过程中，注意要一只手一边滴加滴定剂，另外一只手一边按一个方向轻轻摇动锥形瓶。

（2）铬黑 T 指示剂的量加入要适量，一般控制在 2~3 滴。

实验十四　营养强化剂中 L-乳酸锌的测定（高效液相色谱法）

乳酸锌分为 L-乳酸锌和 D-乳酸锌。乳酸锌中的乳酸有一个不对称的碳原子，具有旋光性，称为 L-乳酸。在人和动物体内，只存在 L-乳酸脱氢酶，只能分解 L-乳酸，不能代谢 D-乳酸。如果人体摄入过多的 D-乳酸，会导致血液中酸度过高，引起代谢紊乱、易疲劳，甚至中毒等后果。

利用化学滴定的方法，不能区别 L-乳酸锌和 D-乳酸锌，利用高效液相色谱仪器的手性色谱柱，可以将二者分离开来，从而测定出 L-乳酸锌的含量。

一、实验原理

利用高效液相色谱法，在合适的色谱条件下，通过色谱柱使样品溶液中的 L-乳酸锌和 D-乳酸锌分离，用紫外检测器，测出 L-乳酸锌的峰面积，用峰面积归一化法进行定量，计算 L-乳酸锌占总乳酸锌的百分含量。

二、实验材料

1. 仪器

高效液相色谱（配紫外检测器）。

2. 试剂

水（超纯水）、五水合硫酸铜（$CuSO_4 \cdot 5H_2O$）。

3. 试剂配制

五水合硫酸铜溶液（0.001mol/L）：称取 0.25g 五水合硫酸铜（$CuSO_4 \cdot 5H_2O$），加水溶解后，定容至 1000mL，摇匀待用。

三、实验方法

1. 样品制备

准确称取试样 0.15g（精确至 0.0001g），用硫酸铜溶液（0.001mol/L）溶解后，转移至 100mL 容量瓶中，并用硫酸铜溶液（0.001mol/L）定容至刻度，摇匀待用。

2. 高效液相色谱条件

色谱柱：手性色谱柱（配位交换型、光学活性固定相涂敷于十八烷基硅烷键合硅胶二氧化硅为填料），150mm×4.6mm，粒径 5μm。

流动相：0.001mol/L 五水合硫酸铜溶液（$CuSO_4 \cdot 5H_2O$）。

流速：1.0mL/min。

检测波长：254 nm。

进样量：5μL。

3. 测定

在上述色谱条件下，对样品溶液进行高效液相色谱分析，根据 L-乳酸锌和 D-乳酸锌的保留时间，确定 L-乳酸锌峰和 D-乳酸锌峰，并记录其峰面积 A_L 和 A_D。利用归一化法，A_L 峰面积占总峰面积（峰面积 A_L 和峰面积 A_D 之和）的比值，算出 L-乳酸锌占乳酸锌的百分含量。

四、结果计算

L-乳酸锌占总乳酸锌的百分含量：

$$w_L = \frac{A_L}{A_L + A_D} \times 100\% \tag{5-16}$$

式中　w_L——L-乳酸锌占总乳酸锌的百分含量，%；

　　　　A_L——L-乳酸锌的峰面积；

　　　　A_D——D-乳酸锌的峰面积。

五、注意事项

（1）手性色谱柱的连接方向要与流动相方向一致。

（2）流动相要严格脱气，否则气体会使柱填料发生塌陷。

（3）流动相要经过过滤，否则杂质会堵塞色谱柱。

实验十五　营养强化剂中亚硒酸钠的测定（滴定法）

硒是人体不可缺少的微量元素之一，它主要以硒蛋白的形式分布在人体的肝脏、肾脏和胰脏中。硒是人体中谷胱甘肽过氧化酶的成分，还原型的谷胱甘肽清除细胞产生的过氧化脂质后，变成氧化型的谷胱甘肽，硒是一种抗氧化剂；硒具有传递电子的作用，参与活性物质的合成和外源性有毒物质的生物转化，是一种天然的解毒剂。硒对于预防肝癌、肺癌、直肠癌、前列腺癌等具有明显的效果；硒可以使人体冠心病、动脉硬化、高血压等心血管疾病的发病率降低；硒可以降低尿液中糖化血红蛋白水平，从而改善糖尿病症状。

硒对人体的健康至关重要，成年人每日摄入量为 $50 \sim 200 \mu g$。缺硒会导致身体不同程度的病变；轻者体重减轻、毛发稀疏、骨节变粗、食欲降低等；重者脊柱变形、患癌的风险大大增加等。但是，补硒过量也会损害身体健康，硒中毒的症状有疲劳、烦躁、恶心呕吐、头发脱落、指甲变形、外围神经病变等。因此补硒要适度。

硒的食品营养强化剂和添加剂中硒含量的测定方法主要有化学滴定法、原子荧光法和分子荧光法。

以亚硒酸和氢氧化钠为原料制得亚硒酸钠，以其作为食品营养强化剂。亚硒酸钠是白色结晶或粉末，溶于水，不溶于乙醇；熔点350℃。

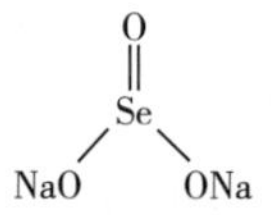

亚硒酸钠的分子式为 Na_2SeO_3，相对分子质量为173，分子结构式如图5-10所示。

图5-10　亚硒酸钠的结构式

一、实验原理

利用碘量法，用硫代硫酸钠标准溶液滴定体系中生成的 I_2，从而间接测定亚硒酸钠的含量。

二、实验材料

1. 仪器

碱式滴定管、容量瓶、碘量瓶、烧杯、移液管、漏斗、滤纸。

2. 试剂

碘化钾、淀粉、盐酸、硫代硫酸钠，均为分析纯。

3. 试剂配制

（1）165g/L 碘化钾溶液　称取碘化钾 16.5g，将其溶解在 100mL 水中，现用现制。

（2）4.7g/L 淀粉指示剂　称取可溶淀粉 0.5g，用 5mL 水将其调匀后，边搅拌边缓慢倒入 100mL 沸水中，煮沸 2min，冷却后吸取上层清液，现用现制。

（3）23.4%（体积分数）盐酸溶液　量取 234mL 浓盐酸，用水定容至 1000mL。

（4）硫代硫酸钠标准滴定溶液　配制硫代硫酸钠标准滴定溶液浓度为 0.01mol/L。

三、实验方法

先将试样干燥至恒重后，准确称取试样 2.0g，用小烧杯将其溶解，转移至 100mL 容量瓶中，摇匀后过滤。取滤液 1mL，定容至 100mL。移取该溶液 50mL 至碘量瓶中，加 3mL 盐酸溶液、5mL 碘化钠溶液、2mL 淀粉指示剂，用硫代硫酸钠标准滴定溶液滴定至蓝色消失，记录所消耗硫代硫酸钠标准溶液的体积 V。

空白试验：做空白试验，记录所消耗硫代硫酸钠标准溶液的体积 V_0。

四、结果计算

营养强化剂中亚硒酸钠的百分含量：

$$w = \frac{(V - V_0) \times (c/0.01) \times 0.4324}{m \times (1/100) \times (50/100) \times 1000} \times 100\% \qquad (5-17)$$

式中　w——营养强化剂中亚硒酸钠的含量，%；

V——试样消耗硫代硫酸钠滴定标准溶液的体积，mL；

V_0——空白试样消耗硫代硫酸钠滴定标准溶液体积，mL；

c——硫代硫酸钠标准滴定溶液的实际浓度，mol/L；

0.4324——1mL 硫代硫酸钠标准滴定溶液（0.01mol/L）相当于 Na_2SeO_3 的毫克数；

m——试样的质量，g；

0.01、50、100、1000——换算系数。

五、注意事项

（1）碘化钠要现用现制。

（2）实验过程中，不能用锥形瓶代替碘量瓶。

实验十六　功能食品中硒的测定（分子荧光光谱法）

硒是人体必需的微量元素之一，它在人体内的总量只有 $3 \sim 20mg$，大部分存在于肝脏、肾脏、胰脏中，眼睛中硒的含量最高。在我们日常的饮食中，黑豆、黑米、鱿鱼、黄鱼、牡蛎等食品中都富含硒。世界卫生组织（WHO）给出硒耐受上限为 $90 \sim 400\mu g/d$，我国营养学会提出我国成人推荐硒膳食摄入量为 $60\mu g/d$。食品中硒含量的测定对摄入硒过量的人群和缺硒的人群非常重要。

硒（Se）是一种非金属元素，在周期表中位于第四周期Ⅵ主族，硒在自然界中分为无机硒和植物活性硒，无机硒一般指硒酸钠和亚硒酸钠，无机硒不易被人体和动物吸收利用；植物活性硒通过生物转化与氨基酸结合，可形成硒蛋氨酸，易被人体和动物吸收。

总硒含量是无机硒含量和有机硒含量的总和。该法是测定食品中总硒含量的方法。

一、实验原理

利用分子荧光法测定食品中硒的含量，其原理是将试样用混合酸消化后，使硒化合物将其全部转化为无机硒 Se^{4+}，在酸性条件下 Se^{4+} 与 2,3-二氨基萘（DAN）反应生成 4,5-苯并苤硒脑，用环己烷萃取 4,5-苯并苤硒脑。在激发光波长为 376nm、发射光波长为 520nm 的条件下，测定 4,5-苯并苤硒脑的荧光强度，利用外标法进行定量。

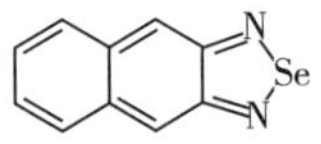

图 5-11　苯并苤硒脑的结构式

苯并苤硒脑的分子结构式如图 5-11 所示。

二、实验材料

1. 仪器

分子荧光分光光度计、天平、粉碎机、电加热板、水浴锅。

2. 试剂

盐酸（优级纯）、氨水（优级纯）、环己烷（色谱纯）；2,3-二氨基萘（DAN，$C_{10}H_{10}N_2$）、乙二胺四乙酸二钠（EDTA-2Na，$C_{10}H_{14}N_2Na_2O_8$）

盐酸羟胺（NHOH·HCl）、甲酚红（$C_{21}H_{18}O_5S$），均为分析纯。

硒标准溶液（1000mg/L）：经国家认证并具有标准物质证书的硒标准溶液。

3. 试剂配制

（1）盐酸溶液（1%，体积分数）　量取 5mL 盐酸，用水稀释至 500mL，混匀待用。

（2）DAN 试剂（1g/L）　称取 0.2g 的 DAN 于具塞锥形瓶中，用 1%（体积分数）的盐酸溶液将其全部溶解；加入 40mL 环己烷，持续振荡 5min。准备塞有脱脂棉的分液漏斗，将上述溶液倒入分液漏斗中，待溶液分层后，滤去环己烷层，收集 DAN 水溶液层，用分子荧光仪器检测环己烷层的荧光强度。再重复上述分液过滤的操作至少 5 次，直到环己烷层的荧光强度最低为止。将纯化后的 DAN 溶液储存于棕色瓶中，用环己烷覆盖溶液表面约 1cm，在 $0 \sim 5℃$ 的冰箱中保存。注：整个溶液的配制过程在暗室中完成。

（3）硝酸–高氯酸混合酸（9：1，体积比） 将 900mL 硝酸与 100mL 高氯酸混匀待用。

（4）盐酸溶液（6mol/L） 将 50mL 盐酸，缓慢倒入 40mL 水中，冷却后转移至 100mL 容量瓶中定容。

（5）氨水溶液（1：1，体积比） 将 5mL 氨水与 5mL 水混匀待用。

（6）EDTA 溶液（0.2mol/L） 称取 37g 的 EDTA-2Na 于小烧杯中，用水加热至全部溶解，冷却后转移至 500mL 容量瓶中定容。

（7）盐酸羟胺溶液（100g/L） 称取 10g 盐酸羟胺于小烧杯中，用水溶解完全后，转移到 100mL 容量瓶中定容。

（8）甲酚红指示剂（0.2g/L） 称取 50mg 甲酚红于小烧杯中，用少量水溶解，加入 1 滴氨水（1：1，体积比），待完全溶解后，转移至 250mL 容量瓶中，定容。

（9）EDTA 混合溶液 取 50mL 的 EDTA 溶液（0.2mol/L）和 50mL 的盐酸羟胺溶液（100g/L）混合，加 5mL 的甲酚红指示剂（0.2g/L），用水稀释至 1L，混匀待用。

（10）盐酸溶液（1：9，体积比） 量取盐酸 100mL，缓慢注入至 900mL 水中，混匀待用。

三、实验方法

1. 样品制备

准确称取固体样品 0.5~3g，或者准确移取液体样品 1.00~5.00mL，至锥形瓶中，加入 10mL 硝酸–高氯酸混合酸（9：1，体积比）浸泡样品过夜后，用电加热板加热消解，并及时补加硝酸。消解至溶液为无色，剩余体积为 2mL 左右。冷却后加入 5mL 盐酸溶液（6mol/L），继续加热至溶液为无色并伴有白烟，剩余体积为 2mL 左右，勿蒸干。

冷却后，在消解过的样品中加入 5mL 盐酸溶液（1：9，体积比），20mL 的 EDTA 混合液，滴入少许甲基红指示剂，利用氨水溶液（1：1，体积比）和盐酸溶液（1：9，体积比）调溶液的 pH 在 1.5~2.0。

此后步骤在暗室中进行操作。在上述体系中加入 3mL 的 DAN 试剂（1g/L），混匀后，100℃ 水浴 5min，冷却后加 3mL 环己烷，振摇 5min 后，转移至分液漏斗中，分层后弃去水层，将环己烷层从上口倒入具塞试管中。环己烷层为无水层，其中含有 4,5-苯并苤硒脑，为待测样。

2. 硒标准溶液的配制

（1）硒标准储备液（100mg/L） 准确移取 1.00mL 硒标准溶液（1000mg/L）于 10mL 容量瓶中，用 1%（体积分数）盐酸溶液定容至 10mL。

（2）硒标准使用液（50.0μg/L） 准确移取硒标准储备液（100mg/L）0.50mL，用 1%（体积分数）盐酸溶液定容至 1000mL，混匀待用。

（3）硒标准溶液系列 准确移取硒标准使用液（50.0μg/L）0、0.200、1.00、2.00、4.00mL，加入盐酸溶液（1：9，体积比）5mL，再加入 20mL 的 EDTA 混合液，以甲基红为指示剂，用氨水（1：1，体积比）和盐酸（1：9，体积比）溶液调溶液 pH 在 1.5~2.0，溶液颜色为淡红橙色。

此后步骤在暗室中进行操作。在上述标准溶液体系中分别加入 3mL 的 DAN 试剂（1g/L），混匀后，100℃水浴 5min，冷却后加 3mL 环己烷，振摇 5min 后，转移至分液漏斗中，分层后弃去水层，将环己烷层从上口倒入具塞试管中。环己烷层为无水层，其中含有 4,5-苯并苤硒脑，为待测标准溶液。

3. 标准曲线的制作

利用分子荧光分光光度计，根据仪器的状况，设定最大激发光波长 376nm 和最大发射光波长 520nm，测定标准溶液系列中 4,5-苯并苤硒脑的荧光强度值。以标准溶液中硒的质量为横坐标，以标准溶液的荧光强度为纵坐标，绘制标准曲线，获得标准曲线的回归方程。

4. 样品溶液荧光强度的测定

在相同的仪器条件下，测定样品溶液的荧光强度，代入标准曲线回归方程中，得到样品溶液中无机硒的质量。

四、结果计算

样品中无机硒的含量：

$$X = \frac{m}{m_{样}} \tag{5-18}$$

式中　X——样品中硒的含量，mg/kg 或 mg/L；

　　　m——具塞试管中硒的质量，μg；

　　　$m_{样}$——样品称量的质量或者样品移取的体积，g 或 mL。

五、注意事项

（1）用硝酸高氯酸混合酸消解样品时，需要在通风橱中进行，且不可离人，最后样品不要蒸干。

（2）当需要加入 DAN 试剂时，其及之后所有的操作步骤，都需要在暗室下完成。

实验十七　营养强化剂富硒菌粉中硒的测定（氢化物原子荧光法）

富硒食用菌粉作为硒的营养强化剂，是以食用菌为载体，将培养基中的亚硒酸钠，经过发酵培养，转化为有机硒，再经过粉碎、干燥后，制备出富硒食用菌粉。富硒食用菌粉中包含有机硒和无机硒。

一、实验原理

利用原子荧光光谱法测定无机硒的含量，样品经过湿法消解后，在 6mol/L 盐酸介质中，将样品中+6 价硒还原为+4 价硒。利用硼氢化钾做还原剂，将+4 价硒还原为硒化氢，用氩气作为载气，将其带入原子化器中进行原子化，用硒空心阴极灯做光源激发基态硒原子，当其去活化回到基态时，发射硒特征波长的荧光，利用外标法进行定量。

总硒含量减去无机硒含量，即为生成的有机硒含量。

二、实验材料

1. 仪器

微波消解系统（带聚四氟乙烯消解内罐）、自动控温消化炉、热板、双道原子荧光分光光度计。

2. 试剂

硝酸（优级纯）、盐酸（优级纯）、过氧化氢（分析纯）、铁氰化钾（分析纯）。

硒标准溶液（1000mg/L）：经国家认证并具有标准物质证书的硒标准溶液。

3. 试剂配制

（1）铁氰化钾溶液（100g/L）　称取 10.0g 铁氰化钾 $[K_3Fe(CN)_6]$，用适量蒸馏水溶解后，定容至 100mL，混匀后待用。

（2）硒标准储备液（100μg/mL）　精确移取硒标准溶液（1000mg/L）1.00mL 于 10mL 容量瓶中，加盐酸溶液定容至 10mL。

（3）硒标准使用液（1.00μg/mL）　准确移取硒标准储备液（100μg/mL）1.0mL，用盐酸溶液定容至 100mL。

三、实验方法

1. 样品制备

准确称取 1g 样品，置于消化管中，加 10mL 硝酸，2mL 过氧化氢，混匀后于微波消解仪中消化，消解结束冷却后，将消解液转移到锥形瓶中，加几粒玻璃球，在电加热板上加热，不可蒸干。再加 5mL 盐酸溶液后，继续加热，至溶液清亮无色并伴有白烟。冷却后转移至 10mL 容量瓶中，加 2.5mL 铁氰化钾溶液，用水定容至 10mL，混匀待用。

2. 硒标准溶液的配制

配制质量浓度分别为 0、5.0、10.0、20.0、30.0μg/L 的硒标准溶液系列，需分别准确移取硒标准使用液（1.00mg/L）0、0.50、1.00、2.00、3.00mL 于 100mL 容量瓶中，加入 10mL 铁氰化钾溶液，用盐酸溶液（6mol/L）定容至 100mL。

3. 原子荧光仪器的条件

参考条件：负高压 340V；灯电流 100mA；原子化温度 800℃；炉高 8mm；载气流速 500mL/min；屏蔽气流速 1000mL/min；测量方式为标准曲线法；读数方式为峰面积；延迟时间 1s；读数时间 15s；加液时间 8s；进样体积 2mL。

4. 标准曲线的制作

测定标准溶液系列的荧光强度值，以质量浓度为横坐标，以荧光强度为纵坐标，制作标准曲线，获得荧光强度-质量浓度的标准曲线方程。

5. 样品溶液荧光强度的测定

条件同标准曲线，测定样品溶液的荧光强度，将荧光强度值代入上述标准曲线方程中，可得到样品溶液的质量浓度。

四、结果计算

1. 样品中无机硒的含量

$$X = \frac{(c_{样} - c_0) \times V}{m \times 1000} \quad\quad (5-19)$$

式中　X——样品中无机硒的含量，$\mu g/g$；

　　　$c_{样}$——样品溶液中无机硒的质量浓度，$\mu g/L$；

　　　c_0——空白溶液中无机硒的质量浓度，$\mu g/L$；

　　　V——样品消解液总体积，mL；

　　　m——样品的质量，g；

　　1000——换算系数。

2. 样品总硒的含量

样品标签中注明了总硒的含量 $X_{总}$。

3. 有机硒的含量

$$X_{有} = X_{总} - X \quad\quad (5-20)$$

式中　$X_{有}$——样品中有机硒的含量，$\mu g/kg$；

　　　X——样品中无机硒的含量，$\mu g/kg$；

　　　$X_{总}$——样品中总硒的含量，$\mu g/kg$。

4. 有机硒占总硒的百分含量

$$w = \frac{X_{有}}{X_{总}} \times 100\% \quad\quad (5-21)$$

式中　$X_{有}$——样品中有机硒的含量，$\mu g/kg$；

　　　$X_{总}$——样品中总硒的含量，$\mu g/kg$。

五、注意事项

（1）在使用微波消解时，样品加入至消解罐的底部，避免其粘在罐壁上，以免泄露或局部过热。

（2）实验中样品在电加热板上消解的操作，需要在通风橱中进行。

🌐 **课程思政点**

朱宪彝，中国临床内分泌学的奠基人之一。以代谢性骨病的钙磷代谢系统的研究闻名于世，成为国际代谢性骨病钙磷代谢研究的先驱者。当时，维生素 D 刚被发现不久，它的生理和药理作用方式还不十分明确。朱宪彝等便对维生素 D 的疗效进行了极为深入地观察研究，发现对软骨病患者只进行钙剂治疗效果不佳，而给予约 200 国际单位的维生素 D 即可使钙的负平衡转为正平衡，为应用维生素 D 和钙剂治疗软骨病起到科学指导作用。1942 年，朱宪彝与刘世豪在 *Science* 发表论文，首次命名了"肾性骨营养不良"。这是中国医学界第一次在 *Science* 发文，也是全球第一种基于中国人的研究，并由中国人命名的疾病。

思考题

1. 反相高效液相色谱法同时测定功能食品中维生素 A 和维生素 E 的样品处理步骤中皂化的目的是什么？此步骤中加入抗坏血酸和 BHT 的目的是什么？

2. 高效液相色谱法测定功能食品中维生素 D 常用的外标法和内标法两种定量方法，试分析两种方法的优缺点，如何选择合适的内标物？

3. 高效液相色谱法测定功能食品中维生素 D，如用外标法定量，需要验证回收率而用内标法则不需要，为什么？

4. 维生素 K 的检测试样处理中，什么类型的样品需要酶解？酶解时加入磷酸盐缓冲液的作用是什么？提取中加入碳酸钠的目的是什么？

5. 维生素 K 的检测做空白试验的目的是什么？

6. 高效液相色谱法检测维生素 K_2 定量的方法有哪几种？本章实验用的是哪种？并说明这种定量方法的优缺点。

7. 维生素 B_1 和维生素 B_6 的检测实验用峰高或峰面积定量，请问用峰高、峰面积定量哪个更准确？单点校正法与标准曲线法哪个定量更准确？为什么？

8. 维生素 B_2 的检测中标准储备液在使用前为什么要进行浓度校正？

9. 维生素 B_{12} 的检测所用两种样品前处理方法所依据的原理分别是什么？

10. 高效液相色谱法可以测定哪些类型的维生素 C？提取过程中为什么用偏磷酸？还可以用哪种酸替代？

11. 利用化学滴定法测定食品营养强化剂中醋酸钙及钙含量时，在用乙二胺四乙酸二钠盐（EDTA）进行滴定之前，用什么溶剂去除 Fe^{3+} 离子的干扰？

12. 食品营养强化剂中醋酸钙及钙含量的测定（化学滴定法）实验中，醋酸钙的物理性质是什么？

13. 功能食品中泛酸钙含量的测定（高效液相色谱法）实验中，液相色谱的流动相选择磷酸二氢钾（pH = 3.0）的原因？

14. 功能食品中泛酸钙含量的测定（高效液相色谱法）实验中，泛酸钙的物理性质是什么？

15. 营养强化剂葡萄糖酸亚铁含量的测定（滴定法）实验中，样品处理时，分别用稀硫酸和水淋洗漏斗的目的是什么？

16. 营养强化剂葡萄糖酸亚铁含量的测定（滴定法）实验中，用硫酸铈标准溶液迅速滴定合并混合液的原因是什么？如果合并混合液放置一段时间后再进行滴定，对滴定的结果有何影响？

17. 简述营养强化剂中乳铁蛋白含量的测定（高效液相色谱法）实验中，物质的定量法中归一化法的做法。

18. 营养强化剂中乳铁蛋白含量的测定（高效液相色谱法）实验中，高效液相色谱的流动相采取梯度洗脱的方式，简述梯度洗脱的目的。

19. 结合营养强化剂中乳酸锌含量的测定（滴定法）实验，简述络合滴定的原理。

20. 结合营养强化剂中乳酸锌含量的测定（滴定法）实验，简述滴定终点前后，判定滴定是否完全时，若多加一滴滴定剂则过量，少加一滴滴定剂则不足时，应如何处理？

21. 在营养强化剂中L-乳酸锌含量的测定（高效液相色谱法）实验中，为什么样品用硫酸铜溶液来溶解？

22. 在营养强化剂中L-乳酸锌含量的测定（高效液相色谱法）实验中，利用归一化法对物质进行定量分析时，是否需要标准对照品？为什么？

23. 在营养强化剂亚硒酸钠含量的测定（滴定法）实验中，请用化学反应方程式来说明亚硒酸钠的测定原理。

24. 在营养强化剂亚硒酸钠含量的测定（滴定法）实验中，滴定反应中，碘量瓶中加入碘化钠的量的依据是什么？

25. 结食品中硒的测定（分子荧光光谱法）实验，简述影响样品测定准确度的因素有哪些？

26. 结食品中硒的测定（分子荧光光谱法）实验，根据苯并苯硒脑的结构，分析其荧光活性与结构的关系。

27. 营养强化剂富硒菌粉中硒含量的测定（氢化物原子荧光法）样品处理过程中，加入铁氰化钾的目的是什么？

28. 营养强化剂富硒菌粉中硒含量的测定（氢化物原子荧光法）实验中，样品溶液和标准溶液处理后，使用HCl溶液的目的是什么？

参考文献

［1］ FAO/WHO. Vitamin and mineral requirements in human nutrition ［M］. Second Edition. Geneva, Switzerland：World Health Organization, 2004.

［2］ 国家食品药品监督管理总局. BJS 201717 保健食品中9种脂溶性维生素的测定［S］. 2018.

［3］ 国家药典委员会. 中华人民共和国药典（2020年版 二部）［M］. 北京：中国医药科技出版社, 2020.

［4］ 华娟, 林光美, 傅武胜, 等. 柱前衍生-高效液相色谱法测定食物和保健食品中维生素B$_1$［J］. 中国食品学报, 2014, 14（4）：251-257.

［5］ 沈思宇. 婴幼儿配方乳粉中维生素B$_2$稳定性的研究［D］. 哈尔滨：黑龙江东方学院, 2018.

［6］ 王柳玲, 黄伟乾, 吴国辉, 等. 高效液相色谱-荧光法与高效液相色谱-二极管阵列法测定食品中维生素B$_1$含量的比较研究［J］. 食品安全质量检测学报, 2018, 9（5）：1007-1012.

［7］ 尹丽丽, 薛霞, 周禹君, 等. 婴幼儿配方乳粉中维生素K$_1$的检测［J］. 食品工业科技, 2018, 39（2）：238-241, 249.

［8］ 郑熠斌. 食品中维生素A、D、E的检测方法研究［D］. 杭州：浙江工业大学, 2016.

［9］ 中国营养学会. 中国居民膳食指南（2022）［M］. 北京：科学出版社, 2022.

［10］ 中华人民共和国国家卫生部, 中国国家标准化管理委员会. GB/T 5009.197—2003 保健食品中盐酸硫胺素、盐酸吡哆醇、烟酸、烟酰胺和咖啡因的测定［S］. 北京：中国标准出版社, 2003.

［11］ 中华人民共和国国家卫生和计划生育委员会, 国家食品药品监督管理总局. GB 1903.15—2016 食品安全国家标准 食品营养强化剂 醋酸钙（乙酸钙）［S］. 北京：中国标准出版社, 2016.

［12］ 中华人民共和国国家卫生和计划生育委员会, 国家食品药品监督管理总局. GB 1903.17—2016 食

品安全国家标准　营养强化剂　乳铁蛋白［S］. 北京：中国标准出版社，2016.

［13］中华人民共和国国家卫生和计划生育委员会，国家食品药品监督管理总局. GB 1903. 21—2016　食品安全国家标准　食品营养强化剂　富硒酵母［S］. 北京：中国标准出版社，2016.

［14］中华人民共和国国家卫生和计划生育委员会，国家食品药品监督管理总局. GB 5009. 158—2016　食品中维生素 K_1 的测定［S］. 北京：中国标准出版社，2016.

［15］中华人民共和国国家卫生和计划生育委员会，国家食品药品监督管理总局. GB 5009. 82—2016　食品中维生素 A、D、E 的测定［S］. 北京：中国标准出版社，2016.

［16］中华人民共和国国家卫生和计划生育委员会，国家食品药品监督管理总局. GB 5009. 85—2016　食品安全国家标准　食品中维生素 B_2 的测定［S］. 北京：中国标准出版社，2016.

［17］中华人民共和国国家卫生和计划生育委员会，国家食品药品监督管理总局. GB 5009. 85—2016　食品中抗坏血酸的测定［S］. 北京：中国标准出版社，2016.

［18］中华人民共和国国家卫生和计划生育委员会，国家食品药品监督管理总局. GB 5009. 93—2017　食品安全国家标准　食品中硒的测定［S］. 北京：中国标准出版社，2017.

［19］中华人民共和国国家卫生和计划生育委员会. GB 1903. 10—2015　食品安全国家标准　食品营养强化剂　葡萄糖酸亚铁［S］. 北京：中国标准出版社，2015.

［20］中华人民共和国国家卫生和计划生育委员会. GB 1903. 11—2015　食品安全国家标准　食品营养强化剂　乳酸锌［S］. 北京：中国标准出版社，2015.

［21］中华人民共和国国家卫生和计划生育委员会. GB 1903. 9—2015　食品安全国家标准　食品营养强化剂　亚硒酸钠［S］. 北京：中国标准出版社，2015.

［22］中华人民共和国国家卫生和计划委员会. 关于海藻酸钙等食品添加剂新品种的公告（2016 年第 8 号）［Z］. 2016.

［23］中华人民共和国卫生部，中国国家标准化管理委员会. GB/T 22246—2008　食品安全国家标准　保健食品中泛酸钙的测定［S］. 北京：中国标准出版社，2008.

［24］中华人民共和国卫生部，中国国家标准化管理委员会. GB/T 5009. 217—2008　保健食品中维生素 B_{12} 的测定［S］. 北京：中国标准出版社，2008.

第六章

功能食品中功效成分的检测

实验一　功能食品中牛磺酸的测定
［高效液相色谱法：邻苯二甲醛(OPA)柱后衍生法］

　　牛磺酸（taurine），化学名为 2-氨基乙磺酸，分子结构如图 6-1 所示。牛磺酸在机体内具有重要的生理作用，能促进大脑细胞发育、调节神经传导、缓解疲劳、参与胆汁酸合成、促进糖脂代谢、保持细胞膜的完整性、调节渗透压等。鉴于牛磺酸分子小、好吸收、无抗原性、无毒副作用以及是常见食物成分的特性，其在营养与功能食品方面的应用广泛，是功能食品中的重要功效成分之一。

　　牛磺酸的定量测定方法主要有氨基酸自动分析仪法、高效液相色谱法、分光光度法、气相色谱法、薄层色谱法等。从操作性、准确性及仪器的普及程度考虑，高效液相色谱法具有操作简单快速、专属性强、灵敏度高、再现性好、结果准确等优势，越来越多地应用于牛磺酸的含量测定。本实验

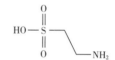

图 6-1　牛磺酸的结构式

主要介绍邻苯二甲醛（OPA）柱后衍生高效液相色谱法［《食品安全国家标准　食品中牛磺酸的测定》（GB/T 5009.169—2016）］和 2,4-二硝基氟苯柱前衍生高效液相色谱法。

一、实验原理

　　样品用水溶解，以偏磷酸沉淀蛋白质，经超声波震荡提取、离心、微孔膜过滤后，通过钠离子色谱柱分离，与邻苯二甲醛（OPA）衍生反应，用荧光检测器检测，外标法定量。

二、实验材料

1. 仪器

高效液相色谱仪（带荧光检测器）、柱后反应器、荧光衍生溶剂输液泵、超声波振荡器、酸度计、分析天平、离心机。

滤膜：孔径为 0.45μm。

2. 试剂

偏磷酸、柠檬酸三钠、苯酚、硝酸、甲醇（色谱纯）、硼酸、氢氧化钾、邻苯二甲醛

（OPA）、2-巯基乙醇、聚氧乙烯月桂酸醚（Brij-35）、亚铁氰化钾、乙酸锌、淀粉酶（活力≥1.5U/mg）。

牛磺酸标准品：纯度≥99%，或经国家认证并授予标准物质证书的标准物质。

3. 试剂配制

（1）偏磷酸溶液（30g/L）　称取30.0g偏磷酸，用水溶解并定容至1000mL。

（2）柠檬酸三钠溶液　称取19.6g柠檬酸三钠，加950mL水溶解，加入1mL苯酚，用硝酸调至pH 3.10~3.25，经0.45μm微孔滤膜过滤。

（3）硼酸钾溶液（0.5mol/L）　称取30.9g硼酸，26.3g氢氧化钾，用水溶解并定容至1000mL。

（4）邻苯二甲醛衍生溶液　称取0.60g邻苯二甲醛，用10mL甲醇溶解后，加入0.5mL 2-巯基乙醇和0.35g Brij-35，用0.5mol/L硼酸钾溶液定容至1000mL，经0.45μm微孔滤膜过滤。临用前现配。

（5）沉淀剂Ⅰ　称取15.0g亚铁氰化钾，用水溶解并定容至100mL。该沉淀剂在室温下3个月内稳定。

（6）沉淀剂Ⅱ　称取30.0g乙酸锌，用水溶解并定容至100mL。该沉淀剂在室温下3个月内保持稳定。

（7）牛磺酸标准储备液（1mg/mL）　准确称取0.1000g牛磺酸标准品，用水溶解并定容至100mL。

（8）牛磺酸标准工作液　将牛磺酸标准储备液用水稀释制备一系列标准溶液，标准系列浓度为0、5.0、10.0、15.0、20.0、25.0μg/mL，临用前现配。

三、实验方法

1. 样品制备

（1）固体样品　准确称取固体样品1~5g（精确至0.01g）于锥形瓶中，加入约40℃温水20mL，摇匀使样品溶解，置超声波振荡器中超声提取10min，加50mL偏磷酸溶液，摇匀后放入超声波振荡器中超声提取10~15min，取出冷却至室温后，移入100mL容量瓶中，用水定容至刻度并摇匀。样液以5000r/min离心10min，取上清液经0.45μm微孔膜过滤，取中间滤液以备进样。

谷类制品：称取样品5g（精确至0.01g）于锥形瓶中，加入约40℃温水40mL，加入淀粉酶0.5g，混匀后向锥形瓶中充入氮气，盖上瓶塞，置50~60℃培养箱中30min，取出冷却至室温，加50mL偏磷酸溶液，摇匀。其后同上处理。

（2）液体样品　准确称取液体试样（乳饮料除外）5~30g（精确至0.01g）于锥形瓶中，加50mL偏磷酸溶液，摇匀，置超声波振荡器中超声提取10~15min，取出冷却至室温后，移入100mL容量瓶中，用水定容至刻度并摇匀。样液以5000r/min离心10min，取上清液经0.45μm微孔膜过滤，取中间滤液以备进样。

牛磺酸含量高的饮料类样品：先用水稀释到适当浓度后，同上述液体样品处理。

果冻类样品：称取试样5g（精确至0.01g）于锥形瓶中，加入20mL水，50~60℃水浴20min使之溶解，冷却后，同上述液体样品处理。

乳饮料样品：称取 5~30g 试样（精确至 0.01g）于锥形瓶中，加入约 40℃ 温水 30mL，混匀，置超声波振荡器上超声提取 10min，冷却至室温。加 1.0mL 沉淀剂Ⅰ，涡旋混合，加入 1.0mL 沉淀剂Ⅱ，涡旋混合，转入 100mL 容量瓶中用水定容至刻度，混匀。样液以 5000r/min 离心 10min，取上清液经 0.45μm 微孔膜过滤，取中间滤液以备进样。

2. 液相色谱参考条件

色谱柱：钠离子氨基酸分析专用柱（25cm×4.6mm）。

检测器：荧光检测器。

流动相：柠檬酸三钠溶液。

流动相流速：0.4mL/min。

荧光衍生溶剂流速：0.3mL/min。

检测波长：激发波长 338nm，发射波长 425nm。

柱温：55℃。

进样量：20μL。

3. 标准曲线的制作

将标准系列工作液分别注入高效液相色谱仪中，测定相应的色谱峰高或峰面积，以标准工作液的浓度为横坐标，以响应值（峰面积或峰高）为纵坐标，绘制标准曲线。

4. 定量方法

将试样溶液注入高效液相色谱仪中，得到色谱峰高或峰面积，根据标准曲线计算出待测液中牛磺酸的浓度。

四、结果计算

样品中牛磺酸的含量：

$$A = \frac{c \times V}{m \times 1000} \times 100 \tag{6-1}$$

式中　　A——样品中牛磺酸的含量，mg/100g；

　　　　c——样品测定液中牛磺酸的浓度，μg/mL；

　　　　V——样品定容体积，mL；

　　　　m——样品质量，g；

100、1000——换算系数。

五、注意事项

注意不同样品的前处理方式，充分提取样品中的被测组分。

实验二　功能食品中牛磺酸的测定
（高效液相色谱法：2,4-二硝基氟苯柱前衍生法）

一、实验原理

样品用水溶解，经超声波震荡提取（必要时以亚铁氰化钾、乙酸锌沉淀蛋白质），过滤（或离心）后，以 2,4-二硝基氟苯作为衍生剂，在弱碱性条件下发生衍生化反应，衍生产物通过色谱柱分离，牛磺酸衍生物在 360nm 处有最大吸收，故选用 360nm 作为检测波长，外标法定量。

二、实验材料

1. 仪器

高效液相色谱仪（带紫外检测器）、超声波振荡器、分析天平、离心机。

滤膜：孔径为 0.45μm。

2. 试剂

磷酸、三乙胺、乙腈、碳酸氢钠、2,4-二硝基氟苯、亚铁氰化钾、乙酸锌。

牛磺酸标准品：纯度≥99%，或经国家认证并授予标准物质证书的标准物质。

3. 试剂配制

（1）沉淀剂Ⅰ　称取 15.0g 亚铁氰化钾，用水溶解并定容至 100mL。该沉淀剂在室温下 3 个月内稳定。

（2）沉淀剂Ⅱ　称取 30.0g 乙酸锌，用水溶解并定容至 100mL。该沉淀剂在室温下 3 个月内保持稳定。

（3）2,4-二硝基氟苯溶液（1.0%，体积分数；衍生剂）　精确量取 2,4-二硝基氟苯 2mL，加入乙腈 200mL，混匀。

（4）三乙胺溶液（0.25%，体积分数）　取 0.25mL 三乙胺，加入 100mL 水，用磷酸调至 pH 3。

（5）$NaHCO_3$ 溶液（50g/L）　称取 5.0g 碳酸氢钠，用水溶解至 100mL。

（6）牛磺酸标准储备液（0.314mg/mL）　准确称取 15.84mg 牛磺酸标准品，用水溶解并定容至 50mL。

（7）牛磺酸标准工作液　将牛磺酸标准储备液用水稀释制备一系列标准溶液，标准系列浓度为 31.4、94.2、157.5、219.8、282.6、314.0μg/mL，临用前现配。

三、实验方法

1. 样品制备

（1）胶囊样品　取 20 粒软胶囊内容物，混匀，取约其中的 0.2g（精确至 0.01g），于 100mL 量瓶中，加入 80mL 水，混匀后超声提取 30min，冷却，用水定容，混匀，过滤，滤液即样品溶液。

（2）液体样品　称取 5~30g 试样（精确至 0.01g）于锥形瓶中，加入约 50mL 水，混匀，超声提取 30min，冷却；加 1.0mL 沉淀剂Ⅰ，混合；加入 1.0mL 沉淀剂Ⅱ，混合；转入 100mL 容量瓶中用水定容至刻度，混匀。样液以 5000r/min 离心 10min，过滤，滤液即样品溶液。

2. 衍生过程

取上述制备好的样品或标准溶液 1.0mL 于 10mL 量瓶中，加入 1%（体积分数）2,4-

二硝基氟苯 0.5mL 和 50g/L NaHCO₃ 溶液 1.0mL，密封置 50℃水浴中，衍生反应 50min 后，冷却，用 50%（体积分数）乙腈定容，摇匀，滤过，取滤液进样分析。

3. 液相色谱参考条件

色谱柱：Agilent TC-C₁₈，250mm×4.6mm，5μm。

检测器：紫外检测器。

流动相：A：0.25%（体积分数）三乙胺（用磷酸调 pH = 3.0）；B：乙腈；梯度洗脱：0~20min，20%~100% B。

流速：1.0mL/min。

检测波长：360nm。

柱温：30℃。

进样量：10μL。

4. 标准曲线的制作

以标准工作液的浓度为横坐标，以测得的其色谱峰面积为纵坐标，绘制标准曲线。

5. 定量方法

将衍生后的样品溶液注入高效液相色谱仪中，测得其色谱峰面积，根据标准曲线计算出待测液中牛磺酸的浓度。

四、结果计算

样品中牛磺酸的含量：

$$A = \frac{c \times V}{m \times 1000} \times 100 \tag{6-2}$$

式中　　A——样品中牛磺酸的含量，mg/100g；

　　　　c——样品测定液中牛磺酸的浓度，μg/mL；

　　　　V——样品定容体积，mL；

　　　　m——样品质量，g；

100、1000——换算系数。

五、注意事项

严格控制能影响结果再现性的衍生时间、温度及弱碱性条件。

实验三　功能食品中总黄酮的测定（紫外分光光度法）

黄酮类化合物是广泛存在于自然界的一大类化合物，大多具有颜色。其共同的特征是均含有 C6—C3—C6 基本碳架，即两个苯环通过三个碳原子相互连接而成，主要包括黄酮、黄酮醇、二氢黄酮、二氢黄酮醇、查耳酮、异黄酮类等化合物。大量研究表明，黄酮类化合物具有抗氧化、抗突变、抗肿瘤、抗菌、抗病毒、调节免疫、降血糖等功能。因此，黄酮类化合物成为药品、保健食品中的重要功效成分之一。

由于黄酮类物质种类较多，大多数黄酮类化合物分子中存在桂皮酰基和苯甲酰基组成的交叉共轭体系，其紫外光谱200~400nm的区域内存在两个紫外吸收带，峰带Ⅰ（300~400nm）和峰带Ⅱ（220~400nm）。其含量测定方法有紫外分光光度法、薄层扫描法、高效液相色谱法、荧光光度法、毛细管电泳法等。紫外分光光度法目前在总黄酮含量测定中使用最为广泛，有设备简单、适用性广、准确度和精密度较好等特点。本实验对紫外分光光度法测定保健食品中总黄酮的方法进行介绍。

一、实验原理

大多数黄酮类化合物分子在紫外光谱300~400nm的区域内存在紫外吸收峰带。以无水乙醇提取保健食品中的总黄酮，经聚酰胺柱吸附后，以乙醚除杂，经甲醇洗脱黄酮，定容后紫外分光光度比色测定总黄酮含量，以芦丁为标准品，在波长360nm处，用紫外分光光度法测定保健食品中总黄酮的含量。

二、实验材料

1. 仪器

紫外可见分光光度计、电子天平、超声波清洗器、水浴锅。

2. 试剂

甲醇、无水乙醇、聚酰胺粉、芦丁，均为分析纯。

3. 试剂配制

芦丁标准溶液（50μg/mL）：精确称取0.0050g芦丁，加甲醇溶解并定容至100mL容量瓶中，即得50μg/mL芦丁标准溶液。

三、实验方法

1. 样品制备

称取0.25g左右样品于烧杯中，加少量乙醇溶解，转移至25mL容量瓶中。加入约20mL乙醇，超声波提取20min，放至室温，无水乙醇定容至刻度，摇匀，静置备用。吸取上清液1.0mL，于蒸发皿中。加1g聚酰胺粉，搅拌吸附，于水浴上挥去乙醇，然后转入层析柱。先用20mL乙醚洗（乙醚液弃去），然后用甲醇洗脱黄酮，定容至25mL。此液于波长360nm测定吸光度。

2. 标准曲线的制作

分别准确移取芦丁标准溶液（50μg/mL）0、1、2、3、4、5mL于10mL比色管中，加甲醇至刻度，摇匀。于波长360nm比色，以吸光度（A）对芦丁标准溶液体积（mL）进行线性回归，得到标准曲线。

四、结果计算

$$X = \frac{CV \times 25 \times 25}{m \times 10} \tag{6-3}$$

式中　X——样品中总黄酮的含量，μg/g；

　　　C——芦丁标准溶液浓度，μg/mL；

V——由标准曲线算得的与样品液相当的标准溶液的体积，mL；

m——试样的质量，g；

25，25——两次样品液定容体积；

10——标准系列定容体积。

五、注意事项

（1）聚酰胺粉的粒径对吸附效果有影响，最好采用过 100~120 目筛的聚酰胺粉。

（2）转移聚酰胺粉时用乙醚少量多次转移，体积计入乙醚洗脱体积中。

实验四　功能食品中大豆异黄酮的测定（高效液相色谱法）

紫外分光光度法可以对保健食品中总黄酮的含量进行测定，对于不同类型的黄酮类物质，可以采用高效液相色谱法、超高液相色谱法、液质联用法等进行检测。本实验介绍利用高效液相色谱测定保健食品重大豆异黄酮的方法。

一、实验原理

大豆异黄酮是大豆苷、大豆黄苷、染料木苷、大豆素、大豆黄素和染料木素的总称。样品经制备、提取、过滤后，经 C_{18} 反相柱分离，根据标准品保留时间定性，外标法定量。

二、实验材料

1. 仪器

高效液相色谱仪（带紫外检测器）、超声波振荡器、酸度计（精度 0.02pH）、分析天平（感量 0.01mg）、离心机（≥8000r/min）、容量瓶（10mL）。

滤膜：孔径为 0.45μm。

2. 试剂

甲醇、乙腈、二甲基亚砜，均为色谱纯；磷酸（分析纯）。

水（H_2O）：GB/T 6682—2008 规定的一级水。

3. 试剂配制

（1）80%（体积分数）甲醇　用甲醇 80mL，加入 20mL 水，混匀。

（2）磷酸水溶液　用磷酸调节 pH 至 3.0，经 0.45μm 滤膜过滤。

（3）50%（体积分数）二甲基亚砜溶液　取二甲基亚砜 50mL，加水 50mL，混匀。

（4）大豆异黄酮标准储备液（400mg/L）　称取大豆苷、大豆黄苷、染料木苷、大豆素、大豆黄素和染料木素（纯度均在 98.0% 以上）各 4mg，分别置于 10mL 容量瓶中，加入二甲基亚砜至接近刻度，超声处理 30min，再用二甲基亚砜定容。各标准储备液浓度均为 400mg/L。

（5）大豆异黄酮标准系列工作液：准确量取大豆异黄酮储备液 0、0.20、0.4、0.6、0.8、1.0mL 分别置于 10mL 容量瓶中，加甲醇至刻度，摇匀，得到浓度为 0、8.0、16.0、24.0、32、40mg/L 的标准系列工作溶液。

三、实验方法

1. 样品制备

（1）固体样品、半固体样品　固体样品粉碎、磨细（过 80 目筛）、混匀，半固体样品混匀，称取样品 0.05~5.0g（精确至 0.1mg），用 80%（体积分数）甲醇溶液溶解并转移至 50mL 容量瓶中，加入 80%（体积分数）甲醇溶液至接近刻度。

（2）液体样品　吸取混匀的液体样品 0.5~5.0mL 于 50mL 容量瓶中，加入 80%（体积分数）甲醇溶液至接近刻度。

将上述样品（1）或（2）用超声波振荡器震荡 20min，用 80%（体积分数）甲醇定容，摇匀。取样品溶液置于离心管中，离心机离心 15min（转速>8000r/min）。取上清液用 0.45μm 滤膜过滤，收集滤液备用。

2. 色谱条件

色谱柱：C_{18}，4.6mm×250mm，5μm。

流动相：A：乙腈；B：磷酸水溶液；洗脱程序见表 6-1。

流速：1.0mL/min。

波长：260nm。

进样量：10μL。

柱温：30℃。

表 6-1　　　　　　　　　　　流动相梯度洗脱程序

时间/min	A/%	B/%	时间/min	A/%	B/%
0	12	88	50	30	70
10	18	82	55	80	20
23	24	76	56	12	88
30	30	70	60	12	88

3. 定性方法

分别将大豆苷、大豆黄苷、染料木苷、大豆素、大豆黄素、染料木素的标准储备液稀释 10 倍后，按色谱条件进行测定，依据单一标准样品的保留时间，对样品溶液中的组分进行定性。

4. 标准的检测及标准曲线的制作

将大豆异黄酮混合标样工作溶液在色谱条件下进行测定，以峰面积为纵坐标，以混合标准使用溶液浓度为横坐标绘制标准曲线。

5. 测定

将制备好的样品溶液注入高效液相色谱仪中，保证样品溶液中大豆苷、大豆黄苷、染料木苷、大豆素、大都黄素、染料木素的响应值都在工作曲线的线性范围内，由标准曲线计算出样品中大豆黄酮类物质各组分的浓度。

四、结果计算

$$X = c \times \frac{V}{m} \tag{6-4}$$

式中　X——试样中某一种大豆异黄酮组分的含量，mg/kg 或 mg/L；

　　　c——根据标准曲线得出的某一种大豆异黄酮组分的浓度，mg/L；

　　　V——样品稀释液总体积，mL；

　　　m——样品质量或体积，g 或 mL。

以再现性条件下获得的两次独立测定结果之差不超过算术平均值的 10%。

五、注意事项

大豆异黄酮有游离型的苷元和结合型的糖苷形式，一般以后者为主。样品中各种大豆异黄酮的含量有差别，实验中要保证每种物质的响应值都在各自的工作曲线的线性范围内。

实验五　功能食品中番茄红素的测定（国标法）

番茄红素是植物中所含的一种天然色素，属于异戊二烯类化合物，是类胡萝卜素的一种。由于最早从番茄中分离制得，故被称为番茄红素，主要存在于茄科植物番茄的成熟果实中，是目前在自然界的植物中被发现的最强抗氧化剂之一。番茄红素晶体为红色针状，是脂溶性色素，可溶于其他脂类和非极性溶剂中，不溶于水，难溶于甲醇、乙醇，对光、热、氧敏感，Fe^{3+}、Cu^{2+} 可催化其氧化。番茄红素的分子由多聚烯链构成，含 11 个共轭双键和 2 个非共轭双键。由于其分子中存在多个双键，番茄红素存在几何异构现象。天然来源的番茄红素主要以全反式的形式存在（图 6-2），分子呈直链状，是最稳定的一种构型。番茄红素的稳定性比较差，在一定条件下可发生顺反异构化，无论是在天然产物中还是人工合成品中，均有顺式异构体的存在。

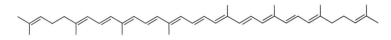

图 6-2　全反式番茄红素的结构式

番茄红素的常用分析方法主要有紫外分光光度法、薄层色谱法和高效液相色谱法，紫外分光光度法容易受到其他类似色素如 β-胡萝卜素的干扰，专属性较差，测定值往往大于真实值；薄层法测定过程复杂、分析时间长、不易定量；高效液相色谱法具有良好的分离效果和检测能力，可以将番茄红素和其他类胡萝卜素很好分离分析，是目前番茄红素检测分析工作中最常采用的方法。国家标准《保健食品中番茄红素的测定》（GB/T 22249—2008）中采用了高效液相色谱法。但该标准方法在实际使用中存在以下问题：

（1）抗氧化剂焦性没食子酸难以直接溶解于提取溶剂二氯甲烷中。

（2）番茄红素在甲醇等极性溶剂中溶解度较小，以甲醇-乙腈（50∶50，体积比）为流动相会出现色谱峰过宽，与相邻峰的分离度差的现象，尤其在进样量大时容易分叉，严重影响峰形。本实验介绍国标方法，实验六则介绍了针对国标存在的上述两个问题吴先富等的改进方法。

一、实验原理

根据番茄红素易溶于二氯甲烷等溶剂的理化特性，试样经焦性没食子酸-二氯甲烷溶液提取，采用反相液相色谱分离，紫外检测器检测，根据保留时间和峰面积定性和定量。

二、实验材料

1. 仪器

高效液相色谱仪（带紫外检测器或二极管阵列检测器）、超声波清洗器、天平（感量0.1mg和0.01mg）。

2. 试剂

乙腈（色谱纯）、甲醇（色谱纯）、二氯甲烷（分析纯）、焦性没食子酸（分析纯）、N,N-二甲基甲酰胺（分析纯）。

番茄红素标准品：纯度≥95%，或经国家认证并授予标准物质证书的标准物质。避光保存于-70℃。

3. 试剂配制

（1）焦性没食子酸-二氯甲烷溶液　称取5g焦性没食子酸，用二氯甲烷定容至100mL。

（2）番茄红素标准使用液（100μg/mL）　准确称量番茄红素标准1mg（精确至0.0001g），置于10mL棕色容量瓶中，用焦性没食子酸-二氯甲烷溶液定容至刻度，混匀。

三、实验方法

1. 样品制备

（1）一般试样的制备　根据试样中番茄红素的含量，称取0.5～2.0g均匀试样（精确称量至0.001g）置于25mL棕色容量瓶中，加焦性没食子酸-二氯甲烷溶液20mL，超声提取30min，用焦性没食子酸-二氯甲烷溶液定容至刻度，摇匀，过0.45μm滤膜，备用。

（2）微囊化试样的制备　根据试样中番茄红素的含量，称取0.5～2.0g均匀试样（精确称量至0.001g）置于25mL棕色容量瓶中，加0.2g焦性没食子酸和5mL N,N-二甲基甲酰胺后，超声提取30min，用焦性没食子酸-二氯甲烷溶液定容至刻度，摇匀，过0.45μm滤膜，备用。

2. 液相色谱参考条件：

色谱柱：C_{18}柱或C_{30}柱（适用于番茄红素几何异构体的分离或含多种胡萝卜素试样的分析），250mm×4.6mm，5μm。

检测器：二极管阵列检测器或紫外检测器。

流动相：甲醇-乙腈（50∶50，体积比）。

流速：1.0mL/min。

检测波长：472nm。

柱温：30℃。

进样量：10μL。

3. 标准曲线的制作

分别吸取番茄红素标准使用液，用焦性没食子酸-二氯甲烷溶液稀释并在棕色容量瓶中定容并摇匀，所得标准系列溶液浓度分别为：0.2、0.5、1.0、5.0、10.0、20.0μg/mL。

分别对标准系列工作溶液进行测定，以标准溶液的质量浓度（单位 μg/mL）为横坐标，峰面积为纵坐标，绘制标准曲线。

4. 测定

对试样溶液进行测定，根据标准曲线得到测定液中番茄红素的浓度（单位 μg/mL）。

四、结果计算

$$X = \frac{c \times V}{m \times 1000} \tag{6-5}$$

式中　X——试样中番茄红素的含量，g/kg；

　　　c——根据标准曲线查得的番茄红素的浓度，μg/mL；

　　　V——试样定容体积，mL；

　　　m——试样质量，g；

　1000——换算系数。

计算结果保留三位有效数字。

五、注意事项

番茄红素标准使用液临用现配，由于番茄红素不稳定，使用前可用液相色谱归一化法确定其纯度。

实验六　功能食品中番茄红素的测定（国标改良法）

一、实验原理

试样经焦性没食子酸-二氯甲烷溶液提取，采用反相液相色谱分离，紫外检测器检测，分别根据保留时间和峰面积进行定性和定量。

二、实验材料

1. 仪器

高效液相色谱仪（带紫外检测器或二极管阵列检测器）、超声波清洗器、天平（感量0.1mg）。

2. 试剂

甲醇（色谱纯）、乙酸乙酯（色谱纯）、二氯甲烷（分析纯）、焦性没食子酸（分析纯）。

番茄红素标准品：纯度≥95%，或经国家认证并授予标准物质证书的标准物质。避光保存于-70℃。

3. 试剂配制

（1）焦性没食子酸-二氯甲烷溶液　称取焦性没食子酸1.0g，加入10mL甲醇溶解，再用二氯甲烷稀释至1000mL，混匀，即得。

（2）番茄红素标准使用液（100μg/mL）　准确称量番茄红素标准10mg（精确至0.0001g），置于100mL棕色容量瓶中，用焦性没食子酸-二氯甲烷溶液定容至刻度，混匀。

三、实验方法

1. 样品制备

片剂去包衣后粉碎，胶囊（软胶囊）取内容物，混匀，精密称取约0.5g，置于50mL棕色容量瓶中。加焦性没食子酸-二氯甲烷溶液40mL，超声（功率300 W，频率45kHz）提取30min，冷却后用焦性没食子酸-二氯甲烷溶液定容至刻度，混匀。移取上述溶液1mL置于25mL棕色容量瓶中，用焦性没食子酸-二氯甲烷溶液稀释至刻度，混匀，过0.45μm微孔滤膜，取滤液待测。

2. 液相色谱参考条件

色谱柱：C_{18}柱，250mm×4.6mm，5μm。

检测器：二极管阵列检测器或紫外检测器。

流动相：甲醇-乙酸乙酯（95∶5，体积比）。

流速：1.0mL/min。

检测波长：472nm。

柱温：30℃。

进样量：10μL。

3. 标准曲线的制作

分别精密移取番茄红素标准使用液0.5、2.5、5、10、25mL，置于50mL棕色容量瓶中，用焦性没食子酸-二氯甲烷溶液稀释至刻度，混匀，所得标准系列溶液浓度分别为：1.0、5.0、10.0、20.0、50.0μg/mL。

分别对标准系列工作溶液进行测定，以标准溶液的质量浓度（单位μg/mL）为横坐标，峰面积为纵坐标，绘制标准曲线。

4. 测定

对试样溶液进行测定，根据标准曲线得到测定液中番茄红素的浓度（单位μg/mL）。

四、结果计算

$$X = \frac{c \times V \times f}{m \times 1000} \tag{6-6}$$

式中　X——试样中番茄红素的含量，g/kg；

　　　c——根据标准曲线查得的番茄红素的浓度，μg/mL；

　　　V——试样定容体积，mL；

　　m——试样质量，g；

　　f——稀释倍数，25；

　　1000——换算系数。

　　计算结果保留三位有效数字。

五、注意事项

（1）焦性没食子酸-二氯甲烷溶液的配制　由于焦性没食子酸的极性较大，即使在较高温度下长时间超声也难以完全溶解于二氯甲烷。在本法中将焦性没食子酸先溶于少量极性溶剂甲醇中，再用二氯甲烷稀释，这样不会引起固体析出，同时不影响样品提取效率。通过稳定性考察发现，抗氧化剂浓度由原来的5%降至0.1%，不影响标准溶液和样品溶液的稳定性。

（2）流动相的选择　针对 GB/T 22249—2008 方法中使用的流动相甲醇-乙腈（50：50，体积比）容易引起色谱峰过宽且分离度不好的缺点，通过在流动相中加入对番茄红素溶解度较好的低极性溶剂（如二氯甲烷、四氢呋喃、乙酸乙酯），可以改善峰形，但二氯甲烷、四氢呋喃毒性较大，最后采用甲醇-乙酸乙酯（95：5，体积比）条件下的分离效果最好，峰形尖锐，且流动相的组成相对简单，容易配制。

实验七　功能食品中虾青素的测定（皂化法）

　　虾青素是一种酮式类胡萝卜素，化学名称为 3,3'-二羟基-4,4'-二酮基-β,β'-胡萝卜素，含有 2 个羟基（—OH）和 2 个酮基（C＝O），游离形式最不稳定性，常以脂质类化合物形式存在。虾青素为粉红色，不溶于水，易溶于大部分有机溶剂，如氯仿、丙酮、苯、二硫化碳，在酸、氧、高温及紫外光条件下均不稳定，易氧化降解。

　　虾青素具长链不饱和双键结构体系，每个双键都可以是 Z 结构或者 E 结构，受空间位阻影响，其主要几何异构体为全反式（*trans*）、9-顺式（9-*cis*）、13-顺式（13-*cis*）和 15-顺式（15-*cis*）等（图6-3）。人工合成的虾青素均为全反式的形式。天然的虾青素绝大多数是全反式，也有少量顺式结构存在，主要是 9-顺式和 13-顺式结构。在热力学上，虾青素的全反式结构比顺式结构稳定，而顺式结构比全反式结构活跃、抗氧化性更强。

　　目前虾青素的检测方法主要有分光光度法、高效液相色谱法。样品不经过水解，用分光光度法测定萃取物中总类胡萝卜素的吸光度，可推断其中游离态虾青素的含量。该法曾是最常用的虾青素检测方法，但虾青素与其他类胡萝卜素最大吸收波长均在480nm 左右，无法将虾青素与其他类胡萝卜素分开，且该法在样品成分比较复杂时易受基质的干扰，难以准确测定样品中虾青素的真实含量。高效液相色谱法由于灵敏度高、线性范围宽、准确性好等优点，在虾青素检测中被广泛应用。由于样品中所含虾青素主要以酯合的形式存在，虾青素酯种类较多，无相应的标准品，难以同时对全部虾青素酯组分进行定量检测，因此须先采用皂化或酶解的方法将虾青素酯变成游离虾青素，再采用高效液相色谱法进行总虾青素含量的检测。《红球藻中虾青素的测定　液相色谱法》（GB/T 31520—2015）记

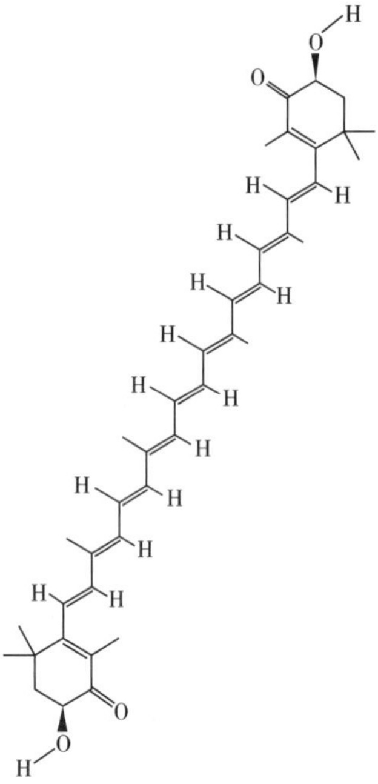

（1）全反式虾青素 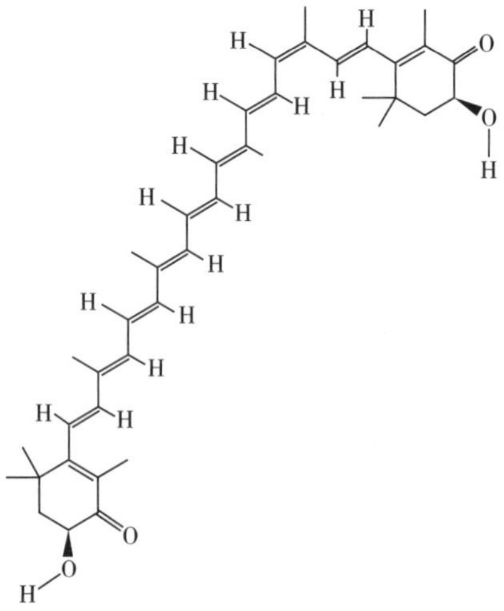　　　　　　　　　　　　　（2）9-顺式虾青素

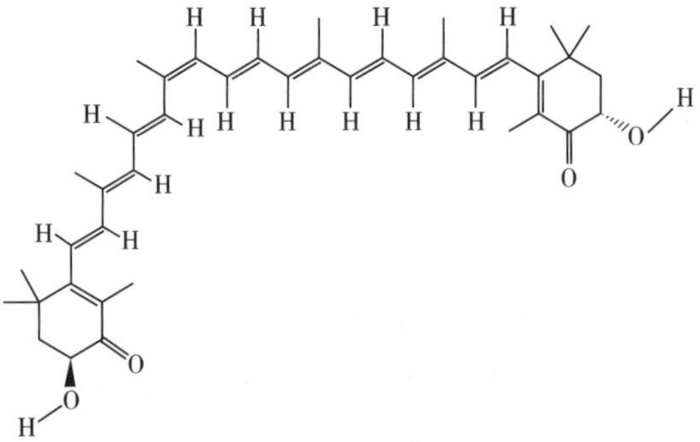

（3）13-顺式虾青素 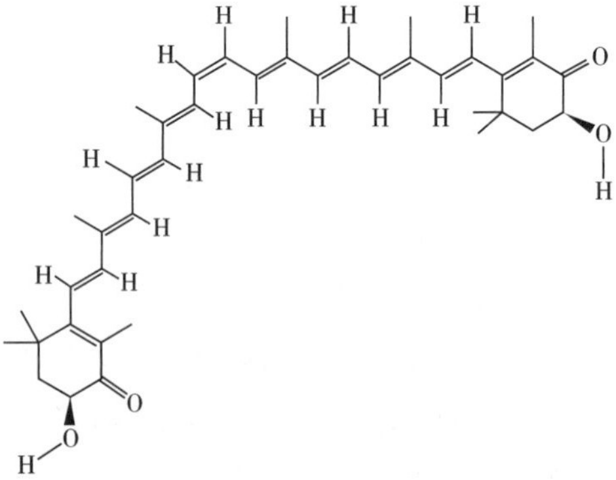　　　　　　　　　　　　　（4）15-顺式虾青素

图 6-3　虾青素主要顺反异构体结构式

载的方法是虾青素酯经皂化水解成游离态的虾青素，然后在 C$_{30}$-HPLC 上进行检测外标法定量。该法存在的最大问题是皂化可能产生副产物——虾红素及半虾红素，对检测结果产生影响。《美国药典》则将虾青素酯酶促水解成游离态的虾青素，再采用外标法在 C$_{30}$-HPLC 上进行定量。该法中使用的水解酶为胆固醇酯水解酶（也称胆固醇酯酶），该法也是一些企业的常用标准，但胆固醇酯水解酶的价格较高，导致测量成本较高。本实验介绍采用皂化法的国标方法。

一、实验原理

试样经二氯甲烷-甲醇混合溶液提取，氢氧化钠甲醇溶液皂化，使虾青素酯转化成游离态的虾青素，经 C_{30} 反相液相色谱柱分离后，用配有紫外检测器的液相色谱仪测定，外标法定量。

二、实验材料

1. 仪器

高效液相色谱仪（配紫外检测器）、分析天平（感量 0.1mg 和 0.01mg）、超声波清洗器、冷冻离心机（8000r/min）、涡旋混合器、氮吹仪、玻璃匀浆器。

2. 试剂

如不加说明，试剂均为色谱纯；实验用水为 GB/T 6682—2008 规定的一级水。

磷酸（优级纯）、氢氧化钠（优级纯）、丙酮、甲醇、二氯甲烷、叔丁基甲基醚、2,6-二叔丁基对甲酚（化学纯）。

全反式虾青素、13-顺式虾青素、9-顺式虾青素标准品：纯度≥95%，或经国家认证并授予标准物质证书的标准物质。

3. 试剂配制

（1）1%（体积分数）磷酸溶液　量取 10mL 磷酸和 990mL 水，混匀。

（2）二氯甲烷-甲醇溶液　量取 250mL 二氯甲烷和 750mL 甲醇，加入 0.5g 2,6-二叔丁基对甲酚，混匀。

（3）0.1mol/L 氢氧化钠-甲醇溶液　称取 0.4g 氢氧化钠，用甲醇溶解并稀释至 100mL，混匀。

（4）2%（体积分数）磷酸-甲醇溶液　量取 2mL 磷酸和 98mL 甲醇，混匀。

（5）全反式虾青素标准储备液　准确称取全反式虾青素标准品约 10mg，用丙酮溶解并定容于 500mL 容量瓶中，浓度约为 20μg/mL。

（6）13-顺式虾青素标准储备液（9-顺式虾青素标准储备液）　准确称取 13-顺式虾青素标准品（9-顺式虾青素标准品）约 1mg，用丙酮溶解并定容于 50mL 容量瓶中，浓度约为 20μg/mL。

三、实验方法

1. 提取

准确称取 50~100mg 样品（精确至 0.1mg），置于干燥的玻璃匀浆器中，加入 1mL 二氯甲烷-甲醇溶液，充分研磨，转移至 50mL 离心管中，用 10mL 二氯甲烷-甲醇溶液分 3 次清洗玻璃匀浆器，合并提取液，超声提取 5min，5℃下 8000r/min 离心 5min，将上清液转移至 50mL 容量瓶中，再加入 10mL 二氯甲烷-甲醇溶液于离心管中，重复上述步骤 3 次以上，直至提取后的样品渣为白色，合并上清液，用二氯甲烷-甲醇溶液定容至 50mL，静置 15min，准确移取 5mL 置于另一个 50mL 容量瓶中，用二氯甲烷-甲醇溶液稀释并定容。

2. 皂化

准确移取 5mL 提取液于 10mL 比色管中，加 0.7mL 氢氧化钠-甲醇溶液，涡旋混合后充氮密封，于 5℃冰箱中反应 12~14h 后，加入 0.4mL 2%（体积分数）磷酸-甲醇溶液混匀，在氮气吹扫下定容至 5mL，过 0.45μm 滤膜。

3. 液相色谱参考条件

色谱柱：C_{30}色谱柱，250mm×4.6mm，5μm；或相当者。

检测器：二极管阵列检测器或紫外检测器。

流动相：梯度洗脱程序见表6-2。

流速：1.0mL/min。

检测波长：474nm。

柱温：25℃。

进样量：20μL。

表6-2 流动相梯度洗脱程序

时间/min	甲醇/%	叔丁基甲基醚/%	1%（体积分数）磷酸溶液/%
0	81	15	4
15	66	30	4
23	16	80	4
27	16	80	4
30	81	15	4
35	81	15	4

4. 定性方法

全反式虾青素标准工作液配制：准确移取适量全反式虾青素标准储备液用丙酮稀释成浓度分别为0.1、0.5、1.0、3.0、5.0、10.0μg/mL的标准工作液，现用现配。

13-顺式虾青素标准工作液（9-顺式虾青素标准工作液）：准确移取13-顺式虾青素标准储备液（9-顺式虾青素标准储备液），用丙酮配制成适当浓度的标准工作液，用于定性，现用现配。

分别注入20μL适当浓度的全反式虾青素标准工作液、13-顺式虾青素标准工作液、9-顺式虾青素标准工作液及试样溶液，按本实验列出的色谱条件进行测定，根据标准工作液色谱图中三种虾青素同分异构体的保留时间定性。

5. 定量方法

根据试样溶液中虾青素的含量情况，选定峰面积相近的全反式虾青素标准工作液单点定量或多点校准定量，试样测定结果以三种虾青素同分异构体的总和计，外标法定量。

四、结果计算

由于13-顺式虾青素和9-顺式虾青素标准品价格十分昂贵且难以获得，因此，本实验虾青素的定量以全反式虾青素为参照。计算公式如式（6-7）所示。

$$X = \frac{(1.3 \times A_{13-cis} + A_{trans} + 1.1 \times A_{9-cis}) \times c_{标准} \times V \times 10^{-3}}{A_{标准} \times m} \times f \times 100\% \tag{6-7}$$

式中　X——样品中虾青素的含量，%；

1.3——13-顺式虾青素对全反式虾青素的校正因子；

A_{13-cis}——试样中 13-顺式虾青素的峰面积；

A_{trans}——试样中全反式虾青素的峰面积；

1.1——9-顺式虾青素对全反式虾青素的校正因子；

A_{9-cis}——试样中 9-顺式虾青素的峰面积；

$c_{标准}$——标准工作液中全反式虾青素的含量，μg/mL；

V——试样溶液体积，mL；

$A_{标准}$——全反式虾青素标准工作液的峰面积；

m——样品质量，mg；

f——稀释倍数，为 100。

五、注意事项

（1）全反式虾青素、13-顺式虾青素及 9-顺式虾青素标准储备液需充氮密封，然后置于 -18℃冰箱中避光保存，有效期 1 个月。

（2）若试样溶液色谱图中，在 20~30min 的出峰处存在杂峰，需将加碱量提高一倍后重新取提取液皂化。

实验八 功能食品中虾青素的测定（酶解法）

一、实验原理

采用丙酮提取样品中的游离虾青素及虾青素酯，然后经胆固醇酯酶水解，使溶液中的虾青素酯水解成游离虾青素，经 HPLC 液相色谱仪测定虾青素的含量。

二、实验材料

1. 仪器

高效液相色谱仪（配紫外检测器）、分析天平（感量 0.1mg 和 0.01mg）、恒温水浴锅、超声波清洗器、离心机（4000r/min）、涡旋混合器、氮吹仪。

2. 试剂

无水硫酸钠（分析纯）、十水硫酸钠（分析纯）、石油醚（沸程：60~90℃，分析纯）、甲醇（色谱纯）、氯仿（分析纯）、丙酮（色谱纯、分析纯）、荧光单假胞菌中提取的胆固醇酯酶（Sigma C-9281）。

全反式虾青素、13-顺虾青素、9-顺虾青素标准品：纯度≥95%，或经国家认证并授予标准物质证书的标准物质。

3. 试剂配制

（1）氯仿-甲醇溶液（50:50，体积比） 量取 50mL 氯仿和 50mL 甲醇，混匀。

（2）全反式虾青素标准储备液（300μg/mL） 精密称取全反式虾青素标准品 7.5mg 置于 25mL 棕色容量瓶中，用少量氯仿溶解，加丙酮定容至刻度，摇匀制得标准品储备液，浓度为 300μg/mL。

（3）13-顺式虾青素标准储备液（9-顺式虾青素标准储备液）（20μg/mL） 准确称取

13-顺式虾青素标准品（9-顺式虾青素标准品）约 1mg，用丙酮溶解并定容于 50mL 容量瓶中，浓度约为 20μg/mL。

（4）Tris-HCl（0.05mol/L，pH 7.0）　准确称取 Tris 粉 6.057g 溶解于 800mL 去离子水中，用稀盐酸调 pH 至 7.0，转移到 1000mL 容量瓶中，用纯水定容至刻度摇匀。

（5）胆固醇酯酶溶液（20 单位/mL）　取 100 单位/瓶的胆固醇酯酶，用 Tris-HCl（0.05mol/L pH 7.0）溶解并转移至 5mL 容量瓶中，用 Tris-HCl 稀释至刻度，摇匀即得。

三、实验方法

1. 提取

精密称取待测样品 20mg，置于 25mL 容量瓶中，加少量丙酮轻轻振摇使其溶解，加丙酮定容至刻度，摇匀。移取 1mL 至 50mL 容量瓶中，用丙酮定容至刻度，摇匀。

2. 酶解

移取上述提取稀释液 1.5mL 置于 10mL 离心管中，加 Tris-HCl 1.0mL，混匀，置 37℃水浴 2min，加入 100μL 胆固醇酯酶溶液混匀，充氮 15s 以排出离心管内空气，用自封口膜将离心管密封。置于 37℃水浴 45~50min（每 15min 摇动一次离心管）。取出离心管，加 2.0mL 石油醚、0.5g 十水合硫酸钠，涡旋 30s 后，以 3500r/min 离心 5min。将石油醚层移至盛有 1.0g 无水硫酸钠的离心管。再次加入 1mL 石油醚重复提取操作，合并石油醚层至盛有 1.0g 无水硫酸钠的离心管中，摇匀后静置，移取石油醚层至另一离心管中。再用 2mL 石油醚清洗盛无水硫酸钠的离心管，将石油醚层移入同一离心管，氮气吹干。用 1.5mL 氯仿-甲醇（50：50，体积比）液稀释，超声混匀，在 3500r/min 下离心 5min，0.45μm 微孔滤膜过滤待测。

3. 液相色谱参考条件

色谱柱：YMC-pack ODS-A 色谱柱，250mm×4.6mm，粒径 5μm；或相当者。

检测器：二极管阵列检测器或紫外检测器。

流动相：梯度洗脱程序见表 6-3。

流速：1.2mL/min。

检测波长：474nm。

柱温：20℃。

进样量：20μL。

表 6-3　　　　　　　　　　　　　　流动相梯度洗脱程序

时间/min	甲醇/%	水/%	乙酸乙酯/%
0	82	8	10
20	29	1	70
22	29	1	70
24	82	8	10
30	82	8	10

4. 定性方法

全反式虾青素标准工作液制备：移取 1mL 全反式虾青素标准储备液至 100mL 容量瓶中，用丙酮定容至刻度，此工作液浓度为 3μg/mL。

13-顺式虾青素标准工作液（9-顺式虾青素标准工作液）：准确移取 13-顺式虾青素标准储备液（9-顺式虾青素标准储备液），用丙酮配制成适当浓度的标准工作液，用于定性，现用现配。

分别注入 20μL 全反式虾青素标准工作液、13-顺式虾青素标准工作液、9-顺式虾青素标准工作液及试样溶液，按以上色谱条件进行测定，根据标准工作液色谱图中三种虾青素同分异构体的保留时间定性。

5. 定量方法

根据全反式虾青素标准工作液单点定量，试样测定结果以三种虾青素同分异构体的总和计，外标法定量。

四、结果计算

$$X = \frac{(1.6 \times A_{13-cis} + A_{trans} + 1.2 \times A_{9-cis}) \times c_{标准} \times V \times 10^{-3}}{A_{标准} \times m} \times f \times 100\% \qquad (6-8)$$

式中　X——样品中虾青素的含量，%；

　　1.6——测定条件下 13-顺式虾青素对全反式虾青素的校正因子；

　　A_{13-cis}——试样中 13-顺式虾青素的峰面积；

　　A_{trans}——试样中全反式虾青素的峰面积；

　　1.2——测定条件下 9-顺式虾青素对全反式虾青素的校正因子；

　　A_{9-cis}——试样中 9-顺式虾青素的峰面积；

　　$c_{标准}$——标准工作液中全反式虾青素的含量，μg/mL；

　　V——试样溶液体积，mL；

　　$A_{标准}$——全反式虾青素标准工作液的峰面积；

　　m——样品质量，mg；

　　f——稀释倍数，为 $\dfrac{50 \times 25}{1.5}$。

五、注意事项

（1）配制好的胆固醇酯酶溶液，根据每次使用情况采用微量移液器分装入适当避光容器中，通常以 0.4mL 或 0.6mL 为单位进行分装，密封于 -20℃ 保存，在规定包装及贮藏条件下，有效期 6 个月。

（2）操作需要在避光条件下进行，实验环境温度不宜超过 25℃。

实验九　功能食品中红景天苷的测定（高效液相色谱法）

红景天为景天科，红景天属植物，为药食两用植物，是宝贵的保健药物资源和食品资

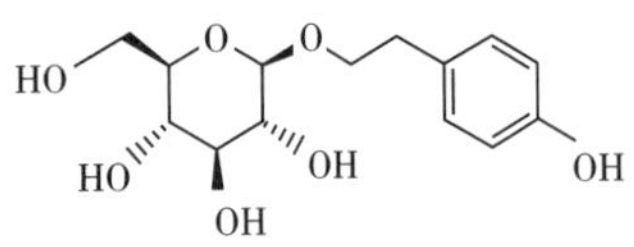

图 6-4　红景天苷的结构式

源。其主要功效成分为红景天苷（salidroside），其分子结构如图 6-4 所示。红景天苷能保护心脑血管、调节神经、内分泌系统、免疫系统，具有抗疲劳、抗衰老、抗肿瘤、抗辐射等功效。

红景天苷含量测定的方法目前常用的方法有高效液相色谱法、气相色谱法、薄层色谱法。

一、实验原理

样品经制备、提取、过滤后，经 C_{18} 反相柱分离，根据标准品保留时间定性，外标法定量。

二、实验材料

1. 仪器

高效液相色谱仪（带紫外检测器）、超声波振荡器、分析天平（感量 0.01mg）、离心机（≥8000r/min）、容量瓶（10mL）。

滤膜：孔径为 0.45μm。

2. 试剂

甲醇（色谱纯）。

水（H_2O）：GB/T 6682—2008 规定的一级水。

3. 试剂配制

（1）50%（体积分数）甲醇　用甲醇 50mL，加入 50mL 水，混匀。

（2）红景天苷标准储备液（500mg/L）　称取红景天苷对照品 0.005g（精确至 0.0001g）于 10mL 容量瓶中，加甲醇溶解，准确定容，制得 500mg/L 的标准储备液。

（3）红景天苷标准系列工作液　准确量取红景天苷储备液 0.0、0.20、0.4、0.6、0.8、1.0mL 分别置于 10mL 容量瓶中，加甲醇至刻度，摇匀，得到浓度为 0、10、20、60、80、100mg/L 的标准系列工作溶液。

三、实验方法

1. 样品制备

取混合均匀的样品适量，称取 0.4g（精确至 0.0001g）于 50mL 离心管中，加入约 30mL 50%（体积分数）甲醇，超声提取 30min；8000r/min 离心 5min，将上清液转移至 50mL 容量瓶中，向残渣中加入 10mL 50%（体积分数）的甲醇，重复提取 1 次，合并 2 次提取液；用 50%（体积分数）甲醇准确定容。摇匀后经 0.22μm 滤膜过滤，HPLC 待测。

2. 色谱条件

色谱柱：C_{18}，4.6mm×250mm，5μm。

流动相：流动相为甲醇-0.1%（体积分数）甲酸溶液（24∶76，体积比）。

流速：1.0mL/min。

波长：275nm。

进样量：10μL。

柱温：30℃。

3. 标准的检测及标准曲线的制作

将红景天苷标样工作溶液在色谱条件下进行测定，绘制以峰面积为纵坐标，标准使用溶液浓度为横坐标的标准曲线。

4. 测定

将制备好的样品溶液注入高效液相色谱仪中，保证样品溶液中红景天苷的响应值都在工作曲线的线性范围内，由标准曲线计算出样品中红景天苷的浓度。

四、结果计算

$$X = c \times \frac{V}{m} \tag{6-9}$$

式中　X——试样中红景天苷的含量，mg/kg 或 mg/L；

　　　c——根据标准曲线得出的红景天苷的浓度，mg/L；

　　　V——样品稀释液总体积，mL；

　　　m——样品的质量或体积，g 或 mL。

以再现性条件下获得的两次独立测定结果之差不超过算术平均值的10%。

五、注意事项

样品纯度对于测定会有一定影响，如果待测样品纯度太低需要事先对样品进行纯化处理。

实验十　功能食品中红景天苷的测定（薄层扫描法）

根据文献报道，双波长薄层扫描法能够用于食品中红景天苷的含量测定，并具有仪器设备简单操作方便、灵敏度高、结果准确等优点，本实验对该方法进行介绍。

一、实验原理

样品经制备，经薄层色谱展开、显色、扫描，根据标准曲线定量。

二、实验材料

1. 仪器

薄层扫描仪、高效硅胶 G 薄层板、分析天平（感量 0.01mg）。

2. 试剂

氯仿、丙酮、甲醇、正丁醇、乙醚，均为分析纯。

红景天苷标准品：纯度≥98%，或经国家认证并授予标准物质证书的标准物质。

3. 试剂配制

展开剂：氯仿-甲醇-丙酮-水（6∶3∶1∶1，体积比），按照6∶3∶1∶1的体积比配制所需体积混合。

红景天苷标准溶液：准确称取红景天苷对照品1.0mg（精确到0.0001g）于1mL容量瓶中，加甲醇溶解，准确定容，混匀，制得1.0mg/mL的标准储备液。

三、实验方法

1. 样品制备及阴性对照品溶液的制备

（1）固体粉状试样　称取1.0g（精确至0.001g）试样于100mL容量瓶中，加入30mL甲醇（分析纯），超声处理20min，放冷至室温后，加入甲醇（分析纯）至刻度，摇匀，离心（3000r/min，10min）或放置至澄清后取上清液备用。

（2）口服液　根据试样含量准确吸取2~10mL样液，置于100mL容量瓶中，加入甲醇（分析纯）至刻度，摇匀。

取上述样品（1）或（2）50mL以10mL乙醚萃取两次，弃去乙醚相。水相加15mL氯仿萃取净化，再弃去氯仿相，水层以15mL水饱和的正丁醇萃取3次，合并正丁醇相减压蒸去正丁醇，残渣加甲醇，溶解，定容，混匀。同法，取除红景天以外的样品制备成阴性对照品溶液。

2. 显色方法

用碘蒸气熏6~8min。

3. 扫描方法

扫描方式：双波长反射式锯齿型扫描。

测定波长：289nm。

参比波长：254nm，狭缝大小为0.4mm×0.4mm。

4. 标准曲线的制作

分别精密吸取红景天苷标准溶液各1.0、2.0、3.0、4.0、5.0μL，各点样于同一薄层板上，展开，显色，扫描，测定吸收峰面积积分值。以1~5μg各点的峰面积值为纵坐标，相应各点的质量为横坐标，画出标准曲线，将红景天苷标样工作溶液在色谱条件下进行测定，绘制以峰面积为纵坐标，标准溶液浓度为横坐标的标准曲线。

5. 测定

取样品，按以上配制方法制备成供试品溶液，再精密吸取供试品溶液、红景天苷标准溶液及阴性对照品各5μL，分别点于同一薄层板上，展开，显色，封板，扫描。由标准曲线计算出样品中红景天苷的浓度。

四、结果计算

$$X = \frac{X_1 \times V \times f}{m} \tag{6-10}$$

式中　X——试样中红景天苷的含量，g/kg或g/L；

X_1——根据标准曲线计算得到的含量，mg/mL；

V——试样定容体积，mL；

f——稀释倍数；

m——试样的质量或体积，g 或 mL。

五、注意事项

注意铺板的均匀性和样品展开效果，以及点样时的正确操作方法。

实验十一　功能食品中原花青素的测定（高效液相色谱法）

原花青素（procyanidins）又称前花青素，是由多羟基黄烷-3-醇单元通过 C4—C8 或 C4—C6 连键构成的多酚化合物（图 6-5），由于在酸性介质中加热可产生相应的花青素（图 6-6），因此称为原花青素。原花青素广泛存在于各种水果如葡萄、苹果和山楂的皮、核、梗以及思茅松和落叶松等植物中。构成原花青素黄烷-3-醇单元的个数称为原花青素的聚合度，不同植物中儿茶素聚合体的聚合度各不相同。如黑豆种皮中原花色素的聚合度约为 30，梨中原花色素的平均聚合度在 13~44。原花青素是一种强抗氧化剂和强自由基清除剂，在人体内的抗氧化和清除自由基的能力是维生素 E 的 50 倍、维生素 C 的 20 倍，具有保护心血管、预防高血压、抗肿瘤、抗辐射、抗疲劳等作用，是一种应用前景十分广阔的植物功能成分，在医药、保健和食品等领域具有广泛的用途。

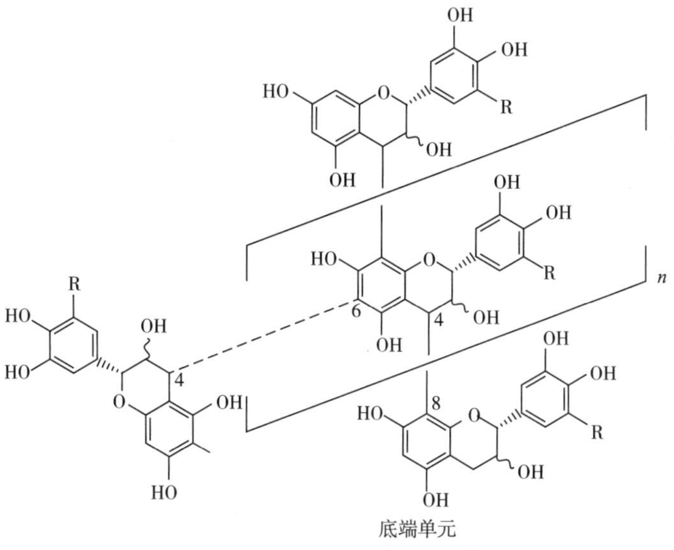

图 6-5　原花青素的结构通式

目前对于原花青素的检测的常用方法有紫外可见分光光度法、高效液相色谱法、电化学法、化学发光法、毛细管电泳法、液相色谱质谱联用法。本实验介绍《保健食品中前花青素的测定》（GB/T 22244—2008）中高效液相色谱法测定保健食品中原花青素的方法。

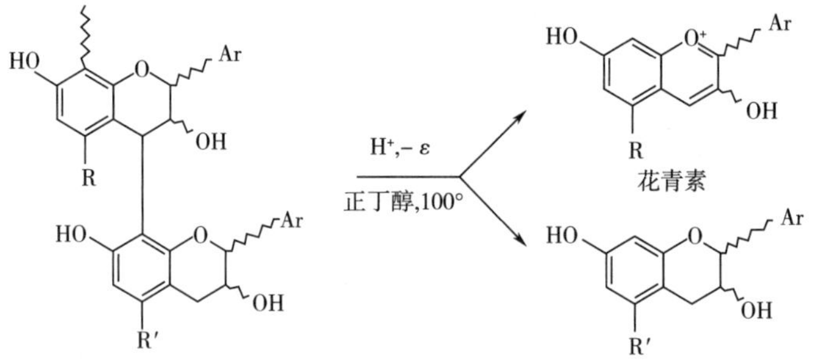

图6-6　正丁醇-盐酸反应通式（底端单元不产生花色苷）

一、实验原理

原花青素是黄烷-3-醇单体连接而成的聚合体，本身无色，但在酸性加热和铁盐催化作用下，C—C键断裂而生成深红色花青素离子，使用高效液相色谱，经C_{18}反相柱分离，525nm处检测，根据保留时间定性，外标法定量，测定原花青素的含量。

二、实验材料

1. 仪器

高效液相色谱仪（带紫外检测器）、超声波清洗器、离心机（4000r/min）。

滤膜：孔径为0.45μm。

2. 试剂

甲醇（色谱纯）；甲醇、正丁醇、盐酸、二氯甲烷、异丙醇、甲酸、硫酸铁铵［$NH_4Fe(SO_4)_2 \cdot 12H_2O$］，均为分析纯。

水：为实验室一级用水，电导率（25℃）为0.01mS/m。

3. 试剂配制

（1）硫酸铁铵溶液（20g/L）　称取硫酸铁铵2g，用浓度为2mol/L的盐酸溶解，定容至100mL。

（2）原花青素标准品　纯度≥98%，或经国家认证并授予标准物质证书的标准物质。

（3）原花青素标准溶液（1.00mg/mL）　称取0.01g原花青素标准品（精确至0.001g），用色谱纯甲醇溶解并定容至10mL棕色容量瓶中，此溶液现用现配。

三、实验方法

1. 样品制备

（1）片剂　取20片试样，研磨成粉状。

（2）胶囊　取20粒胶囊内容物，混匀。

（3）软胶囊　挤出20粒胶囊内容物搅拌均匀，如内容物含油，应将内容物尽可能挤完全。

（4）口服液　摇匀后取样。

2. 提取

（1）固体粉状试样　根据试样含量称取50~500mg（精确至0.001g）试样于50mL棕

色容量瓶中，加入 30mL 甲醇（分析纯），超声处理 20min，放冷至室温后，加入甲醇（分析纯）至刻度，摇匀，离心（3000r/min，10min）或放置至澄清后取上清液备用。

（2）含油试样　根据试样含量称取 50~500mg（精确至 0.001g）试样置于小烧杯中，用 5mL 二氯甲烷溶解试样，置于 50mL 棕色容量瓶中，再用甲醇（分析纯）多次洗烧杯，倒入容量瓶中，用甲醇（分析纯）定容，摇匀。

（3）口服液　根据试样含量准确吸取 1~5mL 样液，置于 50mL 容量瓶中，加入甲醇（分析纯）至刻度，摇匀。

3. 水解反应

将正丁醇与盐酸按 95∶5 的体积比混合后，取出 15mL 置于具塞锥形瓶中，再加入 0.5mL 硫酸铁铵溶液和 2mL 试样溶液，混匀，置于沸水浴回流，精确加热 40min 后，立即置于冰水中冷却，经 0.45μm 滤膜过滤，备用。

4. 标准曲线的制作

分别吸取标准溶液 0.10、0.25、0.50、1.0、1.5mL 置于 10mL 棕色容量瓶中，加甲醇（分析纯）至刻度，摇匀。各取 2mL 测定，按本实验"水解反应"步骤处理，以峰高或峰面积对浓度作标准曲线。

5. 液相色谱参考条件

色谱柱：耐低 pH 型 C_{18}柱，150mm×4.5mm，粒径 5μm。

柱温：35℃。

流动相：水–甲醇（色谱纯）–异丙醇–甲酸（73∶13∶6∶8，体积比）。

流速：1.0mL/min。

紫外检测波长：525nm。

进样量：10μL。

6. 测定

取标准溶液或试样溶液注入色谱仪，以保留时间定性，试样峰高或峰面积与标准比较定量。

四、结果计算

$$X = \frac{X_1 \times V \times f}{m} \tag{6-11}$$

式中　X——试样中原花青素的含量，g/kg 或 g/L；

　　X_1——根据标准曲线计算得到的含量，mg/mL；

　　V——试样定容体积，mL；

　　f——稀释倍数；

　　m——试样的称样量，g。

计算结果保留三位有效数字。

五、注意事项

（1）严格控制样品原花青素水解反应条件，如反应温度、时间等应保持一致。

（2）色谱柱一定能够耐受较低的 pH。

实验十二　功能食品（植物提取物）中原花青素的测定（紫外/可见分光光度法）

利用原花青素酸性条件下加热产生花青素离子的性质测定其含量，仍然是目前应用最普遍的方法，如香草醛–盐酸法、正丁醇–盐酸法、铁盐催化比色法。本实验介绍铁盐催化比色法测定植物提取物中原花青素的方法。

一、实验原理

原花青素是黄烷–3–醇单体连接而成的聚合体，本身无色，但在酸性加热和铁盐催化作用下，C—C 键断裂而生成深红色花青素离子，这些离子在 546nm 下有最大吸收，用分光光度计检测该波长下样品的吸光度，根据标准曲线可以计算出植物提取物中原花青素的含量。

二、实验材料

1. 仪器

紫外分光光度计（配 1cm 比色杯，波长范围 110~900nm）、超声波提取机、涡旋混合仪、天平（感量 0.01mg）、具盖安瓿瓶（10mL）、封口钳、容量瓶（10、50、100mL）。

2. 试剂

如不加说明，试剂均为分析纯。

甲醇、正丁醇、盐酸 35%~37%（质量分数）、硫酸铁铵 $[NH_4Fe(SO_4)_2 \cdot 12H_2O]$。

水：GB/T 6682—2008 规定的一级水。

原花青素标准品：纯度≥95%，或经国家认证并授予标准物质证书的标准物质。

3. 试剂配制

（1）盐酸–正丁醇溶液　取正丁醇 50mL 于 100mL 容量瓶中，准确量取盐酸 5mL，用正丁醇定容，摇匀，备用。

（2）盐酸溶液（2mol/L）　准确量取盐酸 20mL 于烧杯中，加 100mL 水，摇匀，备用。

（3）硫酸铁铵溶液　称取硫酸铁铵 2.0g 于三角瓶中，加 2mol/L 盐酸溶液，放置于沸水浴中，至其全部溶解后，取出放置至室温，将其转移至 100mL 容量瓶中用 2mol/L 盐酸溶液定容至刻度。

（4）原花青素标准储备液（1.0mg/mL）　取原花青素标准品 10mg，精密称定，置 10mL 容量瓶中，加甲醇溶解并定容至刻度，即得浓度为 1.0mg/mL 标准储备液，溶液现用现配。

（5）原花青素标准系列工作液　准确量取原花青素储备液 0、0.10、0.25、0.50、1.0、1.5、2.0、2.5mL 分别置于 10mL 容量瓶中，加甲醇至刻度，摇匀，得到浓度为 0、10.0、25.0、50.0、100、150、200、250μg/mL 的标准系列工作溶液。

三、实验方法

1. 样品制备

取样品 10~100mg，精密称定，置 50mL 容量瓶中，加入 30mL 甲醇，超声处理（功率 250W，频率 50kHz）20min，放至室温后，加甲醇至刻度，摇匀，离心或放至澄清后取上清液作为供试品溶液。如果样品原花青素含量较高，稀释一定倍数，作为供试品溶液。

2. 标准的检测及标准曲线的制作

准确吸取原花青素标准系列工作液各 1mL，置于安瓿瓶中，精密加入盐酸-正丁醇溶液 6mL，硫酸铁铵溶液 0.2mL，混匀，用封口钳将其密封，置沸水中加热 40min 后，取出，立即置冰水中冷却至室温，于 546 nm 波长处测吸光度，显色在 1h 内稳定。以吸光度为纵坐标，原花青素浓度为横坐标绘制标准曲线。

3. 测定

精密吸取供试品溶液 1mL，置于安瓿瓶中，然后按照标准曲线制作步骤执行。以相应试剂为空白。测定样品吸光度，用标准曲线计算试样中原花青素的含量。

四、结果计算

$$X = \frac{c \times V \times V_2}{m \times V_1 \times 1000} \times 100 \tag{6-12}$$

式中　　X——试样中原花青素的含量，g/100g；

　　　　c——反应混合物中原花青素的量，μg/mL；

　　　　V——待测样液总体积，mL；

　　　　V_1——样液反应体积，mL；

　　　　V_2——样液反应后总体体积，mL；

　　　　m——样液所代表的试样质量，mg；

100、1000——换算系数。

以再现性条件下获得的两次独立测定结果的算术平均值表示，结果保留三位有效数字。测定结果须扣除空白值。计算结果保留三位有效数字。

五、注意事项

严格控制样品原花青素水解反应条件，如反应温度、时间等保持一致。

实验十三　功能食品中纳豆激酶溶栓酶活力的测定（纤维蛋白平板法）

纳豆激酶（NK）是新一代极富纤溶活性、安全、经济的溶栓剂，相对分子质量远小于链激酶（SK）、尿激酶（UK）以及重组组织型纤溶酶原激活剂（rt-PA）。这些常用的溶栓药，具有强烈的纤溶活性和多元化的溶栓机制。NK 生产成本相对较低，无毒副作用，可由细菌发酵生产，具有很好的市场前景和临床使用价值。

纳豆激酶是一种分子质量为 27ku 左右的丝氨酸蛋白酶，因此，可以用测定蛋白质的方法检测其浓度。目前，蛋白质含量测定的方法主要有染料法、双缩脲法、酚试剂法等，但这些方法受共存蛋白质的干扰严重。人们通常用酶的活力测定进行 NK 定量，目前尚没有完全规范标准的测定方法。

纳豆激酶的活性测定方法大致可分为两类：一是通过生物学方法，利用纳豆激酶溶解纤维蛋白的特性测定其纤溶活性，比如经典的溶栓酶的测活方法——纤维蛋白平板法、纤维蛋白块溶解时间法、试管法、玻珠法、酶标板法等，这些方法专属性较好，但灵敏度较低。另外一类方法是以纳豆激酶的水解活性为基础来测定其活性的，如 TAME 法、酪蛋白水解法、四肽底物法等，这些方法灵敏度较高。纤维蛋白平板法是最早用于测定 NK 方法之一，比较简便直观。该方法是《中华人民共和国药典》（2010 版）中测定尿激酶、蚓激酶等溶栓酶活力的标准方法。

一、实验原理

以琼脂糖作为相应的骨架，加入相应浓度的凝血酶和纤维蛋白原，二者相互作用，会在琼脂糖平板上形成人工血栓。NK 能将人纤维蛋白降解为可溶性的纤维蛋白片段，因此，会有溶解圈出现，利用游标卡尺测量溶解圈的直径，得到溶解圈的面积，从而计算出酶活力。

二、实验材料

1. 仪器

紫外可见分光光度计、数显恒温水浴锅、游标卡尺。

2. 试剂

琼脂糖、纤维蛋白原、凝血酶、磷酸二氢钠和磷酸氢二钠均为分析纯。

蚓激酶标准品：经国家认证并授予标准物质证书的标准物质。

3. 试剂配制

（1）磷酸盐缓冲液（0.01mol/L，pH 7.8）　取磷酸氢二钠 3.58g，加水，使溶解并稀释至 1000mL 为 A 液；取磷酸二氢钠（$NaH_2PO_4 \cdot 2H_2O$）0.78g，加水使溶解并稀释至 500mL 为 B 液；将 A、B 两液混合至 pH 为 7.8。

（2）工作溶液　取 0.01mol/L 磷酸盐缓冲液（pH 7.8）与 9g/L 氯化钠溶液（1∶17，体积比）混合。

（3）琼脂糖溶液（15g/L）　取琼脂糖 1.5g，加工作溶液 100mL 加热溶解。

（4）纤维蛋白原溶液（1.5mg/mL）　取纤维蛋白原适量，加工作溶液制成每 1mL 中含 1.5mg 的可凝蛋白溶液。

（5）凝血酶溶液（1BP/mL）　取凝血酶，加 9g/L 氯化钠溶液制成每 1mL 中含 1BP 单位的溶液。

三、实验方法

1. 标准品溶液的制备

取蚓激酶标准品，用 9g/L 氯化钠溶液制成浓度分别为每 1mL 中含 10000、8000、6000、4000、2000 蚓激酶单位的溶液。

2. 样品制备

取待测纳豆激酶样品适量，加 9g/L 氯化钠溶液使溶解并稀释到标准曲线范围内的浓度。

3. 测定

取纤维蛋白原溶液 39mL，置烧杯中，边搅拌边加入 55℃琼脂糖溶液 39mL、凝血酶溶液 3.0mL，立即混匀，快速倒入直径 14cm 塑料培养皿中，室温水平放置 1h，打孔。精密量取不同浓度的蚓激酶标准品溶液及供试品溶液各 10μL，分别点在同一平皿中，加盖，置 37℃恒温箱中反应 18h。

四、结果计算

将平板取出后用卡尺测量溶圈相互垂直的两条直径，以蚓激酶标准品单位数的对数为横坐标，以两条垂直直径乘积的对数为纵坐标，计算回归方程；将供试品两条垂直直径乘积的对数代入回归方程，计算供试品效价单位数。标准品与供试品应各做两点，以平均值计算。

五、注意事项

（1）凝血酶和纤维蛋白原混合均匀，琼脂糖平板厚度一致。
（2）样品的纯度会影响平板效果，如果纯度太低需要对样品进行纯化处理。

实验十四　功能食品中纳豆激酶体外纤溶活力的测定（紫外分光光度法）

本实验首先在体外制备血纤维蛋白，然后用纳豆激酶酶解血纤维蛋白，再利用紫外分光光度计对酶解产物的浓度进行测定。该方法结合利用了酶的专一性及仪器分析的高灵敏性。

一、实验原理

在体外反应体系中定量加入纤维蛋白原和凝血酶，反应生成纤维蛋白底物。向体系中加入纳豆激酶样品溶液，纳豆激酶水解纤维蛋白生成氨基酸和小肽片段。反应一段时间后，加入三氯乙酸终止反应并将剩余的纤维蛋白、纤维蛋白原和凝血酶沉淀下来，离心后取上清液，用分光光度计在 275nm 波长处测定上清液中游离小肽的吸光度，即可得知样品纤溶活力的高低。以蚓激酶在反应体系中的纤溶活力作为标准，以单位质量样品的纤溶能力相当于多少单位蚓激酶的活力来反映被测样品的纤溶能力。

二、实验材料

1. 仪器

紫外分光光度计、pH 计、数显恒温水浴锅、天平、磁力搅拌器、离心机。

2. 试剂

十水合四硼酸钠（$Na_2B_4O_7 \cdot 10H_2O$）、氯化钠、盐酸、三氯乙酸（CCl_3COOH），均为分析纯。

3. 试剂配制

（1）硼酸钠缓冲液（0.05mol/L，pH 为 8.5，包含氯化钠）　准确称取 19.07g $Na_2B_4O_7$·$10H_2O$ 和 9.0g NaCl 于 900mL 蒸馏水中溶解，用 HCl 调至 pH 为 8.5 后，补蒸馏水至 1000mL。

（2）三氯乙酸溶液（200g/L）　准确称取 200g 三氯乙酸于蒸馏水中溶解，定容至 1000mL。

（3）氯化钠溶液（9g/L）　准确称取 0.9g NaCl 于蒸馏水中溶解，定容至 100mL。

（4）纤维蛋白原溶液（7.2g/L）　取一支牛纤维蛋白原（98mg/瓶可凝蛋白）加入 0.05mol/L 硼酸钠缓冲液 13.6mL，使其充分溶解，过滤取清液备用。

（5）凝血酶溶液　取一支凝血酶（580IU），加入 0.05mol/L 硼酸钠缓冲液 1mL 充分溶解分装冻存，使用时用 0.05mol/L 硼酸钠缓冲液稀释 25 倍。

（6）蚓激酶标准品溶液（10000U/mL）　取一支蚓激酶标准品（26000U/支），加入 9g/L 氯化钠溶液 2.6mL 充分溶解分装冻存备用。

三、实验方法

1. 样品制备

分别适量精确称取上述纳豆样品，溶解于 1000μL 9g/L NaCl 溶液中，稀释成标准曲线范围内浓度。充分混匀、浸提，离心取上清液待测。

2. 纳豆样品及蚓激酶标准品活性测定

样品及蚓激酶标准品活性测定方法如表 6-4 所示。

表 6-4　　　　　　　　　　　　样品及蚓激酶标准品活性测定

所加试剂/mL	样品管（AT）	样品空白管（AB）	标准管	标准空白管
0.05mol/L 硼酸缓冲液	0.7	0.7	0.7	0.7
7.2g/L 纤维蛋白原溶液	0.2	0.2	0.2	0.2
充分混匀，在（37±0.3）℃水浴中预保温 5min				
凝血酶溶液	0.05	0.05	0.05	0.05
混匀，反应，准确计时 10min				
样品溶液	0.05	—	—	—
蚓激酶标准溶液	—	—	0.05	—
200g/L 三氯乙酸溶液	—	1	—	1
混匀 5s				
样品溶液	—	0.05	—	—
蚓激酶标准溶液	—	—	—	0.05
混匀 5s，于（37±0.3）℃水浴中保温反应，分别在反应开始后的 20min 和 40min 时，分别混匀 5s。在准确计时 60min 后				

续表

所加试剂/mL	样品管（AT）	样品空白管（AB）	标准管	标准空白管
200g/L 三氯乙酸溶液	1	—	1	—

混匀并在（37±0.3）℃水浴中再保温 20min；

3000r/min 离心 10min；

取离心后上清液 1.8mL 移至小离心管中，于 12000r/min 离心 10min

小心吸取上述离心清液于 1cm 光径石英比色皿中，在 275nm 下测定吸光度，蒸馏水调零。

3. 蚓激酶标准曲线的制作

分别吸取 10000U/mL 的蚓激酶标准品溶液 15、30、60、90、120μL 于微量离心管中，再分别加入 135、120、90、60、30μL 的 9g/L 氯化钠溶液，配成浓度为 1、2、4、6、8U/μL 的蚓激酶标准品溶液。按上述样品测定方法进行测定，并绘制标准曲线。

四、结果计算

$$X = \frac{A \times 1000}{m} \tag{6-13}$$

式中　X——纳豆样品纤溶活力，U/mg；

　　　A——由蚓激酶标准曲线算出的样品相当于多少蚓激酶标准活力浓度，U/μL；

　　　m——称样量，mg。

以再现性条件下获得的两次独立测定结果的算术平均值表示，结果保留三位有效数字。测定结果须扣除空白值。计算结果保留三位有效数字。

五、注意事项

本方法对纳豆激酶活性的测定是通过测定反应后清液中水解产物的量（即浓度）实现的，因此，反应结束后的蛋白质沉淀、分离效果对于结果测定影响较大。

🌐 **课程思政点**

曾广方，天然药物化学家。长期致力于天然药物的化学研究，是中国从事中药黄酮类成分研究较早的科学家之一。他从中药南瓜子中分离出抑制日本吸血虫童虫生长的新氨基酸——南氨酸。他是中国药学会早期刊物《中华药学杂志》（后改名《药学学报》）的创刊人之一，并长期担任主编，为中国药学事业做出了贡献。

 思考题

1. 高效液相色谱法测定功能食品中牛磺酸含量时，往往要进行柱前或柱后衍生反应，为什么？

扫一扫
思考题答案

2. 比较邻苯二甲醛（OPA）柱后衍生和2,4-二硝基氟苯柱前衍生高效液相色谱法测定牛磺酸的不同点、各自的优势。

3. 在紫外分光光度法测定功能食品中总黄酮实验中，提取总黄酮时用到的超声波提取能起到什么作用？

4. 功能食品中大豆异黄酮的高效液相色谱测定方法实验中，思考能够在同一洗脱程序中定量不同物质需要满足什么条件？

5. 国标法测定功能食品中的番茄红素实验中，配制番茄红素标准溶液时所用的二氯甲烷中为什么加焦性没食子酸？

6. 功能食品中番茄红素测定（国标改良法）是如何针对国标法的缺点进行实验条件优化的？

7. 皂化法测定功能食品中虾青素的实验中，为什么虾青素的定量计算都以全反式虾青素为参照？

8. 酶解法测定功能食品中虾青素的实验中，样品前处理时皂化或酶解的目的是什么？

9. 进行食品中某成分分析时，功能食品（保健食品）前处理与普通食品相比有什么区别？

10. 比较薄层色谱法与高效液相色谱法测定红景天苷的优缺点。

11. 请解释原花青素、前花青素、黄烷-3-醇、儿茶素、缩合单宁几个概念之间的区别和联系。

12. 影响紫外/可见分光光度法测定植物提取物中的原花青素检测方法稳定性的因素有哪些？

13. 分析纤维蛋白平板法测定纳豆激酶溶栓酶活力的准确性有可能受到哪些因素的影响？

14. 紫外分光光度法测定纳豆激酶体外纤溶活力与传统的纤维蛋白平皿法相比有什么优缺点？

参考文献

［1］ Makkar HPS, Gamble G, Becker K. Limitation of the butanol-hydrochloric acidiron assay for bound condensed tannins［J］. Food Chemistry, 1999, 66（1）：129-133.

［2］ 杜利君, 姚亚婷, 王静慧, 等. 改进铁盐催化比色法测定保健食品中原花青素［J］. 检验检疫学刊, 2013, 23（5）：50-52.

［3］ 杜殷豪. HPLC法测定中药复方保健品中红景天苷含量［J］. 云南化工, 2018, 45（11）：94-95.

［4］ 法芸, 张金玲, 赵海杰, 等. 纳豆激酶分离纯化和酶活性测定的研究进展［J］. 色谱, 2019, 37（3）：274-278.

［5］ 范华铮, 赵士权, 查河霞. 紫外分光光度法测定保健食品中总黄酮的方法改进［J］. 中国卫生检验杂志, 2011, 21（4）：827-828.

［6］ 巩凤英. 雨生红球藻中虾青素合成及几何异构体的分析研究［D］. 青岛：中国科学院海洋研究所, 2017.

［7］ 国家药典委员会. 中华人民共和国药典（2010年版 二部）［M］. 中国医药科技出版社, 2010.

［8］ 黄成安, 蔡伟江, 梁洁仪. 超高效液相色谱法检测保健品中的大豆异黄酮各组分含量［J］. 食品安

全质量检测学报，2017，8（7）：2651-2656.

［9］金世梅，赵志红，朱慧．保健食品中总黄酮检测方法的改进［J］．标准与检测，2012，19（5）：65-67.

［10］李娟，何艳，宋雅东．高效液相色谱法快速测定保健食品中原花青素的含量［J］．食品科技，2018，43（10）：326-330.

［11］聂光军，赵锐，岳文瑾，等．基于分光光度法构建纳豆激酶纤溶活性快速测定方法［J］．食品工业科技，2015，13：298-301.

［12］孙伟红，肖荣辉，冷凯良，等．雨生红球藻中虾青素的 C_{30}-反相高效液相色谱法测定［J］．分析测试学报，2010，29（8）：841-845.

［13］孙协军，赵爽，李秀霞，等．虾青素的研究进展［J］．食品与发酵科技，2015，51（5）：62-66.

［14］谭莹，倪竹南，胡争艳，等．高效液相色谱法测定保健食品中红景天苷［J］．中国食品卫生杂志，2017，29（2）：164-168.

［15］天津市市场监督管理委员会．DB12/T 885—2019　植物提取物中原花青素的测定　紫外/可见分光光度法［S］．2019.

［16］王运科，伟忠民，李盈，等．薄层扫描法测定红景天保健食品（口服液）中红景天苷的含量［J］．锦州医学院学报，2006，27（4）：44-46.

［17］魏嵘，刘震，文镜．紫外分光光度法测纳豆激酶体外纤溶活力［J］．中国酿造，2012，31（1）：184-188.

［18］吴先富，韦日伟，冯玉，等．高效液相色谱法测定保健食品中番茄红素的含量［J］．食品安全质量检测学报，2018，9（16）：4427-4430.

［19］邢俊波，姜春来，靳守东，等．HPLC 内标手性拆分方法分析保健食品雨生红球藻片中虾青素光学异构体［J］．解放军药学学报，2016（1）：10-12.

［20］许舒瑜，关斌，陈晓琳．高效液相色谱法测定辅助改善记忆力保健食品中牛磺酸含量［J］．海峡药学，2019，31（7）：50-53.

［21］杨澍，张婷，徐杰，等．高效液相色谱手性拆分法分析生物体内虾青素光学异构体［J］．食品科学，2015，36（8）：139-144.

［22］中华人民共和国国家卫生和计划生育委员会．GB 5009.169—2016　食品安全国家标准　食品中牛磺酸的测定［S］．北京：中国标准出版社，2016.

［23］中华人民共和国国家质量监督检验检疫总局，中国国家标准化管理委员会．GB/T 23788—2009　保健食品中大豆异黄酮的测定方法高效液相色谱法［S］．北京：中国标准出版社，2009.

［24］中华人民共和国卫生部，中国国家标准化管理委员会．GB/T 22244—2008　保健食品中前花青素的测定［S］．北京：中国标准出版社，2008.

［25］中华人民共和国卫生部，中国国家标准化管理委员会．GB/T 22249—2008　保健食品中番茄红素的测定［S］．北京：中国标准出版社，2008.

［26］中华人民共和国质量监督检验检疫总局，中国国家标准化管理委员会．GB/T 31520—2015　红球藻中虾青素的测定　液相色谱法［S］．北京：中国标准出版社，2015.

［27］周华生，张连龙，成恒嵩，等．保健食品中黄酮含量三种测定方法研究［J］．现代食品科技，2009，25（11）：1358-1362.

（规范性附录）
霍恩法（Horn法）LD_{50}计算
（剂量递增法测定LD_{50}计算用表）

（1）附表1-1用于每组5只动物，其剂量递增公比为$\sqrt[3]{10}$，意即$10 \times \sqrt[3]{10} = 21.5$，$21.5 \times \sqrt[3]{10} = 46.4 \cdots \cdots$，依此类推。此剂量系列排列如下：

$$\left. \begin{matrix} 10.0 \\ 21.5 \\ 46.4 \end{matrix} \right\} \times 10^t \quad t = 0, \pm 1, \pm 2, \pm 3 \cdots \cdots$$

附表1-1　　　霍恩法（Horn法）LD_{50}计算（剂量递增公比为$\sqrt[3]{10}$）

组1	组2	组3	组4	剂量1=0.464 剂量2=1.00 剂量3=2.15 剂量4=4.64 ×10		剂量1=1.00 剂量2=2.15 剂量3=4.64 剂量4=10.0 ×10		剂量1=2.15 剂量2=4.64 剂量3=10.0 剂量4=21.5 ×10	
组1	组3	组2	组4						
				LD_{50}	置信区间	LD_{50}	置信区间	LD_{50}	置信区间
0	0	3	5	2.00	1.37~2.91	4.30	2.95~6.26	9.26	6.36~13.5
0	0	4	5	1.71	1.26~2.33	3.69	2.71~5.01	7.94	5.84~10.8
0	0	5	5	1.47	—	3.16	—	6.81	—
0	1	2	5	2.00	1.23~3.24	4.30	2.65~6.98	9.26	5.70~15.0
0	1	3	5	1.71	1.05~2.78	3.69	2.27~5.99	7.94	4.89~12.9
0	1	4	5	1.47	0.951~2.27	3.16	2.05~4.88	6.81	4.41~10.5
0	1	5	5	1.26	0.926~1.71	2.71	2.00~3.69	5.84	4.30~7.94
0	2	2	5	1.71	1.01~2.91	3.69	2.17~6.28	7.94	4.67~13.5
0	2	3	5	1.47	0.862~2.50	3.16	1.86~5.38	6.81	4.00~13.5
0	2	4	5	1.26	0.775~2.05	2.71	1.69~4.41	5.84	3.60~9.50
0	2	5	5	1.08	0.741~1.57	2.33	1.60~3.99	5.01	3.44~7.30
0	3	3	5	1.26	0.740~2.14	2.71	1.59~4.62	5.84	3.43~9.95
0	3	4	5	1.03	0.665~1.75	2.33	1.43~3.78	5.01	3.08~8.14
1	0	3	5	1.96	1.22~3.14	4.22	2.63~6.76	9.09	5.66~14.6

续表

组1	组2	组3	组4	剂量1 = 0.464 剂量2 = 1.00 剂量3 = 2.15 剂量4 = 4.64 ×10		剂量1 = 1.00 剂量2 = 2.15 剂量3 = 4.64 剂量4 = 10.0 ×10		剂量1 = 2.15 剂量2 = 4.64 剂量3 = 10.0 剂量4 = 21.5 ×10	
		或		LD_{50}	置信区间	LD_{50}	置信区间	LD_{50}	置信区间
组1	组3	组2	组4						
1	0	4	5	1.62	1.07~2.43	3.48	2.31~5.24	7.50	4.98~11.3
1	0	5	5	1.33	1.05~1.70	2.87	2.26~3.65	6.19	4.87~7.87
1	1	2	5	1.96	1.06~3.60	4.22	2.29~7.75	9.09	4.94~16.7
1	1	3	5	1.62	0.866~3.01	3.48	1.87~6.49	7.50	4.02~16.7
1	1	4	5	1.33	0.737~2.41	2.87	1.59~5.20	6.19	3.42~11.2
1	1	5	5	1.10	0.661~1.83	2.37	1.42~3.95	5.11	3.07~8.51
1	2	2	5	1.62	0.818~3.19	3.48	1.76~6.37	7.50	3.80~14.8
1	2	3	5	1.33	0.658~2.70	2.87	1.42~5.82	6.19	3.05~12.5
1	2	4	5	1.10	0.550~2.20	2.37	1.19~4.74	5.11	2.55~10.2
1	3	3	5	1.10	0.523~2.32	2.37	1.13~4.99	5.11	2.43~10.8
2	0	3	5	1.90	1.00~3.58	4.08	2.16~7.71	8.80	4.66~16.6
2	0	4	5	1.47	0.806~2.67	3.16	1.74~5.76	6.81	3.74~12.4
2	0	5	5	1.14	0.674~1.92	2.45	1.45~4.13	5.28	3.13~8.89
2	1	2	5	1.90	0.839~4.29	4.08	1.81~9.23	8.80	3.89~19.9
2	1	3	5	1.47	0.616~3.50	3.16	1.33~7.53	6.81	2.86~16.2
2	1	4	5	1.14	0.466~2.77	2.45	1.00~5.98	5.28	2.16~12.9
2	2	2	5	1.47	0.573~3.76	3.16	1.24~8.10	6.81	2.66~17.4
2	2	3	5	1.14	0.406~3.18	2.45	0.875~6.85	6.28	1.89~14.8
0	0	4	4	1.96	1.18~3.26	4.22	2.53~7.02	9.09	5.46~15.1
0	0	5	4	1.62	1.27~2.05	3.48	2.74~4.42	7.50	5.90~9.53
0	1	3	4	1.96	0.978~3.92	4.22	2.11~8.44	9.09	4.54~18.2
0	1	4	4	1.62	0.893~2.92	3.48	1.92~6.30	7.50	4.14~13.6
0	1	5	4	1.33	0.885~2.01	2.87	1.91~4.33	6.19	4.11~9.33
0	2	2	4	1.96	0.930~4.12	4.22	2.00~8.88	9.09	4.31~19.1
0	2	3	4	1.62	0.797~3.28	3.48	1.72~7.06	7.50	3.70~15.2
0	2	4	4	1.33	0.715~2.49	2.87	1.54~5.36	6.19	3.32~11.5
0	2	5	4	1.10	0.686~1.77	2.37	1.48~3.80	5.11	3.19~8.19
0	3	3	4	1.33	0.676~2.63	2.87	1.46~5.67	6.19	3.14~12.2
0	3	4	4	1.10	0.599~2.02	2.37	1.29~4.36	5.11	2.78~9.39

续表

| 组1 | 组2 | 组3 | 组4 | 剂量1=0.464 剂量2=1.00 剂量3=2.15 剂量4=4.64 ×10 | | 剂量1=1.00 剂量2=2.15 剂量3=4.64 剂量4=10.0 ×10 | | 剂量1=2.15 剂量2=4.64 剂量3=10.0 剂量4=21.5 ×10 | |
组1	组3	组2	组4 （或）	LD_{50}	置信区间	LD_{50}	置信区间	LD_{50}	置信区间
1	0	4	4	1.90	0.969~3.71	4.08	2.09~7.99	8.80	4.50~17.2
1	0	5	4	1.47	1.02~2.11	3.16	2.20~4.54	6.81	4.74~9.78
1	1	3	4	1.90	0.757~4.75	4.08	1.63~10.2	8.80	3.51~22.0
1	1	4	4	1.47	0.654~3.30	3.16	1.41~7.10	6.81	3.03~15.3
1	1	5	4	1.14	0.581~2.22	2.45	1.25~4.79	5.28	2.70~10.3
1	2	2	4	1.90	0.706~5.09	4.08	1.52~11.0	8.80	3.28~23.6
1	2	3	4	1.47	0.564~3.82	3.16	1.21~8.24	6.81	2.62~17.7
1	2	4	4	1.14	0.454~2.85	2.45	0.977~6.13	5.28	2.11~13.2
1	3	3	4	1.14	0.423~3.05	2.45	0.912~6.57	5.28	1.97~14.2
2	0	4	4	1.78	0.662~4.78	3.83	1.43~10.3	8.25	3.07~22.2
2	0	5	4	1.21	0.583~2.52	2.61	1.26~5.42	5.62	2.71~11.7
2	1	3	4	1.78	0.455~6.95	3.83	0.980~15.0	8.25	2.11~32.3
2	1	4	4	1.21	0.327~4.48	2.61	0.705~9.66	5.62	1.52~20.8
2	2	2	4	1.78	0.410~7.72	3.83	0.883~16.6	8.25	1.90~35.8
2	2	3	4	1.21	0.266~5.52	2.61	0.573~11.9	5.62	1.23~25.6
0	0	5	3	1.90	1.12~3.20	4.08	2.42~6.89	8.80	5.22~14.8
0	1	4	3	1.90	0.777~4.63	4.08	1.67~9.97	8.80	3.60~21.5
0	1	5	3	1.47	0.806~2.67	3.16	1.74~5.76	6.81	3.74~12.4
0	2	3	3	1.90	0.678~5.30	4.08	1.46~11.4	8.80	3.15~24.6
0	2	4	3	1.47	0.616~3.50	3.16	1.33~7.53	6.81	2.86~16.2
0	2	5	3	1.14	0.602~2.15	2.45	1.30~4.62	5.28	2.79~9.96
0	3	3	3	1.47	0.573~3.76	3.16	1.24~8.10	6.81	2.66~17.4
0	3	4	3	1.14	0.503~2.57	2.45	1.08~5.54	5.28	2.33~11.9
1	0	5	3	1.78	0.856~3.69	3.83	1.85~7.96	8.25	3.98~17.1
1	1	4	3	1.78	0.481~6.58	3.83	1.04~14.2	8.25	2.23~30.5
1	1	5	3	1.21	0.451~3.25	2.61	0.972~7.01	5.62	2.09~15.1
1	2	3	3	1.78	0.390~8.11	3.83	0.840~17.5	8.25	1.81~37.6
1	2	4	3	1.21	0.310~4.74	2.61	0.668~10.2	5.62	1.44~22.0
1	3	3	3	1.21	0.279~5.26	2.61	0.602~11.3	5.62	1.30~24.4

（2）附表 1-2 用于每组 5 只动物，其剂量递增公比为 $\sqrt{10}$，意即 $10 \times \sqrt{10} = 31.6$，$31.6 \times \sqrt{10} = 100 \cdots \cdots$，依此类推。此剂量序列可排列如下：

$$\left.\begin{array}{l}1.00 \\ 3.16\end{array}\right\} \times 10^t \qquad t = 0, \pm 1, \pm 2, \pm 3 \cdots \cdots$$

附表 1-2　　霍恩法（Horn 法）LD_{50} 值计算（剂量递增公比为 $\sqrt{10}$）

组1	组2	组3	组4	剂量1=0.316 剂量2=1.00 剂量3=3.16 剂量4=10.0 $\Big\}\times10^t$		剂量1=1.00 剂量2=3.16 剂量3=10.0 剂量4=31.6 $\Big\}\times10^t$	
组1	组3	组2	组4 （或）				
				LD_{50}	置信区间	LD_{50}	置信区间
0	0	3	5	2.82	1.60~4.95	8.91	5.07~15.7
0	0	4	5	2.24	1.41~3.55	7.08	4.47~11.2
0	0	5	5	1.78	—	5.62	—
0	1	2	5	2.82	1.36~5.84	8.91	4.30~18.5
0	1	3	5	2.24	1.08~4.64	7.08	3.42~14.7
0	1	4	5	1.78	0.927~3.41	5.62	2.93~10.8
0	1	5	5	1.41	0.891~2.24	4.47	2.82~7.08
0	2	2	5	2.24	1.01~4.97	7.08	3.19~15.7
0	2	3	5	1.78	0.801~3.95	5.62	2.53~12.5
0	2	4	5	1.41	0.682~2.93	4.47	2.16~9.25
0	2	5	5	1.12	0.638~1.97	3.55	2.02~6.24
0	3	3	5	1.41	0.636~3.14	4.47	2.01~9.92
0	3	4	5	1.12	0.542~2.32	3.55	1.71~7.35
1	0	3	5	2.74	1.35~5.56	8.66	4.26~17.6
1	0	4	5	2.05	1.11~3.80	6.49	3.51~12.0
1	0	5	5	1.54	1.07~2.21	4.87	3.40~6.98
1	1	2	5	2.74	1.10~6.82	8.66	3.48~21.6
1	1	3	5	2.05	0.806~5.23	6.49	2.55~16.5
1	1	4	5	1.54	0.632~3.75	4.87	2.00~11.9
1	1	5	5	1.15	0.537~2.48	3.65	1.70~7.85
1	2	2	5	2.05	0.740~5.70	6.49	2.34~18.0
1	2	3	5	1.54	0.534~4.44	4.87	1.69~14.1
1	2	4	5	1.15	0.408~3.27	3.65	1.29~10.3
1	3	3	5	1.15	0.378~3.53	3.65	1.20~11.2

续表

组 1	组 2	组 3	组 4	剂量 1 = 0.316 剂量 2 = 1.00 剂量 3 = 3.16 剂量 4 = 10.0 $\Big\} \times 10^t$		剂量 1 = 1.00 剂量 2 = 3.16 剂量 3 = 10.0 剂量 4 = 31.6 $\Big\} \times 10^t$	
	或						
组 1	组 3	组 2	组 4	LD_{50}	置信区间	LD_{50}	置信区间
2	0	3	5	2.61	1.01~6.77	8.25	3.18~21.4
2	0	4	5	1.78	0.723~4.37	5.62	2.29~13.8
2	0	5	5	1.21	0.554~2.65	3.83	1.75~8.39
2	1	2	5	2.61	0.768~8.87	8.25	2.43~28.1
2	1	3	5	1.78	0.484~6.53	5.62	1.53~20.7
2	1	4	5	1.21	0.318~4.62	3.83	1.00~14.6
2	2	2	5	1.78	0.434~7.28	5.62	1.37~23.0
2	2	3	5	1.21	0.259~5.67	3.83	0.819~17.9
0	0	4	4	2.74	1.27~5.88	8.66	4.03~18.6
0	0	5	4	2.05	1.43~2.94	6.49	4.53~9.31
0	1	3	4	2.74	0.968~7.75	8.66	3.06~24.5
0	1	4	4	2.05	0.843~5.00	6.49	2.67~15.8
0	1	5	4	1.54	0.833~2.85	4.87	2.63~9.01
0	2	2	4	2.74	0.896~8.37	8.66	2.83~26.5
0	2	3	4	2.05	0.711~5.93	6.49	2.25~18.7
0	2	4	4	1.54	0.604~3.92	4.87	1.91~12.4
0	2	5	4	1.15	0.568~2.35	3.65	1.80~7.42
0	3	3	4	1.54	0.555~4.27	4.87	1.76~13.5
0	3	4	4	1.15	0.463~2.88	3.65	1.47~9.10
1	0	4	4	2.61	0.953~7.15	8.25	3.01~22.6
1	0	5	4	1.78	1.03~3.06	5.62	3.27~9.68
1	1	3	4	2.61	0.658~10.4	8.25	2.08~32.7
1	1	4	4	1.78	0.528~5.98	5.62	1.67~18.9
1	1	5	4	1.21	0.442~3.32	3.83	1.40~10.5
1	2	2	4	2.61	0.594~11.5	8.25	1.88~36.3
1	2	3	4	1.78	0.423~7.48	5.62	1.34~23.6
1	2	4	4	1.21	0.305~4.80	3.83	0.966~15.2
1	3	3	4	1.21	0.276~5.33	3.83	0.871~16.8
2	0	4	4	2.37	0.539~10.4	7.50	1.70~33.0

续表

组1	组2	组3	组4	剂量1=0.316 剂量2=1.00 剂量3=3.16 剂量4=10.0 ⎫⎬⎭×10^t		剂量1=1.00 剂量2=3.16 剂量3=10.0 剂量4=31.6 ⎫⎬⎭×10^t	
组1	组3	组2	组4 (或)				
				LD_{50}	置信区间	LD_{50}	置信区间
2	0	5	4	1.33	0.446~3.99	4.22	1.41~12.6
2	1	3	4	2.37	0.307~18.3	7.50	0.970~58.0
2	1	4	4	1.33	0.187~9.49	4.22	0.592~30.0
2	2	2	4	2.37	0.262~21.4	7.50	0.830~67.8
2	2	3	4	1.33	0.137~13.0	4.22	0.433~41.0
0	0	5	3	2.61	1.19~5.71	8.25	3.77~18.1
0	1	4	3	2.61	0.684~9.95	8.25	2.16~31.5
0	1	5	3	1.78	0.723~4.37	5.62	2.29~13.8
0	2	3	3	2.61	0.558~12.2	8.25	1.76~38.6
0	2	4	3	1.78	0.484~6.53	5.62	1.53~20.7
0	2	5	3	1.21	0.467~3.14	3.83	1.48~9.94
0	3	3	3	1.78	0.434~7.28	5.62	1.37~23.0
0	3	4	3	1.21	0.356~4.12	3.83	1.13~13.0
1	0	5	3	2.37	0.793~7.10	7.50	2.51~22.4
1	1	4	3	2.37	0.333~16.9	7.50	1.05~53.4
1	1	5	3	1.33	0.303~5.87	4.22	0.958~18.6
1	2	3	3	2.37	0.244~23.1	7.50	0.771~73.0
1	2	4	3	1.33	0.172~10.3	4.22	0.545~32.6
1	3	3	3	1.33	0.148~12.1	4.22	0.467~38.1

（规范性附录）
反应率-概率单位表

附表 2-1 反应率-概率单位表

反应率	0	1	2	3	4	5	6	7	8	9
0	—	2.67	2.95	3.12	3.25	3.36	3.45	3.52	3.60	3.66
10	3.72	3.77	3.83	3.87	3.92	3.96	4.01	4.05	4.09	4.12
20	4.16	4.19	4.23	4.26	4.29	4.33	4.36	4.39	4.42	4.45
30	4.48	4.50	4.53	4.56	4.59	4.62	4.64	4.67	4.70	4.72
40	4.75	4.77	4.80	4.82	4.85	4.87	4.90	4.93	4.95	4.98
50	5.00	5.03	5.05	5.08	5.10	5.13	5.15	5.18	5.20	5.23
60	5.25	5.28	5.31	5.33	5.36	5.39	5.40	5.44	5.47	5.50
70	5.52	5.55	5.58	5.61	5.64	5.67	5.71	5.74	5.77	5.81
80	5.84	5.88	5.92	5.95	5.99	6.04	6.08	6.13	6.18	6.23
90	6.28	6.34	6.41	6.48	6.56	6.65	6.75	6.88	7.05	7.33

（规范性附录）
相当于反应率0%及100%的概率单位

附表 3-1　　　　　　　　　相当于反应率 0%及 100%的概率单位

每组动物数	反应率		每组动物数	反应率	
	0%	100%		0%	100%
2	3.85	6.15	12	2.97	7.03
3	3.62	6.38	13	2.93	7.07
4	3.47	6.53	14	2.90	7.10
5	3.36	6.64	15	2.87	7.13
6	3.27	6.73	16	2.85	7.15
7	3.20	6.80	17	2.82	7.18
8	3.13	6.87	18	2.80	7.20
9	3.09	6.91	19	2.78	7.22
10	3.04	6.96	20	2.76	7.24
11	3.00	7.00			

（规范性附录）
急性毒性（LD_{50}）剂量分级

附表 4-1　　　　　　　　　急性毒性（LD_{50}）剂量分级表

级别	大鼠口服 LD_{50}/（mg/kg）	相当于人的致死剂量	
		mg/kg	g/人
极毒	<1	稍尝	0.05
剧毒	1~50	500~4000	0.5
中等毒	51~500	4000~30000	5
低毒	501~5000	30000~250000	50
实际无毒	5001~15000	250000~500000	500
无毒	>15000	>500000	2500

上-下移动法正式实验的 LD_{50} 点估计值和置信区间的计算

1. 最大似然法

急性经口毒性实验应用软件包（AOT425StatPgm）是按照最大似然法编制的软件，可直接计算出 LD_{50}。在假定 sigma 条件下进行最大似然比计算。所有的死亡动物无论是给予受试物后立即、延迟和人道处死的动物，均作为最大似然法分析的基本数据。

Dixon 提出的似然函数可以用式（附5-1）表示：

$$L = L_1 L_2 \cdots L_n \qquad\qquad (附5-1)$$

式中　L——在给定 μ 和 sigma 条件下的使用 n 只动物实验结果的最大似然函数值；

L_i——$L_i = 1 - F(Z_i)$ 表示第 i 只动物存活的概率，或 $L_i = F(Z_i)$，表示第 i 只动物死亡概率；

F——为累计标准正态分布概率；

Z_i——$[\lg(D_i) - \mu]/\text{sigma}$；

D_i——第 i 只动物的剂量；

Sigma 的估计值可设定为 0.5，情况特殊时也可选用其他值。

LD_{50} 的点估计值为似然函数 L 最大时的 μ 值。

2. 特殊情况

有时不能进行统计学计算，或者所给结果明显的错误，此时的 LD_{50} 估计值可按照以下（1）、（2）和（3）中的描述进行计算。如果不属下列情况，一般采用最大似然法。

（1）如果实验是在达到本方法终止实验规定的剂量较高的范围染毒，连续有 3 只动物存活，或者剂量达到高于上限的标准来终止实验的，那么 LD_{50} 高于所使用的剂量。

（2）如果较高剂量的动物全部死亡，而较低剂量的动物全部存活，那么 LD_{50} 就介于全部死亡和全部存活的剂量之间。此时不能提供准确的 LD_{50}。如果有 sigma 仍可估计出 LD_{50} 的最大可能值。

（3）如果在某一剂量下出现死亡和存活，高于此剂量的动物全部死亡、低于此剂量的动物全部存活，LD_{50} 就等于该剂量。如果进行与上述受试物的同类物的毒性实验，应当采用较小的剂量梯度系数。

3. 置信区间（CI）的计算

AOT425StatPgm 软件包可以完成可信限的计算，结果会对所进行的正式实验结果的可靠性、有效性进行评价。LD_{50} 置信区间范围大的表明在估算 LD_{50} 过程中存在较多的不确定性，所估算的 LD_{50} 可靠性和有效性较低；置信区间范围较窄时，所得到的 LD_{50} 所存在的不确定性较少，可靠性和有效性均比较高。其意义在于当重复正式实验时，所得到的 LD_{50} 估计值更接近于原来测定的估计值，并且两者都更接近于真实的 LD_{50}。

根据正式实验的实验结果，可以使用两种方法来估算真实的 LD_{50} 置信区间。

（1）染毒 3 个不同剂量的实验结果，中间剂量的动物至少有 1 只动物死亡和 1 只动物存活，使用最大似然法的计算就可以得到包括真实 LD_{50} 和 95%置信区间。然而，由于人们希望尽量减少使用的动物数，因此置信区间值一般不太准确。随机终止实验的规定对此有一定的改善，但仍然会与真实的可信限存在一些差别。

（2）如果在某一剂量和低于此剂量的动物全部存活，而高于此剂量的动物全部死亡，这个剂量就可以作为"区间"的限值。所谓区间就是全部存活的剂量与全部死亡的剂量，这只是一个大概范围，不能确定置信区间。但当剂量-反应曲线较陡时，真实的置信区间与此区间非常接近。

有些情况如反应斜率相对平坦，置信区间可能报告到无限大，低至无限小和高至无限大，或两者之间，在反应相对平坦会出现这种情况。

如计算过程需要特殊程序来完成，可以使用美国国家环境保护局（EPA）、经济合作与发展组织（OECD）提供的免费软件专用程序来完成。

实验菌株的突变基因、检测类型、生物学特性及自发回变数

实验菌株的突变基因、检测类型、生物学特性以及自发回变数见附表 6-1~附表 6-3。

附表 6-1　　　　　　　　　　　实验菌株的突变基因和检测类型

菌株	突变部位	突变类型	检测类型
TA97	hisD6610	CCC 区域+4	移码突变
TA98	hisD3052	CG 区域−1	移码突变
TA1535	hisG46	AT−GC	碱基置换，部分移码突变
TA1537	hisC3076	C⋯C 区域+1	移码突变
TA100	hisG46	AT−GC	碱基置换，部分移码突变
TA102（pAQ1）	hisG428	GC−AT	碱基置换、部分移码突变
WP2 *uvrA*	try	—	碱基置换
WP2 *uvrA*（pKM101）	try	—	碱基置换

附表 6-2　　　　　　　　　　　实验菌株生物学特性鉴定标准

菌株	色氨酸缺陷	组氨酸缺陷（his）	脂多糖屏障缺陷（rfa）	R 因子（抗氨苄青霉素）	抗四环素	*uvrB* 修复缺陷
TA97		+	+	+	−	+
TA97a		+	+	+	−	+
TA98		+	+	+	−	+
TA100		+	+	+	−	+
TA102		+	+	+	+	−
TA1535		+	+	−	−	+
TA1537		+	+	−	−	+
WP2 *uvrA*	+			−	−	+
WP2 *uvrA*（pKM101）	+			+	−	+

注：+表示阳性；−表示阴性；空格表示不需要进行此项鉴定。

附表 6-3 实验菌株自发回变菌落数

菌株	Ames 实验室	Bridges 实验室	Errol&Zeiger 实验室	
	不加 S9	不加 S9	不加 S9	加 S9
TA97	90~180	—	100~200	75~200
TA97a	90~180	—	100~200	75~200
TA98	30~50	—	20~50	20~50
TA100	120~200	—	75~200	75~200
TA102	240~320	—	200~400	100~300
TA1535	10~35	—	5~20	5~20
TA1537	3~15	—	5~20	5~20
WP2 *uvrA*	—	7~23	—	—
WP2 *uvrA*（pKM101）	—	27~69	—	—

标准诊断性诱变剂

标准诊断性诱变剂见附表7-1。

附表7-1　　　　　　　　推荐用于掺入平板法和点试法的标准诱变剂

方法	S9	TA97	TA98	TA100	TA102
平板掺入法	不加	敌克松	敌克松	叠氮钠	敌克松
	加	2-氨基芴	2-氨基芴	2-氨基芴	1,8-二羟蒽醌
点试法	不加	敌克松	敌克松	叠氮钠	敌克松
	加	2-氨基芴	2-氨基芴	2-氨基芴	1,8-二羟蒽醌

诊断性诱变剂测试结果见附表7-2和附表7-3。

附表7-2　　　　　　　　诊断性诱变剂在平板掺入中的测试结果

诱变剂	剂量/(μg/皿)	S9	每皿回变菌落数			
			TA97a	TA98	TA100	TA102
柔毛霉素	6.0	–	124	3123	47	592
叠氮钠	1.5	–	76	3	3000	186
ICR—191	1.0	–	1640	63	185	0
链黑霉素	0.25	–	inha	inh	inh	2230
丝裂霉素	0.5	–	inh	inh	inh	inh
2,4,7-三硝基芴酮	0.2	–	8377	8244	400	16
4-硝基-O-苯撑二胺	20.0	–	2160	1599	798	0
4-硝基喹啉-N-氧化物	0.5	–	528	292	4220	287
甲基磺酸甲酯	1.0 (μL)	–	174	23	2730	6586
敌克松	50.0	–	2688	1198	183	895
2-氨基芴 (2-AF)	10.0	+	1742	6194	3026	261
苯并 [a] 芘	1.0	+	337	143	936	255

注：所列数值代表组氨酸回变菌落数值，取自剂量反应的线形部分，对照值已扣除，用 PCB 诱导的大鼠肝 S9（20μL/皿）活化2-AF、苯并 [a] t；

inh：指链黑霉素在无毒性范围（小于0.25μg）内没有检出诱变性，每0.005μg 在 TA100 引起的回变菌落数小于70；

丝裂霉素对 uvrB 菌株是致死的。

附表 7-3   诊断性诱变剂在点试法中的测试结果

诱变剂	剂量/(μg/皿)	S9	每皿回变菌落数			
			TA97a	TA98	TA100	TA102
柔毛霉素	5.0	−	−	+	−	++
叠氮钠	1.0	−	±	−	++++	−
ICR-191	1.0	−	++++	+	++	+
丝裂霉素	2.5	−	inh	inh	inh	+++
2,4,7-三硝基芴酮	0.1	−	++	++++	++	++
4-硝基-O-苯撑二胺	20.0	−	++	+++	+	+
4-硝基喹啉-N-氧化物	10.0	−	±	++	++++	+++
甲基磺酸甲酯	2.0（μL）	−	+	−	+++	++++
敌克松	50.0	−	++++	+++	++	+++
2-氨基芴（2-AF）	20.0	+	++	++++	+++	+
黄曲霉毒素 B$_1$	1.0	+		++	++	
甲基硝基亚硝基胍	2.0	−		−	+++	

注：每皿回变菌落数（扣除自发回变）的符号：−：<20；+：20~100；++：100~200；+++：200~500；++++：>500；

柔毛霉素和叠氮钠溶解在水中，其他所有化合物溶解在 DMSO 中；

用 PCB 诱导的大鼠 S9（20μg/皿）活化 2-AF；

柔毛霉素在点试中产生最低效应，应作平板掺入实验；

inh：因诱变剂毒性引起的生长抑制。

OECD和USEPA推荐的阳性诱变剂

1. 使用代谢活化系统时所用阳性诱变剂

（1）9,10-二甲基蒽［9,10-dimethylanthracene（CAS 781-43-17）］。

（2）7,12-二甲基苯蒽［7,12-dimethylbenzanthracene（CAS 57-97-6）］。

（3）刚果红［congo Red（CAS 573-58-07, for the reductive metabolic activation method）］。

（4）苯并［a］芘［benzo（a）pyrene（CAS 50-32-8）］。

（5）环磷酰胺｛cyclophosphamide（monohydrate）［CAS 50-18-0（CAS.6055-19-2）］｝。

（6）2-氨基蒽［2-AA, 2-aminoanthracene（CAS 613-13-87）］。

（7）2-氨基意不能单独用作S9混合物有效的指示剂。如果使用2-氨基蒽，每批S9还要用其他需要微粒体酶代谢活化的诱变剂（如苯并［a］芘、7,12二甲基苯蒽）来对其特性进行测试。

2. 不使用代谢活化系统时所用阳性诱变剂

不使用代谢活化系统时所用阳性诱变剂见附表8-1。

附表8-1　　　　　　　　　不使用代谢活化系统时所用阳性诱变剂

阳性诱变剂	菌株
叠氮钠［sodiumazide（CAS 26628-22-8）］	TA1535和TA100
2-硝基茄［2-nitrofluorene（CAS 607-57-8）］	TA98
9-氨基叶啶［9-aminoacridine（CAS 90-45-9）］或ICR191（CAS 17070-45-0）	TA1537、TA97和TA97a
过氧基异丙苯［cumene hydroperoxide（CAS 80-15-9）］	TA102
丝裂霉素C［mitomycin C（CAS 50-07-7）］	WP2 uvrA和TA102
N-乙基-N-硝基-N-亚硝基胍［N-ethyl-N-nitro-N-nitrosoguanidine（CAS 70-25-7）］或4硝基喹啉1-氧化物［4-nitroquinoline 1-oxide（CAS 56-57-5）］	WP2、WP2 uvrA和 WP2 uvrA（pKM101）
呋喃糖酰胺［furylfuramide（AF-2）（CAS 3688-53-7）］	含有质粒的菌株